国家"十二五"规划重点图书

中国地质调查局
青藏高原1:25万区域地质调查成果系列

中华人民共和国
区域地质调查报告

比例尺 1:250 000

沱沱河幅

(I46C002002)

项目名称：西藏1:25万沱沱河幅区域地质调查
项目编号：200213000001
项目负责：邓中林
图幅负责：邓中林
报告编写：邓中林　安勇胜　王青海　安守文　史连昌
　　　　　　陈　健　庄永成　任晋祁　杨延兴
编写单位：青海省地质调查院
单位负责：杨站君（院长）
　　　　　　李世金（总工程师）

中国地质大学出版社
ZHONGGUO DIZHI DAXUE CHUBANSHE

内 容 提 要

1∶25万沱沱河幅区域地质调查项目是中国地质调查局为"加快青藏高原空白区基础地质调查与研究"而下达实施的一个工作项目,该项目工作内容是西金乌兰湖—金沙江缝合带的重要组成部分。

成果报告共分为8个章节,全面阐述了工作区内地层、岩石、构造、矿产及新生代地质环境等方面的主要特征和最新成果。确定了晚古生代开心岭群诺日巴尕日保组、乌丽群那益雄组属相对活动型沉积,开心岭群扎日根组、九十道班组及乌丽群扎卜查日组为稳定的浅海陆棚相沉积类型;中生代三叠纪结扎群甲丕拉组具有磨拉石沉积特点,波里拉组沉积为海水清澈温暖的浅海陆棚环境,晚三叠世苟鲁山克措具有双幕式沉积特征;侏罗纪雁石坪群雀莫错组与夏里组为陆源碎屑滨浅海相沉积体系。在划分出巴颜喀拉边缘前陆盆地、通天河蛇绿构造混杂岩带及羌塘陆块3个一级构造单元的基础上,依据洋壳组分及构造特征将通天河蛇绿构造混杂岩带进行了次级构造单元的划分,重建了工作区古特提斯演化历程。结合沉积学、年代学与新构造运动的资料,研究了区内早更新世以来地质及环境演化规律,分析了长江水系在区内的形成与演化。

成果报告以风火山白垩纪沉积盆地充填序列、沉积环境及沉积型铜矿床成矿地质背景研究为基础,系统总结了区内矿产资源特征,分析了区域构造、地层及岩浆岩的控矿性。

图书在版编目(CIP)数据

中华人民共和国区域地质调查报告.沱沱河幅(I46C002002):比例尺1∶250 000/邓中林等著.—武汉:中国地质大学出版社,2014.6

ISBN 978-7-5625-3385-6

Ⅰ.①中…

Ⅱ.①邓…

Ⅲ.①区域地质调查-调查报告-中国②区域地质调查-调查报告-青海省

Ⅳ.①P562

中国版本图书馆CIP数据核字(2014)第113031号

中华人民共和国区域地质调查报告

沱沱河幅(I46C002002)　　比例尺1∶250 000

邓中林　等著

责任编辑:舒立霞　刘桂涛	责任校对:戴莹
出版发行:中国地质大学出版社(武汉市洪山区鲁磨路388号)	邮政编码:430074
电　　话:(027)67883511　　传　　真:67883580	E-mail:cbb@cug.edu.cn
经　　销:全国新华书店	http://www.cugp.cug.edu.cn
开本:880毫米×1 230毫米 1/16　　字数:575千字　印张:17.375　图版:11　附图:1	
版次:2014年6月第1版　　印次:2014年6月第1次印刷	
印刷:武汉市籍缘印刷厂　　印数:1—1 500册	
ISBN 978-7-5625-3385-6	定价:470.00元

如有印装质量问题请与印刷厂联系调换

前　言

　　青藏高原包括西藏自治区、青海省及新疆维吾尔自治区南部、甘肃省南部、四川省西部和云南省西北部,面积达 260 万 km^2,是我国藏民族聚居地区,平均海拔 4 500m 以上,被誉为"地球第三极"。青藏高原是全球最年轻、最高的高原,记录着地球演化最新历史,是研究岩石圈形成演化过程和动力学的理想区域,是"打开地球动力学大门的金钥匙"。

　　青藏高原蕴藏着丰富的矿产资源,是我国重要的战略资源后备基地。青藏高原是地球表面的一道天然屏障,影响着中国乃至全球的气候变化。青藏高原也是我国主要大江大河和一些重要国际河流的发源地,孕育着中华民族的繁生和发展。开展青藏高原地质调查与研究,对于推动地球科学研究、保障我国资源战略储备、促进边疆经济发展、维护民族团结、巩固国防建设具有非常重要的现实意义和深远的历史意义。

　　1999 年国家启动了"新一轮国土资源大调查"专项,按照温家宝总理"新一轮国土资源大调查要围绕填补和更新一批基础地质图件"的指示精神。中国地质调查局组织开展了青藏高原空白区 1∶25 万区域地质调查攻坚战,历时 6 年多,投入 3 亿多元,调集 25 个来自全国省(自治区)地质调查院、研究所、大专院校等单位组成的精干区域地质调查队伍,每年近千名地质工作者,奋战在世界屋脊,徒步遍及雪域高原,实测完成了全部空白区 158 万 km^2 共 112 个图幅的区域地质调查工作,实现了我国陆域中比例尺区域地质调查的全面覆盖,在中国地质工作历史上树立了新的丰碑。

　　青海 1∶25 万 I46C002002(沱沱河幅)区域地质调查项目,由青海省地质调查院具体承担完成。工作区位于青藏高原腹地可可西里地区。项目的主要目标任务是:

　　(1)查明测区内地层、岩石、构造以及其他各种地质体的特征、分布、属性及相互之间的时空关系及演化。采用综合地层学方法,对沉积岩系进行划分、对比,确定不同地质时期的沉积岩相、古地理环境。

　　(2)对西金乌兰湖—金沙江缝合带的物质组成、结构及其构造演化等进行系统研究。

　　(3)对风火山白垩纪沉积盆地充填序列、沉积环境及沉积型铜矿床成矿地质背景进行分析。加强区内已发现的二道沟铜、银和藏麻西孔斑岩型铜矿等多金属成矿带地质背景调查,为本区经济发展提供基础资料。

　　该项目工作周期为 3 年(2002 年 1 月—2004 年 12 月),共测制剖面 25 条(其中 3 条修测剖面),累计完成填图面积 15 284km^2,实测路线长 2 856.679km。采集各类样品 2 255 件,全面完成了设计工作量。主要成果有:首次对测区第四纪不同成因类型的事件沉积进行了年代学研究,确定了测区早更新世以来地质及环境演化序列;对测区矿产进行了较系统的调查,查明测区的金属矿产以铁、铜为主,次为铅、锌、银、金等,其中除铜为沉积型外,其余均为热液型矿产;非金属矿产主要为煤和石膏;通过同位素年龄测定,确定了测区印支期、燕山期和喜马拉雅期 3 个岩浆旋回,查清了各期侵入岩的分布规律,圈定出不同大小的侵入体 43 个,其中基性岩体 10 个(不包括蛇绿岩组成体),对其中的 28 个侵入体依据时代、结构、群居特征、所处构造部位成因特征,建立了 11 个单元,其中 1 个为独立单元,对 11 个单元分别归并为 4 个超单元;首次解体出测区侏罗纪布曲组地层体,为一套碳酸盐岩组合,分布于沱沱河南岸,是以灰、灰黑色泥晶灰岩、生物碎屑灰岩为特征的岩石组合,产双壳类 *Radulopecten sp.*,并首次于夏里组中采得代表浅海环境的 *Taenidium serpentinum*,? *Palaeophycus* 遗迹化石。对出露于测区南部的晚古生代晚石炭世—晚二叠世地层进行了系统的生物地层研究，在1：20万调查的基础上初步建立了4个䗴类组合（带）与1个䗴类化石延限带：①*Triticites-Montiparus*组合；②*Parafusulina-Misellina*组合带；③*Neoschwagerina-Yabeina*组合带；④*Eoparafusulina-Sphaeroschwagerina*组合带；⑤*Palaeofusulina*延限带。代表的年代地层从逍遥阶一直延续至长兴阶。对测区晚三叠世苟鲁山克措组进行了详细调查，确定该套沉积物下部为海相类复理石沉积，上部粗碎屑岩的出现揭示有双幕式沉积特征，产代表诺利期的具南方植物体系的D—C植物群落分子，建立了*Hyrcanopteris sinensis-Clathropteris*组合带，该组上部粗碎屑岩的出现代表海盆在诺利晚期以后总体关闭；首次在测区岗齐曲—康特金一带通天河蛇绿构造混杂岩的碎屑岩组（CPa）中采获早二叠世晚期—中二叠世早期的植物化石*Plagiozamites oblongifolium* Halle，较准确地确定该地层体的沉积时代以及康特金—巴音查乌马一带晚石炭纪—二叠纪地层体的存在；对风火山盆地进行沉积、古环境、构造形变及含矿性等的调查：①丰富了该盆地错居日组、洛力卡组与桑恰山组的沉积序列、基本层序、化石组成等的资料；②厘定出沉积盆地边界及性质，以含铜砂岩的出现代表经外界流水携带的具有铜离子的元素进入湖盆再沉积而成的含矿层；③依据孢粉组合、介形、轮藻化石资料，及该地层体与下伏地层的接触关系等，确定出风火山群的沉积时代为晚白垩世；④确定了盆地形成演化与含矿性的关系。

2005年3月项目组完成了对报告的编写，在由中国地质调查局西安地质调查中心组织的结题验收会上，专家小组对项目成果进行细致审查，对所取得的成果与不足进行了总结，最终获得了优秀级。参加报告编写的人员有邓中林、安勇胜、王青海、安守文、史连昌、陈健，各章节执笔人：第一章、第二章的第五节、第五章的第八节、第七章、第九章为邓中林编写；第二章的第一节至第四节和第四章为王青海编写；第三章的第一节、第二节、第五章的第二节至第七节为安勇胜编写；任晋祁参加了第三章第一节的编写；第三章的第三节、第八章为史连昌编写；第六章为安守文编写；第三章的第四节、第五章的第一节为陈健编写；杨延兴参加了第六章第二节的编写；庄永成参加了第八章的编写。另外参加本项目工作的技术人员还有袁立善、李福祥、李社宏、王国良、陈海清、保广谱、常华青、夏友河、尚显等。野外作业中驾驶员张福斌、唐杜阳、崔剑华、周久华、寇瑞才等，医生赵鑫、炊事员井中华等不辞辛劳地协助项目组完成各项野外调查任务。项目运行过程中始终得到了张雪亭高级工程师、阿成业高级工程师、张智勇高级工程师等的大力支持与无私的帮助，对项目进行了全程监督、指导。在此表示诚挚的谢意。

为了充分发挥青藏高原1：25万区域地质调查成果的作用，全面向社会提供使用，中国地质调查局组织开展了青藏高原1：25万地质图的公开出版工作，由中国地质调查局成都地质调查中心组织承担图幅调查工作的相关单位共同完成。出版编辑工作得到了国家测绘局孔金辉、翟义青及陈克强、王保良等一批专家的指导和帮助，在此表示诚挚的谢意。

鉴于本次区调成果出版工作时间紧、参加单位较多、项目组织协调任务重以及工作经验和水平所限，成果出版中可能存在不足与疏漏之处，敬请读者批评指正。

"青藏高原1：25万区调成果总结"项目组
2010年9月

目 录

第一章 绪 论 ……………………………………………………………………… (1)
第一节 目标与任务 …………………………………………………………… (1)
第二节 位置、交通及自然地理 ……………………………………………… (1)
第三节 工作条件及研究程度概况 …………………………………………… (3)
一、工作条件 ………………………………………………………………… (3)
二、地质调查研究历史与研究程度 ………………………………………… (3)
三、地形图质量评述 ………………………………………………………… (4)
第四节 任务完成情况 ………………………………………………………… (6)
第五节 项目进程与质量情况 ………………………………………………… (8)
第六节 组织形式及项目组人员分工状况 …………………………………… (9)

第二章 地 层 …………………………………………………………………… (11)
第一节 晚古生代地层 ………………………………………………………… (12)
一、通天河蛇绿构造混杂岩 ………………………………………………… (12)
二、开心岭群 ………………………………………………………………… (16)
三、乌丽群 …………………………………………………………………… (27)
第二节 三叠纪地层 …………………………………………………………… (34)
一、苟鲁山克措组 …………………………………………………………… (34)
二、结扎群 …………………………………………………………………… (38)
第三节 侏罗纪地层 …………………………………………………………… (59)
第四节 白垩纪地层 …………………………………………………………… (69)
第五节 生物地层及年代地层 ………………………………………………… (84)
一、晚石炭世—二叠纪生物地层 …………………………………………… (84)
二、晚古生代年代地层 ……………………………………………………… (92)
三、三叠纪生物地层及年代地层 …………………………………………… (92)
四、白垩纪生物地层及年代地层 …………………………………………… (95)
五、古—新近纪生物地层与年代地层 ……………………………………… (95)

第三章 岩浆岩 …………………………………………………………………… (97)
第一节 蛇绿岩 ………………………………………………………………… (97)
一、蛇绿岩地质学特征 ……………………………………………………… (97)
二、蛇绿岩的岩石化学和地球化学特征 …………………………………… (101)
三、蛇绿岩的稀土元素特征 ………………………………………………… (102)
四、微量元素特征 …………………………………………………………… (105)
五、岩浆来源及成因探讨 …………………………………………………… (106)
六、蛇绿岩时代与形成环境 ………………………………………………… (108)
第二节 侵入岩 ………………………………………………………………… (109)

一、晚三叠世邦可钦—冬日日纠辉绿玢岩体（$T_3\beta\mu$） ……………………………………（110）
　　二、始新世岗齐曲上游超单元 ……………………………………………………………（115）
　　三、渐新世藏麻西孔独立单元（$E_3\xi\pi$） ………………………………………………（121）
　　四、侵入岩与矿产的关系 …………………………………………………………………（125）
　第三节　火山岩 …………………………………………………………………………………（125）
　　一、火山岩的时空分布概况 ………………………………………………………………（125）
　　二、火山构造划分 …………………………………………………………………………（125）
　　三、火山旋回 ………………………………………………………………………………（126）
　　四、羌塘陆块早二叠世火山岩 ……………………………………………………………（127）
　　五、羌塘陆块晚二叠世火山岩 ……………………………………………………………（142）
　　六、羌塘陆块晚三叠世火山岩 ……………………………………………………………（144）
　　七、通天河蛇绿构造混杂岩带晚白垩世火山岩 …………………………………………（162）
　　八、测区火山岩与矿产的关系 ……………………………………………………………（164）
　第四节　脉岩 ……………………………………………………………………………………（164）
　　一、相关性岩脉 ……………………………………………………………………………（165）
　　二、区域性岩脉 ……………………………………………………………………………（172）

第四章　变质岩 …………………………………………………………………………………（173）
　第一节　区域低温动力变质岩系 ………………………………………………………………（173）
　第二节　埋深变质岩系 …………………………………………………………………………（177）
　第三节　动力变质岩 ……………………………………………………………………………（177）
　　一、韧性动力变质岩 ………………………………………………………………………（178）
　　二、脆性动力变质岩 ………………………………………………………………………（179）
　第四节　变质作用与构造变形的关系 …………………………………………………………（179）

第五章　地质构造及构造发展史 ………………………………………………………………（181）
　第一节　区域地球物理特征 ……………………………………………………………………（181）
　第二节　构造单元划分及其特征 ………………………………………………………………（183）
　　一、构造单元划分 …………………………………………………………………………（183）
　　二、各构造单元基本特征 …………………………………………………………………（185）
　第三节　脆-韧性剪切断裂带 ……………………………………………………………………（192）
　　一、尖石山—巴音查乌马脆-韧性剪切带（F_2） ………………………………………（192）
　　二、岗齐曲—贡具玛叉脆-韧性剪切带（F_{10}） ………………………………………（194）
　第四节　脆性断裂 ………………………………………………………………………………（196）
　　一、北西西-南东东向断裂 ………………………………………………………………（196）
　　二、北西-南东向断裂 ……………………………………………………………………（199）
　　三、北东-南西向断裂 ……………………………………………………………………（200）
　　四、其他断裂 ………………………………………………………………………………（200）
　第五节　褶皱构造 ………………………………………………………………………………（201）
　　一、羌塘陆块各地层单元褶皱 ……………………………………………………………（201）
　　二、西金乌兰—金沙江构造混杂岩带中的褶皱 …………………………………………（202）
　　三、风火山群褶皱 …………………………………………………………………………（202）
　　四、古—新近纪地层褶皱 …………………………………………………………………（203）
　　五、其他褶皱 ………………………………………………………………………………（203）

第六节　新构造运动 (204)
　　一、断裂复活 (204)
　　二、夷平面 (205)
　　三、岩浆活动 (206)
　　四、褶皱作用 (206)
　　五、河流阶地、叠置型冲洪积扇 (206)
　　六、地震 (206)
　　七、单面山(单斜状隆起) (207)
第七节　构造变形序列 (207)
第八节　构造阶段及其演化 (207)
　　一、元古宙造山前基底形成阶段 (208)
　　二、海西期—印支期主造山演化阶段 (209)
　　三、陆内构造阶段 (210)
　　四、新生代高原隆升阶段 (211)

第六章　专项地质调查 (213)

第一节　矿产地质 (213)
　　一、概况 (213)
　　二、矿产各论 (214)
　　三、成矿地质背景分析 (214)
　　四、找矿远景区的划分 (215)
第二节　国土资源状况简介 (216)
　　一、交通概况 (216)
　　二、矿产资源 (217)
　　三、动物资源 (217)
　　四、地形地貌 (217)
　　五、湖泊及水资源 (217)
　　六、可利用的草场资源 (219)
　　七、饮用水资源 (219)
第三节　生态及灾害地质 (219)
　　一、自然地理 (220)
　　二、生态地质环境特征 (220)
　　三、生态环境恶化的主要原因及防治对策 (223)
第四节　旅游资源 (223)

第七章　新生代高原沉积、地貌、隆升与环境耦合 (226)

第一节　古—新近纪盆地沉积 (226)
　　一、古—新近纪地层体系的建立与划分 (226)
　　二、古—新近纪沉积特征 (226)
　　三、盆地充填序列与古气候演化 (235)
第二节　第四纪沉积 (237)
　　一、第四纪划分及分布 (237)
　　二、第四纪盆地充填及类型分析 (239)
第三节　古近纪以来气候环境演变与高原隆升 (252)

一、高原隆升阶段划分观点及研究史 ……………………………………………………………（252）
　　二、古近纪—第四纪沉积盆地形成与演化趋势 …………………………………………………（252）
　　三、测区高原隆升与相应的环境变化阶段 ………………………………………………………（254）
　第四节　第四纪高原隆升与水系变迁 …………………………………………………………………（257）
　　一、早更新世水系无序及湖盆演化阶段 …………………………………………………………（257）
　　二、中更新世山系急剧隆升与冰发育阶段 ………………………………………………………（258）
　　三、晚更新世间歇性急剧隆升与水系基本定型阶段 ……………………………………………（258）
　　四、全新世长江外泄水系的形成和发展阶段 ……………………………………………………（259）

第八章　结　论 ………………………………………………………………………………………………（262）
　　一、地层 ………………………………………………………………………………………………（262）
　　二、构造 ………………………………………………………………………………………………（263）
　　三、岩石 ………………………………………………………………………………………………（263）
　　四、矿产 ………………………………………………………………………………………………（263）
　　五、新生代地质环境及高原隆升方面 ……………………………………………………………（264）
　　六、存在的问题 ……………………………………………………………………………………（264）

主要参考文献 …………………………………………………………………………………………………（265）

图版说明及图版 ………………………………………………………………………………………………（267）

附图　1∶25万沱沱河幅（I46C002002）地质图及说明书

第一章　绪　论

第一节　目标与任务

青藏高原素有世界屋脊之称,被认为是"地球第三极",自然地理条件决定该地区基础地质调查薄弱,但其地壳结构、构造特殊性和典型性,是研究大陆动力学的重要窗口。特别是青藏高原的隆升作用及其环境效应一直为世人瞩目,随着国民经济生产的需要,为适应大调查提速的要求,加快青藏高原空白区基础地质调查与研究,由中国地质调查局下达,西安地质矿产研究所实施的1∶25万 I46C002002(沱沱河幅)、I46C002003(曲柔尕卡幅)联测项目,编号:基[2002]001-14,由青海省地质调查院具体承担完成。该项目工作周期为3年(2002年1月—2004年12月),总填图面积为30 568 km^2。2004年7月提交野外验收,2004年12月提供最终成果。预期提交的主要成果为:印刷地质图件及报告、专题,并按中国地质调查局编制的《地质图空间数据库工作指南》提交 ARC/INFO、MAPGIS 图层格式的数据光盘及图幅与图层描述数据、报告文字数据各一套。

根据任务书要求,在充分收集研究区及邻区已有的基础地质调查资料和成果的基础上,按照《1∶25万区域地质调查技术要求(暂行)》和《青藏高原艰险地区1∶25万区域地质调查要求(暂行)》及其他相关的规范、指南,辅以造山带填图的新方法、新技术,合理划分测区的构造单元,对测区内构造、地层、岩石及其相关环境方面进行详细调查,最终通过盆地建造、岩浆作用、变质变形及盆-山耦合关系研究,建立构造模式,反演区域演化历史。

按照任务书,本项目目标任务如下。

(1)查明测区内地层、岩石、构造以及其他各种地质体的特征、分布、属性及相互之间的时空关系与演化。采用综合地层学方法,对沉积岩系进行划分、对比,确定不同地质时期的沉积岩相、古地理环境。

(2)对西金乌兰湖—金沙江缝合带的物质组成、结构及其构造演化等进行系统研究。

(3)对风火山白垩纪沉积盆地充填序列、沉积环境及沉积型铜矿床成矿地质背景进行分析。加强区内已发现的二道沟铜、银和藏麻西孔斑岩型铜矿等多金属成矿带地质背景调查,为本区经济发展提供基础资料。

第二节　位置、交通及自然地理

1∶25万 I46C002002(沱沱河幅)项目地处青海省西南部的唐古拉山北坡,地理坐标:东经91°30′—93°00′;北纬34°00′—35°00′。行政区划隶属于青海省玉树藏族自治州与格尔木市所管辖(图1-1)。青藏公路穿越测区中部,横跨沱沱河、风火山盆地,为西部沱沱河幅的地质调查提供了方便，除青藏公路外，区内无正规公路可行，大部分地段山高谷深、切割强烈、河流纵横、湖沼发育，一些季节性便道只能靠驮牛、马匹运输方可通行，交通极为不便。

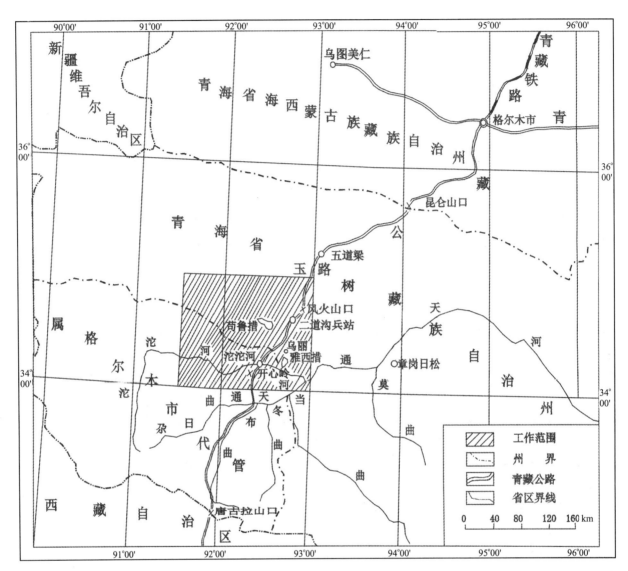

图1-1 测区交通位置图

测区地势西高东低，盆岭相间，北为巴音查乌马峰、中有风火山、南为开心岭，其间夹有开阔的勒玛曲盆地与河谷宽浅的沱沱河盆地。区内平均海拔多为4 600～5 000m，相对高差为300～700m。最高峰位于测区北部巴音查乌马峰，海拔为5 551m，山峰苍劲挺拔，基岩裸露，沟谷深切，极难攀登。

区内河流属长江源头水系，以外流河为主，著名的沱沱河、通天河横贯测区南部，其支流冬多曲、日阿尺曲、冬布里曲、桑佰白陇曲等构成"枝状"遍布测区。河水源于高山冰雪融化与季节性降水，夏、秋两季河水暴涨暴落，大雨、雪后洪水泛滥。小型咸水湖泊星罗棋布，沿湖沼泽、湖塘及湖积物极为发育，通行十分不便。由于深居大陆内部，气候寒冷、干旱，典型的大陆性气候造成河流供水不足，多数湖泊处于干涸状，目前测区较大的湖泊主要有玛章错钦、苟鲁山克措、雅西措、错阿日玛等。年最高气温20℃，最低气温-30℃，昼夜温差大；每年10月至次年5月多西风，6—9月多偏北风。气候变化无常，四季不明，冰冻期长，冻土遍布。

测区居民点主要集中于青藏公路沿线,较大的居民点有二道沟、沱沱河等,设有兵站、商店、油泵站、食宿站及养路总段等单位,居住着汉、藏、回等民族,其中藏族以游牧为生,测区西部尹日记、苟鲁山克措一带均为无人区。

测区内土壤类型以高山荒漠土、高山草甸土、亚沙土与沙土为主,植物多为草本,牧草的覆盖率为15%~25%,主要分布于沱沱河、通天河沿岸与各湖泊、沼泽周围及一些沟谷处,个别滩地生长有骆驼刺、爬地松等。野生动物以野驴、藏羚羊为主,另有岩羊、黄羊、鹿、狼、兔、旱獭、猞猁及鼠类等。湖泊区6—8月有黄鸭等禽类栖息。

区内无工农业,经济落后。近年来过度放牧使生态环境遭到较大破坏,只有适度控制放牧,并合理对自然资源进行分配,才能使本区保持可持续发展的良好态势。

第三节 工作条件及研究程度概况

一、工作条件

测区距离青海省格尔木市400~500km,气候条件恶劣,交通状况差,部分地段属无人区,同时也是地质空白区。特别是高寒缺氧的环境,对作业人员身体损耗极大,高原心脏病、肺心病等疾病严重地威胁到作业人员的身体健康,因此必须具备良好的医疗保健措施,配备输氧设备,并有专职医护人员保障。由于生产物资供给主要来源于青海省西宁市、格尔木市,而生活物资只能来源于格尔木市,顺利从工区往返格尔木要3~4天,而位于西部纵深处基站往返格尔木市少则4~5天,多则8~10天,因此必须具备良好的通讯设备、运输设备及后勤保障救援能力,并应突出高、精、尖的特色。

二、地质调查研究历史与研究程度

(1)测区解放前为地质空白区,已有的地质调查研究成果始于建国以后,主要的地质工作量及其成果见表1-1。

(2)1966—1968年青海省地质局对测区进行1∶100万区域地质调查,简单完成了1∶100万地质编图,对全区出露的地层进行了对比,概略地建立了地层序列,确定了岩浆侵入期次,但地质路线过于稀疏,精度较差,研究程度很低(图1-2)。

(3)测区的1∶20万区域地质调查完成于20世纪80年代中期,限于当时的研究水平及装备等原因,其精度较低(约相当于1∶50万精度),地层系统很不完善,地层之间接触关系依据不足,一些重要的地质信息被遗漏,大部分地层缺乏时代依据,特别对中新生代地层以及侵入体的划分缺乏生物学、年代学等资料。

(4)测区的专题调查可能始于1955年(卢振兴),当时仅为粗略的路线踏勘工作。20世纪60年代末至70年代,青海省地质局先后在青藏公路沿线开展了矿点专项调查以及覆盖全区的1∶100万、1∶50万航磁测量,出版了相应的报告及图件。此后于80年代中法合作队、中英综合地质考察队,先后沿青藏公路进行了科考,完成了亚东—格尔木地学断面的研究,出版了相关的科考报告,但研究区域局限于青藏公路沿线,对远离青藏公路纵深之处的地质问题认识不足。

(5)矿产研究程度:测区内矿产调查工作始于建国以后,20世纪50年代至70年代煤炭部(1954)、西北煤田地勘局(1956)、国家地质总局航空物探大队(1975)及青海省地质局(1969,1977及1978)等均派有专业地质队在测区开展过工作,但大多局限于专项矿点的调研。80年代末,

1∶20万区调在测区内共发现铁、铜、金、煤、石膏及石盐6个矿种,对本次工作有一定利用价值。由于化探工作仅局限于测区北部小部分地段,加之缺乏与沉积、构造相配套的成矿背景分析,使区域矿化远景评价受到极大的制约。同期于测区内开展的风火山铜、银矿普查及同步开展的1∶20万沱沱河、章岗日松区域化探扫面工作为测区进行系统的成矿研究提供了思路。

表1-1 测区研究程度一览表

序号	工作性质	工作时间	工作单位	主要成果
1	基础地质调查	1966—1968年	青海地质局区测队	1∶100万温泉幅地质、矿产图及报告,初步取得了测区地质矿产资料
2		1974—1975年	中国地质科学院秦德余、李岑光,青海地质局水文一队	沿青藏公路格尔木—安多间进行了地质调查
3		1975年	航空物探大队九○二队	1∶50万航磁测量,编制有航空磁测成果报告及航磁ΔT正式图件等
4		1976年	青海第一水文队、地科院地质力学所、水文地质工程地质所	沿青藏公路进行1∶20万综合水文地质调查,对第四系进行了简单划分,取得了一些零星资料
5		1977年	青海物探队二分队	对沱沱河地区航磁异常进行了检查,写有总结报告
6		1978年	青海物探队二分队	编有1∶50万Ⅱ、Ⅲ级航磁异常检查报告
7		20世纪80年代中期	青海地矿局区综队	1∶20万沱沱河幅、章岗日松幅联测,错仁德加幅、五道梁幅联测,提交了地质矿产报告成果、地质图、地质矿产图
8	矿产地质调查	1959年	青海地质局石油普查大队	对沱沱河铁矿进行了工作
9		1969年	青海地质局第一地质队	对二道沟铜矿、八十五道班西煤矿、乌丽煤矿、扎苏煤矿、开心岭煤矿进行了工作,并有总结报告
10		1978年	青海省地质局地质八队	编写有青海省格尔木开心岭地区铁矿普查报告
11	科考及专题研究	1956年8月	西尼村ВМ、张文佑等	沿公路进行了概略地质调查
12		1974年	中国地质科学院	沿青藏公路格尔木—拉萨开展了1∶50万地质调查
13		1977年	中国科学院	沿青藏公路进行了地质考察,对测区地层、构造、岩浆岩作了粗略总结
14		1978年	青海地质科学研究所张以茀等	沿格尔木—唐古拉山口进行了地质调查,对测区地层、构造、岩浆岩作了概要总结
15		1980—1981年	青藏高原地调大队	沿格尔木—拉萨进行了地质考察,编写了专业性文字报告
16		1980—1982年	中国科学院中法合作队(肖序常、李岑光)	沿格尔木—拉萨路线进行了地质考察,在该区制地震剖面,并著有相应的文字报告,对测区地层、构造、岩浆岩作了研究
17		1985年	中国科学院中英合作队	沿格尔木—拉萨路线进行了地质考察,发表了相应的地质论文

三、地形图质量评述

(一)1∶10万地形图(野外手图)

野外采用1∶10万地形图作为本次填图工作的基本工作手图,该图由中国人民解放军总参谋部测绘局依据1969年航摄,采用1971年版式;分别于1971年、1972年调绘;于1973年、1974年两次出版。地形图绘制采用了高斯-克吕格投影,克拉索夫斯基参考椭球体,1954年北京坐标系,

1956年黄海高程系和1985年国家高程基准,等高距均为20m,共计9幅。野外使用结果认为该地形图、地物准确,精度较高,完全满足1:25万地质制图要求。

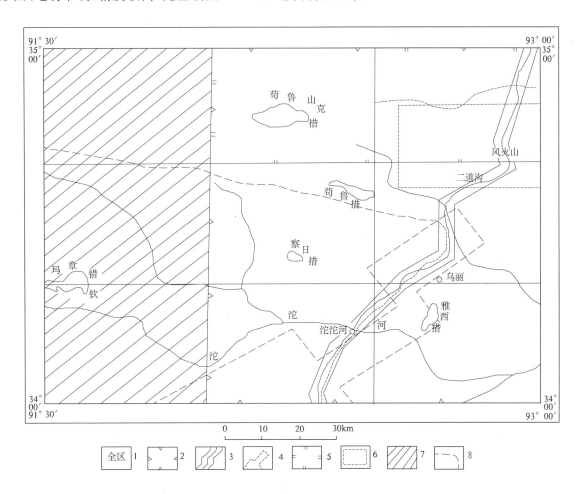

图1-2 测区研究程度图

1.1:100万区域地质测量及1:50万航磁测量范围;2.1:20万区域地质调查覆盖区;3.卢振兴、西尼村BM、张文佑、张以弗等,西北地质局632队,青海地质局第一水文队,地科院地质所中法合作队,中英综合地质考察队,亚东—格尔木地学断面地科院地质所秦德余及地科院力学所劳雄等,青藏高原地调大队沿公路进行地质考察或调查;4.航磁异常检查范围;5.1:20万化探扫面区;6.风火山铜异常检查区;7.1:20万区域地质调查空白区;8.中科院、青海省政府可可西里综合科考主干路线

(二)1:25万地形图

项目使用的1:25万地形图依据1974年出版的1:10万地形图,于1984年编绘,采用1984年版式,于1985年出版。地形图采用1954北京坐标系、1956年黄海高程系,地形等高线为100m,地形地势满足1:25万制图要求,可直接作为作者原图的地理底图。

(三)航(卫)片

两幅图配有1969年摄制的比例尺为1:6.5万的黑白航空像片及1:25万、1:10万分幅假彩色TM图片各一套,航片重叠度基本合乎要求,像片清晰、反差较好,易于判读,实际使用情况效果较好,除部分地段受季节性积雪覆盖外,不同地质体及褶皱断裂系统反映较清楚。

第四节 任务完成情况

经过两年多的野外工作与室内综合整理，按照设计任务书要求，项目组完成了设计要求所规定的主要实物工作量，共测制剖面25条（其中3条修测剖面，见表1-2），完成填图面积15 284km²，实测路线长2 856.679km（表1-3）。野外工作阶段，根据测区出露的地质实体实际情况，对部分样品进行了适当调整，加大了对以往实际资料的应用，增大了如部分同位素样品、硅酸盐、稀土元素等的分析，主要实物工作量见表1-3。

表1-2 测区实测与修测地质剖面一览表

序号	剖面名称及代号	剖面长度（m）	备注
1	青海省格木市唐古拉乡郭仓乐玛二叠纪诺日巴尕日保组实测剖面（VTP$_1$）	2 570	实测
2	青海省格尔木市唐古拉乡侏罗纪雀莫错组实测剖面（VTP$_2$）	1 750	
3	青海省格尔木市唐古拉山乡郭仓尼亚陇巴晚三叠世结扎群巴贡组（Tbg）实测剖面（VTP$_3$）	5 450	
4	青海省格尔木市唐古拉乡三叠纪实测剖面（VTP$_4$）	4 480	
5	青海省格尔木市唐古拉乡多尔玛地区晚三叠世结扎群甲丕拉组实测地质剖面（VTP$_5$）	2 415	
6	青海省格尔木市唐古拉山乡襄极三叠纪结扎群（TJ）地层实测剖面（VTP$_6$）	3 850	
7	青海省格尔木市唐古拉山乡侏罗纪地层实测剖面（VTP$_7$）	2 480	
8	青海省格尔木市沱沱河乡苟弄钦晚三叠世苟鲁山克措组（T$_3$g）地层实测剖面（VTP$_8$）	4 380	
9	青海省格尔木市沱沱河乡康特金晚三叠世苟鲁山克措组（T$_3$g）地层实测剖面（VTP$_9$）	1 200	
10	青海省格尔木市沱沱河乡康特金石炭纪—二叠纪西金乌兰群灰岩组地层实测剖面（VTP$_{10}$）	650	
11	青海省格尔木市沱沱河乡碎穷白垩纪风火山群（KF）地层实测剖面（VTP$_{11}$）	2 670	
12	青海省玉树藏族自治州治多县苟鲁山克措第四纪湖积实测剖面（VTP$_{12}$）	42	
13	青海省玉树藏族自治州治多县巴音查乌马C—P实测剖面（VTP$_{13}$）	1 700	
14	青海省玉树藏族自治州治多县苟鲁山克措上新世曲果组实测剖面（VTP$_{14}$）	1 200	
15	青海省格尔木市唐古拉乡乌丽地区晚二叠世乌丽群实测地质剖面（VTP$_{16}$）	3 330	
16	青海省格尔木市唐古拉山乡扎日根二叠纪开心岭群地层实测剖面（VTP$_{19}$）	3 520	
17	青海省格尔木市唐古拉山乡沱沱河北岸阶地实测剖面（VTP$_{20}$）	15	
18	青海省格尔木市唐古拉山乡通天河河谷阶地实测剖面（VTP$_{21}$）	85	
19	青海省格尔木市唐古拉山乡桑恰玛陇地区晚白垩世风火山群实测地层剖面（VTP$_{24}$）	5 250	
20	青海省格尔木市唐古拉山乡夏仓曲晚白垩世风火山群实测地层剖面（VTP$_{25}$）	1 300	
21	青海省格尔木市唐古拉山乡开心岭煤矿北晚二叠世乌丽群地层实测剖面（VTP$_{23}$）	1 850	
22	青海省格尔木市唐古拉山乡雅西措湖浅井剖面（VTQP$_{26}$）	1.5	
23	青海省玉树藏族自治州治多县桑恰山白垩纪错居日组、洛力卡组、桑恰山组修测地层剖面（XVTP$_1$）	7 645	修测
24	青海省格尔木市唐古拉山乡阿布日阿加宰古近纪—新近纪实测地层剖面（XVTP$_2$）	5 570	
25	青海省格尔木市唐古拉山乡扎日根组、诺日巴尕日保组、九十道班组修测地层剖面（XVTP$_3$）	2 904	

表1-3 完成实物工作量一览表

项目		项目总工作量	设计完成工作量	沱沱河幅	单位
地质填图总面积		30 568	15 284	15 284	km²
实测路线长度		4 000	2 000	2 856.679	km
修测路线长度				73.825	km
地质剖面		100	50	65.707 5	km
路线剖面				3.100	km
遥感解译		覆盖全区;1:10万TM图像9张,1:25万TM图像1张			
岩石薄片鉴定		1 500	800	711	块
利用前人薄片				455	块
定量光谱分析		800	400	344	块
光片		12	10	4	块
大化石鉴定		320	220	231	件
微古分析		240	120	116	件
硅酸盐分析		180	90	99	件
稀土分析		160	60	92	件
化学分析		80	50	29	件
同位素测年	U-Pb	10	5	3	件
	Sm-Nd	20	10	17	件
	Rb-Sr	8	6	6	件
	K-Ar	8	4	12	件
	Ar-Ar	6	3	2	件
	FT	9	3	3	件
	TL、OSL、ESR	38	20	23	件
	^{18}O	20	6	1	件
Sr/Sr		10	4	4	块
粒度分析(薄片)		150	100	52	件
水样简分析		20	10	8	件
人工重砂		20	10	3	件
陈列				40	件

对所采样品选择性地进行了成果的测试,其类别与测试单位见表1-4。

表1-4 样品类别及测试单位一览表

序号	样品	测试单位
1	薄片	青海省地调院岩矿室
2	硅酸盐、化学样、试金样	青海省地质中心实验室
3	定量光谱、稀土分析	武汉综合岩矿测试中心
4	粒度分析	成都理工大学
5	电子自旋共振	中国地调局海洋地质实验室、成都理工大学
6	热释光、光释光	地矿部环境地质开放研究实验室

续表 1-4

序号	样品	测试单位
7	^{14}C	中国地调局海洋地质实验室
8	裂变径迹	中国地震局地质研究所新构造年代学实验室
9	Ar-Ar	地矿部地质研究所
10	Sm-Nd	地科院地质研究所、地调局天津地矿所
11	K-Ar	中国地震局地质研究所
12	U-Pb	中国地调局武汉地质矿产研究所、地调局天津地矿所
13	Rb-Sr	地科院地质研究所
14	化石、微古	中科院南京地质古生物所
15	中生代—古生代孢粉	中科院南京地质古生物所
16	新生代孢粉	地矿部水文地质、工程地质研究所第四纪实验室
17	人工重砂、锆石对比	青海省地调院岩矿室
18	水样	青海省地质中心实验室

第五节 项目进程与质量情况

根据项目任务书,本项目由中国地质调查局下达,西安地质矿产研究所实施,委托青海省地质调查院具体承担,青海省地质调查院新组建区域地质调查五分队具体运作。

项目组在接到区调部下达的《设计计划通知书》后,着手进行项目"设计编写提纲"的编写,并报区调部门进行审批;之后进行了大量资料的查阅,广泛收集测区地形、航卫片及地质资料,于2002年4月份编写了项目设计草稿及2002年度野外工作计划,2002年4—9月,按照任务书及设计草稿,对测区重大地质体及存在的问题进行了实地踏勘,于2002年11月5日前完成了项目设计的编写,编制了测区的地质图、遥感解译图等系列图件,完善了项目预算编制。项目设计于2002年11月8日经由青海省地质调查院组织的专家组进行初审后,对设计中提出的不当之处进行修改,最终于2002年12月报予由西安地质矿产研究所组织的设计验收专家小组进行终审,获得优秀。

2002年度野外实地踏勘阶段,除完成任务书下达的年度工作任务外,还进行了野外试填图,取得了一些实际资料,在野外针对取得的实际资料,共完成填图面积9 000km²,实测地质剖面9条(30.3km)。2002年7月22—23日,由青海省地质调查院组成的专家组对本项目进行了中期检查,通过实地检查、室内抽查等形式,确认本项目工作质量优秀,进展明显,成果显著。

2003年4月26日—9月30日全面开展地质填图工作。在野外工作阶段:①测制了代表性的地层剖面、侵入岩剖面,系统采集了样品,确定了填图单位;②按照任务书及设计书的要求,全面采集了各类样品,样品的采集工作程序包括:布样、采样、编号、填写标签、样品登记、包装、填写送样单、送测试单位分析化验及鉴定。年度完成填图面积19 700km²,野外地质填图路线162条,路线总长2 552.6km,地质点1 240个,实测地质剖面22条(64.2km)。

2003年6月14—15日由青海省地质调查院组成的专家组对本项目进行了中期检查,通过实地检查、室内抽查等形式,填写了野外记录地质观察点检查登记表、实测剖面抽样检查记录卡、野外工作阶段质量检查登记卡等,确认本项目工作扎实,各种资料收集齐全,工作到位,符合地调局有关技术规定,获得优秀。2003年9月10日由青海省地调院组成的专家组对本项目进行了年度野外工作终期检查,通过实地检查、室内抽查、与项目组成员交流等形式确认本项目工作质量优秀,进展明显,成果显著。

2004年度野外工作期间,完成填图面积2 568km²,针对测区风火山盆地及新生代环境方面,重点测制地质剖面。并在此基础上完成野外验收所要求的各种图、文件,在由中国地质调查局专家组进行的野外验收过程中,详细对测区所取得的实际资料与成果进行了室内与野外实地审查,确认本项目进展明显,所取得的实际资料扎实,在最终的项目评审中获得了一优一良的成绩[其中1:25万沱沱河幅为优秀级(91.2分),曲柔尕卡幅为良好级(88.1分)]。分队在野外验收结束后,对取得的成绩与不足进行了系统的总结,并进行了野外实地补充勘探。

2005年3月项目组完成了对报告的编写,在由中国地质调查局西安地质调查中心组织的结题验收会上,专家小组对项目成果进行细致审查,对所取得的成果与不足进行了总结,最终获得了一优一良的成绩[其中1:25万沱沱河幅为优秀级(91.5分),曲柔尕卡幅为良好级(88分)]。

第六节 组织形式及项目组人员分工状况

(一)组织形式

以野外项目组形式编制,设立项目负责1人,技术负责4人,大多具备中、高级职称。项目组下设地测组4个、矿产与资源组2个、构造组2个、岩石组2个、后勤组(兼职)1个,在项目组统一领导下分工负责,密切配合,开展各项工作。

(二)人员分工

具体人员配备与作业分工见表1-5。

表1-5 项目组成员及分工状况一览表

序号	项目成员	承担任务	备注
1	邓中林	负责新生代地质与环境、地层等的调查,各类图件、报告的统编定稿	
2	安勇胜	负责岩浆岩、地质构造相关部分的调研与报告的编写	
3	王青海	负责地层、变质岩的调研与相关报告的编写	2003年任该项目技术负责
4	安守文	负责矿产资源与相关报告的编写	2004年任该项目技术负责
5	任晋祁	负责晚古生代—中生代火山岩及蛇绿岩方面的调查,承担相应的报告编写	2002—2003年担任技术负责,2004年调出,完成野外验收报告的编写
6	杨延兴	负责国土资源现状调查与相关报告的编写,编制相关图件	
7	史连昌	承担新生代火山岩等方面的调查,编写相关报告,编制相关图件	2003年调入
8	陈 健	负责脉岩的调查	
9	庄永成	2002年度承担区域遥感地质的调查工作	2002年担任技术负责,2003年调出
10	韩海臣	参加2002—2003年度野外调查工作,完成地球物理章节的编写工作	2004年调出
11	丁玉进	参加2002—2003年度野外调查工作	

项目运行过程中始终得到了张雪亭高级工程师、阿成业高级工程师、张智勇高级工程师等的大力支持与无私的帮助,对项目进行了全程监督、指导。

第二章 地 层

测区以沉积岩为主,沉积地层占测区面积百分之九十以上。除呈岩块分布于西金乌兰湖—金沙江缝合带中的石炭纪—二叠纪通天河蛇绿构造混杂岩(CPa、CPb)为构造-岩石地层单位以外,总体为成层有序的地层。区内具正常层序岩石地层由老到新为:晚石炭世—中二叠世开心岭群扎日根组(CPz)、诺日巴尕日保组(Pnr)、九十道班组(Pj);晚二叠世乌丽群那益雄组(Pn)、拉卜查日组(Plb);晚三叠世苟鲁山克措组(T_3g)及结扎群甲丕拉组(Tjp)、波里拉组(Tb)、巴贡组(Tbg);中、晚侏罗世雁石坪群雀莫错组(J_2q)、布曲组(J_2b)、夏里组(J_2x);白垩纪风火山群错居日组(Kc)、洛力卡组(Kl)、桑恰山组(Ks)。在地层区划上分属玛多—玛尔康、西金乌兰—金沙江、唐古拉—昌都 3 个地层分区(表 2-1)。古近纪—新近纪沱沱河组(Et)、雅西措组(ENy)、五道梁组(Nw)、曲果组(Nq)及第四纪地层等新生代地层作为盖层跨越不同的地层区划分布,将在第七章中论述,在此不再赘述。

表 2-1 测区地层序列简表

地层区划 地质年代		西金乌兰—金沙江地层分区			康古拉—昌都地层分区	
白垩纪	K_2		砂砾岩段(K_s^2)	桑恰山组(Ks)	风火山群(KF)	
			砂岩段(K_s^1)			
		洛力卡组(Kl)				
	K_1	错居日组(Kc)				
侏罗纪	J_3					
	J_2			夏里组(J_2x)	雁石坪群(TJ)	
				布曲组(J_2b)		
				雀莫错组(J_2q)		
	J_1					
三叠纪	T_3	苟鲁山克措组(T_3g)	上段(T_3g^b)	巴贡组(Tbg)	结扎群(TJ)	
			下段(T_3g^a)	波里拉组(Tb)		
				甲丕拉组(Tjp)		
	T_3					
	T_3					
二叠纪—晚石炭世	P_3			乌丽群(PW)	拉卜查日组(Plb)	
		通天河蛇绿构造混杂岩	碳酸盐岩组(CPb)		那益雄组(Pn)	
	P_2			开心岭群(CPK)	九十道班组(Pj)	
			镁铁质岩(o)v		诺日巴尕日保组(Pnr)	
	P_1—C_3		碎屑岩组(CPa)		扎日根组(CPz)	
			超镁铁质岩(o)$\varphi\omega$			

本次1：25万区域地质调查收集了丰富的地层资料,测制了19条地层剖面,每个地层单位均有剖面控制。

第一节 晚古生代地层

测区内晚古生代地层分布于西金乌兰构造混杂带中和羌塘陆块北缘晚古生代岛弧带。

一、通天河蛇绿构造混杂岩

主要分布于西金乌兰湖—金沙江缝合带中巴音查乌马、康特金等地,巴音查乌马一带为蛇绿构造混杂岩,基质为一套发育透入性剪切的碎屑岩,外来岩块既有蛇绿岩组分,也有时代可能为石炭纪—二叠纪的复理石、硅质岩等非蛇绿岩组分,各组分之间构造分割明显;外来岩块为大小不等的、时代可能为石炭纪—二叠纪或更老的碎屑岩、灰岩夹中基性火山岩,块体与周围地层皆为构造接触。1959年中国科学院南水北调考察队将通天河两侧的变质岩系命名为通天河群,时代归为古生代。1980年青海省地层表编写小组认为通天河群由一套中浅变质的浅海—滨海相沉积的碎屑岩及火山喷发岩组成,地质时代为二叠纪。刘广才于1984年在清理该群时将通天河群修改为通天河蛇绿构造混杂岩,并赋予新的含义。《青海省岩石地层》(1997)中沿用了通天河蛇绿构造混杂岩,是指沿西金乌兰湖—通天河一线呈带状或断续零星展布的多类岩石混杂的地质体,主要由板岩、千枚岩、片岩、变砂岩、辉长岩、辉绿岩、辉长堆晶岩、枕状玄武岩、硅质岩、大理岩、灰岩及正常碎屑岩组成,各岩片间关系不清或呈断层接触,含放射虫、遗迹、鳏、腕足类及双壳类等化石,并将其地质时代归属为石炭纪早期—早三叠世。

本次工作后将测区内的通天河蛇绿构造混杂岩进一步划分为两个非正式地层单位:碎屑岩组、碳酸盐岩组,又把其中的蛇绿岩划分为两个非正式填图单位:镁铁质岩$(o)\nu$和超镁铁质岩$(o)\varphi\omega$,蛇绿岩内容见岩浆岩有关章节。

(一)碎屑岩组(CPa)

碎屑岩组分布于测区西部巴音查乌马和康特金南侧,呈长条状,地层展布方向为北西西-南东东向。

1. 剖面描述

青海省玉树藏族自治州治多县巴音查乌马通天河蛇绿构造混杂岩(CPa)实测地层剖面(VTP$_{13}$)见图2-1。

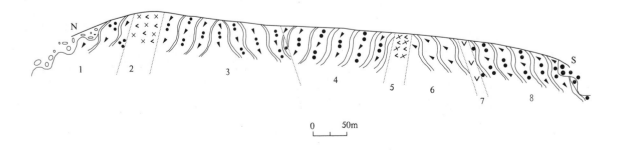

图2-1 巴音查乌马通天河蛇绿构造混杂岩实测地层剖面

沱沱河组（Et）　灰紫色巨厚层状砾岩夹砖红色岩屑长石砂岩

～～～～～　角度不整合　～～～～～

通天河蛇绿构造混杂岩碎屑岩组（CPa）

8. 灰色片理化变质中细粒岩屑砂岩（未见顶）

========== 断　层 ==========

7. 灰绿色—浅黄绿色橄榄辉石岩

========== 断　层 ==========

6. 灰色片理化变质中细粒长石岩屑砂岩

========== 断　层 ==========

5. 灰绿色—深灰色细粒角闪辉长岩构造块体

========== 断　层 ==========

4. 灰色片理化变质中细粒岩屑砂岩

========== 推测断层 ==========

3. 灰绿色片理化变质中细粒岩屑砂岩

========== 断　层 ==========

2. 灰色蚀变细粒角闪辉长岩

1. 灰色片理化变硅质、中细粒岩屑石英砂岩（未见底）

2. 岩性组合及沉积特征

通天河蛇绿构造混杂岩碎屑岩组与新生代沱沱河组之间为不整合接触，与其他地层未直接接触。

巴音查乌马一带岩性以灰色片理化变质中细粒长石岩屑砂岩为主，古特提斯洋的超基性岩透镜混杂其中，与砂岩呈构造接触，砂岩中发育密集的透入性剪切面理，具有混杂堆积的特征。由于受密集破劈理影响，破坏了地层中沉积构造，给该地层沉积相分析带来极大困难，从砂岩成分成熟度较差、岩屑含量高的特点推测物源可能来自岛弧，野外路线调查还发现此地层中偶见硅质岩和辉石橄榄岩的构造块体，据此推测该地层形成环境为具有洋壳的深海或半深海。岗齐曲上游该组岩性为灰色、黄绿色中细粒岩屑石英砂岩夹灰色粉砂岩夹灰色、灰黄色中厚层状砂屑砾屑灰岩，砂岩中发育水平层理，粉砂岩中发育沙纹波状交错层理，含植物化石。反映其沉积环境为浅海相。

巴音查乌马地区砂岩受较强的构造作用影响，碎屑和填隙物均有重结晶现象并且已经定向排列，碎屑形态已经不太清晰，碎屑颗粒分选性较差，杂基含量普遍在10%以上，碎屑中长石含量较少（0～12%），石英含量为20%～80%，岩屑含量为20%～80%，岩屑以各种浅变质岩为主，有板岩、千枚岩、片岩、硅质岩、变砂岩、石英岩和灰岩等。在矿物成分分布三角图上多落入再旋回造山带物源区（图2-2）。

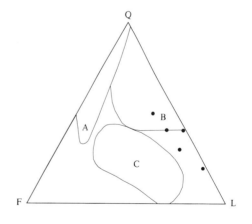

图2-2　CPa组砂岩碎屑矿物成分分布三角图
A.克拉通物源区；B.再旋回造山带物源区；C.岩浆弧物源区

3. 时代讨论

测区西侧同一构造带的地层中相继采集到化石，1995年科学考察过程中在移山湖西北硅质岩中发现牙形刺（王成源、王志浩鉴定）*Gnalhodus bilineatus bilineatus* (Roundy)，放射虫（王玉净鉴定)*Albaillella indensis* Won,? *Albaillella* sp., *Pylentonema* sp., cf. *P. mira* Cheng, *Archocyrtium lagabriellei* Gourmelon, *Entactinia variospina* (Won), *E. vulgaris vulgaris* Won, *E. vulgaris microporata* Braun, *E.* sp., *Astroentactinia biaciculata* Nazarov, *A.* sp. 等。2000 年 1∶25 万可可西里湖幅区调工作中,在蛇形沟一带硅质岩中发现放射虫(王玉净鉴定)*Pseudoalbaillella chilensis* Ling et Forsgthe。其中 *Albaillella indensis* 常见于 Tournaisian(杜内)阶上部至 Visean(维宪)阶下部,*Pseudoalbaillella* 为中—晚二叠世的标准分子。本次工作中虽然未能在该地层的硅质岩中采到化石,但是从岩性和构造变形等方面与前人所划分的通天河蛇绿构造混杂岩具有相似性。

本次工作在康特金南岗齐曲南岸采到了植物化石 *Plagiozamites oblongifolium* Halle,时代可能属隆林期—栖霞期,结合区域化石资料,该地层形成的地质年代可能为石炭纪—二叠纪。

4. 微量元素特征

碎屑岩组的微量元素与泰勒的地壳丰度值比较(表 2-2),大多数元素含量与上陆壳接近,仅有 Sr、Ta 远远低于泰勒值,Sr 的流失可能与地层遭受较强的韧性剪切动力变质作用有关。在 Th-Sc-Zr/10 和 Th-Co-Zr/10 图解(图 2-3)上,投点多数落入大陆岛弧物源区,个别落入被动大陆边缘物源区,推测其碎屑来源于羌塘陆块边缘的大陆岛弧。

表 2-2 通天河蛇绿构造混杂岩碎屑岩组微量元素含量表($\times 10^{-6}$)

编号	Sr	Rb	Ba	Th	Ta	Nb	Zr	Hf	Sc	Cr	Co	Ni	V	Cs	Ga	La	Cu	Pb	Zn	Yb	Sm	Ce	Nd
VTP$_{13}$DY0-1	118	42	216	6.3	0.4	6.6	97	2.1	5.4	7	6.1	16.9	48.9	6.0	6.6	20.9	9.0	5.9	30	1.8	3.4	48.0	27.4
VTP$_{13}$DY1-1	37	88	368	15.2	0.8	12.2	287	8.2	8.4	59	1.8	40.0	80.0	8.1	13.2	29.2	19.1	30.5	61	2.5	4.4	61.7	28.5
VTP$_{13}$DY3-1	38	90	370	13.2	0.8	11.5	205	5.5	9.0	66	11.9	43.0	75.0	9.7	13.8	27.8	19.1	24.8	58	2.3	4.8	63.3	27.0
VTP$_{13}$DY5-1	30	80	344	15.1	0.7	9.6	256	6.7	9.0	56	8.1	19.7	69.4	8.1	10.9	36.0	15.1	2.5	45	2.3	5.7	81.8	31.4
VTP$_{13}$DY6-1	25	103	400	8.5	0.8	12.3	166	4.0	11.1	58	9.9	30.0	82.0	6.0	12.0	33.4	12.3	4.1	58	2.6	5.6	75.0	28.7
VTP$_{13}$DY8-1	34	40	301	5.5	0.4	6.2	314	7.4	4.0	33	4.6	26.4	34.8	8.1	6.2	14.6	12.8	4.8	22	1.7	2.6	35.6	14.7
丰度值 1*	130	2.2	225	0.22	0.3	2.2	80	2.5	38.0	270	47.0	135.0	250.0		30	17.0	3.7	86.0	0.8	85	5.1	3.3	11.5	10.0
丰度值 2*	350	112	550	10.7	2.2	25.0	190	5.8	11.0	355	10.0	20.0	60.0	3.7	17.0	30.0	25.0	20.0	71	2.2	4.5	64.0	26.0
丰度值 3*	230	5.3	150	1.06	0.6	6.0	70	2.1	36.0	235	35.0	135.0	285.0	0.1	18.0	11.0	90.0	4.0	83	2.2	3.17	23.0	12.7

注:1*为洋壳元素丰度,2*为上陆壳元素丰度,3*为下陆壳元素丰度,Taylor et al,1985。

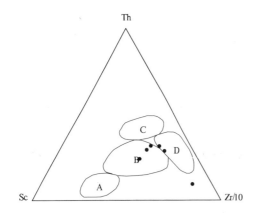
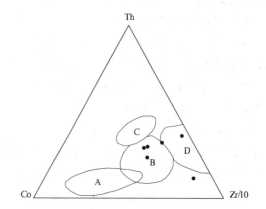

图 2-3 通天河蛇绿构造混杂岩碎屑岩组(CPa)砂岩微量元素 Th-Sc-Zr/10 和 Th-Co-Zr/10 图解

(据 Bhatia,1985)

A. 大洋岛弧;B. 大陆岛弧;C. 活动大陆边缘;D. 被动大陆边缘

(二)碳酸盐岩组(CPb)

碳酸盐岩组分布于测区西部康特金,呈构造块体与周围中新生代地层多为断层接触,岩性以结晶灰岩为主夹火山岩。

1. 剖面描述

青海省格尔木市沱沱河乡康特金通天河蛇绿构造混杂岩(CPb)实测地层剖面(VTP$_{10}$)见图2-4。

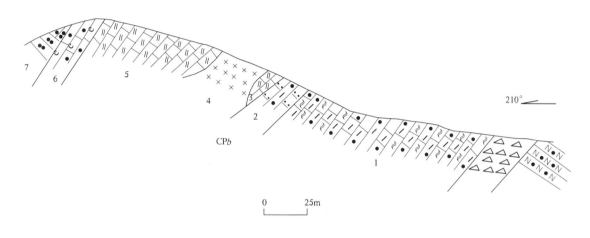

图2-4 青海省格尔木市沱沱河乡康特金通天河蛇绿构造混杂岩(CPb)实测地层剖面(VTP$_{10}$)

通天河蛇绿构造混杂岩碳酸盐岩组(CPb)   >438.37m

————— 向斜构造 —————

7. 灰黑色中厚层—厚层状砂屑粉晶灰岩(未见顶)   >12.79m
6. 灰色中厚层—厚层状含生物碎屑含砂屑泥晶灰岩   26.64m
5. 灰白—灰黑色中厚层—薄层状大理岩化粉晶灰岩   109.16m

═════ 断 层 ═════

4. 灰绿色蚀变辉绿岩

═════ 断 层 ═════

3. 灰白、灰黑色中厚层—薄层状线层纹状粉晶灰岩,发育水平纹层   17.65m
2. 灰色块状粉晶灰岩夹灰白色薄层状含硅质泥质线层纹状粉晶灰岩   25.55m
1. 灰色块层状含粉砂和泥质泥粉晶纹层状灰岩(未见底)   >195.90m

═════ 断 层 ═════

沱沱河组(Et) 紫红色岩屑长石砂岩夹紫红色泥岩

2. 岩性组合及时代讨论

通天河蛇绿构造混杂岩碳酸盐岩组呈断块与三叠纪苟鲁山克措组接触,白垩纪风火山群洛力卡组超覆不整合其上。

该灰岩组岩石组合单调,为灰白—灰黑色中厚层—薄层状线层纹状粉晶灰岩、灰白—灰黑色中厚层—薄层状大理岩化粉晶灰岩、灰色中厚层—厚层状含生物碎屑含砂屑泥晶灰岩夹灰绿色蚀变辉绿岩、灰绿色块状安山质集块岩。东侧邻幅尕保锅响一带以大套块状粉晶、微晶灰岩为主夹灰绿色玄武岩,岩性与康特金处相似。该地层灰岩重结晶明显,未发现大化石痕迹,但在测区西北邻幅1∶25万可可西里湖幅同一构造带的灰岩中采集到了腕足类、螺类化石 *Crurithyris* sp.(股窗贝)和 *Edmondia*(卵石蛤),时代属石炭纪—二叠纪,*Microptychis* cf. *contricra*(Martin.)(窄小褶螺比较种)时代属早石炭世,通过区域对比,测区内灰岩组沉积时期为石炭纪—二叠纪。

二、开心岭群

开心岭群(CPK)分布于测区南部,是羌塘古陆北缘岛弧带组成实体之一,地层展布方向为北西西-南东东向,两端延伸出图外。

开心岭群由青海省石油局632队(1957)创名于唐古拉山开心岭,原指:"上部为淡灰色致密块状灰岩,中部为黑灰色砂岩、页岩,局部夹薄层砾岩及泥质砂岩,下部为黑灰色厚层及灰白色薄层—厚层致密状页岩,富含䗴及其化石痕迹,底部为青绿色砂岩夹灰黑色页岩及厚达1m的煤层。"用以代表唐古拉山木鲁乌苏河一带的"下二叠统"。青海省区测队(1970)在1∶100万温泉幅中将"下二叠统"自下而上划为下碎屑岩组、石灰岩组、上碎屑岩组及火山岩组。1980年青海省地层表编写小组,沿用开心岭群并引用后3个岩性组。1989年青海省区调综合地质大队,在1∶20万沱沱河幅、章岗日松幅中,将开心岭群自下而上分为下碳酸盐岩组、碎屑岩组和上碳酸盐岩组。1993年刘广才将该群的碳酸盐岩组创名扎日根组,碎屑岩组创名诺日巴尕日保组,上碳酸盐岩组另立九十道班组。《青海省岩石地层》(1997)基本沿用刘广才的划分方案,给该群的定义是:"指分布于唐古拉山北坡,位于乌丽群之下的地层体。下部为碳酸盐岩、中部为杂色碎屑岩夹灰岩及火山岩,上部为碳酸盐岩夹少许碎屑岩。富含䗴,次为腕足类及珊瑚等化石,未见底界,以本群上部的灰岩顶层面为界与上覆乌丽群含煤碎屑岩整合接触或与结扎群为平行不整合接触。该群由老到新包括扎日根组、诺日巴尕日保组及九十道班组。沉积时代为晚石炭世晚期—早二叠世。"

本报告沿用《青海省岩石地层》的划分方案,仍将其三分,但采用全国地层委员会(2001)新的石炭纪二分、二叠纪三分的划分方案,原被视为晚石炭世的䗴带化石 *Sphaeroschwagerina sphaerica*, *Robustoschwagerina* cf. *fhura* 等,现已作为早二叠世紫松阶的分带化石,下部含 *Triticites*, *Montiparus* 化石富集的层位划分为晚石炭纪。原认为该群与结扎群之间的平行不整合关系,经查证在区内不存在。现将三组分述如下。

(一)扎日根组(CP$_z^2$)

该地层呈断开的小片或条带状由西向东零散分布于扎日根、诺日巴纳保一带,地层总体近东西向展布,向东延伸至邻幅的冬日日纠一带。

刘广才(1993)创名扎日根组于格尔木市唐古拉山乡扎日根。《青海省岩石地层》(1997)沿用扎日根组,并将其定义为:指分布于唐古拉山北坡,位于诺日巴尕日保组之下的地层体,由灰白—深灰色碳酸盐岩组成,富含䗴,并有腕足类、珊瑚及少量有孔虫化石,未见顶底。指定层型剖面位置在测区内的诺日巴纳保。

1. 剖面描述

(1)青海省格尔木市唐古拉山乡扎日根晚石炭世—二叠纪开心岭群实测地层剖面(VTP$_{19}$)见图2-5。

九十道班组(Pj)　灰白色中厚层状生物灰岩夹灰色中薄层状砂屑砂岩
══════ 断　层 ══════
扎日根组(CP$_z^2$)　　　　　　　　　　　　　　　　　　　　>875.53m

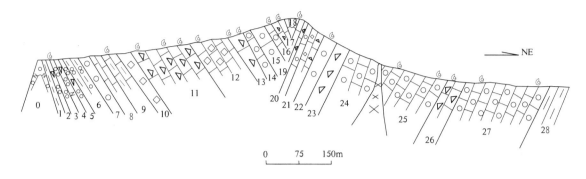

图 2-5 青海省格尔木市唐古拉山乡扎日根晚石炭世—二叠纪开心岭群实测地层剖面（VTP$_{19}$）

25. 灰黑色中厚层状亮晶生物碎屑灰岩：*Zellia colaniae* Kahler et Kahler　　　　　　　　　　＞340.10m
　　Triticites sp.
　　Eoparafusulina sp. indet.
　　Zellia heritschi Kahler et Kahler
　　Triticites plummeri Dunbar et Skinner
　　含珊瑚碎片
26. 深灰色粉晶生物碎屑灰岩夹灰色角砾状灰岩层　　　　　　　　　　　　　　　　　　　　80.21m
27. 浅灰—灰白色厚层状粉晶生物碎屑灰岩　　　　　　　　　　　　　　　　　　　　　　＞455.23m
　　含蜓：*Schwagerina quasiqixiaensis* Sheng et Sun
　　Zellia colaniae Kahler et Kahler
　　Rugosofusulina valida Lee
　　Pseudostaffella gorskyi Dutkevich
　　Fusulinella obesa Sheng
　　含珊瑚碎片

============ 断　层 ============

诺日巴尕日保组（P*nr*）　深灰色粉砂质板岩夹灰色泥质粉砂岩

（2）青海省格尔木市唐古拉山乡诺日巴纳保石炭纪—二叠纪开心岭群（CPK）修测地层剖面（XVTP$_3$）见图 2-6。

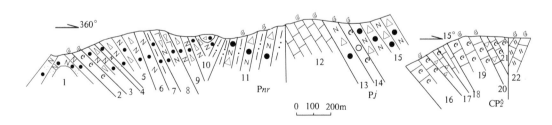

图 2-6 青海省格尔木市唐古拉山乡诺日巴纳保石炭纪—二叠纪开心岭群（CPK）修测地层剖面（XVTP$_3$）

扎日根组（CPz^2）
22. 灰白色块层状亮晶白云质珊瑚礁灰岩　　　　　　　　　　　　　　　　　　　　　　＞128.82m
21. 深灰色块层状含生物碎屑泥晶灰岩　　　　　　　　　　　　　　　　　　　　　　　119.94m
20. 浅灰色块层状碎裂（角砾状）含生物屑泥晶灰岩　　　　　　　　　　　　　　　　　39.94m
19. 深灰色块层状含燧石团块含生物屑泥晶灰岩（向斜核）　　　　　　　　　　　　　　224.33m

| 18. 灰白色块层状泥晶灰岩 | 54.56m |
| 17. 深灰色块层状亮晶生物屑灰岩夹石灰质角砾岩 | 87.1m |

======= 断 层 =======

九十道班组　浅灰色厚层状亮晶生物碎屑灰岩

2. 地层划分、沉积环境及时代讨论

扎日根组区域上分布局限，仅见于唐古拉山北坡扎日根、诺日巴尕日保、尕日扎仁及大红山沟口西等处，命名、建组位于测区内，其岩性为碳酸盐岩，岩性横向上无变化，化石丰富，时代依据准确，为晚石炭世—早二叠世跨时代的岩石地层。

扎日根组岩性单一，下部为灰白色厚层状粉晶生物碎屑灰岩，产石炭纪的䗴类化石 *Rugosofusulina valida* Lee, *Pseudostaffella gorskyi* Dutkevich, *Fusulinella obesa* Sheng，中上部岩性转变为深灰色中—薄层状生物碎屑灰岩，产早二叠世的䗴类化石 *Zellia colaniae* Kahler et Kahler, *Triticites* sp., *Eoparafusulina* sp. indet., *Zellia heritschi* Kahler et Kahler, *Triticites plummeri* Dunbar et Skinner。

冬日日纠一带产早二叠世䗴类化石 *Sphaeroschwagerina subrotunda* Ciry，相当于扎日根组的上部层位。

䗴类适宜生活的环境为温暖、透光性强、氧含量高的较开阔浅海环境，水深一般为20~100m。因此，扎日根组灰岩为浅海碳酸盐岩台地边缘浅滩相或弧后的碳酸盐岩盆地相。

该组地层中生物化石以䗴科为主，前人已经在该地层中发现了21属䗴50种䗴以及伴生的有孔虫8属2种，珊瑚6属2种，腕足和腹足各1属及藻类2属。本次工作又在扎日根、诺日巴纳保一带发现了较多的䗴化石 *Pseudostaffella gorskyi* Dutkevich, *Fusulinella obesa* Sheng, *Zellia colaniae* Kahler et Kahler, *Rugosofusulina valida* Lee, *Schwagerina quasiqixiaensis* Sheng et Sun, *Staffella moellerana* Thompson, *Pseudoendothyra affixa* Grozdilova et Lebedeva, *Eoparafusulina* sp. indet., *Zellia heritschi* Kahler et Kahler, *Montiparus obsoletes* Schellwien, *Triticites plummeri* Dunbar et Skinner, *Rugosofusulina serrata* Rauser, *Triticites paramontiparusmesopachus* Rosovskaya, *Quasifusulina* sp. indet.，这些属种多产在石炭纪的上层部位，属晚石炭世达拉阶和早二叠世早期。

扎日根组与诺日巴尕日保组、九十道班组、那益雄组以及三叠纪波里拉组之间皆为断层接触，未见顶底。从产出的化石可以确定该组地层形成于晚石炭世—早二叠世早期。

（二）诺日巴尕日保组（Pnr）

该组分布于测区南部开心岭、诺日巴尕日保和错阿日玛湖南侧一带。地层走向为北西-南东向。与下部扎日根组呈断层接触，上部九十道班组灰岩整合其上。

刘广才（1993）创名诺日巴尕日保组于格尔木市诺日巴尕日保。原指"灰色、灰绿色厚层中—细粒岩屑长石砂岩、长石石英砂岩、长石砂岩，偶夹粉砂岩、粘土岩及泥晶灰岩组成，仅见双壳类化石，与上覆九十道班组为连续沉积。"《青海省岩石地层》（1997）沿用此名，并定义为："指分布于唐古拉山北坡，位于九十道班组之下的地层体，由杂色碎屑岩夹泥岩、灰岩及不稳定火山岩组成。含䗴、珊瑚及双壳类等化石，与下伏扎日根组接触关系不清，以碎屑岩的顶层面为界，与上覆九十道班组灰岩整合接触。"正层型剖面为区内诺日巴纳保剖面（第1~11层）。

本次调查工作发现诺日巴尕日保组在测区内岩相变化较大，局部地段火山岩十分发育。

1. 剖面描述

(1)青海省格尔木市唐古拉乡郭仓乐玛二叠纪诺日巴尕日保组(Pnr)实测地层剖面(VTP$_1$)见图 2-7。

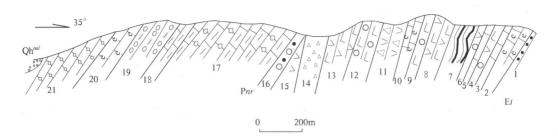

图 2-7 青海省格尔木市唐古拉乡郭仓乐玛二叠纪诺日巴尕日保组(Pnr)实测地层剖面(VTP$_1$)

诺日巴尕日保组(Pnr)	**＞1 682.70m**
20. 灰色中厚层状泥晶灰岩夹灰绿色条带状变质沉凝灰岩(第四纪冲洪积砂砾石层	
覆盖,未见顶)	＞176.85m
18. 灰紫色复成分粗砾岩	126.95m
17. 灰黑色中厚层状泥晶夹灰紫色泥质岩,偶夹灰紫色碳酸岩化流纹英安岩	55.61m
16. 灰色中厚层状含砂屑泥晶质灰岩夹黑色条纹状泥质灰岩	370.36m
15. 灰紫色钙质复成分砾岩	18.79m
14. 灰绿色蚀变安山岩	23.49m

============ 断 层 ============

13. 灰绿色气孔状蚀变玄武安山岩	55.92m
12. 灰绿色蚀变中基性含角砾、晶屑、玻屑凝灰岩	9.81m
11. 灰绿色蚀变杏仁状玄武岩	81.86m
10. 灰紫—灰绿色蚀变角砾凝灰岩	116.77m
9. 灰色中厚层状变晶砂屑生物碎屑灰岩	78.33m
8. 紫红色蚀变杏仁状玄武岩	47.67m
7. 灰紫色蚀变杏仁状玄武岩	112.62m
6. 灰绿色薄层状钙质板岩夹灰黑色中厚层状变余粉沙泥质泥晶灰岩	108.68m
5. 墨绿色杏仁状安山玄武岩	37.02m
4. 深灰色中厚层状微晶灰岩夹黑色燧石条带	33.14m
3. 墨绿色杏仁状蚀变玄武岩	46.41m
2. 灰黑色中厚层状粉晶灰岩夹黑色燧石条带	26.93m
1. 深灰色中厚层状碎屑、砂屑、生物碎屑灰岩夹深灰色气孔状蚀变粗玄岩	76.58m

============ 断 层 ============

古近纪沱沱河组(Et) 紫红色变质细粒岩屑石英砂岩

(2)青海省格尔木市唐古拉山乡扎日根石炭纪—二叠纪开心岭群(CPK)实测地层剖面(VTP$_{19}$)见图 2-5。

九十道班组(Pj) 灰—灰白色厚层状生物碎屑微晶灰岩

============ 整 合 ============

诺日巴尕日保组(Pnr)　　　　　　　　　　　　　　　　　　　　　**＞208.70m**

6. 紫红色中层状细粒岩屑砂岩夹紫红色泥质粉砂岩　　　　　　　　　　　　　　　　　　　　　　　106.31m
5. 灰紫色中厚层状含砾中粗粒岩屑砂岩夹紫灰色中层状细粒岩屑砂岩　　　　　　　　　　　　　　 36.03m
4. 灰紫色中厚层状生物碎屑细晶灰岩　　　　　　　　　　　　　　　　　　　　　　　　　　　　　 9.40m
　含腕足:*Amphiclina* sp.
3. 灰色中厚层状中细粒岩屑砂岩夹深灰色板状泥钙质粉砂岩及深灰色生物碎屑泥晶灰岩　　　　　　 8.13m
　含腕足:*Stenoscisma* cf. *tetricum* Grant
　　　　 Hystriculina texana Muir－Wood
2. 灰绿色中厚层状细粒岩屑砂岩　　　　　　　　　　　　　　　　　　　　　　　　　　　　　　　 4.85m
1. 紫红色含砾细粒岩屑砂岩夹灰紫色中层状细粒岩屑石英砂岩　　　　　　　　　　　　　　　　　　24.27m
0. 灰绿色中厚层状含生物碎屑粉砂质粉晶灰岩夹紫红色中厚层状钙质细粒岩屑砂岩(背斜,未见底)　＞9.71m

（3）青海省格尔木市唐古拉山乡诺日巴纳保石炭纪—二叠纪开心岭群（CPK）修测地层剖面（XVTP$_3$）见图 2-6。

九十道班组　青灰色厚层状粉晶灰岩

——————— 整　合 ———————

诺日尕日保组(Pnr)
11. 灰黑色薄层状含泥质(细砂质)粉砂岩夹中厚层状粉砂质细粒长石岩屑砂岩　　　　　　　　　　320.05m
10. 灰色厚层状中细粒岩屑长石砂岩夹黑色薄层状粉砂质粉砂岩　　　　　　　　　　　　　　　　157.87m
9. 灰色厚层状细中粒岩屑长石砂岩与灰黑色薄层状粉砂质细粒岩屑长石砂岩互层　　　　　　　　　 79.76m
8. 黄绿色厚层状细粒岩屑长石砂岩夹 2m 厚的灰绿色蚀变玄武岩　　　　　　　　　　　　　　　　 84.46m
7. 黄绿色厚层状含细砂粉砂岩夹灰黑色薄层状含粉砂粘土岩　　　　　　　　　　　　　　　　　　 32.15m
6. 浅灰绿色厚层状细粒长石砂岩　　　　　　　　　　　　　　　　　　　　　　　　　　　　　　 45.77m
5. 黄绿色厚层状粉砂质细粒岩屑长石砂岩夹灰色中厚层状纹层状细粒灰质长石砂岩　　　　　　　　167.26m
4. 灰白色厚层状中粒长石石英砂岩　　　　　　　　　　　　　　　　　　　　　　　　　　　　　 25.55m
3. 黄绿色厚层状细粒岩屑长石砂岩　　　　　　　　　　　　　　　　　　　　　　　　　　　　　 72.11m
2. 青灰色厚层状生物碎屑泥晶灰岩　　　　　　　　　　　　　　　　　　　　　　　　　　　　　 46.41m
1. 灰绿色厚层状细中粒长石石英砂岩(背斜核,未见底)　　　　　　　　　　　　　　　　　　　　＞81.39m

2. 地层综述及岩性横向变化

诺日尕日保组与下部扎日根组之间呈断层接触,与上部九十道班组呈整合接触。

区域上诺日尕日保组从西向东零星出露于唐古拉山北坡周琼尕鲁、扎日根、诺日尕日保、玛日阿达州及角借嘎等地,地层厚度总体呈西厚东薄之势。岩性特征与测区内一致,即以碎屑岩为主夹厚度不稳定的火山岩、灰岩。

测区内该地层在错阿日玛东南以火山岩、灰岩为主,向东在开心岭、诺日巴纳保等处以碎屑岩为主夹灰岩及火山岩,具体岩性组合为:西侧错阿日玛一带出露有灰绿色蚀变杏仁状玄武岩、灰绿色蚀变玄武安山岩、灰绿色蚀变角砾凝灰岩、深灰—灰黑色中厚层状粉(微)晶灰岩、灰色中厚层状含砂屑泥晶质灰岩、黑色条纹状泥质灰岩夹灰紫色复成分粗砾岩;开心岭地区为紫红色—灰紫色中细粒岩屑砂岩夹灰紫色、灰绿色生物碎屑(粉砂质)细晶灰岩及少量灰绿色中层状细粒岩屑砂岩,下部有紫红色含砾岩屑砂岩;诺日巴纳保是该组层型剖面位置,岩性为黄绿色、灰色细粒长石砂岩,灰色、黄绿色厚层状中细粒岩屑长石砂岩,灰色—灰黑色薄层状细砂质复矿物粉砂岩,灰绿色厚层状细中粒长石石英砂岩夹青灰色厚层状泥晶生物碎屑灰岩及灰绿色蚀变玄武岩。从上述岩性组合表现出地层所夹火山岩、灰岩厚度、层位均不稳定,从西向东有逐渐变薄趋势。

3. 沉积环境

地层中产腕足类、双壳类等浅海相化石,扎日根一带碎屑岩所夹生物碎屑泥晶灰岩中含有丰富的海百合茎化石,反映有浅海相的沉积环境。

错阿日玛一带诺日巴尕日保组的砂岩中见有波痕(图2-8),扎日根一带地层中砂岩、粉砂岩普遍发育水平层理、平行层理,该处的基本层序由下至上从含砾砂岩—砂岩—粉砂岩—顶部为生物碎屑泥晶灰岩,构成由粗到细的海侵沉积序列。此处碎屑岩的Sr/Ba比值均小于1,而灰岩Sr/Ba比值远远大于1,从这些特征推断沉积物环境处于海洋和陆地交界处。

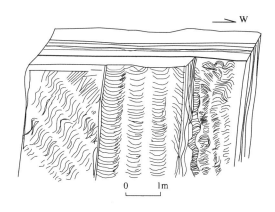

图2-8 诺日马尕日保组砂岩表面波痕
(0929点南100m)

从岩性组合分析,西侧火山岩与灰岩互层状并夹有复成分砾岩,反映滨、浅海的沉积环境;向东碎屑岩粒度变细,海水逐渐变深,在诺日巴纳保出现底部砂岩向上变为中细粒砂岩、至顶部为粉砂岩的正粒序韵律层,具复理石的特征,可能已处于一种浅海—半深海的环境。

扎日根一带岩屑砂岩的杂基含量低,在1%左右,碎屑中长石含量为8%~15%,石英含量为25%~30%,岩屑含量为59%~76%,岩屑以中性火山岩、火山碎屑岩居多,其他成分有千枚岩、片岩、硅质岩、灰岩等。在矿物成分分布三角图上多落入岩浆弧物源区(图2-9)。

砂岩中碎屑颗粒分选性较好,多呈棱角状,磨圆度及球度均差,粒度参数特征:平均值为2.89Φ~2.92Φ,标准差为0.62~0.75,偏度为0.02~2.14,尖度为2.88~10.44,峰态极窄。概率累积粒度分布曲线图(图2-10)上,1个样品由悬浮、跳跃和滚动3个总体构成,悬浮和滚动总体所占比例较少,跳跃总体占92%左右,粒度分布区间为1.5Φ~3.5Φ,斜率较大,分选性较好,悬浮总体分选性较好,S截点分布窄,具有1个分选性较差的滚动总体,含量约0.3%;另1个样品由悬浮和2个跳跃次总体构成,跳跃总体占99.2%,粒度分布宽,区间为1Φ~4.5Φ,斜率较大,分选中等,悬浮总体分选较差。粒度分布特点反映沉积环境的水动力较强。

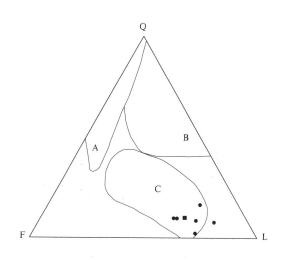

图2-9 Pnr组砂岩碎屑矿物成分分布三角图
A.克拉通物源区;B.再旋回造山带物源区;C.岩浆弧物源区

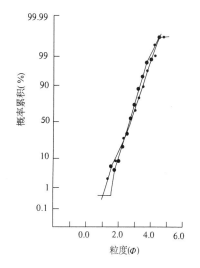

图2-10 Pnr组砂岩概率累积
粒度分布曲线图

4. 时代讨论

诺日巴尕日保组与扎日根组之间为断层接触，与上覆九十道班组灰岩整合接触。地层中产腕足类 *Stenoscisma* cf. *tetricum* Grant，*Hystriculina texana* Muir-Wood，*Attenuatella* cf. *convexa* Armstong；双壳类 *Heteropecten* sp.，*Palaeolima* sp.；螺化石 *Bellerophon* sp.。其中 *Attenuatella* cf. *convexa* Armstong；和 *Heteropecten* sp. 为早二叠世，其他化石沉积时代笼统为二叠纪，更有整合于其上的九十道班组灰岩产大量早二叠世—中二叠世化石，因此可确定诺日巴尕日保组为早二叠世早期至中期形成。

5. 微量元素

诺日巴尕日保组碎屑岩和灰岩的微量元素含量见表2-3。灰岩中 Sr 含量较高，为 $225×10^{-6}$~$1\,232×10^{-6}$，其他元素含量普遍很低；砂岩、粉砂岩的 V 稍高于上地壳丰度值，Mo、W、Nb、Rb、Ta 与下地壳丰度值接近，其余元素含量和上地壳丰度值相近。在 Th-Sc-Zr/10 和 Th-Co-Zr/10 图解中投点多数落入大陆岛弧物源区（图2-11），个别落入大洋岛弧物源区，结合矿物成分三角图，该地层的物源应来自火山活动较强烈的大陆岛弧和大洋岛弧。

表 2-3 诺日巴尕日保组微量元素含量表（$×10^{-6}$）

编号	Zr	Th	Sc	Co	Ga	Cr	Sr	Ba	V	Ni	Cu	Pb	Zn	W	Mo	Nb	Rb	Ta	Li	Be	Sn	Sb	Bi
VTP₁DY1-1#	8	0.9	0.8	5.6	0.9	4.9	445	33	61.7	11.9	11.7	9.7	6.1	0.39	0.19	2.2	2.9	0.7	10.9	0.3	0.9	0.08	0.05
VTP₁DY2-1#	9	0.9	0.4	5.9	0.9	4.9	328	992	14.7	12.1	6.3	17.0	19.0	0.39	7.35	2.5	2.9	0.6	4.1	0.2	0.9	0.14	0.04
VTP₁DY6-1	137	9.4	11.4	9.7	7.5	24.6	524	186	72.3	24.0	24.2	11.9	38.3	0.76	0.24	9.6	8.7	1.3	38.4	0.9	0.9	0.07	0.18
VTP₁DY6-2	142	10.6	10.1	10.9	11.7	33.2	2 219	1 277	54.0	23.0	45.2	14.7	67.7	0.89	0.24	12.8	42.0	0.9	92.0	1.4	1.5	0.05	0.20
VTP₁DY6-3#	39	3.4	9.8	9.1	1.5	20.4	1 232	130	48.3	17.7	9.2	17.9	38.0	0.89	0.35	4.9	10.7	0.4	20.7	0.6	0.9	0.05	0.10
VTP₁DY9-1#	22	1.2	0.9	5.2	0.9	4.9	593	202	11.0	8.1	14.1	15.8	9.1	0.39	0.19	3.8	4.4	0.4	5.4	0.3	0.9	0.04	0.04
VTP₁DY17-1#	30	1.9	6.0	5.1	0.9	4.9	303	59	25.4	8.1	24.4	13.7	46.3	0.40	0.26	3.0	7.1	0.4	6.4	0.3	0.9	0.06	0.06
VTP₁DY20-1#	26	2.0	2.7	5.4	0.9	4.9	286	72	18.2	9.1	16.8	22.3	99.4	0.39	0.31	6.0	9.3	0.3	0.9	0.3	0.9	0.11	0.07

编号	Zr	Th	Sc	Co	Ga	Cr	Sr	Ba	V	Ni	Cu	Pb	Zn	W	Mo	Nb	Rb	Ta	Hf	Cs	Sm	Nd	Yb
VTP₁₉DY0-1	160	6.6	16.5	2.3	12.5	43	56	212	106.3	22.6	152.0	3.3	124	0.93	0.46	6.9	64	0.6	4.0	6.0	6.5	43.3	2.8
VTP₁₉DY0-2	161	5.5	15.9	19.9	11.2	40	43	261	128.6	17.3	10.7	3.0	108	0.84	0.52	6.7	38	0.4	4.6	6.0	6.0	40.1	3.2
VTP₁₉DY1-1	104	4.3	19.3	15.7	10.1	151	111	139	165.3	44.8	11.9	6.0	71	0.79	0.36	5.4	40	0.4	3.2	8.1	4.6	29.3	2.6
VTP₁₉DY3-1	176	7.2	18.4	12.3	12.3	91	86	214	104.2	45.8	16.0	4.6	66	1.42	0.24	8.0	72	0.4	12.0	5.3	4.5	31.8	2.9
VTP₁₉DY3-2#	14	0.9	2.3	2.9	7.0	6	225	47	14.6	6.7	8.2	5.6	21	0.34	0.41	3.4	22	0.4	8.1	1.1	21.8	0.9	
VTP₁₉DY5-1	132	4.8	15.4	13.8	13.3	229	61	190	224.5	64.9	8.9	1.9	73	0.98	0.16	6.8	64	0.4	3.3	10.0	1.4	15.2	1.8
VTP₁₉DY6-1	108	3.5	15.6	12.4	9.8	138	123	134	135.9	47.2	8.7	8.0	68	0.79	0.24	5.4	38	0.4	3.0	7.2	3.3	26.1	2.2
VTP₁₉DY28-1	241	12.0	14.6	13.0	16.3	73	86	332	101.8	30.0	25.2	22.9	104	1.71	0.81	7.9	92	0.6	6.4	6.0	6.7	40.5	3.3
丰度值 1*	80	0.22	38.0	47.0	17.0	270	130	225	250.0	135.0	86.0	0.8	85	0.8	1.2	2.2	2.2	0.2	2.5	30.0	3.3	10.0	5.1
丰度值 2*	190	10.7	11.0	10.0	17.0	355	350	550	60.0	20.0	25.0	20.0	71	2.0	1.5	25.0	112	2.2	5.8	3.7	4.2	26.0	2.2
丰度值 3*	70	1.06	36.0	35.0	18.0	235	230	150	285.0	135.0	90.0	4.0	83	0.7	0.8	6.0	5.3	0.6	2.1	0.1	3.17	12.7	2.2

注：# 为灰岩，1* 为洋壳元素丰度，2* 为上陆壳元素丰度，3* 为下陆壳元素丰度，Taylor et al，1985。

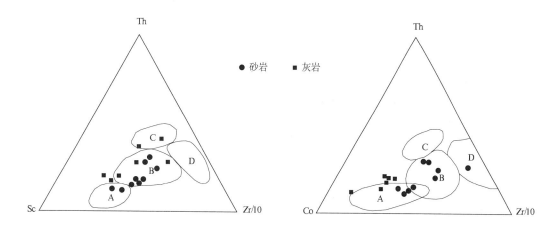

图 2-11 诺日巴尕日保组（Pnr）砂岩微量元素 Th-Sc-Zr/10 和 Th-Co-Zr/10 图解

（据 Bhatia，1985）

A.大洋岛弧；B.大陆岛弧；C.活动大陆边缘；D.被动大陆边缘

（三）九十道班组（Pj）

由刘广才（1993）创名九十道班组于格尔木市唐古拉山乡九十道班。原指："灰色、深灰色粉晶灰岩、生物亮晶砾屑灰岩夹深灰色厚层中细粒长石岩屑砂岩组成。灰岩中富含䗴及少量珊瑚、双壳类及菊石等化石，与上二叠统乌丽群为整合接触，二者岩性、生物界线清晰。"《青海省岩石地层》（1997）沿用此名，并重新定义为：指分布于唐古拉山北坡，位于诺日巴尕日保组和那益雄组之间的地层体，由灰—深灰色碳酸盐岩夹少许碎屑岩组成。富含䗴，少量珊瑚、菊石、双壳类及腕足类等化石，以本组碳酸盐岩的始现及结束，与下伏诺日巴尕日保组、上覆那益雄组均为整合接触。

测区内分布于错阿日玛南、北两侧，开心岭、着鹿扎被东、诺日巴纳保一带，呈长条状断片北西西向展布。

1. 剖面描述

(1)青海省格尔木市唐古拉山乡扎日根二叠纪开心岭群（CPK）实测地层剖面（VTP$_{19}$）见图 2-5。

扎日根组（CPz^2） 灰黑色中厚层状亮晶生物碎屑灰岩，含䗴，含珊瑚碎片

================ 断　层 ================

九十道班组（Pj）	>1 102.70m
24. 灰白色中厚层状生物灰岩夹灰色中薄层状砂屑砂岩	159.33m
23. 灰黑色厚层状亮晶粒屑灰岩	62.03m
22. 灰白色厚层状粉晶粒屑灰岩	62.59m
21. 灰黑色中厚层状粉晶粒屑灰岩	71.52m

　　含䗴：*Pseudoschwagerina uddeni* Beede et Kniker
　　　　 Pseudofusulina quasivulgaris Sheng and Sun
　　　　 Zellia cf. *depressa* Zhang et al

20. 灰白色中厚层状亮晶生物灰岩	35.74m
19. 灰黑色中厚层状亮晶生物碎屑灰岩	73.52m

　　含䗴：*Triticites variabilis* Rosovskaya
　　　　 Pseudoschwagerina borealis Scherbovich

18. 灰白色中厚层状亮晶灰岩	11.27m

----- 向核构造 -----

18. 灰白色中厚层状亮晶灰岩   11.27m

17. 灰黑色中薄层状生物灰岩   140.13m
    含䗴：*Schubertella* sp.
         Bradyina sp.
         Schwagerina pseudocervicalis Sheng et sun
         Triticites machalensis Zhang
         Eoparafusulina bellula Skinner et Wilde
         Eoparafusulina concisa Skinner et Wilde
    含双壳：*Schizodus*? sp.

16. 灰白—浅灰色中厚层状亮晶生物灰岩   85.25m
    含䗴：*Quasifusulina longissima* Moeller
         Sphaeroschwagerina moelleri Rauser
         Chalaroschwagerina vulgaris Schellwien
         Schwagerina pseudocervicalis Sheng et Sun
         Eoparafusulina bellula Skinner et Wilde
         Zellia colaniae Kahler et Kahler
         Rugosofusulina latioralis belajensis Suleimanov
    含牙形刺：*Cordylodus* sp.

15. 灰黑色中厚层状粉晶粒屑灰岩   58.82m

14. 灰白色厚层状粉晶粒屑灰岩含䗴：*Misellina sphaerica* Zhang   86.00m

13. 灰黑色厚层状粉亮晶粒屑灰岩
    含䗴：*Brevaxina* cf. *bianpingensis* Zhang et Dong   132.14m
         Pseudofusulina sp. indet
         Misellina sphaerica Zhang
         Rugosofusulina latioralis belajensis Suleimanov
         Brevaxina zhongzanica Zhang
         Pseudofusulina cf. *confusa* Rauser
    含珊瑚：*Protomichelinia* sp.

12. 灰黑色中厚层状生物灰岩夹灰色中—薄层状砂屑灰岩   42.26m

11. 灰黑色生物碎屑灰岩
    含䗴：*Eoparafusulina* sp. indet   290.63m
         Rugosofusulina sp.
         Pseudoendothyra sp.
         Eoparafusulina ex. gr. *ordinata* Chen
         Schwagerina sp.
         Pseudofusulina sp. indet.
         Parafusulina yabei Hanzawa
    含珊瑚：*Protomichelinia* sp.
         Yatsengia sp.

10. 灰白色厚层状亮晶粒屑灰岩   68.39m
9. 深灰—灰黑色亮晶内碎屑灰岩   84.97m
8. 深灰色中薄层状含白云石细晶灰岩   53.00m
7. 灰—灰白色厚层状生物碎屑微晶灰岩   51.41m

————— 整 合 —————

诺日巴尕日保组（Pnr）   紫红色中层状细粒岩屑砂岩夹紫红色泥质粉砂岩

(2)青海省格尔木市唐古拉山乡诺日巴纳保开心岭群(CPK)修测地层剖面(XVTP₃)见图2-6。

扎日根组　深灰色块层状亮晶生物屑灰岩夹石灰质角砾岩

══════════ 断　层 ══════════

九十道班组

16. 浅灰色厚层状亮晶生物碎屑灰岩	>149.81m
15. 黄灰色厚层状中细粒灰质长石岩屑砂岩夹灰黑色中厚层状含粉砂泥晶灰岩	240.95m
14. 深灰色厚层状含生物亮晶砾屑灰岩	51.20m
13. 深灰色厚层状中细粒长石岩屑砂岩	55.52m
12. 青灰色厚层状粉晶灰岩	231.35m

────────── 整　合 ──────────

诺日巴尕日保组　灰黑色薄层状含泥质(细砂质)粉砂岩夹中厚层状粉砂质细粒长石岩屑砂岩

2. 地层综述

九十道班组整合于诺日巴尕日保组之上,与晚二叠世乌丽群之间呈断层接触,新生代沱沱河组不整合其上。区域上该地层零星出露于唐古拉山北坡,岩性稳定,为碳酸盐岩沉积夹少量碎屑岩。

图幅内岩性为灰黑、灰白色厚层状粉晶粒屑灰岩、灰黑—深灰色生物碎屑灰岩、灰色内碎屑(粒屑)灰岩夹少量灰色长石石英砂岩及粉砂岩,局部发育生物礁灰岩,礁灰岩出露于玛章贡玛、玛章涌玛、开心岭煤矿东侧一带,由不显层理的藻黏结灰岩构成礁核相,生物(䗴、介壳)灰岩组成礁后相,礁前相不太发育。

3. 沉积环境

九十道班组浅海相标志明显,生物方面含有大量的䗴、腕足及藻类化石,发育生物介壳滩、生物礁黏结灰岩,表明当时为温暖、清澈透明的浅海环境。岩石组合方面有黏结灰岩(图2-12)以及反映水体为高能带的内碎屑灰岩、粉晶粒屑灰岩等,因此九十道班组的沉积相具体对应于威尔逊碳酸盐沉积模式中的台地边缘生物礁相和台地边缘浅滩相(图2-13)。

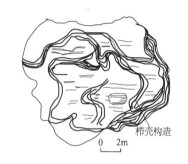

图2-12　九十道班组藻黏结灰岩
(007点间转石)

4. 时代讨论

九十道班组化石丰富,产大量的䗴类:扎日根一带产 *Eoparafusulina* sp. indet., *Rugosofusulina* sp., *Pseudoendothyra* sp., *Eoparafusulina* ex. gr. *ordinata* Chen, *Schwagerina* sp, *Pseudofusulina* sp. indet, *Parafusulina yabei* Hanzawa, *Misellina sphaerica* Zhang, *Brevaxina zhongzanica* Zhang, *Brevaxina* cf. *bianpingensis* Zhang et Dong, *Pseudofusulina* cf. *confusa* Rauser, *Eoparafusulina bellula* Skinner et Wilde, *Zellia colaniae* Kahler et Kahler, *Rugosofusulina latioralis belajensis* Suleimanov, *Quasifusulina longissima* Moeller, *Sphaeroschwagerina moelleri* Rauser, *Chalaroschwagerina vulgaris* Schellwien, *Schwagerina pseudocervicalis* Sheng et Sun, *Eoparafusulina concisa* Skinner et Wilde, *Schubertella* sp., *Bradyina* sp., *Triticites* cf. *machalensis* Zhang, *Triticites variabilis* Rosovskaya, *Pseudoschwagerina borealis* Scherbovich, *Pseudoschwagerina uddeni* Beede et Kniker, *Pseudofusulina quasivulgaris* Sheng et Sun, *Zellia* cf. *depressa* Zhang et al.;开心岭一带产 *Sphaeroschwagerina subrotunda*

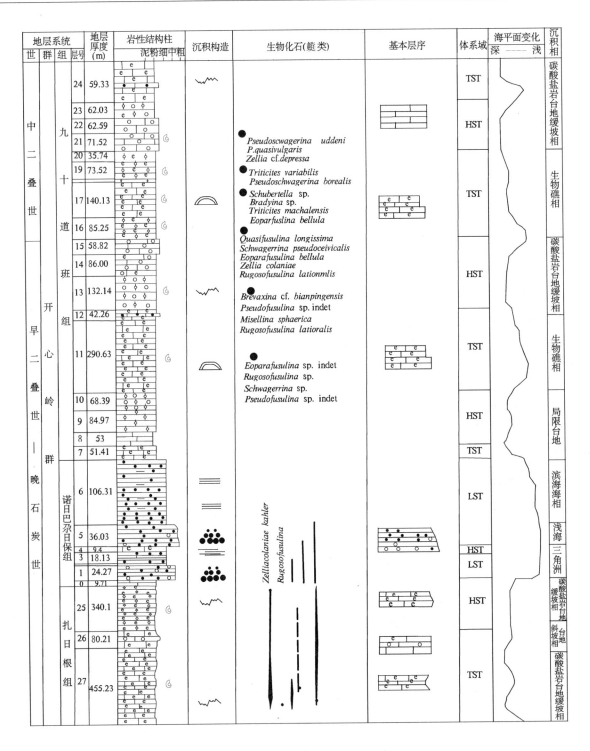

图 2-13 开心岭群层序特征及沉积相

Ciry, *Rugosofusulina*, *Parafusulina gigantean* Deprat, *Staffella moellerana* Thompson, *Pseudoendothyra affixa* Grozdilova et Lebedeva；诺日巴纳保一带产 *Parafusulina chekiangensis* Chen, *Parafusulina pseudosuni* Sheng, *Neoschwagerina douvillei* Ozawa, *Verbeekina verbeeki* Geinitz, *Neoschwagerina craticulifera* Schwager, *Verbeekina haimi* Thompson et Foster, *Neoschwagerina kwangsiana* Lee 等。双壳 *Nuculopsis*? sp.，珊瑚 *Pseudozaphrentoides* sp.，*Yatsengia* sp.，*Protomichelinia* sp.，? *Waaganophyllum*。时代为早二叠世晚期—中二叠世。

三、乌丽群

乌丽群由西北煤炭勘探局乌丽煤矿青藏勘查队(1956)创名于唐古拉乌丽煤矿。1958年尹赞勋在《中国区域地层表(草案)补编》一书中首次介绍引用。原指:"上部为灰色薄层中粒及细粒砂岩;中部为黄绿色夹深灰色粗粒及细粒砂岩夹薄层砾岩,向上夹有深灰色致密凸镜体石灰岩;下部以灰色、黄绿色砂岩、页岩为主,夹厚层砾岩及2～4m厚的煤层,产植物化石,其上夹深灰色透镜状致密石灰岩。"1997年《青海省岩石地层》将其定义为:"指分布于唐古拉山北坡,位于开心岭群之上的地层体。下部为碎屑岩夹煤层及灰岩;上部为碳酸盐岩偶夹碎屑岩,含鏟、腕足类、双壳类及植物化石。大都未见底,局部见碎屑岩的底层面与下伏开心岭群顶部灰岩整合分界,与上覆结扎群为平行不整合或不整合接触。"本群由老到新包括那益雄组及拉卜查日组。

分布于乌丽、开心岭一带,呈条带状近东西向展布。

(一)那益雄组(Pn)

1983年青海省第二区调队创建那益雄组于杂多县那益雄地区。原指"大套灰黑—灰黄绿色钙质石英细砂岩、粉砂岩夹粉砂质泥岩及煤线,产大量植物化石"。顶被结扎群不整合覆盖,底界不清。1991年青海省地矿局将那益雄组归于乌丽群,1993年刘广才建立扎苏组。《青海省岩石地层》(1997)沿用那益雄组,建议停用扎苏组,并定义为:"指分布于唐古拉山北坡,位于拉卜查日组之下的地层体。由灰—灰黑色碎屑岩夹煤层及灰岩组成,含植物及鏟等化石,以上覆拉卜查日组的灰岩底界面为界,与本组碎屑岩顶层面整合分界,大都未见顶底,局部见本组碎屑岩的底层面与下伏九十道班组灰岩整合接触。"

本次调查后,发现那益雄组与开心岭群之间为断层接触,未见整合接触。

1. 剖面描述

青海省格尔木市唐古拉乡乌丽地区晚二叠世乌丽群(PW)实测地层剖面(VTP$_{16}$)见图2-14。

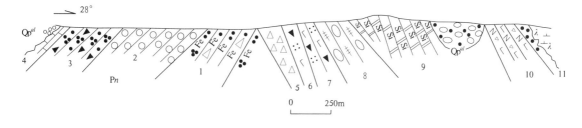

图2-14 青海省格尔木市唐古拉乡乌丽地区晚二叠世乌丽群(PW)实测地层剖面(VTP$_{16}$)

拉卜查日组(Plb)　灰色厚层状硅质白云岩(或生物碎屑硅质泥晶白云岩)

——————— 整　合 ———————

那益雄组(Pn)　　　　　　　　　　　　　　　　　　　　　　　　　　　　　　>1 159.36m

8. 灰色厚层状复成分砾岩(第四系冲洪积物覆盖)　　　　　　　　　　　　　　　>211.69m
7. 黄色薄层状中粗粒长石石英砂岩　　　　　　　　　　　　　　　　　　　　　187.89m
6. 深灰色厚层状亮晶生物碎屑灰岩　　　　　　　　　　　　　　　　　　　　　9.78m
5. 土灰色薄层状晶屑岩屑钙质沉凝灰岩　　　　　　　　　　　　　　　　　　　>48.12m

=============== 断　层 ===============

4. 灰色薄层状泥钙质板岩(或薄层板状泥灰岩)　　　　　　　　　　　　　　　　31.85m

3. 灰黄—灰绿色粉砂质细粒岩屑石英砂岩	186.42m
2. 灰绿厚层状细砾岩	301.19m
1. 灰色厚层状铁质细粒岩屑石英砂岩（白垩系错居日组砾岩不整合其上，未见底）	>182.42m

青海省格尔木市唐古拉乡开心岭煤矿北晚二叠世乌丽群实测地层剖面（VTP$_{23}$）见图 2-15。

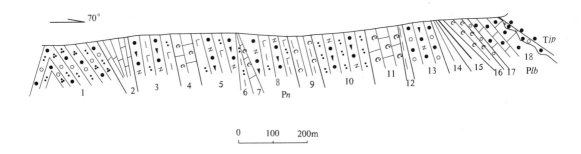

图 2-15 青海省格尔木市唐古拉乡开心岭煤矿北晚二叠世乌丽群实测地层剖面（VTP$_{23}$）

拉卜查日组（Plb）　深灰色中薄层状生物碎屑泥灰岩夹蓝灰色泥岩质粉砂岩

————— 整　合 —————

那益雄组（Pn）

15. 灰黑色煤层	5.3m
14. 蓝灰色泥质胶结岩屑长石粉砂岩夹灰色泥岩	9.91m
13. 灰色中薄层状细中粒岩屑石英砂岩夹中层状含砾粗砂岩	61.93m
12. 灰色泥岩	8.03m
11. 灰黑色生物碎屑泥晶灰岩	61.93m
10. 灰色中薄层状细粒岩屑石英砂岩夹灰黑色粉砂岩	140.71m
9. 灰色泥岩类灰黑色炭质泥岩及煤线	60m
8. 灰色薄层中细粒岩屑石英砂岩夹灰色泥钙质粉砂岩	112.23m
7. 灰黑色生物碎屑微晶灰岩	3.64m
6. 灰色粉砂质泥岩	3.64m
5. 灰色薄层状中细粒岩屑石英砂岩夹黑色薄层状玉髓质含海绵骨针放射虫岩	86.6m
4. 灰黑色生物碎屑微晶灰岩	40.04m
3. 灰绿色泥钙质粉砂岩夹灰色中薄层状含粉砂细粒岩屑砂岩及灰黑色泥岩	86.6m
2. 灰色中层状含生物碎屑内碎屑微晶灰岩	65.76m
1. 灰绿色中薄层含粉砂细粒岩屑石英砂岩夹灰黑色泥岩（背斜核，未见底）	55.58m

2. 地层综述及横向变化

那益雄组在区域范围内分布局限，零星见于唐古拉山北坡冬布里曲、开心岭煤矿、乌丽东山及东矛陇等地，前人资料表明该地层为一套含煤碎屑岩系夹少量灰岩，其沉积中心位于测区内的开心岭—乌丽一带。本次工作在该地层中新发现较多的火山岩夹层和透镜体，说明在二叠纪晚期，本地区火山活动依然比较强烈。

那益雄组未见底，开心岭煤矿东侧与早—中二叠世九十道班组断层接触，与上部拉卜查日组灰岩整合接触。

乌丽一带由灰色、灰黄色、灰绿色细粒岩屑石英砂岩、中粗粒长石石英砂岩、灰色泥晶灰岩夹灰色薄层状泥岩、炭质泥岩和火山凝灰岩、火山沉凝灰岩及灰绿色复成分砾岩组成,总体显示下细上粗的特征,局部见煤线。开心岭一带下部为灰绿色细粒岩屑石英砂岩夹少量复成分细砾岩,向上变为灰色中细粒岩屑长石砂岩、灰绿—灰黑色钙质粉砂岩夹泥岩、煤线(层)和中厚层状泥晶灰岩,与乌丽一带岩性组合基本一致。东侧邻幅通天河北岸冬布里曲下游和达哈曲下游一带,该地层下部为灰绿、灰黄色中层状长石石英砂岩与深灰色、灰黑色粉砂岩及泥岩构成的韵律层,夹有灰绿色蚀变安山岩,有煤层出现;上部岩性变化为以浅灰色厚层状生物碎屑灰岩、灰岩与炭质板岩组成的韵律和大套的灰绿色蚀变安山岩、灰绿色、灰褐色安山质晶屑岩屑凝灰岩互为夹层。冬日日纠一带主要为灰色、灰绿色中细粒岩屑石英砂岩与深灰色粉砂质板岩组成的韵律层并夹有橄榄玄武岩和火山角砾岩的透镜体或薄层。

3. 沉积环境

前人在开心岭煤矿一带生物碎屑中获得了较多的筵化石,本次工作又采到了腕足类化石,在煤层(线)中含有植物碎片化石。化石特征反映该套地层具海陆交互相的特点(图2-16)。

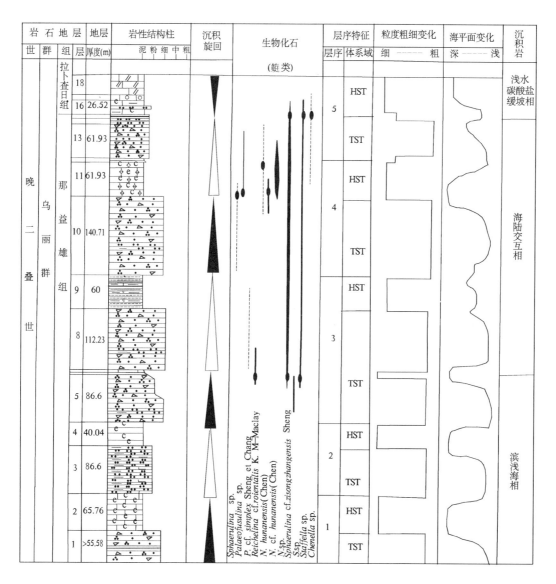

图 2-16 乌丽群地层层序特征及沉积相

乌丽一带发育灰岩与炭质页岩构成的韵律（图2-17），反映海水周期性升降或受到周期性含炭细碎屑物源的影响，含煤岩性组合为海陆交互相沉积环境。

东侧邻幅通天河北岸达哈曲下游和冬布里曲下游一带该地层下部灰岩夹层中含海相腕足类化石，同时地层中夹煤层，为较典型的海陆交互相沉积环境；上部灰岩中含大量海相腕足类化石，表明海有所变深，为浅海沉积环境。

东侧曲柔尕卡幅内冬日日纠一带发育岩屑石英砂岩与粉砂质板岩构成的正粒序韵律层，砂岩中杂基含量在10%左右，具有复理石的特征，代表水体较深的浊积岩相环境。

上述表明该套地层从北西向南东，沉积环境从海陆交互的海岸平原湿地相（煤）-滨、浅海环境过渡为浅海斜坡-半深海环境。

乌丽一带那益雄组砂岩中杂基含量在1%～3%之间。碎屑由长石（1%～25%）、石英（39%～80%）和岩屑（18%～35%）组成，岩屑的矿物组成为硅质岩、粘土质板岩、千枚岩、片岩、灰岩和少量火山岩，在矿物成分分布三角图上落入再旋回造山带物源区（图2-18），表明物质来源于大陆边缘。

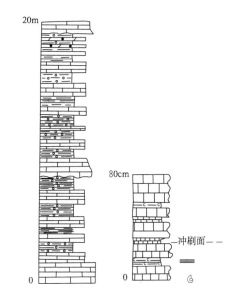

图2-17 那益雄组灰岩与页岩构成的韵律性基本层序

砂岩碎屑颗粒多呈尖棱角状，磨圆度差，分选性较差，粒度参数特征：平均值3.62Φ，标准差0.53，偏度0.97，尖度5.46，峰态极窄。概率累积粒度分布曲线图（图2-19）上，样品由悬浮和2个跳跃次总体构成，跳跃总体占99.3%，粒度分布宽，区间为2Φ～5.2Φ，斜率较大，分选中等，悬浮总体分选较差，2个跳跃次总体反映一种浅海沙滩的沉积环境。

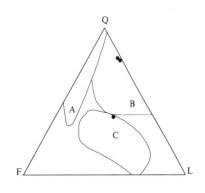

图2-18 Pn组砂岩碎屑矿物成分分布三角图
A.克拉通物源区；B.再旋回造山带物源区；C.岩浆弧物源区

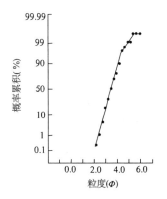

图2-19 Pn组砂岩概率累积粒度分布曲线图

4. 时代讨论

地层中产化石，腕足类 *Neoplicatifera huagi* (Ustriski)，? *Spinomarginifera* sp.，? *Martinia* sp.，? *Martinia acuticostcis* Liao，*Spinomarginifera* sp.，*Araxathyris subpentagulata* Xu et Gra，*Spinomarginifera kueichowensis* (Huang)，*Gymnocodium* cf. *bellerophontis*，*Permocalculus* sp.，*Pseudovermiporeda* sp.，*Tethyochonetes quadrata* (Zhan)，*Cathaysia chonetoides* (Chao)，*Chonetinella cursothornia* Xu et Grant，*Acosarina dorsisulcata* Cooper et Grant，*Orthothetina eusarkos*

(Abich), *Orthothetina rubar* (Frech), *Spinomarginifera sichuanensis*, *Perigeyerella* cf. *costellata* Wang, *Spinomarginifera pseudosintanensis* (Huang), *Tethyochonetes quadrata* (Zhan), *Spirigerella ovalooides* Xu et Grant, *Araxathyris guizhouensis* Liao, *Spinomarginifera desgodinsi* (Loczg), *Haydenella kiansiensis* (Kayser), *Neochonetes* (*Huangichonetes*) *substrophomenoides* (Huang), *Squamularia* cf. *grandis* Chao, *Oldhamina grandis* Huang, *Spinifera kueichowensis* Huang, *Oldhamina amshunensis* Huang 等；珊瑚 *Margarophyllia* sp., *Plerophyllum* 等。时代为晚二叠世。

开心岭剖面产孢粉 *Dictyophyllidites intercrassus*, *Dictyophyllidites mortoni*, *Leiotriletes exiguus*, *Tripartites cristatus* var. *minor*, cf. *T. cristatus* var. *minor*, *Densoisporites nejburgii*, *Lueckisporires* sp., *Pteruchipollenites reticorpus*。其中 *Lueckisporires* sp. 二肋粉属的分子常被视为晚二叠世晚期的指示化石之一，其他孢粉多见于晚二叠世晚期至早三叠世早期。

以上动、植物化石反映的地质年代为晚二叠世。因此，那益雄组沉积时代属晚二叠世是比较准确的。

5. 微量元素

那益雄组砂岩的微量元素含量见表 2-4。砂岩中不相容元素 Sr、Rb、Ba、Th、Ta、Nb、Zr、Hf 等与整个陆壳的元素丰度比较接近，相容元素 Sc、Co、Ni、V 等则和上陆壳元素丰度相近，间接证明物源来自地壳，Cr、Cu、Ti 的含量远远低于陆壳或洋壳的平均值。在 Th-Sc-Zr/10 和 Th-Co-Zr/10 图解中投点多落入大陆岛弧物源区（图 2-20），结合矿物成分三角图，该地层物源应来自陆壳。

表 2-4 那益雄组及拉卜查日组砂岩和灰岩微量元素含量表（$\times 10^{-6}$）

编号	Sr	Rb	Ba	Th	Ta	Nb	Zr	Hf	Sc	Cr	Co	Ni	V	Cs	U	Cu	Pb	Zn	Yb	Y	Ti	Ce
$VTP_{16}DY1-1$	304	28	1 257	4.6	0.4	5.3	99	2.8	8.1	15	11.7	20.5	57.3	6.0	2.9	14.7	33.1	225	3.2	30.0	1 425	33.1
$VTP_{16}DY2-1$	89	28	286	8.4	0.5	10.7	498	12.9	6.3	31	9.7	19.1	49.8	4.4	1.7	18.7	11.1	162	2.5	22.9	1 669	58.8
$VTP_{16}DY4-1$	68	26	120	5.1	0.6	8.3	263	6.2	10.1	45	9.4	23.6	81.1	4.4	2.0	11.1	7.5	45	2.0	17.8	3 655	39.1
$VTP_{16}DY5-1$	86	23	328	3.5	0.4	5.0	116	3.3	9.5	20	8.8	8.4	73.0	8.1	1.2	8.9	5.3	54	2.0	14.8	2 653	23.6
$VTP_{16}DY6-1$	136	38	180	1.9	0.4	2.7	60	1.8	16.4	9	5.3	2.9	88.3	8.1	2.4	7.4	2.3	33	2.2	18.5	2 478	30.4
$VTP_{16}DY7-1\#$	302	17	21	0.9	0.4	0.8	17	0.8	1.5	6	3.6	6.4	8.9	14.0	11.5	5.2	4.2	11	0.7	7.4	88	22.2
$\$.VTP16DY10-1\#$	242	12	40	0.8	0.4	0.8	14	0.4	2.1	3	7.0	4.0	22.0	9.0	0.9	148.1	29	1.5	16.0	189	29.3	
$\$.VTP16DY12-1$	487	30	141	4.8	0.4	6.2	171	4.0	7.8	7	7.4	13.9	57.2	4.8	1.3	13.1	15.5	60	1.9	16.4	1 809	42.2
$VTP_{23}DY9-1$	64	19	397	6.0	0.93	7.0	126	3.3	8.9	39	9.7	14.0	48.0	1.3	1.6	6.7	4.3	51	2.3	22.0	2 132	
$VTP_{23}DY11-1$	148	28	3 894	7.8	1.8	11.0	355	9.0	12.0	62	14.0	8.0	83.0	2.4	1.0	20.0	6.0	77	2.6	24.0	4 336	
$VTP_{23}DY13-1$	142	39	180	5.1	0.88	6.1	124	3.4	10.0	46	8.8	16.0	72.0	3.4	1.4	14.0	10.0	47	1.8	16.0	2 772	
$VTP_{23}DY15-1$	111	31	121	8.3	1.5	17.0	316	8.0	11.0	23	12.0	15.0	61.0	2.6	2.2	18.0	13.0	116	2.4	24.0	4 073	
$VTP_{23}DY18-1$	51	29	128	6.2	1.2	12.0	235	5.7	9.6	52	12.0	12.0	78.0	1.8	1.6	17.0	13.0	95	2.0	17.0	4 470	
$VTP_{23}DY20-1$	80	31	159	5.8	1.1	6.5	164	4.5	12.0	54	7.5	12.0	89.0	2.6	2.0	15.0	5.3	65	1.7	14.0	3 095	
$VTP_{23}DY23-1$	45	20	175	5.5	0.95	12.0	240	5.7	5.0	27	5.4	6.4	40.0	1.6	1.5	9.5	15.0	121	1.9	17.0	3 661	
$VTP_{23}DY24-1$	86	49	85	12	0.49	4.0	262	8.6	7.5	65	2.7	2.9	162.0	9.4	3.5	7.0	2.0	15	2.1	12.0	7 161	3.9
丰度值 1*	130	2.2	225	0.22	0.3	2.2	80	2.5	38.0	270	47.0	135.0	250.0	30.0	0.1	86.0	0.8	85	5.1	32.0	0.9	11.5
丰度值 2*	350	112	550	10.7	2.2	25.0	190	5.8	11.0	35	10.0	20.0	60.0	3.7	2.8	25.0	20	71	2.2	22.0	3 000	64.0
丰度值 3*	230	5.3	150	1.06	0.6	6.0	70	2.1	36.0	235	35.0	135.0	285.0	0.1	0.28	90.0	4.0	83	2.2	19.0	6 000	23.0
丰度值 4*	260	32.0	250	3.5	1.0	11.0	100	3.0	30.0	185	29.0	105.0	230.0	1.0	0.91	75.0	8.0	80	2.2	20.0	5 400	1.6

注：$. 为拉卜查日组，# 为灰岩，1* 为洋壳元素丰度，2* 为上陆壳元素丰度，3* 为下陆壳元素丰度，4* 为整个陆壳元素丰度，Taylor et al，1985。

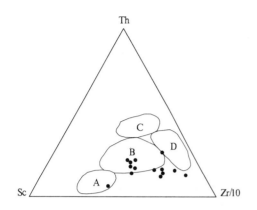 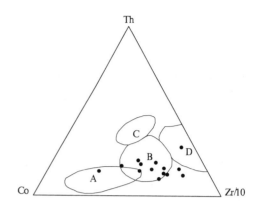

图 2-20　那益雄组(Pn)砂岩微量元素 Th-Sc-Zr/10 和 Th-Co-Zr/10 图解

(据 Bhatia,1985)

A.大洋岛弧;B.大陆岛弧;C.活动大陆边缘;D.被动大陆边缘

(二)拉卜查日组(Plb)

由刘广才1993年创名拉卜查日组于格尔木市唐古拉山乡拉卜查日。原指:"深灰色中厚层粉晶、泥晶生物碎屑灰岩夹粉砂质粘土岩、长石及煤层组成,富含䗴,其次为腕足类、双壳类等化石,与下伏扎苏组为连续沉积,与上覆上三叠统碎屑岩为假整合接触。"《青海省岩石地层》(1997)沿用此名,并将其定义为:指分布于唐古拉山北坡,位于那益雄组和甲丕拉组之间的地层体。由灰—深灰色碳酸盐岩夹碎屑岩及煤层组成。富含䗴,其次为腕足类、双壳类及苔藓虫等化石,以本组灰岩的底界面为界,与下伏那益雄组整合分界,与上覆甲丕拉组为平行不整合或不整合接触。

晚二叠世乌丽群分布于测区内乌丽、开心岭等地,出露面积小。

1. 剖面描述

(1)青海省格尔木市唐古拉乡乌丽地区晚二叠世乌丽群(PW)实测地层剖面(VTP$_{16}$)见图2-14。

拉卜查日组(Plb)	>474.84m
11. 深灰—灰黑色粉砂岩(灰绿色细粒闪长玢岩脉侵入,未见顶)	>22.17m
10. 深灰色钙质细粒长石岩屑砂岩(第四系冲洪积物覆盖)	>125.63m
9. 灰色厚层状硅质白云岩(或生物碎屑硅质泥晶白云岩)(第四系冲洪积物覆盖)	>327.04m

————— 推测整合 —————

那益雄组(Pn)　灰色厚层状复成分砾岩

(2)青海省格尔木市唐古拉乡开心岭煤矿北晚二叠世乌丽群实测地层剖面(VTP$_{23}$)见图2-15。

上覆地层:甲丕拉组(Tjp)　灰白色中粗粒含砾岩屑石英砂岩

～～～～ 角度不整合 ～～～～

拉卜查日组(Plb)	
18. 灰色厚层状白云质灰岩	33.99m
17. 灰—深灰色生物灰岩	9.34m
16. 深灰色中薄层状生物碎屑泥灰岩夹蓝灰色泥炭质粉砂岩	26.52m

―――― 整 合 ――――

下伏地层:那益雄组(Pn) 灰黑色煤层

2. 岩性组合及横向变化

瑙多卓柔、开心岭一带三叠纪甲丕拉组微角度不整合于拉卜查日组之上,其下部与那益雄组整合接触。

拉卜查日组在区域范围内分布局限,主要出露于测区内的冬布里曲下游、乌丽东山和开心岭煤矿等处,前人总结出以碳酸盐岩为主夹碎屑岩。本次工作在该地层中见火山碎屑岩的夹层、透镜体,表明晚古生代羌塘陆块北缘岛弧的火山活动一直延续至晚二叠世晚期。

乌丽南侧岩性为灰色硅质白云岩、灰黑色微晶灰岩夹深灰色钙质粉砂岩及深灰色钙质细粒长石岩屑砂岩。开心岭煤矿一带为深灰色中薄层状生物碎屑泥灰岩、深灰色藻团粒灰岩、浅灰色砂屑灰岩夹蓝灰色泥炭质粉砂岩及薄层状微晶灰岩。东侧曲柔尕卡幅内通天河北达哈曲一带拉卜查日组为灰岩夹少量浅灰绿色晶屑岩屑沉凝灰岩和褐紫色沉凝灰岩。冬日日纠一带为灰黑色薄层状含燧石条带微晶灰岩夹深灰色钙质粉砂岩及灰黑色薄层状泥灰岩。

3. 沉积环境

地层中含丰富的浅海相化石标志,有腕足类、双壳类海相动物化石和大量藻类及介壳碎片。

岩性组合中藻团粒灰岩、砂屑灰岩是浅水高能带的产物,据此本地层主要为一套浅水碳酸盐缓坡相沉积,局部含海岸平原湿地相沉积。

拉卜查日组所夹少量砂岩的碎屑颗粒多呈尖棱角状,磨圆度差,分选性也较差,粒度参数特征:平均值 3.77Φ,标准差 0.65,偏度 0.97,尖度 5.49,峰态极窄。概率累积粒度分布曲线图(图 2-21)上,样品由悬浮和 2 个跳跃次总体及少量牵引总体构成,跳跃总体占 97.3%,粒度分布较窄,区间为 2Φ～4.8Φ,斜率较大,分选较好,悬浮总体分选好,牵引总体分选差,跳跃总体中间有一个截断,原因可能与波浪的冲刷和回流两种作用有关,反映一种浅海沙滩的沉积环境。

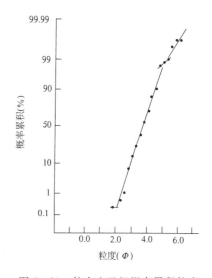

图 2-21 拉卜查日组概率累积粒度分布曲线图

4. 时代讨论

前人在乌丽东山一带发现了含鋋的 *Palaeofusulina* 动物群(1:20 万通天河幅);有腕足类 *Paraspiriferina multiplicata* (Sowerdy);藻类化石 *Gymnocodium* cf. *bellerophontis*, *Permocalculus* sp., *Pseudovermiporeda* sp. 等。本次工作在开心岭一带采到了有孔虫 *Neodiscus*? sp., *Tetrataxis* sp.;钙藻 *Algae*。时代为二叠纪。曲柔尕卡幅扎苏东侧一带含腕足类 *Oldhamina grandis* Huang, *Oldhamina anshunensis* Huang, *Neoplicatifera huagi* (Ustriski),? *Spinomarginifera* sp.,? *Martinia* sp., *Spinomarginifera* sp., *Araxathyris subpentagulata* Xu et Grant, *Spinomarginifera kueichowensis* (Huang), *Tyloplicta* cf. *yangtzeensis* (Chao), *Enteletes waageni* Gemmellaro, *Perigeyerella costella* Wang, *Meekella* cf. *kueichowensis* Huang, *Haydenella chiansis* (Chao), *Squamularia indica* (Waagen), *Semibrachythyrina anshunensis* Liao, *Spinomarginifera kueichowensis* (Huang)等,时代为晚二叠世晚期。据化石研究分析认为拉卜查日组时代应属晚二

叠世。

5. 微量元素

在拉卜查日组灰岩和所夹少量砂岩中采集了两件定量光谱分析样,微量元素含量见表2-4。其中Sr/Ba比值大于1,具海洋沉积环境特征,除Sr外,灰岩中所有微量元素均远远低于地壳丰度值,砂岩中不相容元素Sr、Rb、Ba、Th、Ta、Nb、Zr、Hf等与整个陆壳的元素丰度比较接近。相容元素Co、Ni、V等则和上陆壳元素丰度相近,间接证明物源来自地壳,灰岩中Cu的含量稍微高于地壳的平均值。在Th-Sc-Zr/10和Th-Co-Zr/10图解中投点多落入大陆岛弧物源区(图2-22),证明该地层中碎屑颗粒来自于大陆岛弧。

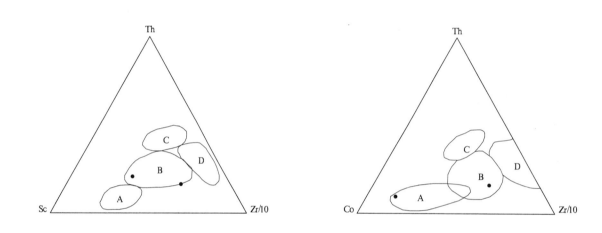

图2-22　拉卜查日组(Plb)砂岩微量元素Th-Sc-Zr/10和Th-Co-Zr/10图解
（据Bhatia,1985）
A.大洋岛弧;B.大陆岛弧;C.活动大陆边缘;D.被动大陆边缘

第二节　三叠纪地层

测区三叠纪地层分布面积较宽广,每个构造单元都有相对应的不同沉积相的三叠纪地层,测区北部西金乌兰湖—金沙江构造带中出露茍鲁山克措组,南部唐古拉—昌都地层区分布有大面积的结扎群。

一、茍鲁山克措组

茍鲁山克措组为可可西里科学考察时所建的岩石地层单位,指出露于西金乌兰湖以东到茍鲁山克措和茍鲁措之间的一套浅海—海陆交互相的磨拉石沉积,总体构成向斜构造,其代表性剖面位于茍鲁山克措南山,由错仁德加幅1:20万区调(1990)所测。测区内出露于茍鲁山克措和茍鲁措一带的晚三叠世地层,按岩性组合,具有明显的两分性:上部为一套海相磨拉石沉积,为茍鲁山克措组代表性剖面的西延部分,岩性组合可与之对比;下部为一套具浊积岩特征的复理石沉积,该套浊积岩相带向西延伸到雪环湖、藏夏河一带,东至乌丽,再向东延伸不详。《青海省岩石地层》(1997)将分布于西金乌兰湖地区的该套晚三叠世地层统归为巴塘群,岩性由碎屑岩、火山岩和碳酸盐岩等组成,与测区内的该套地层对比,其岩性特征及组合方式,尚有较大区别。因此我们将分布于茍鲁山克措和苟鲁措一带浅海相碎屑岩仍沿用苟鲁山克措组。

苟鲁山克措组在测区内分布于尹日记—苟鲁措一线,呈带状,北西西向展布。南北界均受西金乌兰—金沙江构造混杂带边界断裂控制,东延至乌丽西侧一带,西延出图外。根据岩性组合、沉积特征,将其进一步细分为上、下两个岩性段。

1. 剖面描述

(1)青海省格尔木市沱沱河乡苟弄钦晚三叠世苟鲁山克措组(T_3g)实测地层剖面(VTP_8)见图2-23。

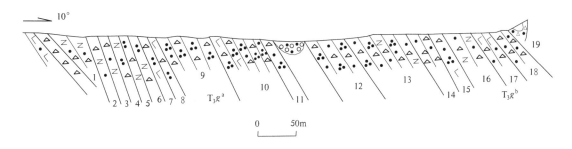

图2-23 青海省格尔木市沱沱河乡苟弄钦晚三叠世苟鲁山克措组(T_3g)实测地层剖面(VTP_8)

苟鲁山克措组上段(T_3g^b) >581.46m

19. 灰色中厚层状变质含钙质细中粒岩屑砂岩(向斜,未见顶) >27.63m
18. 灰绿色中厚层状变质细中粒岩屑砂岩夹青灰色薄层状粉砂质泥岩 191.06m
17. 灰色中厚层变质含钙质中粒岩屑砂岩,底部夹灰色中薄层状含砾砂岩 28.33m
    含植物化石:*Clathropteris meniscioides* Brongniart
    　　　　　Clathropteris sp.(为 *Dictyophyllum - Clathropteris* 植物群常见分子)
16. 灰色中厚层变质钙质中细粒长石岩屑砂岩夹灰黑色变质含钙质细中粒岩屑砂岩及灰色中层状泥
    质粉砂岩 143.28m
15. 灰色变质钙质中细粒长石岩屑砂岩 80.65m
14. 灰色中厚层状变质中粗粒岩屑砂岩 110.51m

———————— 整　合 ————————

苟鲁山克措组下段(T_3g^a) >1 231.73m

13. 灰色中厚层状变质含钙质中细粒长石岩屑砂岩夹黑色变质钙质细粒—粗粉砂状岩屑石英砂岩及
    灰色中厚层状泥质粉砂岩 208.34m
12. 灰色中厚层状变质含钙质粗粒岩屑石英砂岩(第四系冲洪积覆盖) >127.49m
11. 灰色中厚层状变质含钙质中粒岩屑砂岩(第四系冲洪积覆盖) >45.15m
8~10. 灰色中厚层状变质含钙质细中粒岩屑石英砂岩 406.17m
4~7. 灰色中厚层状变质含钙质细中细粒长石岩屑砂岩 194.53m
3. 浅灰绿色中厚层状变质中细粒长石岩屑砂岩 64.92m
2. 灰绿色中厚层状变质含钙质含砾细中粒长石岩屑砂岩 12.81m
1. 灰色中厚层中细粒含岩屑长石石英砂岩 >172.32m

══════════ 断层破碎带 ══════════

洛力卡组(Kl)　灰紫色变质钙质细中粒长石岩屑砂岩

(2)青海省格尔木市沱沱河乡康特金晚三叠世苟鲁山克措组(T_3g)实测地层剖面(VTP_9)见图2-24。

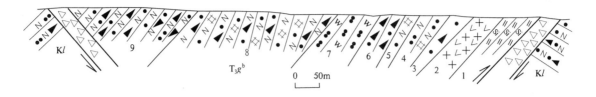

图 2-24 青海省格尔木市沱沱河乡康特金晚三叠世苟鲁山克措组(T_3g)实测地层剖面(VTP_9)

洛力卡组（Kl）　紫红色岩屑长石砂岩夹红色粉砂岩、泥岩

============ 断层破碎带 ============

苟鲁山克措组上段（T_3g^b）　　　　　　　　　　　　　　　　　　　　　　　　　＞702.89m

9. 灰色中厚层—厚层状细粒长石岩屑杂砂岩夹灰色中厚层状含泥质粉砂岩（未见顶）　　　　183.05m
8. 灰色中厚层—厚层状中细粒含海绿石长石岩屑砂岩，砂岩中见有波痕构造，可确定水流方向为北西向南东方向流　　　　　　　　　　　　　　　　　　　　　　　　　　　　　　　　　　　　211.33m

　含植物化石：*Neocalamites* cf. *hoerensis*(Schimper)Halle

7. 灰色中厚层—厚层状含粉砂细粒海绿石岩屑砂岩夹灰色中层—薄层状细砂质含海绿石粉砂岩，见有水平层理，局部夹煤线，见有植物化石，粉砂岩中见有砂岩透镜体　　　　　　　　　　　　　80.16m

　含植物化石：*Equisetites* sp.

6. 灰紫色中厚层—厚层状复成分砾岩（砾石中有放射虫硅质岩）　　　　　　　　　　　　　3.14m
5. 灰紫色中厚层状中细粒岩屑砂岩，见有水平层理和斜层理　　　　　　　　　　　　　　13.82m
4. 灰色中厚层—厚层状细粒含海绿石长石岩屑砂岩，水平层理发育　　　　　　　　　　　23.28m
3. 灰色中厚层中细粒海绿石岩屑砂岩夹灰色薄层状含细砂海绿石粉砂岩及煤线和煤层（见有水平层理及有砂岩结核，其长轴方向与层理斜交，在该层煤层和粉砂岩中见有小褶皱）　　　　　　87.10m
2. 灰绿色片状蚀变角闪辉长岩　　　　　　　　　　　　　　　　　　　　　　　　　　46.76m
1. 灰色薄层—中厚层状含硅质绢云母千枚岩，局部夹一层紫红色复成分砾岩，产状南西假倾（未见底）　54.25m

============ 断层破碎带 ============

洛力卡组（Kl）　紫红色岩屑长石砂岩

2. 地层综述

苟鲁山克措组与通天河蛇绿构造混杂岩碎屑岩碳酸盐岩段之间为断层接触，白垩纪风火山群不整合其上。

地层划分为上、下两段，下段以苟弄钦晚三叠世苟鲁山克措组（T_3g）地层实测剖面（VTP_8）为代表，以中细粒长石岩屑砂岩为主，岩屑石英砂岩次之，夹泥质粉砂岩及少量板状泥岩。上段以青海省格尔木市沱沱河乡康特金晚三叠世苟鲁山克措组（T_3g）地层实测剖面（VTP_9）岩性为代表，在苟弄钦、古洛弋钦一带有砾岩、含砾砂岩分布。康特金一带为含海绿石岩屑砂岩、含海绿石长石岩屑砂岩夹含海绿石粉砂岩、青灰色粉砂质泥岩，局部夹砾岩，夹煤线。

该地层向西延伸至可可西里地区，其下段砂岩中凝灰质含量增多，并发育鲍马序列，具浅海浊积岩特点，上段岩性、岩相基本与测区一致。

苟鲁山克措组与测区南部结扎群的巴贡组在岩性组合以及沉积特征上都十分相似，但二者之间也存在有一些明显的不同点，首先，苟鲁山克措组中未见火山岩或火山碎屑岩夹层，而巴贡组中有粗玄岩夹层，其次，苟鲁山克措组中发育一套砾岩，分布较为稳定，以砾岩的出现，可将该组地层明显分为上、下两段，而巴贡组不具有此特征。

3. 沉积环境

苟鲁山克措组地层下段有砂岩—粉砂岩—板状泥岩组成的韵律层,构成正粒序韵律,局部底部砂岩中含细砾,发育正粒序层(图2-25),属海退沉积序列,反映为浅海环境。

下段砂岩碎屑中长石含量多数在16%左右,有一些在4%~6%之间,石英含量为46%~78%,岩屑含量为18%~38%,岩屑有粘土岩、流纹岩、绢云千枚岩、粉晶、泥晶灰岩、钙质粉砂岩及长英质糜棱岩、千糜岩、安山岩和蚀变花岗岩等。在矿物成分分布三角图上全部落入再旋回造山带物源区(图2-26)。

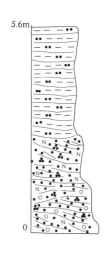

图2-25 苟鲁山克措组下段(T_3g^a)含砾砂岩、砂岩与粉质泥岩形成的正粒序层图

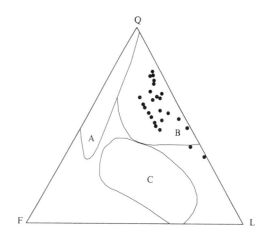

图2-26 T_3g组砂岩碎屑矿物成分分布三角图
A.克拉通物源区;B.再旋回造山带物源区;C.岩浆弧物源区

下段砂岩的杂基含量低,在1%~2%之间,碎屑颗粒分选性较好,多呈次棱角状,磨圆度中等,粒度参数特征:平均值2.47Φ~3.77Φ,标准差0.57~0.58,偏度0.45~0.64,尖度3.5~3.52,峰态较窄。概率累积粒度分布曲线图(图2-27)上,两个样品都仅由悬浮、跳跃两个总体构成,悬浮总体所占比例较少,跳跃总体占98%以上,粒度分布区间一个样品为1.5Φ~3.8Φ,另一个样品为2.2Φ~5.2Φ,斜率较大,分选性较好,悬浮总体分选较差,其中一个样品的跳跃总体有一个截断,其特点与三角洲支流河道的沉积环境可以对比。

上段砂岩中平行层理、波痕构造发育,产植物化石。砂岩、粉砂岩中含较多微粒海绿石构成的集合体,海绿石为浅海环境下同生的标型矿物,产出条件为:温度小于15℃,Eh=0~200mV,pH=7~8,水深10~30m到600m,它代表的地质环境为清洁的中浅海或内浅海和滨海沼泽,另一方面它指示沉积物的堆积速度慢。粉砂岩中所夹煤线也反映海陆交

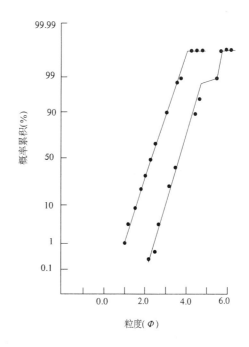

图2-27 T_3g组砂岩下段概率累积粒度分布曲线图

互相特点。综上所述,上段沉积环境为海陆交互的海岸平原湿地(煤)相—滨、浅海相。

砂岩成分中长石含量为1%～16%,石英含量为22%～68%,岩屑含量为18%～55%,岩屑有千枚岩、灰岩、硅质岩、长英质岩屑及火山岩、火山碎屑岩等,同时砂岩中含有大量的自生矿物海绿石。在矿物成分分布三角图上基本落入再旋回造山带物源区(图2-26),与下段明显属同一个大地构造环境。

上段砂岩的杂基含量范围较宽,在0～17%之间,碎屑颗粒分选性较差,多呈棱角状,磨圆度差,粒度参数特征:平均值1.61Φ,标准差0.65,偏度0.43,尖度3.03,峰态极窄。概率累积粒度分布曲线图(图2-28)上,样品由悬浮、跳跃和滚动3个总体构成,跳跃总体占92%左右,斜率大,分选性较好,牵引总体占5%左右,牵引总体粒度分布区间为-0.2Φ～0.3Φ,斜率大,分选性较好,与跳跃总体的截点分布窄,悬浮总体含量约为2%;粒度分布窄,区间为2.5Φ～3.2Φ,斜率较大,分选好。粒度分布特点反映出的沉积环境与浅海或三角洲的滨线可对比。

综观上、下两段岩性层序特征(图2-29),苟鲁山克措组由下到上,海水有从深逐渐变浅的趋势。

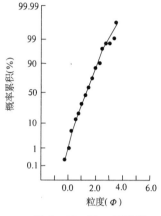

图2-28 T_3g组砂岩上段概率累积粒度分布曲线图

4. 时代讨论

本次工作中,在康特金附近、苟鲁山克措一带该地层中采集到较丰富的植物化石 *Clathropteris meniscioides* Brongniart, *Clathropteris* sp.(为 *Dictyophyllum - Clathropteris* 植物群常见分子), *Neocalamites* cf. *hoerensis* (Schimper) Halle, *Equisetites* sp, *Equisetites takahashi* Kon'no, *Equiseortites lufengensis* Li, *Carpolithus* sp., *Equisetites sarrani* Zeiller, *Equisetites* cf. *gracilis* (Nathorst), *Hyrcanopteris sinensis* Li et Tsao, *Podozamites* sp., *Clathropteris meniscioides* cf. *minor* Wu et He, *Czekanowskia rigida* Heer, *Neocalamites carrerei* (Zeiller) Halle, *Pterophyllum minutum* Li et Tsao. 等,为中国南方型晚三叠世常见植物组合。据此可确定该地层时代为晚三叠世。

5. 微量元素

苟鲁山克措组上、下两段的微量元素特征有所不同(表2-5、表2-6),表现在上段中Cr、Ni、V、Cu、Zn、Ti的含量比下段高出近一倍,Co、Ce、Nd的含量也稍高于下段。下段地层中Sr、Cr含量较低,相容元素Co、Ni、V等与上陆壳元素丰度接近。上段地层部分样品的相容元素Co、Ni、V、Ti的含量明显高于地壳的丰度值,这可能和地层中含较多自生矿物海绿石有关。上段和下段的Th-Sc-Zr/10和Th-Co-Zr/10图解分别见图2-30、图2-31,下段地层样品投点形成一条趋势线,多数位于大陆岛弧区,有从大陆岛弧向被动大陆边缘过渡的趋势,剖面样品Zr含量分布情况有韵律性变化的规律,从下至上Zr含量由低到高构成了5个韵律。上段样品多落入大陆岛弧物源区。因此,微量元素特征反映该地层的碎屑来源于大陆岛弧物源区。

二、结扎群

结扎群由青海省区测队(1970)创名。原始定义指:"分布于唐古拉山地区,主要由一套滨海至浅海沉积的碎屑岩、碳酸盐岩等组成",分为紫红色碎屑岩组、下石灰岩组、灰色碎屑岩组和上石灰岩组4个岩组。角度及平行不整合于二叠系之上,多未见顶,局部可见与侏罗系、白垩系与古近系和新近系不整合接触。青海省区测队在创名结扎群的同时,又在1:100万玉树幅区域地质调查报

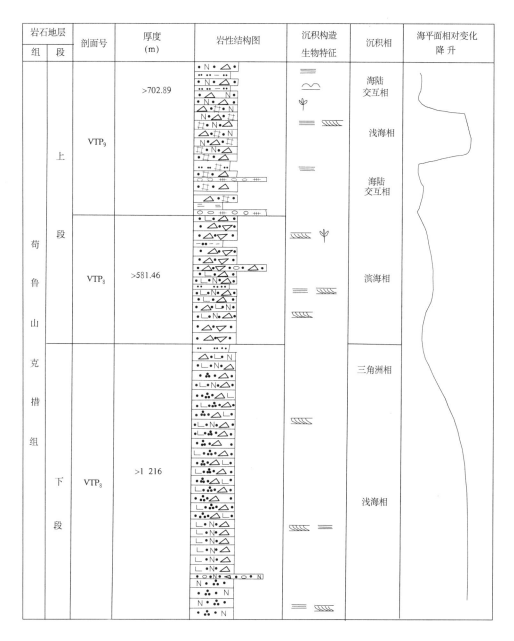

图 2-29 苟鲁山克措组层序特征及沉积相

告中认为在本区不存在上石灰岩组,于是将结扎群由上而下划分为紫红色碎屑岩组、碳酸盐岩组和含煤碎屑岩组3个岩组。1997年《青海省岩石地层》保留结扎群名称,时代下延至中三叠世。并定义为:指分布于唐古拉—昌都地区,超覆于古生代地层或早、中三叠世地层之上,整合于察雅群或不整合于雁石坪群等新地层之下的,由碎屑岩和碳酸盐岩夹少量火山岩组成的地层,上部含煤。富含双壳类、腕足类、头足类和植物等化石。从老到新包括甲丕拉组、波里拉组和巴贡组。

区内该群分布于岗齐曲—日阿吾德贤断裂以南,错阿日玛东侧、鹿䓖扎被、阿布日阿加宰等地。地层走向呈北西-南东向展布,地层区划属唐古拉—昌都地层分区。根据岩性组合特征仍依照《青海省岩石地层》将其划分为下部甲丕拉组、中部波里拉组和上部巴贡组。

表 2-5 荀鲁山克措组下段砂岩微量元素含量表（$\times 10^{-6}$）

编号	Sr	Rb	Ba	Th	Ta	Nb	Zr	Hf	Sc	Cr	Co	Ni	V	Cs	Ga	La	Cu	Pb	Zn	Yb	Y	Sm	Ce	Nd
VTP$_8$DY2-1	81	30	157	4.0	0.4	5.2	148	3.3	5.0	64	9.1	35.4	45.3	10.0	7.0	15.1	8.8	11.1	31	1.1	11.6	2.4	30.9	14.5
VTP$_8$DY3-1	70	31	190	6.5	0.5	7.8	276	5.2	6.5	146	13.1	50.2	64.5	8.1	8.0	20.2	12.7	10.2	43	1.5	15.3	3.5	39.1	19.8
VTP$_8$DY6-1	73	42	184	7.2	0.5	9.6	328	7.0	7.2	128	10.8	48.4	65.0	12.0	8.4	24.9	15.4	8.4	41	1.9	18.2	4.1	48.4	22.7
VTP$_8$DY7-1	71	38	193	3.7	0.4	4.5	80	3.2	4.5	41	8.4	28.9	44.0	8.9	6.7	15.9	7.9	11.5	32	1.1	12.1	2.7	31.4	15.2
VTP$_8$DY8-1	77	31	182	5.3	0.5	8.4	270	5.6	6.0	108	8.9	41.0	53.6	9.3	7.0	20.8	10.5	6.1	32	1.5	14.5	3.2	39.4	19.3
VTP$_8$DY9-1	71	28	132	3.6	0.4	5.3	81	2.2	4.9	41	8.5	27.2	43.8	10.0	6.3	14.8	8.2	6.8	30	1.0	11.8	2.6	25.6	14.7
VTP$_8$DY11-1	66	40	174	6.5	0.6	10.2	315	6.5	6.3	146	9.1	44.9	59.9	12.0	11.5	23.7	14.3	16.0	38	1.8	17.8	3.8	46.5	21.2
VTP$_8$DY12-1	74	34	196	3.6	0.4	5.4	107	2.6	5.2	53	8.7	27.7	43.4	8.5	6.2	15.6	8.6	9.8	34	1.2	12.5	2.8	31.3	15.8
VTP$_8$DY14-1	94	34	155	6.7	0.6	8.2	380	8.9	6.0	87	9.2	30.6	50.0	11.3	9.2	22.4	11.8	9.3	34	2.0	19.2	3.3	46.5	21.7
VTP$_8$DY16-1	62	34	210	4.7	0.4	6.1	123	2.9	6.2	21	9.0	35.3	57.6	12.1	8.8	16.7	8.8	4.9	36	1.3	12.7	2.7	33.2	16.2
VTP$_8$DY17-1	101	36	200	5.0	0.4	6.4	215	4.6	5.4	46	8.2	32.9	47.7	11.3	6.7	17.8	8.6	10.2	32	1.4	12.7	3.0	37	18.5
VTP$_8$DY18-1	83	34	143	8.4	0.5	6.9	436	10.7	5.7	46	8.7	22.5	42.4	11.3	10.9	29.3	10.4	12.9	35	2.0	19.2	4.4	64.1	27.8
VTP$_8$DY18-2	49	34	126	4.3	0.4	6.5	149	3.8	5.7	82	8.3	34.9	51.9	8.1	8.2	17.8	9.1	14.1	32	1.3	11.7	2.2	34.3	16.5
丰度值 1*	130	2.2	225	0.22	0.3	2.2	80	2.5	38.0	270	47.0	135.0	250.0	30.0	17.0	3.7	86.0	0.8	85	5.1	32.0	3.3	11.5	10.0
丰度值 2*	350	112	550	10.7	2.2	25.0	190	5.8	11.0	355	10.0	20.0	60.0	3.7	17.0	30.0	25.0	20.0	71	2.2	22.0	4.5	64.0	26.0
丰度值 3*	230	5.3	150	1.06	0.6	6.0	70	2.1	36.0	235	35.0	135.0	285.0	0.1	18.0	11.0	90.0	4.0	83	2.2	19.0	3.17	23.0	12.7

注：1* 为洋壳元素丰度，2* 为上陆壳元素丰度，3* 为下陆壳元素丰度，Taylor et al,1985。

第二章 地 层

表 2-6 苟鲁山克措组上段微量元素含量表 (×10⁻⁶)

编号	Sr	Rb	Ba	Th	Ta	Nb	Zr	Hf	Sc	Cr	Co	Ni	V	Cs	Ga	La	Cu	Pb	Zn	Yb	Sm	Ce	Nd
VTP$_8$DY19-1	59	34	266	5.7	0.4	6.4	221	3.7	5.7	109	10.2	44.3	56.6	11.3	9.0	19.1	9.6	5.3	35	1.4	3.0	44.7	18.4
VTP$_8$DY20-1	49	28	97	4.2	0.5	6.3	113	3.0	5.3	82	10.8	42.7	54.5	10.1	8.6	16.1	9.3	17.0	48	1.2	2.7	33.5	16.2
VTP$_9$DY2-1	23	29	97	3.2	0.9	13.6	68	2.5	6.4	37	12.5	43.2	63.3	8.1	11.3	17.7	35.5	4.5	64	1.1	1.9	43.6	14.6
VTP$_9$DY3-1	68	20	79	2.5	1.2	18.0	132	2.9	22.4	913	60.5	368.0	220.2	6.0	23.0	21.3	85.2	1.5	96	1.8	5.7	43.6	31.2
VTP$_9$DY4-1	66	22	130	3.2	1.2	17.1	137	3.9	14.8	664	46.0	421.7	170.2	4.8	15.3	19.7	62.2	17.0	89	1.8	4.7	46.3	28.6
VTP$_9$DY4-2	50	78	216	8.7	1.4	18.9	223	4.8	15.7	581	38.1	268.2	184.9	3.6	19.4	28.1	68.0	16.8	112	2.8	6.1	64.8	32.4
VTP$_9$DY5-1	57	39	129	8.3	0.6	9.0	224	5.8	7.4	87	11.4	41.8	66.3	4.4	12.5	27.2	16.4	7.5	45	2.0	4.0	53.6	25.5
VTP$_9$DY6-1	75	34	132	5.0	0.9	12.7	174	3.1	18.2	312	34.0	275.4	137.8	4.0	16.5	22.4	31.1	10.7	75	2.2	4.3	51.7	28.4
VTP$_9$DY8-1	45	30	127	5.1	0.4	15.3	141	3.1	6.7	73	9.8	52.8	58.7	4.4	10.0	14.5	12.6	26.8	39	1.5	2.5	28.9	15.6
VTP$_9$DY8-2	79	50	178	9.4	0.6	11.8	262	6.7	9.3	66	12.6	59.5	83.5	4.0	14.5	27.9	20.6	20.4	72	2.4	4.4	59.3	28.1
VTP$_9$DY9-1	69	37	144	7.4	0.6	8.7	280	5.6	7.1	78	10.4	46.1	63.3	4.0	9.3	23.2	13.8	17.5	35	1.8	3.4	46.5	22.8
VTP$_9$DY9-2	82	26	129	4.2	0.4	5.0	82	2.5	5.3	51	9.9	46.1	41.7	4.4	8.1	14.8	10.0	49.0	44	1.3	2.7	31.5	17.4
VTP$_9$DY10-1	94	37	247	4.9	0.5	6.8	113	1.9	6.6	61	13.3	71.5	59.4	4.0	8.7	18.4	13.5	25.8	81	1.5	3.6	40.7	20.7
VTP$_9$DY10-2	107	39	176	6.8	0.4	7.9	191	4.9	7.5	63	11.2	53.6	65.4	3.6	9.2	23.0	16.5	10.8	48	1.9	3.9	49.7	24.1
丰度值 1*	130	2.2	225	0.22	0.3	2.2	80	2.5	38.0	270	47.0	135.0	250.0	30.0	17.0	3.7	86.0	0.8	85	5.1	3.3	11.5	10.0
丰度值 2*	350	112	550	10.7	2.2	25.0	190	5.8	11.0	355	10.0	20.0	60.0	3.7	17.0	30.0	25.0	20.0	71	2.2	4.5	64.0	26.0
丰度值 3*	230	5.3	150	1.06	0.6	6.0	70	2.1	36.0	235	35.0	135.0	285.0	0.1	18.0	11.0	90.0	4.0	83	2.2	3.17	23.0	12.7

注:1* 为洋壳元素丰度;2* 为上陆壳元素丰度;3* 为下陆壳元素丰度,Taylor et al,1985。

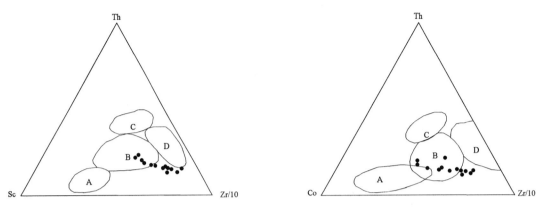

图 2-30 苟鲁山克措组下段(T_3g)砂岩微量元素 Th-Sc-Zr/10 和 Th-Co-Zr/10 图解

(据 Bhatia,1985)

A.大洋岛弧;B.大陆岛弧;C.活动大陆边缘;D.被动大陆边缘

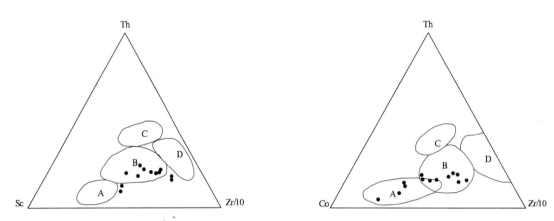

图 2-31 苟鲁山克措组上段(T_3g)砂岩微量元素 Th-Sc-Zr/10 和 Th-Co-Zr/10 图解

(据 Bhatia,1985)

A.大洋岛弧;B.大陆岛弧;C.活动大陆边缘;D.被动大陆边缘

(一)甲丕拉组(Tjp)

由四川省第三区测队(1974)根据西藏昌都甲丕拉山剖面创建甲丕拉组。马福宝(1984)将其延入青海省的该套地层命名为东茅陇组。陈国隆、陈楚震(1990)将马福宝等的东茅陇组下部层位改为东茅群,其上的碎屑岩称结扎群 A 组。《青海省岩石地层》(1997)首次引进甲丕拉组,建议停用东茅陇组及东茅群。同时沿用西藏地层清理组给予本组的定义:"主要指超覆于妥坝组页岩、粉砂岩地层及夏牙村组之上的一套红色碎屑岩地层体。层型剖面外局部夹安山岩、石灰岩等,顶界与波里拉组石灰岩地层整合接触,含双壳类、腕足类等。地质时代为中、晚三叠世。"次层型剖面在玉树县上拉秀东茅陇剖面第 1~38 层。

测区内分布于开心岭北侧、诺日巴尕日保、鹿多卓尕、囊极,呈北西西-南东东向条带状展布。

1. 剖面描述

(1)青海省格尔木市唐古拉乡多尔玛地区晚三叠世结扎群甲丕拉组实测地层剖面(VTP_5)见图 2-32。

波里拉组(Tb) 灰色厚层状泥晶砾屑、砂屑灰岩

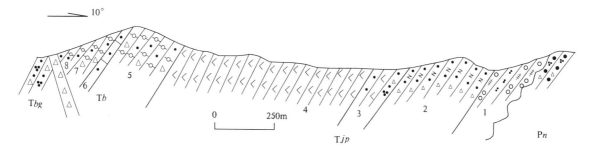

图 2-32 青海省格尔木市唐古拉乡多尔玛地区晚三叠世结扎群甲丕拉组实测地层剖面(VTP$_5$)

——————— 整 合 ———————

甲丕拉组(Tjp)　　　　　　　　　　　　　　　　　　　　　　　　　　　　1 372.79m
 4. 灰色、灰绿色块层状蚀变玄武岩夹变质角砾凝灰岩、蚀变粗玄岩　　　　　738.87m
 3. 浅灰绿色块层状安山岩夹灰紫色薄层状粉砂岩及灰色厚层状粗粒长石石英砂岩　　133.61m
 2. 浅灰色厚层状变质粗中粒岩屑长石砂岩夹灰紫色薄层状粉砂岩　　　　　　283.81m
 1. 灰绿色厚层状复成分变质砾岩夹灰绿色含砾中粒岩屑砂岩及灰绿色长石石英砂岩　　216.50m

～～～～～ 角度不整合 ～～～～～

那益雄组(Pn)　浅灰色变质细粒岩屑石英砂岩

(2) 青海省格尔木市唐古拉山乡囊极三叠纪结扎群(TJ)实测地层剖面(VTP$_6$)见图 2-33。

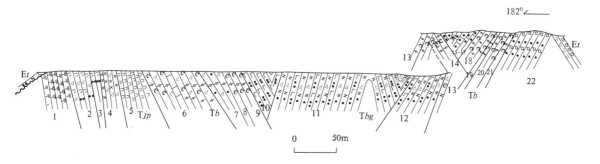

图 2-33 青海省格尔木市唐古拉山乡囊极三叠纪结扎群(TJ)实测地层剖面(VTP$_6$)

波里拉组(Tb)　灰白色亮晶含生物碎屑砾屑砂屑灰岩夹灰色微晶灰岩,含双壳、腕足及六射珊瑚碎片

——————— 整 合 ———————

甲丕拉组(Tjp)　　　　　　　　　　　　　　　　　　　　　　　　　　　　>434.45m
 5. 灰紫色、灰绿色蚀变英安岩　　　　　　　　　　　　　　　　　　　　158.13m
 4. 灰绿色蚀变中基性火山角砾岩　　　　　　　　　　　　　　　　　　　83.15m
 3. 灰绿色凝灰熔岩(灰绿—绿色蚀变辉绿岩脉侵入)　　　　　　　　　　　30.49m
 2. 灰绿色蚀变含角砾晶屑岩屑凝灰岩　　　　　　　　　　　　　　　　　65.00m
 1. 灰绿色蚀变粗安岩(未见底)　　　　　　　　　　　　　　　　　　　　97.68m

2. 区域特征、岩性组合及横向变化

区域上甲丕拉组分布广泛,由唐古拉山地区向东南一直延伸至西藏的昌都地区。该地层颜色、岩性和碎屑颗粒大小等在纵向、横向上变化都比较快,砾岩、砂岩、粉砂岩、页(泥)岩、板岩和灰岩所占的比例各地不一,但其底部有厚度不稳定的复成分砾岩,具有由下而上,由粗变细的正粒序旋回特征。

测区内甲丕拉组不整合于晚二叠世乌丽群之上(图 2-34)。上部与波里拉组灰岩整合接触。

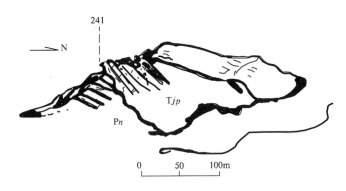

图 2-34　开心岭北西甲丕拉组不整合覆盖晚二叠世乌丽群素描图(214点)

测区内该地层与层型剖面对比,颜色较杂,不以红色调为主,呈灰白、灰绿、紫红等多种颜色。

玛章错钦东侧一带下部为浅灰绿色砾岩、浅灰绿色含砾砂岩,向上转变为灰紫色、浅灰色中厚层状中细粒岩屑长石砂岩夹灰黑色泥质粉砂岩。

西南扎格碎尕日保一带为暗紫色、紫灰色蚀变玄武岩。

瑙多卓柔地区下部为灰绿色复成分变质砾岩、灰绿色中粒岩屑砂岩、灰绿色长石石英砂岩、浅灰色岩屑长石砂岩夹粉砂岩,上部为灰紫色安山岩、灰绿色凝灰熔岩夹灰岩。

帮可钦一带为灰绿色长石石英砂岩、灰紫色岩屑长石砂岩—细砂岩—泥质粉砂岩韵律层(图2-35),砂岩中发育平行层理和小型交错层理。

开心岭地区为浅灰色厚层状复成分中细砾岩夹含砾中粗粒岩屑砂岩。

多尔玛地区底部为灰绿色复成分变质砾岩,向上渐变为灰绿色中粒岩屑砂岩、灰绿色长石石英砂岩、浅灰色岩屑长石砂岩夹粉砂岩,上部为安山岩、蚀变玄武岩、含角砾凝灰岩及蚀变粗玄岩等。灰绿色复成分变质砾岩与灰绿色中粒岩屑砂岩构成正粒序层(图2-36)。

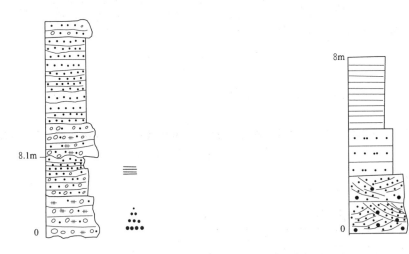

图 2-35　甲丕拉组(Tjp)砂岩与泥质粉砂岩形成韵律型基本层序(118点)

图 2-36　甲丕拉组(Tjp)砾岩与砂岩形成的正粒序层(069点)

囊极一带为灰绿色粗安岩、灰绿色含角砾晶屑岩屑凝灰岩、灰绿色凝灰熔岩、灰绿色中基性火山角砾岩、灰紫色蚀变英安岩等。

东邻曲柔尕卡幅的扎苏一带底部为灰白和黄灰色厚层状复成分砾岩、砂砾岩夹含砾中粗粒砂岩,向上砾石逐渐减少,转变为紫红、灰白及浅灰色岩屑砂岩、粉砂岩,上部为玄武岩、玄武安山岩、安山岩、安山质火山角砾岩、安山质集块岩夹紫红色、灰紫色岩屑长石砂岩及灰岩薄层,向东至尼多通瑙一带，以灰绿色凝灰岩和熔岩为主，局部火山岩下部见灰绿色、灰白色砾岩、含砾砂岩。冬日日纠一带以灰色、灰绿色中厚层状岩屑长石砂岩、岩屑石英砂岩为主，夹少量灰黑色粉砂岩及泥晶灰岩透镜体，该条带延至莫曲河东侧，岩性为褐黄色中层状中细粒长石砂岩夹灰黑色钙质粉砂岩，之上出露较多暗紫色玄武岩。

综上所述，甲丕拉组纵向上规律性明显，底部为厚度不等颜色呈灰白、浅灰绿色的复成分砾岩，向上粒度变细，以紫红、灰色砂岩、粉砂岩为主，再向上为火山岩夹灰岩，总体上构成下粗上细的海进旋回；该地层横向上变化比较快，砾岩、砂岩、粉砂岩及灰岩比例各地不一，火山岩分布尤其不均，构成以扎苏、日阿吾德贤为中心向北西、南东延伸的面状喷发火山岩。

3. 沉积环境

该组砾岩、砂砾岩中发育大型板状斜层理，砂岩、粉砂岩中水平层理常见。

所夹灰岩中产双壳类、腕足类海相动物化石。

该组砂岩的碎屑组成为：长石含量为3%～26%，石英含量为28%～75%，岩屑含量为15%～54%，岩屑成分有粘土岩、绢云千枚岩、流纹岩、安山岩、玄武岩、蚀变玻屑凝灰岩、沉凝灰岩、灰岩等，火山岩岩屑明显居多。在矿物成分分布三角图上多落入再旋回造山带物源区(图2-37)。

砂岩中杂基含量普遍低，在1%～5%左右，碎屑颗粒分选性中等，多呈次棱角状—次圆状，磨圆度中等，粒度参数特征：平均值1.99Φ～4.14Φ，标准差0.49～1.3，偏度0.08～1.87，尖度2.76～6.74，峰态较窄。概率累积粒度分布曲线图(图2-38)上，3个样品形态差异较大，但3个样品均存在一定的牵引总体，同时跳跃总体所占比例较多，在90%以上，根据概率累积粒度分布曲线图的形态分析、对比，与三角洲入潮口的粒度分布特征较为相似，无悬浮总体的曲线，可能属流速较缓的河道中部环境；3条曲线形态的区别，似乎与所处的河道位置有关；同时悬浮总体位置及跳跃总体的斜率可能均与流速有关，流速快，跳跃总体的斜率大，分选就好；牵引总体的存在，似乎与潮水的活动关系更密切，它是当潮水活动时，底流方向改变集中于河口位置造成的。

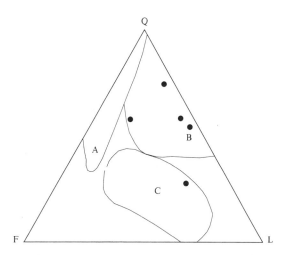

图2-37 Tjp组砂岩碎屑矿物成分分布三角图
A.克拉通物源区；B.再旋回造山带物源区；C.岩浆弧物源区

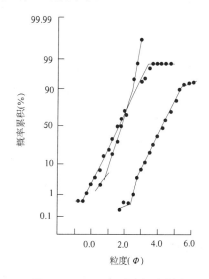

图2-38 Tjp组砂岩概率累积粒度分布曲线图

以上岩性和沉积构造特征反映该组沉积环境底部为三角洲—滨浅海环境，向上转变为火山活动频繁的滨浅海—浅海环境(图2-39)。

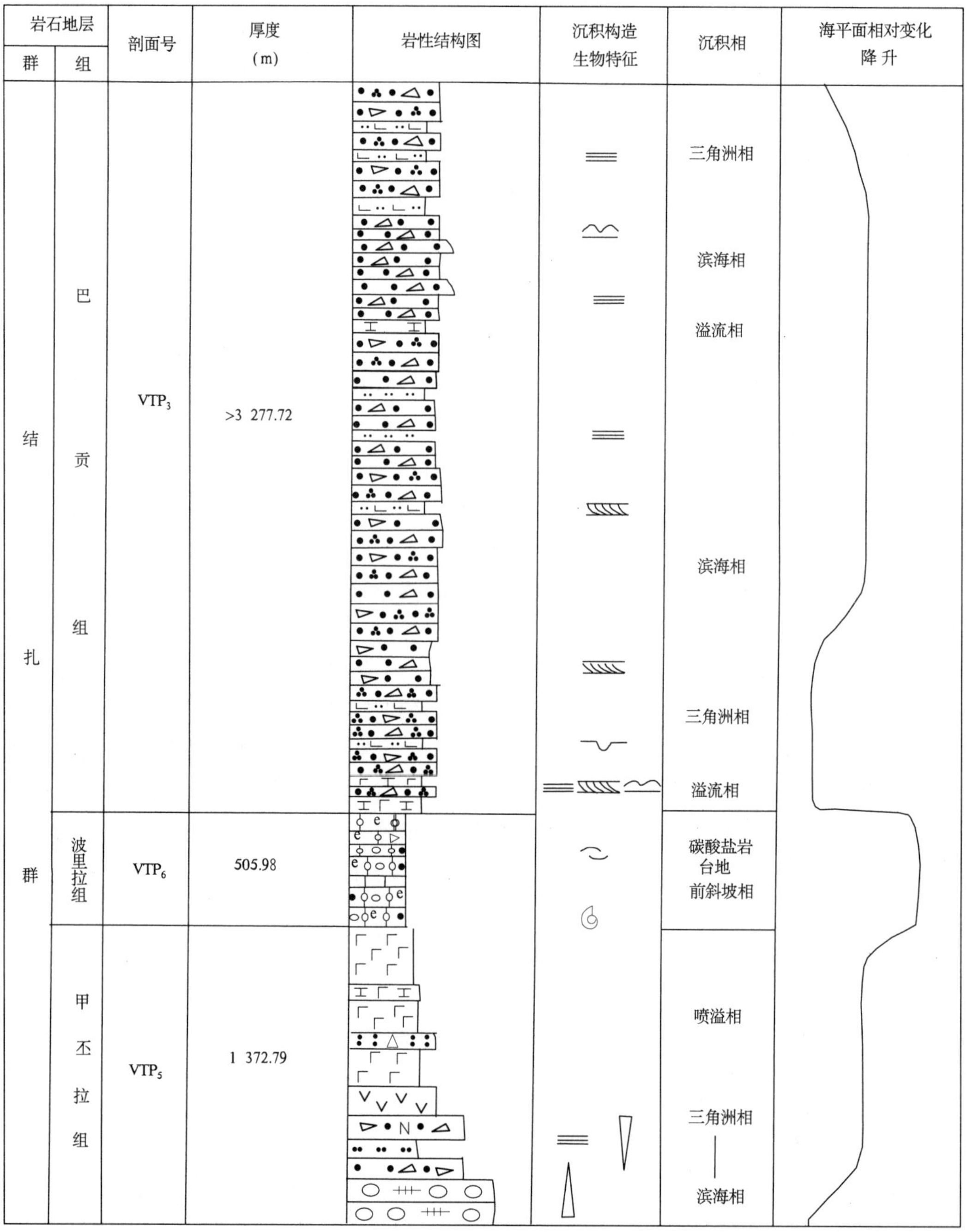

岩石地层		剖面号	厚度(m)	岩性结构图	沉积构造生物特征	沉积相	海平面相对变化 降升
群	组						
结扎群	巴贡组	VTP₃	>3 277.72			三角洲相	
						滨海相	
						溢流相	
						滨海相	
						三角洲相	
						溢流相	
	波里拉组	VTP₆	505.98			碳酸盐岩台地前斜坡相	
	甲丕拉组	VTP₅	1 372.79			喷溢相	
						三角洲相	
						滨海相	

图 2-39 结扎群层序特征及沉积相

4. 时代讨论

甲丕拉组不整合于晚二叠世那益雄组之上，其上整合有含大量晚三叠世腕足类的波里拉组，在襄极一带甲丕拉组所夹薄层灰岩中采集到腕足类化石? *Sugmarella* sp., *Zhidothyris yulongensis* Sun, *Septamphiclina qinghaiensis* Jin et Fang, *Zeilleria* cf. *lingulata* Jin, Sun et Ye, *Timorhynchia sulcata* Jin, Sun et Ye 等，时代属晚三叠世早期。

5. 微量元素

甲丕拉组砂岩的微量元素含量见表 2-7。砂岩中相容元素 Sc、Co、Ni、V 等和上陆壳元素丰度

表 2-7 甲丕拉组砂岩微量元素含量表（×10⁻⁶）

编号	Li	Be	Nb	Sc	Ga	Zr	Cr	Th	Sr	Ba	V	Co	Ni	Cu	Pb	Zn	W	Mo	Sn	Sb	Bi	Rb	Ta
VTP₅DY7-2	43.8	1.5	9.9	10.7	10.4	158	53.7	9.7	73	330	86.0	11.8	16.5	19.8	14.0	170	1.74	0.41	1.35	0.73	0.26	54.8	0.9
VTP₅DY7-3	41.2	0.8	9.9	4.4	10.7	159	20.1	11.4	81	306	35.9	6.8	6.2	19.2	2.5	70	1.64	0.22	1.13	0.22	0.11	25.5	0.6
VTP₅DY8-1	21.1	0.6	6.2	7.4	8.1	89	28.8	5.6	95	102	50.9	8.0	7.6	13.8	24.3	61	0.69	0.19	0.99	0.20	0.11	12.1	0.4
VTP₅DY8-2	17.1	0.8	3.3	5.5	4.2	69	14.1	5.0	180	102	40.7	8.7	10.7	21.1	15.3	48	0.59	0.43	0.99	0.28	0.06	23.3	0.4
VTP₅DY9-1	22.7	0.9	5.7	6.7	7.0	119	45.0	8.1	21	111	60.2	6.3	14.3	10.3	94.5	54	0.83	0.25	0.99	0.37	0.15	39.5	0.3
丰度值 1*	10.0	0.55	2.2	38.0	17.0	80	270.0	0.22	130	225	250.0	47.0	135.0	86.0	0.8	85	0.50	1.00	1.4	17.00	7.00	2.2	0.6
丰度值 2*	20.0	3.0	25.0	11.0	17.0	190	355.0	10.7	350	550	60.0	10.0	20.0	25.0	20.0	71	2.00	1.50	5.50	0.20	127.00	112.0	2.2
丰度值 3*	11.0	1.0	6.0	36.0	18.0	70	235.0	1.06	230	150	285.0	35.0	135.0	90.0	4.0	83	0.70	0.80	1.50	0.20	38.00	5.3	0.6

注：1* 为洋壳元素丰度，2* 为上陆壳元素丰度，3* 为下陆壳元素丰度，Taylor et al,1985。

相近,不相容元素 Sr、Rb、Ba、Th、Ta、Nb、Zr 等普遍偏低,与下陆壳的元素丰度比较接近,间接证明物源有可能来自地壳下部。在 Th-Sc-Zr/10 和 Th-Co-Zr/10 图解中投点多落入大陆岛弧物源区(图 2-40),结合矿物成分三角图,该地层物源应来自火山活动较发育的大陆岛弧。

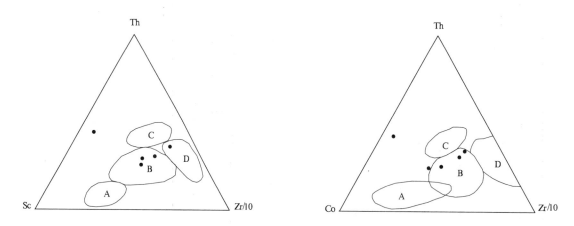

图 2-40　甲丕拉组(Tjp)砂岩微量元素 Th-Sc-Zr/10 和 Th-Co-Zr/10 图解
(据 Bhatia,1985)
A.大洋岛弧;B.大陆岛弧;C.安第斯型大陆边缘;D.被动大陆边缘

(二)波里拉组(Tb)

由四川省第二区测队(1974)依据西藏察雅县波里拉剖面创名波里拉组。马福宝等(1984)将波里拉延至唐古拉的,相当于青海省习称结扎群的碳酸盐岩组命名为肖恰错组。《青海省岩石地层》(1997)首次引进波里拉组,建议停用同物异名的肖恰错组,同时沿用西藏地层清理组的定义:"主要指夹持于下伏地层甲丕拉组红色碎屑岩与上覆地层巴贡组含煤碎屑岩之间的一套石灰岩地层体,上、下界线均为整合接触。含丰富的双壳类、腕足类、菊石类化石等。分布于昌都、类乌齐、察雅、江达、安多、土门格拉及青海省唐古拉山地区。"

分布于测区南部广大地区,主要为两个条带北西-南东或近东西向展布,西侧从玛章错钦东侧经奔德鄂阿库儿至阿布日阿加宰;中间条带从罗日苟、鹿多卓尕经多尔玛延伸至东侧曲柔尕卡幅的扎苏至冬不里曲下游地区。两个条带原本连为一体,目前被白垩纪、新生代地层分隔开来。

1.剖面描述

(1)青海省格尔木市唐古拉乡玛章涌玛三叠纪波里拉组(Tb)实测地层剖面(VTP$_4$)见图 2-41。

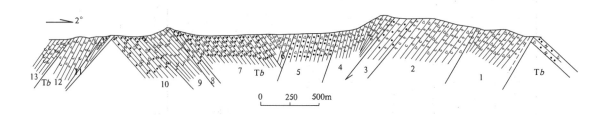

图 2-41　青海省格尔木市唐古拉乡玛章涌玛三叠纪波里拉组(Tb)实测地层剖面(VTP$_4$)

波里拉组（Tb）	>2 431.12m
13. 灰黑色含砂、砾屑生物碎屑灰岩（第四纪冲洪积砂砾石层覆盖，未见顶）	>79.12m
12. 红褐色含砾石泥晶生物碎屑灰岩夹紫红色泥质粉砂岩	154.87m
11. 灰紫色细粒钙质砾岩	125.51m

══════════ 断　层 ══════════

10. 青灰色变质中细粒岩屑长石砂岩夹深灰色粉砂质板岩	151.70m
9. 灰色泥晶生物碎屑灰岩夹燧石条带	206.88m
8. 青灰色细粒长石英砂岩夹紫红色变质中细粒岩屑石英砂岩	68.11m
7. 青灰色变质细粒岩屑长石砂岩	461.57m
6. 灰色泥晶生物碎屑灰岩（向斜）	>255.02m
5. 青灰色变质细粒—粉砂状岩屑长石砂岩	359.62m
4. 浅灰白色亮晶生物碎屑灰岩	300.41m
3. 灰色亮晶砾屑、砂屑灰岩	228.08m
2. 浅灰白色亮晶生物碎屑灰岩	377.68m
1. 灰色碎裂泥晶生物碎屑灰岩（未见底）	>448.85m

══════════ 断　层 ══════════

波里拉组（Tb）　灰黄色—褐灰色变质细粒岩屑长石砂岩

（2）青海省格尔木市唐古拉乡多尔玛地区晚三叠世结扎群（TJ）实测地层剖面（VTP$_5$）见图 2-32。

巴贡组（Tbg）　浅灰黑色粉砂岩质板岩夹黄色中厚层变质细粒—粗粉砂质岩屑石英砂岩

══════════ 断层破碎带 ══════════

波里拉组（Tb）	>436.68m
8. 浅灰色中—厚层状亮晶生物碎屑灰岩夹灰色中厚层状泥晶含砂砾屑生物碎屑灰岩（未见顶）	>101.27m
7. 灰色中—厚层状含燧石结核角砾状泥晶生物碎屑灰岩	72.02m
6. 浅灰色中—厚层状亮晶砾屑、砂屑灰岩	25.59m
5. 灰色厚层状泥晶砾屑、砂屑灰岩	237.80m

══════════ 整　合 ══════════

甲丕拉组（Tjp）　灰色、灰绿色块层状蚀变玄武岩夹变质角砾凝灰岩、蚀变粗玄岩

（3）青海省格尔木市唐古拉山乡囊极三叠纪结扎群（TJ）实测地层剖面（VTP$_6$）见图 2-33。

沱沱河组（Et）　紫红色厚层状复成分砾岩

══════════ 断　层 ══════════

波里拉组（Tb）	>534.71m
22. 青灰色中厚层状泥晶砂屑灰岩（未见底）	>232.52m
含腕足：*Lamellokoninckina yunnanensis* Jin et Fang	
Koninckina minor Xu	
Omolopella cf. *cephaloformis* Sun	
21. 青灰色薄—中层状泥晶生物碎屑灰岩与灰色薄—中层状含粉砂泥晶生物碎屑灰岩互层夹少量碳酸盐化碎屑质硅质岩	23.58m
含腕足：*Koninckina xiakocoensis* Sun et Li	
20. 青灰色薄层状微晶灰岩夹紫色薄—中层砂屑生物碎屑泥晶灰岩	11.68m
19. 灰色中粗粒含砾基性沉凝灰岩夹灰色薄层状粉砂岩	17.49m
18. 青灰色中—薄层状含燧石条带的泥晶生物碎屑灰岩	119.28m

17. 青灰色中薄层状含燧石条带的微晶灰岩,表层被残坡积物覆盖	69.20m
16. 灰—深灰色含燧石团块微晶灰岩夹灰绿色熔岩角砾岩	20.11m
15. 灰黑色砂屑灰岩与灰色薄层状泥灰岩互层(有向斜)	>55.50m

　　含菊石:? Trachyceratidae
　　　　　　? Noritidae
　　腕足:*Koninckina gigantea* Sun
　　　　　　Jin et Ye

14. 灰—深灰色含燧石团块泥晶生物碎屑灰岩夹灰绿色蚀变沉凝灰岩(发育背斜)	58.01m
13. 灰黑色含粉砂泥晶灰岩与灰色薄层状泥灰岩互层	42.65m
巴贡组(Tbg)	**>592.84m**
12. 灰绿色薄—中层状变质中细粒岩屑长石砂岩、灰绿色中厚层状变质细粒长石石英砂岩夹灰黑色薄层状钙质粉砂岩	168.01m
11. 灰色中厚层状中细粒长石岩屑砂岩与灰色薄层状泥钙质粉砂岩(发育背斜、向斜)	231.95m

　　含孢粉:*Punctatisporites* sp.
　　　　　　Psophosphaera sp.
　　　　　　Osnumdacidites sp.
　　　　　　Baculatisporites sp.
　　　　　　Protopinus sp.
　　　　　　Granulatisporites sp.
　　　　　　Lunzisporites sp.
　　　　　　Kyrtomisporis sp.
　　　　　　Ovalipollis ovalis Krutsch 1955
　　　　　　Taeniaesporites sp.
　　　　　　Piceites sp.

10. 灰黑色薄—中层状钙质粉砂岩夹灰色中层状变质细粒—粉砂状岩屑长石砂岩及少量灰色中层状变质细粒岩屑石英砂岩(50m处为一向斜构造)	>426.09m

──────── 整　合 ────────

波里拉组(Tb)	**505.98m**
9. 青灰色中厚层状泥晶生物碎屑灰岩	75.37m
8. 灰色中厚层状含燧石结核碎裂泥晶生物碎屑灰岩夹生物介壳砂屑灰岩	27.69m
7. 灰色中厚层状亮晶含砾砂屑灰岩夹泥晶灰岩	113.74m
6. 灰白色亮晶含生物碎屑砾屑砂屑灰岩夹灰色微晶灰岩	289.18m

　　含双壳:*Lopha* sp.
　　六射珊瑚碎片
　　腕足:*Raetinopsis* cf. *ovata* Yang et Xu
　　　　　Sanqiaothyris eliiptica Yang et Xu
　　　　　Adygalla sp.
　　　　　Rhaetinopsis ovata Yang et Xu
　　　　　Sanqiaothyris subciris subcircularis Yang et Xu
　　　　　Sinucosta cf. *bittneri*(Dagys)

──────── 整　合 ────────

甲丕拉组(Tjp)　　灰绿色蚀变英安岩

2. 岩性组合及沉积特征

波里拉组区域上分布广泛,岩性较单一,以灰岩为主夹少量碎屑岩,上下与结扎群另外两个组甲丕拉组、巴贡组之间皆为整合接触。

测区内玛章错钦东侧以灰色、浅灰白色泥晶、亮晶生物碎屑灰岩为主夹青灰色细粒岩屑长石砂岩、青灰色长石石英砂岩、岩屑石英砂岩及少量灰紫色细粒钙质砾岩。囊极一带以灰色厚层状泥晶砾屑、砂屑灰岩、生物碎屑灰岩为主。在开心岭、诺日巴尕日保北侧有古石孔藻黏结灰岩出现,含大量双壳化石。

以上岩性反映该地层沉积环境为陆棚内缘相、碳酸盐岩台地前斜坡相(图2-39),局部地段有点状分布的生物礁相沉积。

玛章错钦东侧该组中砂岩的长石含量普遍较高,在6%～35%之间,石英含量为47%～75%,岩屑含量为15%～18%,岩屑有粘土岩、绢云母千枚岩、变质粉砂岩、流纹岩、安山岩、玄武岩、蚀变玻屑凝灰岩、文象花岗岩等,岩屑成分种类与甲丕拉组相似,证明这两个组碎屑物源区大地构造环境基本相同。在矿物成分分布三角图上多落入再旋回造山带物源区(图2-42)。

砂岩中杂基在3%～6%之间,碎屑颗粒分选性较好,磨圆度中等,粒度参数特征:平均值2.54Φ～3.53Φ,标准差0.45～0.51,偏度0.15～0.46,尖度3.33～4.97,峰态较窄。概率累积粒度分布曲线图(图2-43)上,3个样品均仅由悬浮和跳跃两个总体构成,悬浮总体所占比例较少,跳跃总体占98%左右,斜率较大,分选性较好,悬浮总体分选差,S截点分布窄,从没有牵引总体的特征分析判断,与河流沉积特点一致。

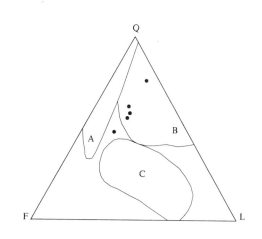

图2-42 Tb组砂岩碎屑矿物成分分布三角图
A.克拉通物源区;B.再旋回造山带物源区;C.岩浆弧物源区

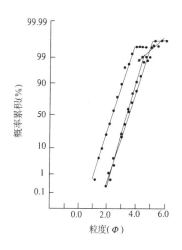

图2-43 Tb组砂岩概率累积粒度分布曲线图

3. 时代讨论

波里拉组含有极为丰富的化石,玛章错钦东侧含腕足 *Yidunella magna* Jin, Sun et Ye, *Zeilleria elliptica* (Zunmayer), *Mentzelia* sp., ? *Oxycolpella oxycolpos* (Emmrich), *Amphiclina taurica* Moisseiev, *Zeilleria lingulata* Jin, Sun et Ye, *Timorhynchia nimassica* (Krunback), *Anomphalus* sp., *Amphiclina intermedia* Bittner, *Excowatorhynchia deltoidea* Jin, Sun et Ye, *Amphiclina ungulina* Bittner, ? *Euxinella levantina* (Bittner);珊瑚? *Volzeia* sp.;藻类? *Solenipora*;海绵? *Balatonia* sp.。多尔玛、囊极一带含腕足 *Lamellokoninckina elegantula* (Bittner), *Koninckina minor* Xu, *Omolopella* cf. *cephaloformis* Sun, *Rhaetina* cf. *ovata* Yang et Xu, *Sanqiaothyris elliptica* Yang et Xu, *Triadithyris qabdoensis* Sun, *Adygella* sp., *Triadithyris qabdoensis* Sun, *Rhaetina ovata* Yang et Xu, *Sanqiaothyris subcircularis* Yang et Xu, *Sinucosta* cf. *bittneri* (Dagys), ?

Koninckina gigantea Sun, Jin et Ye；菊石？Trachyceratidae，？Toritidae。东侧曲柔尕卡幅的章岗日松南侧、琼扎一带含腕足 *Septamphiclina qinghaiensis* Jin et Fang，*Zhidothyris carinata* Jin. Sun et Ye，*Sacothyris sinosa* Jin，Sun et Ye，*Sanqiaothyris subcircularis* Yang et Xu，*Neoretzia superbescens*（Bittner），*Yidunella pentogeno* Jin，Sun et Ye。砸赤扎加东西两侧含腕足 *Yidunella pentagona* Jin，Sun et Ye，*Rhaetina* sp.。以上化石皆为晚三叠世晚期的化石组合，因此，波里拉组的沉积年龄确定为晚三叠世。

4. 微量元素

波里拉组地层中碎屑岩和灰岩的微量元素含量见表 2-8。灰岩中 Sr 含量较高，为 $174 \times 10^{-6} \sim 3\,125 \times 10^{-6}$，其他元素含量普遍很低；砂岩、粉砂岩中相容元素与上陆壳丰度值接近，不相容元素 Sr、Rb、Ba、Th、Ta、Nb、Zr 等与上陆壳相比普遍偏低。在 Th-Sc-Zr/10 和 Th-Co-Zr/10 图解中灰岩样品投点散乱，说明灰岩不适用于该图解，砂岩样品投点多数落入大陆岛弧物源区和大洋岛弧物源区（图 2-44），以大陆岛弧为主，结合矿物成分三角图，该地层形成的大地构造环境应该是大陆岛弧附近的浅海。

（三）巴贡组（Tbg）

李璞等（1951）将察雅巴贡的含煤砂、页岩地层体称巴贡煤系，时代为侏罗纪。斯行健等（1966）将巴贡煤系改为巴贡群。西藏地质大队（1966—1967 年）将巴贡群划分为下部阿堵拉组和上部夺盖拉组，时代归于晚三叠世。四川省第三区测队（1974）将巴贡群改为巴贡组，作为上三叠统最上一个岩组，将阿堵拉组改为阿堵拉段、夺盖拉组改为夺盖拉段。四川地层清理时，因二者界线不明确，不再划分，统称巴贡组。马福宝等（1984）将察雅的巴贡组向北延入青海省内，即将结扎群含煤碎屑岩命名为加登达组。陈国隆等（1990）又将其命名为格玛组。《青海省岩石地层》（1997）首次引用巴贡组，并沿用西藏地层清理组重新修订巴贡组的定义："指整合于波里拉组石灰岩之下的一套含煤碎屑岩地层体，产植物、孢粉等化石。顶界与察雅群红色碎屑岩连续沉积，底界与波里拉组灰岩整合接触。"同时青海省区测队（1970）创名的土门格拉群也归属巴贡组。并建议停用巴贡组同物异名的加登达组和格玛组，指定青海省区测队（1970）测制的囊谦大苏莽（毛庄）剖面为青海省巴贡组的层型剖面。

巴贡组分布于岗齐曲—日阿吾德贤断裂以南，从图幅西侧至囊极一带呈条带或条块状北西西向展布，整合于波里拉组之上，多被白垩纪风火山群或古—新近纪地层不整合其上。

1. 剖面描述

青海省格尔木市唐古拉山乡敦包尼亚陇巴晚三叠世结扎群巴贡组（T_3bg）实测地层剖面（VTP_3）见图 2-45。

巴贡组（T_3bg）	>3 277.72m
15. 灰色厚层状变质中细粒岩屑石英砂岩夹灰黄色薄层状钙质粉砂岩（第四系山前冲洪积物覆盖，未见顶）	>509.62m
14. 灰色薄层状变质钙质长石岩屑细粉砂岩夹灰色中细粒长石石英砂岩	81.62m
13. 灰黄色薄—中层状岩屑长石砂岩夹灰色中粗粒岩屑长石砂岩	475.66m
——————— 岩相界线 ———————	
12. 灰绿色蚀变粗玄岩	47.65m
——————— 岩相界线 ———————	
11. 灰黄色薄—中层状变质细粒岩屑石英砂岩夹灰色变质细粒岩屑石英砂岩	175.65m

表 2-8 波里拉组微量元素含量表（×10⁻⁶）

编号		Li	Be	Nb	Sc	Ga	Zr	Cr	Th	Sr	Ba	V	Co	Ni	Cu	Pb	Zn	W	Mo	Sn	Sb	Bi	Rb	Ta
VTP₄DY1-1		18.5	1.0	10.5	6.4	9.1	301	53.1	5.8	69	149	71.9	6.9	14.8	16.7	24.6	123.6	0.94	1.09	1.1	0.41	0.11	20.0	0.4
VTP₄DY3-1#		3.25	0.2	2.3	0.8	0.9	6	4.9	0.9	866	35	12.1	4.7	9.9	5.3	22.3	17.3	0.39	0.58	0.9	0.10	0.04	2.9	0.4
VTP₄DY4-1#		3.6	0.2	2.1	0.6	0.9	12	4.9	0.9	221	34	6.4	4.6	9.1	3.9	6.0	5.4	0.39	0.19	0.9	0.04	0.04	2.9	0.4
VTP₄DY5-1#		4.5	0.2	3.2	0.7	0.9	9	4.9	0.9	295	32	12.1	4.5	9.3	4.2	8.7	8.9	0.39	0.44	0.9	0.06	0.04	2.9	0.4
VTP₄DY6-1#		3.6	0.2	2.5	0.7	0.9	12	4.9	0.9	183	37	8.5	4.9	9.5	4.1	15.0	17.1	0.39	0.19	0.9	0.07	0.04	2.9	0.4
VTP₄DY7-1		22.2	0.9	9.0	9.9	9.3	173	59.1	6.8	74	338	80.4	9.3	26.5	34.0	3.3	46.8	0.83	0.28	1.4	0.12	0.06	29.0	0.4
VTP₄DY8-1#		4.7	0.3	2.9	1.1	0.9	12	4.9	0.9	360	42	11.0	5.0	10.4	6.2	112.4	49.9	0.39	0.22	0.9	0.62	0.04	2.9	0.4
VTP₄DY9-1		29.2	1.0	8.3	10.5	10.6	138	46.4	6.9	71	149	74.9	11.0	24.9	20.5	3.3	81.5	0.80	0.22	1.4	0.12	0.18	30.8	0.4
VTP₄DY10-2		48.1	0.5	10.3	4.8	9.4	195	37.6	4.7	33	158	60.7	7.8	12.9	10.2	2.1	66.0	1.25	0.19	1.2	0.16	0.04	13.4	0.4
VTP₄DY11-1#		6.7	0.3	2.2	2.5	0.9	17	4.9	0.9	3 125	43	13.4	4.6	9.7	23.0	16.2	35.4	0.39	0.19	0.9	0.04	0.05	2.9	0.4
VTP₄DY12-1		26.3	1.2	9.9	6.9	11.4	213	39.8	9.1	71	206	48.9	7.4	18.1	10.4	9.9	45.2	1.04	0.19	1.5	0.14	0.07	52.6	0.4
VTP₄DY15-1#		12.6	0.7	6.7	9.0	3.9	78	4.9	3.8	210	65	37.3	5.3	9.4	7.1	14.6	20.2	0.69	0.23	0.9	0.20	0.06	24.1	0.4
VTP₄DY16-1#		5.0	0.3	2.0	2.0	0.9	15	4.9	0.9	239	44	14.4	4.7	8.8	5.0	181.0	7.0	0.39	0.19	0.9	0.09	0.05	2.9	0.4
丰度值	1*	10.0	0.55	2.2	38.0	17.0	80	270.0	0.22	130	225	250.0	47.0	135.0	86.0	0.8	85.0	0.50	1.00	1.4	17.00	7.00	2.2	0.3
	2*	20.0	3.0	25.0	11.0	17.0	190	355.0	10.7	350	550	60.0	10.0	20.0	25.0	20.0	71.0	2.00	1.50	5.5	0.20	127.00	112.0	2.2
	3*	11.0	1.0	6.0	36.0	18.0	70	235.0	1.06	230	150	285.0	35.0	135.0	90.0	4.0	83.0	0.70	0.80	1.5	0.20	38.00	5.3	0.6

续表 2-8

编号	Li	Be	Nb	Sc	Ga	Zr	Cr	Th	Sr	Ba	V	Co	Ni	Cu	Pb	Zn	W	Mo	Sn	Sb	Bi	Rb	Ta
VTP$_5$DY2-1#	3.3	0.20	1.9	1.0	0.9	9	4.9	0.9	287	832	5.2	4.7	8.6	4.6	10.2	8	0.39	0.19	0.99	0.10	0.04	2.9	0.4
VTP$_5$DY2-2#	3.7	0.20	1.9	0.7	0.9	9	4.9	0.9	196	51	9.4	4.9	9.4	6.7	26.7	16	0.39	0.19	0.99	0.14	0.04	2.9	0.4
VTP$_5$DY3-1#	3.1	0.10	3.0	0.4	0.9	8	4.9	0.9	290	33	6.5	4.2	7.9	4.0	13.8	15	0.39	0.19	0.99	0.07	0.04	2.9	0.4
VTP$_5$DY4-1#	3.2	0.20	2.4	0.3	0.9	8	4.9	0.9	223	33	6.2	5.0	8.7	5.1	29.0	23	0.39	0.19	0.99	0.14	0.04	2.9	0.7
VTP$_5$DY5-1#	3.3	0.20	1.9	0.4	0.9	6	4.9	0.9	174	39	7.4	4.8	8.7	4.7	39.3	46	0.39	0.19	0.99	0.06	0.04	2.9	0.4
VTP$_6$DY2-1#	4.1	0.18	1.6	0.4	0.9	17	4.9	0.9	393	31	7.6	5.4	9.1	22.0	16.3	8	0.39	2.24	0.99	0.61	0.04	2.9	0.6
VTP$_6$DY3-1#	15.6	0.39	3.2	6.7	0.9	18	5.6	0.9	462	89	29.0	6.8	10.3	15.6	17.9	36	0.39	0.25	0.99	0.17	0.04	2.9	0.4
VTP$_6$DY3-2#	11.6	0.35	1.9	1.8	0.9	22	4.9	1.2	518	51	15.5	5.2	8.6	14.7	86.8	29	0.39	0.30	0.99	0.07	0.04	2.9	0.4
VTP$_6$DY3-3#	63.3	0.57	3.9	9.7	6.2	75	5.5	1.7	216	115	37.5	5.0	10.0	8.7	14.5	88	0.76	0.37	0.99	0.06	0.04	15.8	0.7
VTP$_6$DY4-1#	44.8	0.59	6.9	5.6	2.8	39	5.8	2.3	346	108	28.7	3.5	6.1	4.2	19.0	17	1.15	0.92	0.99	0.40	0.04	12.0	0.4
VTP$_6$DY5-1	33.2	1.87	38.9	18.4	14.6	157	17.9	17.2	458	633	163.7	21.1	14.2	59.8	14.1	100	2.44	0.52	0.99	0.18	0.38	27.8	2.4
VTP$_6$DY6-1#	19.0	0.49	2.5	4.3	0.9	20	4.9	1.5	500	68	19.1	5.2	9.8	13.8	22.1	13	0.39	0.19	0.99	0.08	0.13	12.1	0.4
VTP$_6$DY10-1#	13.4	0.47	5.3	4.1	2.0	34	7.0	2.2	319	66	31.3	6.7	12.2	9.1	10.4	27	0.73	0.49	0.99	0.06	0.16	9.0	0.8
VTP$_6$DY11-1#	35.9	0.33	3.5	5.4	1.2	20	6.7	1.6	456	133	26.0	4.4	10.0	22.6	33.5	15	0.39	0.32	0.99	0.15	0.08	3.6	0.4
丰度值 1*	10.0	0.55	2.2	38.0	17.0	80	270.0	0.22	130	225	250.0	47.0	135.0	86.0	0.8	85	0.50	1.00	1.40	17.00	7.00	2.2	0.3
丰度值 2*	20.0	3.00	25.0	11.0	17.0	190	355.0	10.7	350	550	60.0	10.0	20.0	25.0	20.0	71	2.00	1.50	5.50	0.20	127.00	112.0	2.2
丰度值 3*	11.0	1.00	6.0	36.0	18.0	70	235.0	1.06	230	150	285.0	35.0	135.0	90.0	4.0	83	0.70	0.80	1.50	0.20	38.00	5.3	0.6

注：#为灰岩，1*为洋壳元素丰度，2*为上陆壳元素丰度，3*为下陆壳元素丰度，Taylor et al，1985。

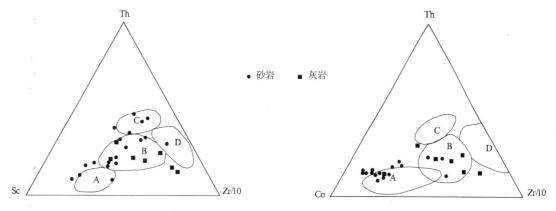

图 2-44 波里拉组(Tb)砂岩微量元素 Th-Sc-Zr/10 和 Th-Co-Zr/10 图解

(据 Bhatia,1985)

A.大洋岛弧;B.大陆岛弧;C.活动大陆边缘;D.被动大陆边缘

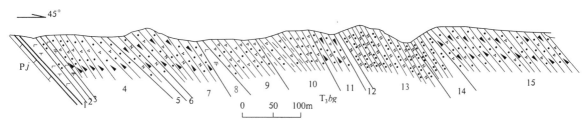

图 2-45 青海省格尔木市唐古拉山乡敦包尼亚陇巴晚三叠世结扎群巴贡组(T_3bg)实测地层剖面(VTP_3)

10. 灰色变质细粒—粗粉砂状岩屑长石砂岩夹深灰色变质杂粉砂岩   440.07m

    含孢粉:*Punctatisporites* sp.

              Converrucosisporites sp.

              Annulispora sp,

              Aratrisporites sp.

9. 灰色变质中细粒岩屑石英砂岩夹灰绿色钙质粉砂岩   354.79m

—————— 岩相界线 ——————

8. 灰绿色蚀变粗玄岩   15.12m

—————— 岩相界线 ——————

7. 灰白色细粒岩屑石英砂岩夹灰绿色细粒岩屑长石砂岩   401.09m

6. 灰绿色中—薄层状变质含钙质细粒—粉砂状长石岩屑砂岩夹灰色钙质粉砂岩   70.88m

5. 灰绿色细粒—粉砂状岩屑长石砂岩   132.00m

4. 灰色中厚层状中细粒岩屑石英砂岩夹灰绿色—灰黑色钙质粉砂岩   402.82m

—————— 岩相界线 ——————

3. 灰绿色蚀变粗玄岩   41.85m

—————— 岩相界线 ——————

2. 灰绿色细粒岩屑长石英砂岩夹灰黑色钙质粉砂岩   50.22m

    含孢粉:*Verrucosisporites* sp.

              Osmundacidites wellmanii Couper 1958

              Annulispora sp.

              Duplexisporites sp.

              Kraeuselisporites sp.

              Kyrtomisporis speciosus Madler 1964

              Protopinus sp.

Psophosphaera sp.

———————— 岩相界线 ————————

1. 灰绿色蚀变粗玄岩（未见底）   >78.68m

════════ 断　层 ════════

九十道班组　　浅灰色碎裂生物碎屑灰岩，含内卷虫类：*Endothyrid*

2. 岩性组合及沉积特征

巴贡组区域上零散出露于唐古拉山北坡，向东南延伸至西藏。为一套灰—灰黑色含煤碎屑岩系夹少量灰岩、火山岩，沉积韵律发育。

测区内巴贡组整合于波里拉组灰岩之上，被白垩纪风火山群错居日组、新生代沱沱河组不整合覆盖。

玛章错钦一带巴贡组岩性为岩屑长石砂岩、岩屑石英砂岩夹灰—灰黑色钙质粉砂岩及灰绿色蚀变粗玄岩的夹层，地层中发育波痕（图2-46）及斜层理（图2-47）。扎苏一带发育砂岩和页岩构成的韵律层。囊极一带为灰黑色薄层状钙质粉砂岩与灰色细粒岩屑长石砂岩、灰色长石石英砂岩、灰色岩屑石英砂岩互为夹层，发育重荷模（图2-48）。在扎日根北侧，地层中偶见煤线，唐日加旁南侧地层中夹炭质粉砂岩。以上岩性及沉积构造具滨、浅海和海陆交互相环境下的特点。

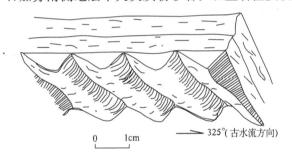 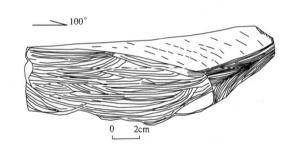

图2-46　巴贡组砂岩底面波痕　　　　　图2-47　巴贡组粉砂岩大型交错层理
　　　　（P₃剖面第3层）　　　　　　　　　　　　　（0909点南）

巴贡组中夹有较多的粉砂岩，粉砂岩的杂基含量较高，分选性较好，但是碎屑成分与砂岩基本相同，砂岩和粉砂岩的长石含量范围变化较宽，在4%～37%之间，石英含量为52%～81%，岩屑含量为5%～26%，岩屑有粘土岩、流纹岩、绢云母千枚岩、变质粉砂岩、板岩、蚀变玻屑凝灰岩等，岩屑中火山岩种类以酸性的流纹岩为主，与甲丕拉组、波里拉组对比，有从中基性向酸性演化的趋势，间接说明火山活动可能到了晚期。在矿物成分分布三角图上落入克拉通物源区和再旋回造山带物源区（图2-49），说明碎屑物质的成分成熟度相对较高，碎屑物源区的大地构造环境已经变得较为稳定。

玛章错钦东侧一带巴贡组砂岩、粉砂岩中杂基含量在1%～19%之间，变化范围宽，碎屑颗粒分选中等或较好，磨圆度中等，粒度参数特征：平均值2.72Φ～2.92Φ，标准差0.42～0.57，偏度0.19～0.48，尖度2.77～5.03，峰态较窄。概率累积粒度分布曲线图（图2-50）上，3个样品中仅一个具有很小比例的牵引总体，悬浮总体斜率中等，具一定分选性，S截点分布较宽，跳跃总体占90%以上，斜率中等至较好，分选性中等至较好，一个样品的跳跃总体有一个截断，具有浅海环境和三角洲环境的特点。

囊极一带，巴贡组砂岩的杂基含量在3%～5%之间，碎屑颗粒分选性中等或较好，磨圆度中等，粒度参数特征：平均值3.11Φ～3.49Φ，标准差0.51～0.60，偏度0.11～0.38，尖度3.00～4.12，峰态较窄。概率累积粒度分布曲线图（图2-51）上，3个样品中仅一个具有牵引总体，牵引总体分选性较差,悬浮总体分选性也很差,S 截点分布窄,跳跃总体占 96% 以上,斜率较陡,分选性较好,3 个样品的跳跃总体都有截断,为明显的海滩环境沉积特点。

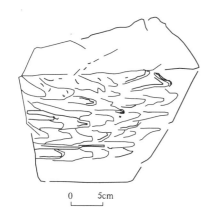

图 2-48 巴贡组粉砂岩表面重荷模
（P₆ 剖面转石）

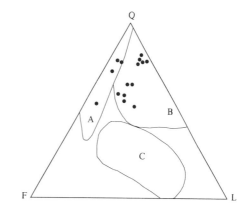

图 2-49 巴贡组砂岩矿物成分分布图
A. 克拉通物源区；B. 再旋回造山带物源区；C. 岩浆弧物源区

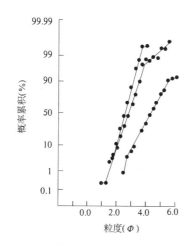

图 2-50 玛章错钦东侧巴贡组（Tbg）砂岩概率
累积粒度分布曲线图

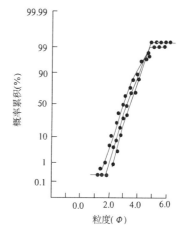

图 2-51 囊极巴贡组（Tbg）砂岩概率累积
粒度分布曲线图

3. 时代讨论

在玛章错钦东侧、囊极东侧一带巴贡组中采集到孢粉化石 *Punctatisporites* sp., *Converrucosisporites* sp., *Annulispora* sp., *Aratrisporites* sp. *Verrucosisporites* sp., *Osmundacidites wellmanii* Couper 1958, *Annulispora* sp., *Duplexisporites* sp., *Kraeuselisporites* sp., *Kyrtomisporis speciosus* Madler 1964, *Protopinus* sp., *Psophosphaera* sp., *Conbaculatisporites* sp., *Verrucosisporites* sp., *Cycadopites* sp., *Ovalipollis ovalis* Krutsch 1955, *Ovalipollis breviformis* Krutsch 1955, *Taeniaesporites* sp. 这些孢粉为中国南方晚三叠世常见分子,巴贡组时代应属晚三叠世。

4. 微量元素

巴贡组砂岩的微量元素含量见表 2-9。砂岩中 Li 元素稍高于泰勒值,Cr、Sr、Bi、Mo 等元素与上陆壳的元素丰度相比较低,其余元素与上陆壳丰度值接近。在 Th-Sc-Zr/10 和 Th-Co-Zr/10 图解中投点多数落入大陆岛弧物源区（图 2-52）,少数样点分布在被动大陆边缘区,该地层形成的大地构造环境可能处于大陆岛弧与被动大陆边缘之间的滨、浅海盆地。

表 2-9 巴贡组微量元素含量表（$\times 10^{-6}$）

编号	Li	Be	Nb	Sc	Ga	Zr	Cr	Th	Sr	Ba	V	Co	Ni	Cu	Pb	Zn	W	Mo	Sn	Sb	Bi	Rb	Ta
VTP$_3$DY3-1	22.5	0.80	8.2	6.7	6.9	182	36.6	7.9	107	1897	51.6	7.2	15.5	5.2	3.1	29.1	0.70	0.24	0.90	0.12	0.26	28.6	0.4
VTP$_3$DY5-1	14.0	0.30	4.6	3.5	1.6	71	23.6	3.7	71	127	25.5	3.0	7.3	26.0	1.4	20.9	0.30	0.27	0.90	0.14	0.06	7.8	0.4
VTP$_3$DY6-1	38.0	1.40	11.1	9.9	12.9	211	47.4	11.1	90	256	75.1	12.6	25.8	41.2	10.7	80.0	1.12	0.28	1.70	0.26	0.39	56.2	1.1
VTP$_3$DY7-1	33.1	0.90	11.7	8.3	13.3	635	80.6	14.8	85	219	68.0	10.6	21.8	27.9	28.1	77.4	1.47	0.26	1.70	0.18	0.2	27.4	1.1
VTP$_3$DY8-1	11.5	0.40	7.7	3.3	4.6	429	36.8	8.3	57	601	34.3	4.2	6.1	6.1	2.5	27.5	0.81	0.42	0.90	0.10	0.04	9.8	0.4
VTP$_3$DY10-1	34.4	0.90	10.7	6.3	14.5	556	69.9	15.0	56	155	60.4	7.1	19.0	9.8	7.1	44.5	1.25	0.22	1.40	0.112	0.13	23.4	0.9
VTP$_3$DY11-1	46.2	1.40	15.0	10.4	19.0	215	71.2	11.5	84	316	87.8	8.7	28.8	7.5	4.0	47.5	2.00	0.21	2.40	0.05	0.04	88.1	1.0
VTP$_3$DY11-2	40.2	1.00	9.2	7.4	11.8	251	51.6	9.6	91	255	59.7	10.1	21.7	13.7	6.4	46.0	1.22	0.38	1.30	0.21	0.12	40.1	0.7
VTP$_3$DY12-1	51.2	0.70	6.6	5.3	5.5	148	33.0	7.2	79	239	45.0	8.6	16.2	12.4	4.3	43.7	0.65	1.69	0.90	0.19	0.31	24.6	0.4
VTP$_3$DY12-2	22.4	0.40	6.6	3.5	2.9	239	28.8	5.7	53	181	31.7	5.2	8.4	690.4	1.9	17.5	0.90	0.45	0.90	0.16	0.04	13.8	0.4
VTP$_3$DY14-1	46.1	0.80	10.9	8.7	10.7	272	39.8	9.7	72	184	56.2	11.4	25.8	11.7	3.5	45.2	0.96	0.21	1.20	0.07	0.07	30.6	0.6
VTP$_3$DY15-1	49.9	1.60	15.7	13.3	10.7	229	75.2	13.0	97	356	96.7	13.3	31.3	13.1	24.2	93.1	1.59	0.34	1.50	0.17	0.44	84.0	1.2
VTP$_3$DY16-1	18.9	0.40	5.5	3.6	5.4	122	30.9	4.8	55	115	30.6	8.0	11.7	6.0	3.7	30.4	0.52	0.2	0.90	0.08	0.08	13.6	0.4
VTP$_5$DY0-1	39.3	1.30	10.5	8.2	8.0	206	39.0	9.4	82	237	49.8	6.0	15.8	12.8	6.6	58.0	1.01	0.45	0.99	0.34	0.08	510.1	0.4
VTP$_6$DY12-1	28.2	1.36	13.2	7.8	13.4	351	51.7	12.3	95	238	60.8	8.3	24.6	12.5	8.1	119.0	1.32	0.19	1.49	0.19	0.15	61.3	0.8
VTP$_6$DY13-1	36.1	1.58	12.2	9.6	15.4	190	47.0	10.9	88	276	67.4	10.2	25.9	8.3	60.2	81.0	1.29	0.19	1.48	0.15	0.13	70.0	0.4
VTP$_6$DY14-1	50.5	1.14	9.2	7.1	12.9	201	40.1	11.1	79	223	46.9	8.4	19.8	8.4	10.1	78.0	0.90	0.19	1.32	0.10	0.05	47.2	0.4
VTP$_6$DY16-1	39.3	1.32	8.5	7.2	13.4	136	44.3	7.7	75	390	49.7	10.3	25.8	14.7	9.4	56.0	0.94	0.19	1.53	0.12	0.10	51.0	0.7
VTP$_6$DY17-1	42.8	1.24	8.9	6.1	12.2	186	40.6	7.7	82	250	48.2	9.2	23.2	11.4	14.6	52.0	0.87	0.27	1.24	0.17	0.10	42.7	0.5
丰度值 1*	10.0	0.55	2.2	38.0	17.0	80	270.0	0.22	130	225	250.0	47.0	135.0	86.0	0.8	85.0	0.5	1.00	1.40	17.00	7.00	2.2	0.3
丰度值 2*	20.0	3.00	25.0	11.0	17.0	190	355.0	10.7	350	550	60.0	10.0	20.0	25.0	20.0	71.0	2.00	1.50	5.50	0.20	127.00	112.0	2.2
丰度值 3*	11.0	1.00	6.0	36.0	18.0	70	235.0	1.06	230	150	285.0	35.0	135.0	90.0	4.0	83.0	0.70	0.80	1.50	0.20	38.00	5.3	0.6

注：1*为洋壳元素丰度，2*为上陆壳元素丰度，3*为下陆壳元素丰度，Taylor et al.1985。

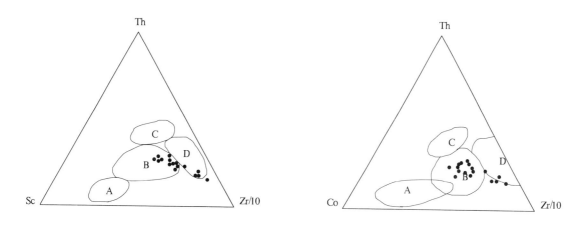

图 2-52 巴贡组（Tbg）砂岩微量元素 Th-Sc-Zr/10 和 Th-Co-Zr/10 图解
（据 Bhatia，1985）
A.大洋岛弧；B.大陆岛弧；C.活动大陆边缘；D.被动大陆边缘

第三节 侏罗纪地层

侏罗纪雁石坪群分布于测区西部札木曲以西，岗齐曲—日阿吾德贤断裂以南，是唐古拉地区侏罗纪沉积盆地北部边缘地段。是红其拉甫—双湖—昌宁缝合带形成后的残留海盆。

詹灿惠、韦思槐（1957）创名"雁石坪岩系"，分上岩系温泉层、雁塔层；中岩系上灰岩层、上碎屑岩层；下岩系下灰岩层、下碎屑岩层。顾知微（1962）将詹氏等的下岩系划为雁石坪群，中岩系创名多洛金群，上岩系温泉层部分地层创名江夏组。地质部石油局综合研究队青藏分队（1966）将该套地层创名唐古拉山群。同时由下向上创名温泉组（相当詹氏等的下岩系）、安多组（相当詹氏等的中岩系的上灰岩及上岩系的雁塔层）、雪山组（相当詹氏等的温泉层）。青海省区测队（1970）沿用雁石坪群由下向上包括：下砂岩段、下灰岩段、上砂岩段、上灰岩段，时代归中、晚侏罗世。青海省地质研究所编图组（1981）沿用雁石坪群一名，由下向上划分为：碎屑岩组、碳酸岩碎屑岩组、碎屑岩组，时代归中侏罗世。蒋忠惕（1983）将其称为唐古拉群，由下而上划分为温泉组、羌姆勒曲组、雪山组，地质时代归中侏罗世—早白垩世。青海省区调综合地质大队（1978）将其由下而上创名为：雀莫错组、玛托组、温泉组、夏里组、索瓦组、扎窝茸组，时代归中晚侏罗世。杨遵仪、阴家润（1988）由下而上划分为雁石坪群。《青海省区域地质志》（1991）将晚侏罗世地层创名吉日群，将雁石坪群限制在中侏罗世。《青海省岩石地层》（1997）沿用雁石坪群，并重新定义为：指不整合于结扎群及其以前地层之上，为一套碎屑岩夹灰岩，下部局部地区夹火山岩组成的地层，上未见顶。由下而上由雀莫错组、布曲组、夏里组、索瓦组、雪山组并合而成。各组之间均为整合接触，产双壳类、腕足类、腹足类、菊石、孢粉等化石。地质时代总体为中、晚侏罗世。建议停用同物异名的且属年代地层单位的唐古拉群、吉日群。

该套地层主要呈北西西向条带状展布于测区西南角玛章错钦、错阿日玛一带，按其岩石组合方式及其岩性特征等，可划分为与《青海省岩石地层》（1997）大体相当的雀莫错组、布曲组、夏里组3个岩石地层单位。

（一）雀莫错组（J_2q）

由青海省区调综合地质大队（1987）创名雀莫错组于格尔木市唐古拉山雀莫错西南7km。《青海省岩石地层》(1997)沿用雀莫错组一名,并修订雀莫错组的定义为"指不整合结扎群及其以前地层之上,整合于布曲组之下的以紫色、灰紫色及灰色为主的复成分砾岩、含砾砂岩、石英砂岩、粉砂岩夹少量灰岩、铁质砂岩组成的地层体。岩石类型比较复杂,是一个由粗变细的地层序列。顶界以布曲组灰岩的始现为界。产丰富双壳类和腕足类等化石。"指定正层型为青海省区调综合地质大队(1987)测制的格尔木市唐古拉山乡雀莫错东剖面第1～24层。

测区分布于岗齐曲以南,玛章错钦湖的周围。

1. 剖面描述

青海省格尔木市唐古拉乡侏罗纪雀莫错组实测地层剖面(VTP_2)见图2-53。

雅西措组(EN_y)　灰紫色细粒长石砂岩夹泥质粉砂岩
============ 断　层 ============

雀莫错组(J_2q)	**>1 206.07m**
14. 灰紫色变质细中粒岩屑石英砂岩夹泥质粉砂岩(未见顶)	>164.36m
13. 灰黄色变质细中粒岩屑石英砂岩夹含砾粗砂岩	47.74m
12. 灰紫色变质细中粒岩屑石英砂岩夹泥质粉砂岩	125.27m
11. 灰黄色变质细中粒岩屑石英砂岩夹灰黄色含砾粗砂岩	40.31m
10. 灰紫色中粒长石石英砂岩夹灰紫色长石砂岩	33.54m
9. 灰紫色变质细粒长石石英砂岩夹灰紫色泥质粉砂岩	33.62m
8. 灰黄色变质中细粒长石石英砂岩	17.21m
7. 灰紫色变质中细粒石英钙质胶结含粉砂细粒岩屑石英砂岩夹泥质粉砂岩	223.47m
6. 灰紫色变质长石石英粉砂岩夹灰紫色细砂岩	23.78m
5. 灰紫色中厚层状变质细粒—粉砂状长石石英砂岩	83.22m
4. 灰黄色中厚层状变质细粒长石石英砂岩	75.84m
3. 灰紫色变质细粒长石石英砂岩夹灰紫色泥质粉砂岩	65.27m
2. 灰紫色钙质细砾岩	11.59m
1. 灰紫色变质细粒长石石英砂岩夹泥质粉砂岩(第四纪冲洪积砂砾石层覆盖,未见底)	>60.86m

2. 岩性组合

在测区西南角,雀莫错组与二叠纪诺日巴尕日保组之间推测为不整合接触关系,玛章错钦北侧风火山群不整合其上。

该组岩性为灰紫色中细粒岩屑石英砂岩、灰紫色细粒长石石英砂岩及灰紫色长石石英粉砂岩及灰紫色钙质细砾岩,与该组建组的雀莫错东层型剖面岩性基本一致。

3. 沉积环境

玛章错钦一带雀莫错组发育砾岩—砂岩—粉砂岩向上变细的基本层序(图2-54),钙质细砾岩的砾石磨圆度高,分选性好,为接触式胶结。砂岩的碎屑颗粒,分选性好,磨圆度中等,杂基含量很小。砂岩、粉砂岩发育水平层理及双向水流形成的鱼骨状交错层理(图2-55),粉砂岩中有砂岩透镜体。区域上该组地层是一个由粗变细的沉积序列。从岩性特征、沉积构造以及与区域资料对比,该地层为滨、浅海相环境进积作用形成的地层体(图2-56)。

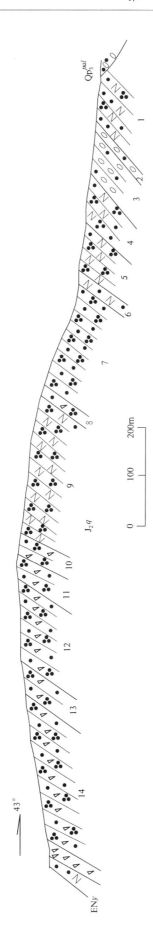

图 2-53 青海省格尔木市唐古拉乡侏罗纪雀莫错组实测地层剖面（VTP₂）

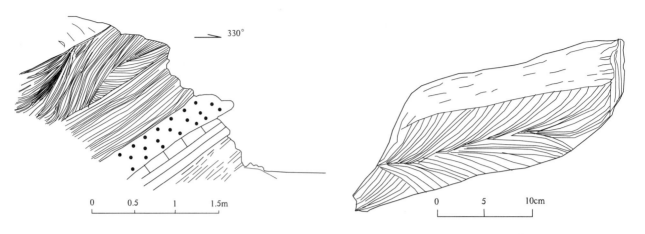

图2-54 雀莫错组基本层序及层理素描(0913点北)　　图2-55 雀莫错组砂岩鱼骨状交错层理(382点北转石)

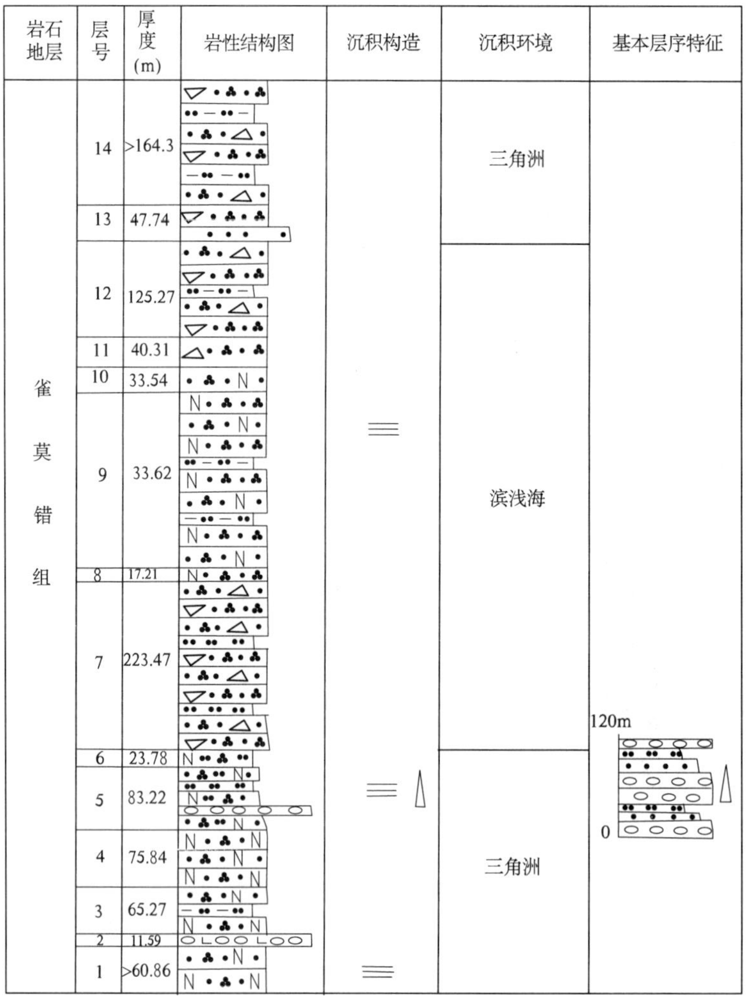

图2-56 雀莫错组层序特征及沉积相

雀莫错组砂岩和粉砂岩的长石含量范围在2%～18%之间，石英含量为75%～95%，岩屑含量为3%～20%，岩屑有粘土岩、流纹岩、绢云母千枚岩、变质粉砂岩等，在地层上部，出现泥晶灰岩、微晶灰岩以及少量变质沉凝灰岩的岩屑。在矿物成分分布三角图上多数落入克拉通物源区，少数落入再旋回造山带物源区(图2-57)，证明在中侏罗世时期，本地区强烈的造山运动已经结束，处于相对稳定的构造环境。

雀莫错组砂岩的杂基含量普遍较低，在1%～3%之间，地层下部碎屑颗粒分选性较好，向上渐变为中等程度，磨圆度好，碎屑颗粒呈次棱角状—次圆状，粒度参数特征：平均值2.54Φ～3.80Φ，标准差0.41～0.53，偏度0.16～1.08，尖度3.02～6.63，峰态较窄。概率累积粒度分布曲线图(图2-58)上，3个样品中仅一个具有很小比例的牵引总体，悬浮总体斜率不均，一个样品较陡，另一个样品中等，第三个样品很平缓，分选极差，S截点分布较窄，跳跃总体占90%以上，斜率较陡，分选性较好，一个样品的跳跃总体有一个截断，具有浅海环境和三角洲环境的特点。

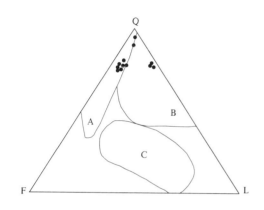

图2-57 雀莫错组(J_q)砂岩碎屑矿物成分分布三角图
A. 克拉通物源区；B. 再旋回造山带物源区；C. 岩浆弧物源区

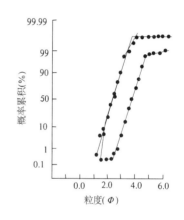

图2-58 雀莫错组(J_q)砂岩概率累积粒度分布曲线图

4. 时代讨论

区域上该地层在雀莫错、雁石坪一带产双壳类 *Camptonectes autitus - Pteroperna costatula* 组合和 *Eomiodon angulatus - Isognomon(Mytiloperna) bathonica* 组合，腕足类 *Monsardithyris rauzevauxi - Sphenorhynchia matisconensis* 组合和 *Holcothyris subovalis - Burmirhynchia gutta* 组合，时代为 Bajocian 期至早 Bathonian 期。通过对比，将测区内雀莫错归为中侏罗世早、中期。

5. 微量元素

雀莫错组砂岩的微量元素含量见表2-10。砂岩中除 Sb 元素稍高于泰勒值外，多数元素含量普遍低于上陆壳的元素丰度值而高于下陆壳元素丰度值，如：Sc、Th、Co、Ba、Rb、Ta 等，Cr、Sr、Bi 三种元素远远低于上陆壳的元素丰度值。在 Th-Sc-Zr/10 和 Th-Co-Zr/10 图解中投点落入大陆岛弧物源区和被动大陆边缘区(图2-59)。结合矿物成分三角图，该地层形成的大地构造环境可能处于被动大陆边缘的滨、浅海环境。

表 2-10 雀莫错组微量元素含量表（×10⁻⁶）

编号		Li	Be	Nb	Sc	Ga	Zr	Cr	Th	Sr	Ba	V	Co	Ni	Cu	Pb	Zn	W	Mo	Sn	Sb	Bi	Rb	Ta
VTP₂DY2-1		24.4	0.8	8.4	4.9	7.4	220	60.9	7.2	73	164	48.4	4.4	13.6	26.0	4.7	27	0.78	0.30	1.2	0.41	0.11	14.5	0.4
VTP₂DY4-1		10.4	1.0	6.1	6.7	3.9	118	17.5	5.9	181	250	50.2	6.4	13.8	14.4	33.1	31	0.74	1.49	0.9	0.71	0.18	20.5	0.4
VTP₂DY4-2		19.5	1.2	10.5	6.1	9.6	304	60.9	8.5	89	494	65.9	6.3	20.6	24.6	12.2	44	0.89	1.75	1.5	0.47	0.09	5.6	0.4
VTP₂DY5-1		18.3	0.7	8.3	4.6	7.6	290	78.9	7.8	53	161	46.8	6.0	20.3	7.7	11.8	53	0.81	0.36	1.1	0.75	0.20	37.3	0.5
VTP₂DY6-1		14.0	0.8	7.7	3.6	9.6	189	63.1	6.0	57	396	53.4	4.1	16.2	26.0	5.8	28	0.56	0.84	0.9	0.75	0.18	18.0	0.4
VTP₂DY7-2		39.0	1.4	12.2	10.5	12.7	258	66.5	11.6	85	199	77.3	2.8	25.0	28.5	11.2	55	1.25	0.35	1.5	0.46	0.15	18.6	0.4
VTP₂DY8-1		34.0	1.3	11.1	9.2	11.9	204	106.5	2.4	85	485	84.5	11.3	53.4	32.3	11.8	47	0.87	0.27	1.2	0.38	0.05	9.3	0.4
VTP₂DY9-1		11.5	1.2	10.3	5.8	2.8	375	87.3	8.9	60	140	64.3	5.0	19.0	21.3	16.2	71	1.22	2.23	1.4	0.37	0.16	21.4	0.4
VTP₂DY10-1		12.8	0.9	7.8	5.4	3.3	180	44.4	7.3	106	157	46.3	5.1	11.4	28.2	8.9	19	0.68	0.79	1.3	0.39	0.14	24.4	0.4
VTP₂DY11-1		13.1	0.8	5.0	3.8	7.5	79	24.8	4.7	34	131	49.5	6.9	15.4	36.5	5.0	30	0.46	1.24	0.9	0.30	0.05	14.6	0.4
VTP₂DY12-1		11.0	1.3	6.4	3.3	5.7	96	39.8	4.7	40	102	43.1	6.2	19.6	21.2	29.3	75	0.40	9.35	0.9	0.44	0.14	7.7	0.4
VTP₂DY13-1		9.3	1.0	6.2	4.7	4.4	150	35.4	5.5	52	111	39.8	5.1	16.7	20.1	9.0	42	0.49	3.41	0.9	0.25	0.05	11.5	0.4
VTP₂DY14-1		13.8	0.8	7.8	6.0	9.8	117	47.0	6.9	60	178	52.1	5.4	15.1	14.1	4.7	26	0.65	4.28	1.2	0.56	0.13	35.8	0.4
VTP₂DY15-1		8.6	0.5	5.4	3.6	4.3	79	30.9	4.3	53	132	34.3	2.1	6.3	10.1	4.0	10	0.40	2.17	0.9	0.22	0.11	18.3	0.4
丰度值	1*	10.0	0.55	2.2	38.0	17.0	80	270.0	0.22	130	225	250.0	47.0	135.0	86.0	0.8	85	0.50	1.00	1.4	17.00	7.00	2.2	0.3
	2*	20.0	3.0	25.0	11.0	17.0	190	355.0	10.7	350	550	60.0	10.0	20.0	25.0	20.0	71	2.00	1.50	5.5	0.20	127.00	112.0	2.2
	3*	11.0	1.0	6.0	36.0	18.0	70	235.0	1.06	230	150	285.0	35.0	135.0	90.0	4.0	83	0.70	0.80	1.5	0.20	38.00	5.3	0.6

注：1*为洋壳元素丰度，2*为上陆壳元素丰度，3*为下陆壳元素丰度，Taylor et al,1985。

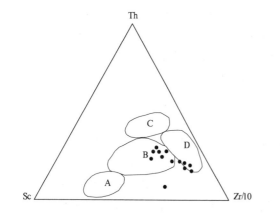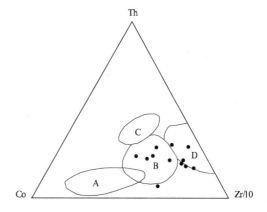

图 2-59 雀莫错组（J_2q）砂岩微量元素 Th-Sc-Zr/10 和 Th-Co-Zr/10 图解

（据 Bhatia,1985）

A. 大洋岛弧；B. 大陆岛弧；C. 活动大陆边缘；D. 被动大陆边缘

(二)布曲组(J_2b)

白生海(1989)在唐古拉乡布曲创名布曲组,原指一套浅海相碳酸盐岩沉积。在此之前,詹灿惠、韦思槐(1957)将该组岩层划为"雁石坪岩系"下灰岩层,地质部石油局综合研究队青藏分队(1966)将其划归唐古拉群温泉组的一部分,蒋忠惕(1983)将其划为温泉组下灰岩段,杨遵仪、阴家润(1988)将其创名为沱沱河组。《青海省岩石地层》(1997)建议停用上述各名称,仍以布曲组称之,其修定涵义是:"指整合于雀莫错组之上、夏里组之下的一套以碳酸盐岩为主夹少许粉砂岩组成的地层体。产有丰富的双壳类、腕足类及少量海胆、菊石、鹦鹉螺等化石。上线以灰岩的消失为界,下线以灰岩的始现为界。"并指正层型为白生海(1989)重测的雁石坪剖面第34~37层。

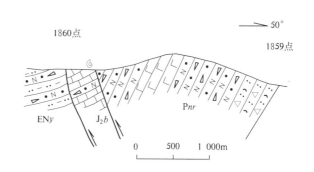

图 2-60 青海省格尔木市唐古拉乡侏罗纪布曲组(J_2b)路线剖面图

该组分布于塔锐特不改西南,呈很小的窄条状,地层走向北西西向,面积很小,约1.2km²。露头情况较差,未见顶底,与周围地层皆呈断层接触。此地层中仅实测了一条路线剖面,地层情况如下。

青海省格尔木市唐古拉乡侏罗纪布曲组路线剖面(J_2b)见图 2-60。

雅西措组(ENy)　紫红色厚—中厚层状中粒长石岩屑砂岩与紫红色厚层、巨厚层状粉砂质泥岩互层
========== 断　层 ==========
布曲组(J_2b)　深灰色中薄层状泥晶灰岩夹青灰色中层状中细粒长石岩屑砂岩　　　　　　　185.85m
含双壳:刮贝海扇 *Radulopecten* sp.
========== 断　层 ==========
诺日巴尕日保组(Pnr)　青灰色中层状中细粒长石岩屑砂岩、灰色蚀变含角砾玻屑凝灰岩、紫灰色蚀变玄武岩

布曲组岩性为深灰色中—薄层状泥晶灰岩、青灰色中层状中粗粒长石岩屑砂岩,估算其厚度在185.85m左右,上、下分别与雅西措组和诺日巴尕日保组之间呈断层接触。在该套地层中采集到双壳类化石:刮贝海扇 *Radulopecten* sp.,为中侏罗世—晚侏罗世(J_{2-3})的代表化石,据此该地层时代属中侏罗世—晚侏罗世。

(三)夏里组(J_2x)

由青海省区调综合地质大队(1987)创名夏里组于格尔木市唐古拉山乡雀莫错西夏里山。《青海省岩石地层》(1997)沿用此名,并定义为:"指整合于布曲组碳酸盐岩组合之上,索瓦组碳酸盐岩与细碎屑岩互层组合之下,一套杂色细碎屑岩夹少量灰岩和石膏层组合而成的地层序列。该组岩性在宏观上,多由灰绿色、紫红色碎屑岩交互组成。产双壳类、腕足类、遗迹化石及植物茎干和碎片。上线以夏里组厚—巨厚层状粉砂岩的顶层面为界,下线以布曲组厚层状灰岩始现为界。"指定正层型为青海省区调综合地质大队(1987)测制的雁石坪剖面第38~49层。

该组在区内不发育,仅在纳日加保麻一带有小面积出露,展布方向呈近东西向,未见顶、底,其上、下与雀莫错组、风火山群雅西措组呈断层接触。

1. 剖面描述

青海省格尔木市唐古拉山乡侏罗纪夏里组实测地层剖面（VTP₇）见图 2-61。

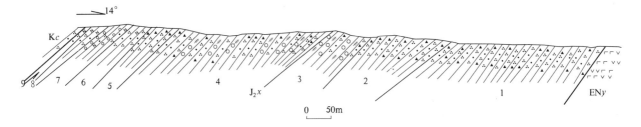

图 2-61　青海省格尔木市唐古拉山乡侏罗纪夏里组实测地层剖面（VTP₇）

错居日组（Kc）　浅灰紫色厚层状变质中细粒石英砂岩

══════ 断　层 ══════

夏里组（Jx）　　　　　　　　　　　　　　　　　　　　　　　　　　>1 470.64m

9. 灰紫色厚层状变质细粒岩屑石英砂岩　　　　　　　　　　　　　　　　>33.56m
8. 灰色薄层状粗粒石英砂岩夹灰紫色薄层状变质细—中粒岩屑石英砂岩，长石石英砂岩底部含泥砾　　46.02m
7. 灰色厚层状粗粒长石石英砂岩夹灰紫色薄层状复成分变质砾岩　　　　　72.61m
6. 灰紫色厚层状变质细粒—粗粉砂状石英砂岩夹猪肝色含紫色砂岩团粒的石英砂岩　　57.14m
5. 灰色中厚层状变质细粒—粗粉砂状岩屑石英砂岩　　　　　　　　　　　94.51m
4. 灰紫色含砾变质细—中粒岩屑石英砂岩夹灰紫色薄层状复成分砾岩　　　403.90m
3. 灰紫色中厚层状变质细粒岩屑石英砂岩　　　　　　　　　　　　　　　214.70m
2. 灰紫色复成分砾岩夹紫红色含变质细中粒岩屑石英砂岩　　　　　　　　121.96m
1. 灰白色薄—中层状变质细—中粒岩屑石英砂岩，偶见细粒岩屑石英砂岩，砂岩底部含少量砾岩　　426.22m

══════ 断　层 ══════

雅西措组（ENy）　灰白色蚀变碱性橄榄玄武岩

2. 地层综述

区内岩性以灰紫色厚层状细粒岩屑石英砂岩为主，有灰白色薄—中层状细粒岩屑石英砂岩、灰色（含砾）石英砂岩夹灰紫色复成分砾岩及少量的灰岩，与位于雁石坪正层型剖面对比，岩性中未见灰绿色、黄灰色砂岩，而出现砾岩夹层。

3. 沉积环境

在错阿日塘南侧夏里组所夹灰岩中采到遗迹化石 Taenidium serpentinum, ? Palaeophycus，该化石广泛分布于海洋环境，适应各种浅海或深海条件。

砾岩中砾石分选中等，磨圆好。砂岩碎屑分选性好，磨圆中等，杂基含量微。砂岩中发育水平层理、板状斜层理（图 2-62），细砾岩具正粒序层理，砾石有一定分选且有定向排列趋势。从地层的岩性组合及沉积构造反映其沉

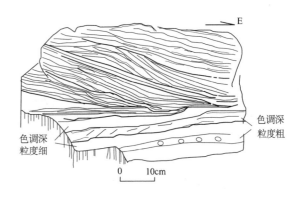

图 2-62　夏里组砂岩斜层理（P₇剖面4层）

积环境为滨、浅海相沉积环境。该地层的剖面层序与砾质推进海岸线沉积层序十分相似(图 2-63),代表了一种海退的沉积序列。

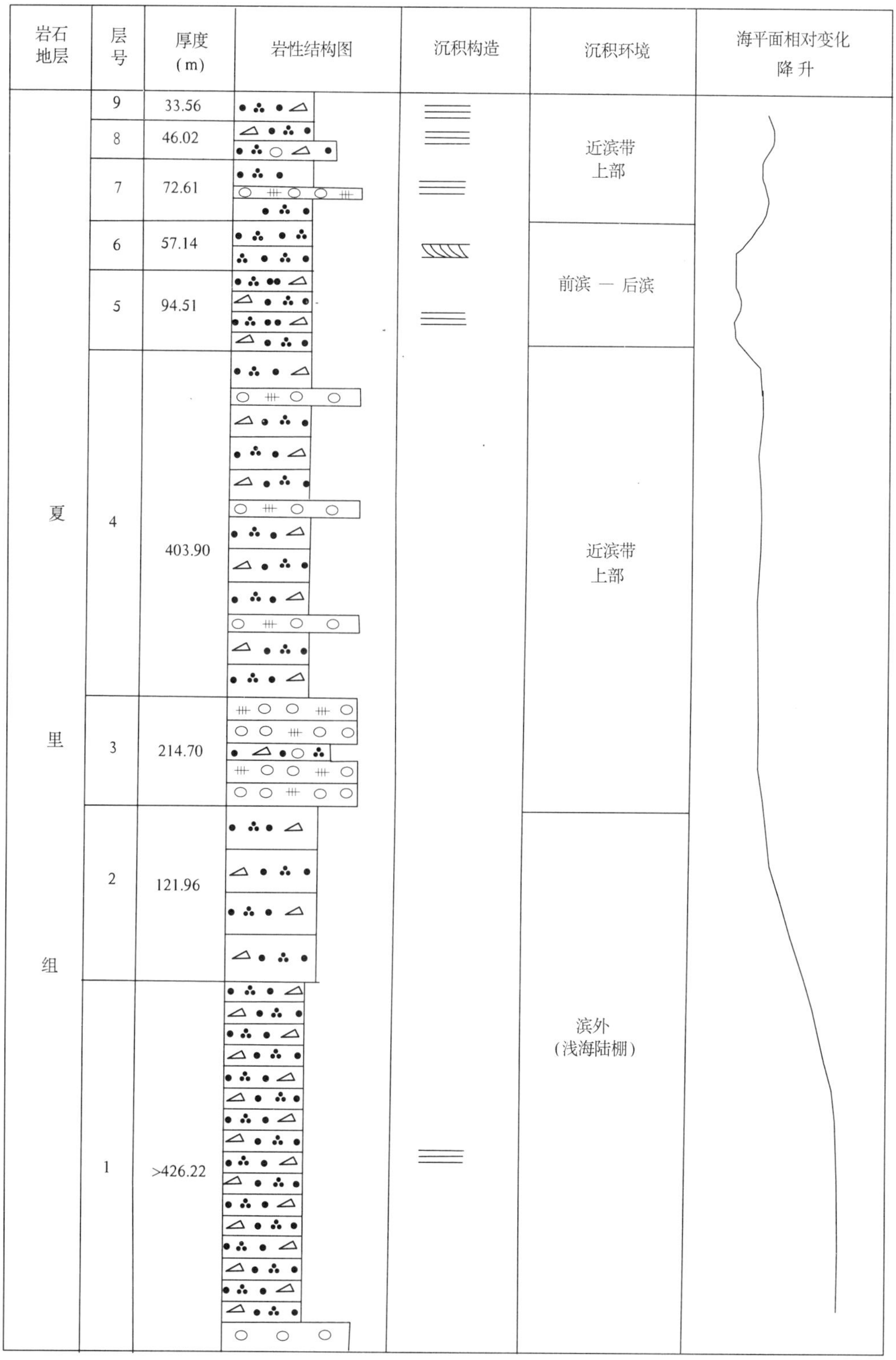

岩石地层	层号	厚度(m)	岩性结构图	沉积构造	沉积环境	海平面相对变化 降 升
夏 里 组	9	33.56			近滨带上部	
	8	46.02				
	7	72.61				
	6	57.14			前滨 — 后滨	
	5	94.51				
	4	403.90			近滨带上部	
	3	214.70				
	2	121.96			滨外(浅海陆棚)	
	1	>426.22				

图 2-63 夏里组层序特征及沉积相

夏里组砂岩的长石含量范围在2%～4%之间,普遍较低,石英含量为76%～95%,岩屑含量为3%～22%,岩屑有粘土岩、流纹岩、绢云母千枚岩、变质粉砂岩、泥晶灰岩以及蚀变凝灰岩的岩屑等。在矿物成分分布三角图上多数落入再旋回造山带物源区,少量落入克拉通物源区(图2-64),与雀莫错组构造环境基本相同。

夏里组砂岩的杂基含量普遍较低,在1%～3%之间,碎屑颗粒分选性较好或中等,磨圆度较好,碎屑颗粒呈次棱角状—次圆状,粒度参数特征:平均值1.27Φ～3.49Φ,标准差0.48～1.04,偏度0.04～0.97,尖度2.77～5.09,峰态较窄。概率累积粒度分布曲线图(图2-65)上,4个样品中3个具有牵引总体,斜率不同,所占比例较大,表明水动力条件较强。悬浮总体斜率中等至平缓,具一定分选性,S截点分布较宽,跳跃总体约占90%,斜率中等至较好,4个样品的跳跃总体都有一个截断,具有海滩环境的特点。

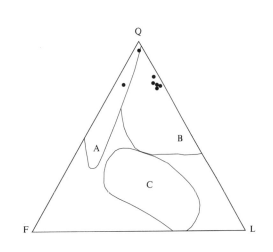

图2-64 夏里组(J_2x)砂岩碎屑矿物成分分布三角图
A.克拉通物源区;B.再旋回造山带物源区;C.岩浆弧物源区

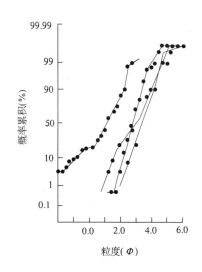

图2-65 夏里组(J_2x)砂岩概率累积粒度分布曲线图

4. 时代讨论

测区内该套地层中未见化石,区域上雁石坪一带夏里组产双壳类 *Anisocardia tenera - Modiolus bipartus* 组合;腕足类 *Ivanoviella* cf. *steinbessi*, *Stenogmus pentagonalis*。沉积时代为中侏罗世Callovian期。

5. 微量元素

夏里组砂岩的微量元素含量见表2-11。砂岩中除Sb、Mo元素稍高于泰勒值外,绝大多数元素含量普遍低于上陆壳的元素丰度值,与雀莫错组相比,Sc、Li、Co、Ba、Cr、Sr、Zr、Ni、Cu等元素含量又进一步明显降低。在Th-Sc-Zr/10和Th-Co-Zr/10图解中投点落入大陆岛弧物源区和被动大陆边缘区(图2-66),和雀莫错组基本一致,同处于大陆边缘滨、浅海环境。

表 2-11 夏里组微量元素含量表($\times 10^{-6}$)

编号	Li	Be	Nb	Sc	Ga	Zr	Cr	Th	Sr	Ba	V	Co	Ni	Cu	Pb	Zn	W	Mo	Sn	Sb	Bi	Rb	Ta
VTP$_7$DY0-1	7.3	0.31	4.5	1.2	2.3	79	26.6	2.5	32	166	17.3	1.7	5.3	8.5	5.8	12	0.40	1.07	0.9	0.41	0.11	14.5	0.4
VTP$_7$DY1-1	14.2	0.7	8.3	5.3	6.0	197	37.4	7.2	39	209	45.6	2.7	7.7	12.3	10.7	16	0.94	2.41	0.9	0.71	0.18	20.5	0.4
VTP$_7$DY2-1	9.4	0.69	5.1	4.9	4.2	90	29.5	5.5	46	85	37.8	7.2	15.7	24.5	15.3	64	0.56	2.31	0.9	0.47	0.09	5.6	0.4
VTP$_7$DY2-2	11.9	1.27	9.3	8.3	9.2	196	54.8	9.6	56	171	68.3	8.6	17.6	29.0	21.1	55	1.15	3.17	1.13	0.75	0.20	37.3	0.5
VTP$_7$DY3-1	15.6	0.93	5.9	5.8	3.5	127	39.7	5.0	64	102	51.2	10.5	17.98	18.1	21.9	61	0.80	7.08	0.9	0.75	0.18	18.0	0.4
VTP$_7$DY4-1	11.8	0.79	10.3	5.7	9.1	216	57.4	8.0	47	128	47.8	4.7	10.5	15.3	10.1	21	1.22	2.03	1.04	0.46	0.15	18.6	0.4
VTP$_7$DY4-2	11.1	0.48	3.6	4.1	4.0	87	27.1	4.9	41	136	31.4	4.5	9.4	14.8	4.7	25	0.66	1.65	0.9	0.38	0.05	9.3	0.4
VTP$_7$DY5-1	13.0	1.28	9.7	5.2	11.8	197	57.2	7.8	45	465	64.2	3.1	18.3	18.8	10.5	22	1.22	2.59	1.24	0.37	0.16	21.4	0.4
VTP$_7$DY6-1	10.4	0.61	5.7	3.8	5.8	99	43.1	4.7	24	86	31.2	2.8	7.9	12.9	11.9	31	0.73	2.05	0.9	0.44	0.14	7.7	0.4
VTP$_7$DY7-1	9.3	0.42	5.5	1.3	5.6	86	22.9	4.6	36	289	25.5	1.7	6.1	12.8	13.5	11	0.52	1.17	0.9	0.25	0.05	11.5	0.4
VTP$_7$DY8-1	13.5	1.35	8.0	5.5	9.4	129	53.2	7.1	38	132	64.3	6.9	21.7	27.0	9.7	35	0.97	1.11	1.31	0.56	0.13	35.8	0.4
丰度值 1*	10.0	0.55	2.2	38.0	17.0	80	270.0	0.22	130	225	250.0	47.0	135.0	86.0	0.8	85	0.50	1.00	1.4	17.00	7.00	2.2	0.3
丰度值 2*	20.0	3.00	25.0	11.0	17.0	190	355.0	10.7	350	550	60.0	10.0	20.0	25.0	20.0	71	2.00	1.50	5.5	0.20	127.00	112.0	2.2
丰度值 3*	11.0	1.00	6.0	36.0	18.0	70	235.0	1.06	230	150	285.0	35.0	135.0	90.0	4.0	83	0.70	0.80	1.5	0.20	38.00	5.3	0.6

注:1* 为洋壳元素丰度,2* 为上陆壳元素丰度,3* 为下陆壳元素丰度,Taylor et al,1985。

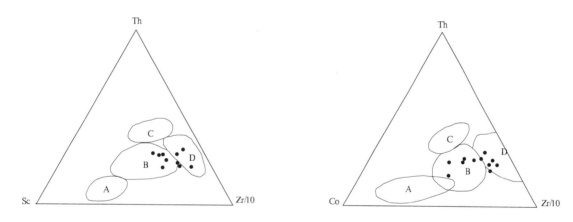

图 2-66 夏里组(J_2x)砂岩微量元素 Th-Sc-Zr/10 和 Th-Co-Zr/10 图解

(据 Bhatia,1985)

A.大洋岛弧;B.大陆岛弧;C.活动大陆边缘;D.被动大陆边缘

第四节 白垩纪地层

测区内白垩纪地层为风火山群,由张文佑、赵宗溥等(1957)创名于格尔木市唐古拉山乡风火山二道沟,时代为三叠纪(T)。詹灿惠等(1958)依据化石将风火山群划为白垩系。青海省区调综合地质大队(1989)划为晚白垩世,分为砂岩夹灰岩组、砂岩组、砂砾岩组。中英青藏高原综合地质考察队(1990)划为古近纪。《青海省岩石地层》(1997)沿用风火山群,并给予定义:"为一套杂色碎屑岩夹灰岩、泥岩,局部地区夹含铜砂岩、页岩、石膏及次火山岩组成的地层体。从老到新由错居日组、洛力卡组、桑恰山组构成,其间均为整合接触。与下伏布曲组或更老地层以不整合面为界,其上与沱沱河组及其他地层的不整合面为界,产双壳类和孢粉等化石。"

该套地层在区内分布比较广泛,占测区面积的三分之一以上。基本上构成南、北两个呈北西西向展布的分布带,即北部荀鲁山克措—风火山—章岗日松分布带和南部贡具玛叉—扎里娃分布带,两带向西均延出图外很远,向东消失于东侧邻幅曲柔尕卡幅的章岗日松一带,此外,在测区西南角纳日加保麻一带尚有小面积分布,可能是南部分布带的一个分支。据其岩性组合方式、岩相特征、相对层位及其接触关系等,可以划分出与《青海省岩石地层》(1997)划分方案大致相同的3个组:错居日组、洛力卡组和桑恰山组。

（一）错居日组（Kc）

冀六祥(1994)创名错居日组于格尔木市唐古拉山乡错居日西。《青海省岩石地层》(1997)沿用此名,其定义与冀六祥(1994)所下定义相同,即"断续分布于唐古拉北缘的一套杂色碎屑砾岩、砂砾岩、砂岩夹粉砂岩、含铜砂岩、页岩组合而成的地层体。与上覆洛力卡组碳酸盐岩组合为整合接触,以碳酸盐岩的底界面为界,与下伏结扎群以不整合为界。产双壳类及孢粉化石。"指定正层型为青海省第二区调队(1982)测制的杂多县南洛力卡剖面第3层。副层型为青海省区调综合地质大队(1987)测制的格尔木市唐古拉乡错居日西剖面。

该组分布于图内西部尹日记,荀鲁山克措北侧及西侧,岗齐曲两岸、唐日加旁南部等地区,中部荀鲁措东侧、冬布里山北坡一带,从分布情况反映出错居日组沿白垩纪沉积盆地边缘分布的特点。

1. 剖面描述

青海省格尔木市唐古拉山乡桑恰珰陇晚白垩世风火山群（KF）实测地层剖面（VTP_{24}）见图2-67。

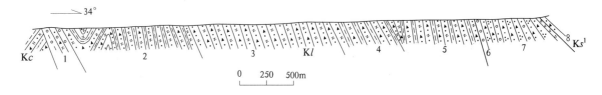

图2-67 青海省格尔木市唐古拉山乡桑恰珰陇晚白垩世风火山群（KF）实测地层剖面（VTP_{24}）

洛力卡组（Kl） 灰紫色中薄层状钙质胶结细粒长石石英砂岩夹灰绿色中薄层状钙质胶结细粒长石石英砂岩及褐紫红色泥质粉砂岩

——————— 整 合 ———————

错居日组（Kc）   **>286.17m**

  1. 灰紫色厚层状复成分砾岩夹紫红色厚层状钙质胶结含砾不等粒岩屑石英粗砂岩   >286.17m

═══════ 断 层 ═══════

洛力卡组（Kl） 灰紫色薄层状粉砂岩夹同色岩屑长石砂岩及灰绿色粉砂岩

2. 岩石地层特征

（1）岩石组合及横向变化

图幅内错居日组纵向上底部为紫红色、灰绿色块层状复成分砾岩夹含砾不等粒岩屑石英砂岩,向上灰紫色中厚层状钙质岩屑石英砂岩、含砾岩屑石英砂岩逐渐增多,转变成以砂岩为主夹紫红色含砾砂岩及粉砂岩和少量紫红色粉砂质泥岩的一套沉积物。横向上西北角与荀鲁山克措不整合面附近砾岩较多,向东、向南砾岩极少见,以砂岩为主,在脑多卓柔南侧、玛章错钦北侧该组的砂岩直接不整合于下伏的二叠纪那益雄组、侏罗纪雀莫错组之上,总体显示由西向东、由北向南粒度逐渐变细的特点。

(2) 主要岩石类型

复成分砾岩：以灰紫色、紫红色调为主，根据砾石的颜色又呈现出浅灰色、灰白色或灰绿色调。砾状结构，块层状、中厚层状构造，基底式胶结，砾石含量为 30%～60%，填隙物为砂质（10%～20%），胶结物为铁、钙质，砾石大小多在 1～15cm 之间，分选差，磨圆较好，多呈次圆状—次棱角状，呈叠瓦状排列，砾石成分有近缘堆积的特点，在桑恰珰陇剖面位置，砾石成分以各色砂岩和灰岩为主，还有少量的石英砾、火山岩砾；在风火山西侧走栏压薪曲一带因不整合于苟鲁山克措组之上，砾石成分主要为灰绿色长石岩屑砂岩和石英；在东侧邻幅章岗日松一带因北邻波里拉组灰岩，砾石成分中 90% 为灰岩，砾石分选较差，磨圆度中等；在东侧邻幅玛吾当扎北东侧错居日组不整合于巴塘群上组之上，砾岩的砾石成分有砂岩、灰岩、火山岩及少量脉石英，有下伏巴塘群砂岩的砾石。

砂岩：按照碎屑组分的含量变化，具体岩性有钙质胶结细中粒岩屑石英砂岩、钙质胶结细粒长石石英砂岩以及岩屑长石砂岩等。岩石以紫红色和灰紫色色调为主，中细粒砂状结构或中粗粒砂状结构，中厚层—厚层状或中薄层状构造；碎屑含量为 74%～76%，碎屑颗粒分选差，磨圆较好，多呈圆状，少量次圆状，在岩石中杂乱分布，有些具定向趋势。碎屑成分主要为石英、岩屑（有灰岩、粉砂岩、酸性火山岩、安山岩等）、长石和少量不透明矿物；填隙物为 0～4% 右的粘土矿物；胶结物以碳酸盐矿物为主，含量在 18%～20% 之间，有少量铁质；岩石为孔隙式胶结类型。

3. 环境分析

该组砾岩中砾石呈叠瓦状排列，砂岩中沉积构造发育波痕构造、板状斜层理和平行层理，叠瓦状构造和大型板状斜层理是单向水流和河流相的特有沉积构造。砾岩和砂岩都具有下粗上细的正粒序韵律层。因此，该组沉积环境为河流相，砾岩为水道砾岩，砂岩可能为席状冲积砂。

在桑恰珰陇一带，从砾岩叠瓦状排列的产状判断该地层形成时的古水流方向由北向南。

4. 时代讨论

前人在测区内桑恰山一带该地层中采到孢粉 *Deltoidospora*, *Biretispirites*, *Pterisisporites*, *Classopollis*, *Piceaepollenites*, *Tricolpollenites*。时代为晚侏罗世晚期至早白垩世。

5. 微量元素特征

在错居日组中仅采了一件微量元素样品，见表 2-12 中的 $VTP_{24}DY8-2$。可以看出大离子亲石元素 Rb、Sr、Ba 与洛力卡组的含量相比有一些差别，因为这类元素地球化学性质比较活泼，易溶于水，可能反映这两个组沉积时水的条件有所不同。$Sr/Ba=0.28<1$，反映该地层当时的沉积环境为淡水环境。

(二) 洛力卡组 (Kl)

冀六祥（1994）创名洛力卡组于杂多县南洛力卡。《青海省岩石地层》（1997）沿用洛力卡组一名，与冀六祥（1994）的定义相同："为一套由土黄色、灰色微层—薄层灰岩夹不纯灰岩、沉凝灰岩、白垩及粉砂岩组成的地层。与下伏错居日组整合接触，以灰岩的出现为界，与上覆桑恰山组整合接触，以灰岩、凝灰岩的消失为界。产双壳类、植物和孢粉等化石。"指定正层型为杂多县南洛力卡剖面第 4～10 层。

经本次工作后，我们发现在测区内风火山群中并未出现以灰岩为主的地层，并且用少量灰岩夹层作为标志层向两侧延伸、对比，在野外往往不易实现，同时发现灰岩呈中薄层状夹层与粉砂岩、泥岩及细砂岩这些细碎屑岩多共存在一起，因此，通过综合研究后，我们认为测区内洛力卡组的划分

表 2-12 错居日组和洛力卡组砂岩微量元素含量表（×10⁻⁶）

编号	Sr	Rb	Ba	Th	Zr	Hf	Sc	Cr	Co	Ni	V	Cs	Ga	U	La	Cu	Pb	Zn	Yb	Y	Ti	W	Mo	Nb	Ta
VTP₁₁DY15-1	74	54	150	8.8	245	6.4	8.3	61	9.3	39.4	77.7	7.3	13.7	1.8	27.9	11.7	8.1	48	2.6	22.1	2 844	1.42	0.4	12.1	0.8
VTP₁₁DY17-1	92	34	648	6.7	195	4.5	5.3	39	5.9	16.5	48.8	11.3	6.9	1.7	20.1	54.3	9.1	54	1.9	17.3	2 024	0.88	0.41	8.3	0.6
VTP₁₁DY18-1	140	55	2 023	7.9	227	5.7	7.7	48	9.9	23.0	63.1	6.0	10.3	2.0	21.3	46.3	8.9	52	2.4	21.6	2 564	1.08	0.27	10.5	0.6
VTP₁₁DY20-1	181	42	554	7.7	291	6.8	6.5	47	8.5	20.6	53.3	6.0	8.5	1.6	21.5	31.9	6.1	51	2.3	21.3	2 199	1.13	0.29	9.8	0.6
VTP₂₄DY0-1	181	41	460	3.7	112	2.9	4.9	19	3.5	7.7	25.0	1.8	4.0	1.0	16.0	12.0	8.8	18	1.1	11.0	1 127	0.66	0.37	3.5	0.42
VTP₂₄DY1-1	112	40	192	7.4	270	7.0	15.0	44	5.6	11.0	38.0	3.3	5.2	1.9	29.0	13.0	9.8	35	1.8	17.0	2 074	1.40	0.85	7.7	1.8
VTP₂₄DY2-1	247	47	679	3.4	85	2.4	10.0	19	4.3	7.5	21.0	2.1	3.7	1.0	19.0	12.0	15.0	26	1.0	10.0	829	0.57	0.48	3.1	1.1
VTP₂₄DY3-1	102	54	325	4.3	184	4.6	7.1	20	2.9	5.2	24.0	2.6	4.5	1.4	18.0	16.0	12.0	15	1.2	11.0	1 060	0.75	0.55	3.9	0.66
VTP₂₄DY4-1	98	53	283	4.5	99	2.6	7.4	17	3.8	7.0	26.0	2.8	4.9	1.2	19.0	18.0	11.0	20	1.1	10.0	1 142	0.75	0.40	4.4	1.8
VTP₂₄DY5-1	130	75	283	7.3	173	4.6	13.0	38	7.1	16.0	46.0	6.2	8.4	1.7	25.0	17.0	45.0	89	1.7	17.0	2 020	1.20	0.82	6.9	4.9
VTP₂₄DY5-2	102	54	271	4.8	143	3.7	7.9	26	3.5	7.6	33.0	3.1	5.4	1.3	19.0	24.0	43.0	32	1.2	11.0	1 356	0.78	0.26	4.9	0.61
VTP₂₄DY6-1	68	53	540	2.8	66	1.8	3.5	24	2.2	5.2	16.0	1.9	4.0	0.73	11.0	8.3	24.0	34	0.62	6.0	700	0.40	0.23	2.3	0.45
VTP₂₄DY7-1	115	81	477	6.4	153	4.1	11.0	43	6.1	14.0	39.0	8.0	8.5	1.5	23.0	12.0	78.0	90	1.6	15.0	1 877	1.00	0.61	6.2	0.84
VTP₂₄DY7-2	83	69	428	4.3	152	4.0	6.0	28	3.6	7.9	24.0	3.5	5.6	1.0	16.0	17.0	56.0	68	1.2	11.0	1 216	0.69	0.49	3.9	0.69
VTP₂₄DY8-2	194	38	690	3.5	114	2.9	11.0	27	5.8	10.0	33.0	1.8	4.6	1.1	18.0	12.0	25.0	60	1.0	10.0	1 146	0.54	0.67	2.7	0.6
VTP₂₅DY1-1	121	59	659	9.6	247	6.6	21.0	52	7.5	17.0	57.0	3.1	9.9	2.0	28.0	6.7	14.0	43	2.5	24.0	2 991	1.30	0.49	10.0	2.6
VTP₂₅DY2-1	87	58	1 109	7.5	268	7.2	14.0	49	8.2	17.0	46.0	2.8	9.7	2.1	20.0	6.2	12.0	43	2.1	18.0	2 542	1.20	0.53	8.5	0.91
VTP₂₅DY2-2	65	50	377	5.6	270	7.0	9.7	38	4.0	8.7	36.0	1.7	8.8	1.2	13.0	5.0	7.1	23	1.6	13.0	2 170	0.87	0.31	7.0	0.9
VTP₂₅DY3-1	101	71	424	9.6	161	4.5	17.0	57	11.0	25.0	70.0	6.2	11.0	2.1	28.0	8.7	32.0	68	2.2	21.0	2 898	1.60	0.58	9.3	2.4

标志应是以大套粉砂岩为主夹灰岩、泥岩及细砂岩,这不仅利于野外岩性的划分和对比,更将地层划分与沉积相、沉积环境联系起来,便于地层的对比、研究。

1. 剖面描述

(1)青海省格尔木市沱沱河乡碎穷白垩纪风火山群(KF)实测地层剖面(VTP_{11})见图2-68。

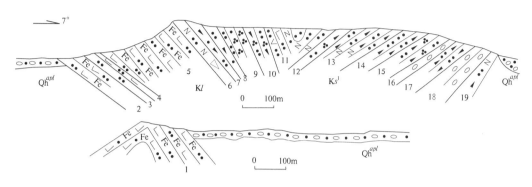

图2-68 青海省格尔木市沱沱河乡碎穷白垩纪风火山群(KF)实测地层剖面(VTP_{11})

桑恰山组砂岩段(Ks^1)　灰色中层状细粒长石岩屑砂岩夹灰色中厚层状泥质砾岩

—————— 整　合 ——————

白垩纪风火山群洛力卡组(Kl) 　　　　　　　　　　　　　　　　　　　　　　>752.58m
　5. 灰紫色厚层状钙铁质粉砂岩　　　　　　　　　　　　　　　　　　　　　　 525.19m
　4. 灰黑色中厚层状钙质含中粗砂粉砂岩　　　　　　　　　　　　　　　　　　 13.83m
　3. 灰紫色厚层状细砂质粉砂岩与粉砂质泥岩互层　　　　　　　　　　　　　　　 35.04m
　2. 暗紫色薄层状泥钙质粉砂岩与同色板状铁钙质粉砂岩不等厚互层,夹少量青灰色泥灰岩(坡积
　　 物,植被覆盖)　　　　　　　　　　　　　　　　　　　　　　　　　　　　>83.46m
　1. 灰紫色中厚层状铁钙质粉砂岩夹灰色薄层状中细粒岩屑石英砂岩(背斜构造,未见底)　>82.39m

(2)青海省格尔木市唐古拉山乡桑恰玛陇晚白垩世风火山群(KF)实测地层剖面(VTP_{24})见图2-67。

桑恰山组(Ks^1)　灰紫色厚层状中粗粒钙质胶结岩屑石英砂岩夹灰紫色中层状复成分砾岩

—————— 整　合 ——————

洛力卡组(Kl) 　　　　　　　　　　　　　　　　　　　　　　　　　　　　1 800.50m
　5. 灰紫色中薄层状钙质胶结中细粒岩屑石英砂岩夹紫红色中薄层状泥岩　　　　　 570.33m
　4. 紫红色中层状钙质胶结砂状岩屑石英砂岩与灰紫色厚层状钙质胶结中细粒长石石英砂岩互层　323.13m
　3. 紫红色厚层状中细粒长石石英砂岩　　　　　　　　　　　　　　　　　　　 460.56m
　2. 灰紫色中薄层状钙质胶结细粒长石石英砂岩夹灰绿色中薄层状钙质胶结细粒长石石英砂岩及褐
　　 紫红色泥质粉砂岩　　　　　　　　　　　　　　　　　　　　　　　　　　 446.54m

—————— 整　合 ——————

错居日组(Kc)　灰紫色厚层状复成分砾岩夹紫红色厚层状钙质胶结含砾不等粒岩屑石英粗砂岩

(3)青海省格尔木市唐古拉山乡夏仑曲晚白垩世风火山群(KF)实测地层剖面(VTP_{25})见图2-69。

洛力卡组(Kl) 　　　　　　　　　　　　　　　　　　　　　　　　　　　　>493.91m

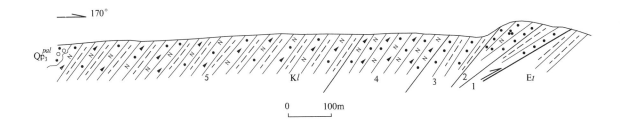

图 2-69 青海省格尔木市唐古拉山乡夏仑曲晚白垩世风火山群(KF)实测地层剖面(VTP$_{25}$)

5. 灰紫色中薄层状含粉砂细粒长石石英砂岩与褐色薄层状泥岩互层(第四纪冲洪积砂砾石层,未见顶)	>315.30m
4. 灰紫色厚层状含粉砂细粒长石石英砂岩	102.11m
3. 灰紫色薄层状泥岩夹同色中层状钙质胶结含细砂粉砂状长石石英砂岩	33.42m
2. 灰绿色厚层状细粒长石石英砂岩与灰紫色厚层状钙质胶结含粉砂细粒长石石英砂岩互层	62.58m
1. 灰紫色中薄层状泥岩夹灰紫色中薄层状钙质胶结含细砂粉砂质长石石英砂岩	>40.6m

============ 断 层 ============

古近纪—新近纪雅西错组(ENy) 橘红色中薄层状泥岩夹灰绿色薄层状方解石质石膏岩

(4)青海省治多县桑恰山白垩纪风火山群(KF)修测地层剖面(XVTP$_1$)见图 2-70。

桑恰山组下段(Ks^1)
   12. 暗紫色厚层状中粗粒岩屑砂岩

———————— 整 合 ————————

洛力卡组(Kl)   >1 490.03m

11. 浅灰绿色蚀变沉凝灰岩夹含铜钙质细粒岩屑砂岩	26.16m
10. 灰紫色厚层状泥岩与中厚层状钙质微粒长石岩屑砂岩互层夹细粒岩屑砂岩	165.62m
9. 灰紫色厚层状钙质细粒长石岩屑砂岩与钙质细微粒长石岩屑砂岩互层夹中粗粒岩屑砂岩	249.38m
8. 紫灰色厚层状钙质细粒长石岩屑砂岩夹中厚层状钙质微粒长石岩屑砂岩	103.85m
7. 灰紫色中厚层状钙质微粒长石岩屑砂岩与钙质细粒长石岩屑砂岩互层夹细—中粒岩屑砂岩	34.62m
6. 紫褐色厚层状钙质细粒长石岩屑砂岩夹紫灰色中厚层状钙质微粒长石岩屑砂岩	90.13m
5. 紫褐色中厚层状钙质粉砂—微粒长石岩屑砂岩夹厚层状细粒长石岩屑砂岩	65.1m
4. 暗紫色中厚层状—厚层状微—细粒长石岩屑砂岩	409.81m
3. 暗紫色中厚层状钙质粉砂—微粒长石岩屑砂岩夹厚层状微—细粒长石岩屑砂岩	152.85m
2. 灰紫色中厚层状钙质细粒长石岩屑砂岩	86.09m
1. 黄褐色厚层状中细粒长石岩屑砂岩(未见底)	>106.38m

    产孢粉:*Deltoidospora*
               Classopollis

2. 岩石地层特征

(1)岩性组合及横向变化

洛力卡组分布于扎拉夏各桶、唐日加旁、藏玛西孔及图幅外东侧巴音藏托玛一带。上下与错居日组、桑恰山组整合接触。

岩性为灰紫色、紫红色钙铁质粉砂岩、中细粒砂岩、含细砂粉砂岩、岩屑长石粉砂岩、长石岩屑

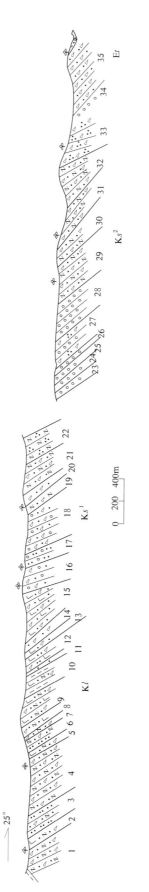

图 2-70 青海省治多县桑恰山白垩纪风火山群（KF）修测地层剖面（XVTP$_1$）

粉砂岩、紫红色含粉砂细粒岩屑石英砂岩夹青灰色、浅灰白色含铜砂岩及少量青灰色粉砂质泥岩、泥岩和薄层状青灰色灰岩。薄层状青灰色灰岩夹层多集中分布于以风火山为中心，南到巴压，北到藏麻西孔一带，西从二道沟以西，东至托托敦宰、托托贡尕一带，其他地区很少见。南部扎拉下各桶—唐日加旁一线以粉砂岩、细砂岩为主，夹泥岩，粒度比北部风火山地区稍有增粗的趋势。

(2) 主要岩石类型

粉砂岩类：根据碎屑成分及含量的差异，粉砂岩细分为钙质胶结含中粗砂粉砂岩、钙铁质粉砂岩、细砂质粉砂岩、泥钙质粉砂岩等。粉砂岩颜色以灰紫色、紫红色为主，淡灰绿色及青灰色也可见，岩石为粉砂状结构、含细砂粉砂质结构或含中粗砂粉砂状结构，中薄层状或中厚层状构造，细砂—粉砂质碎屑含量在 60%～85% 之间，分选性多数较好，也有一些较差的，磨圆度差，粉砂质颗粒多呈棱角状，少量为次棱角状，碎屑成分为石英（37%～52%）、长石（5%～15%）、岩屑（5%～20%，板岩、千枚岩、灰岩、砂岩、石英岩、硅质岩等）、白云母、黑云母、电气石及锆石，多数样品中碎屑杂乱分布，个别样品碎屑排布略具定向性。胶结物由 7%～20% 的氧化铁和 32%～39% 的方解石组成，岩石呈基底式胶结类型。

砂岩类：根据碎屑组分含量的差异，具体岩性有钙质胶结（中）细粒长石石英砂岩、含细砂粉砂状长石石英砂岩、钙质胶结中细粒岩屑石英砂岩及中细粒岩屑长石砂岩。该组砂岩颜色较杂，以灰紫色、紫红色较多，同时浅灰白色、淡灰绿色、灰褐色及青灰色也较多见，砂岩以细粒砂状结构、含粉砂细粒砂状结构为主，中细粒砂状结构较少，中层状、中厚层状构造，碎屑含量在 80%～92% 之间，分选性普遍较好，磨圆度较差，碎屑颗粒多呈棱角状—次棱角状，少部分呈次圆状，碎屑成分为石英（76%～84%）、长石（7%～20%）、岩屑（2%～13%）、白云母、绿泥石、方解石、黑电气石及金属矿物，其中岩屑成分为板岩、灰岩、酸性火山岩、千枚岩、安山岩、粉砂岩、花岗岩、粘土岩等，部分样品中碎屑排布略具定向性，也有一些在样品中杂乱分布。胶结物由 5%～20% 的方解石和 3%～4% 的石英及少量的氧化铁组成，岩石的胶结类型以孔隙式胶结为主，接触式胶结为辅。一些砂岩中含有粘土质杂基。

含铜砂岩：洛力卡组是测区重要的含矿地层之一，沉积型铜矿化就赋存于该地层的含铜砂岩及少量灰岩当中。含铜砂岩依据其碎屑成分含量的不同，具体分为岩屑石英砂岩、岩屑长石砂岩及含炭屑含砾砂岩，它们的碎屑及粒度变化范围较宽，但是含铜砂岩的颜色都是以浅灰色、浅灰白色、浅灰绿色和青灰色等浅色调为主，与风火山群的主色调紫红、灰紫色有明显区别。

泥岩：色调呈紫红色、橘红色，多为中薄层状，泥质粉砂状结构、粉砂质泥状结构，成分中除泥质外，含有较多粉砂。泥岩表面可见泥裂构造，发育水平纹层理、细微的波纹状层理。

灰岩：多呈薄层状、中薄层状，灰色，风化面土黄色，泥晶结构，含有砂屑、泥质，成分以方解石为主。

3. 沉积环境分析

①沉积构造：粉砂岩中水平层理极发育，局部泥质粉砂岩、泥岩表面发育泥裂，砂岩中多见平行层理、小型交错层理（图 2-71）和大型交错层理（图 2-72），表面发育不对称波痕（图 2-73），沉积物粒度较细，沉积环境属河流—湖泊相。②地层中夹薄层灰岩及泥灰岩。③地层局部发育底部为含砾砂岩向上变为细砂岩至顶部为粉砂质泥岩的河道冲积层序，普遍发育砂岩、粉砂岩与泥质粉砂岩构成的由粗到细的正旋回韵律层（图 2-74）。④砂岩、粉砂岩基本无杂基，碎屑颗粒分选性较好，多呈棱角状—次棱角状，磨圆度差，在虽穷东侧挑选样品作粒度分析测试，粒度参数特征如下：平均值 4.49Φ，标准差 0.93，偏度 0.80，尖度 2.38，峰态较窄。概率累积粒度分布曲线图（图 2-75）上，由悬浮、跳跃和滚动总体构成，牵引总体的斜率较大，分选较好，悬浮总体所占比例约 14%，斜率小，分选差，跳跃总体斜率大，分选好，跳跃总体中间都有一个截断，与波浪的冲刷和回流两种作用有关，可能形成于滨湖地段三角洲环境。⑤地层的灰岩中产淡水生物化石介形虫。

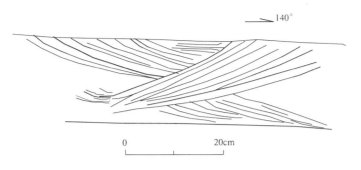

图 2-71 洛力卡组泥质粉砂岩中小型交错层理(116 点南)

从以上各类反映沉积环境的标志可以得出洛力卡组是在错居日组以河流相砾岩、砂岩的基础上沉积的一套以湖泊相为主的陆相沉积物。

4. 时代讨论

灰岩中产介形虫 *Quadracypris* sp., *Cypria* sp., *Eucypris* sp.；轮藻 *Hornichara*

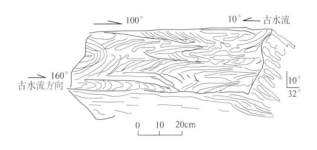

图 2-72 洛力卡组砂岩中大型交错层理(0414 点南)

masloyi, *Tectochara mincrylobula*。砂岩中产孢粉 *Cicatricosisporites*, *Classopollis*, *Tricolpites*, *Tricolporopollenites*, *Deltoidospora*, *Pterisisporites*, *Biretisporites*。沉积时代为晚白垩世。

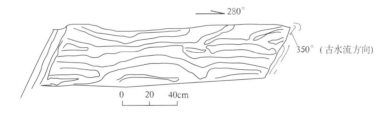

图 2-73 洛力卡组砂岩表面不对称波痕素描(0415 南)

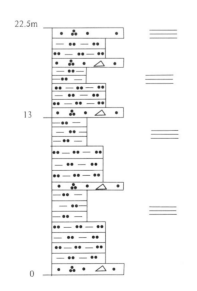

图 2-74 洛力卡组(Kl)砂岩与粉砂岩形成韵律型基本层序(702 点)

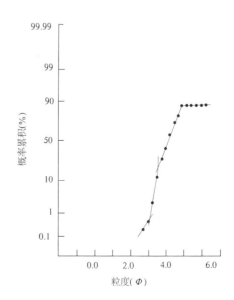

图 2-75 洛力卡组(Kl)砂岩概率累积粒度分布曲线图

5. 微量元素特征

洛力卡组微量元素含量见表 2-12。通过与泰勒值对比,可以看出高场强元素 Tu、Zr 高于陆壳丰度值,这类元素比较稳定,不易溶于水,反映源区中这两种元素含量比较高。大离子亲石元素 Rb、Ba 高于陆壳丰度值,可能与这类元素地球化学性质比较活泼、易溶于水的特性有关。其他元素含量普遍较低。Sr/Ba 比值在 0.06～0.58 之间,远远小于 1,反映该地层当时的沉积环境为淡水环境。

(三)桑恰山组(Ks)

由冀六祥(1994)创名于格尔木市唐古拉山乡桑恰山(位于本测区)。相当于青海省区调综合地质大队(1989)划归的晚白垩世砂岩组、砂砾岩组。《青海省岩石地层》(1997)采用桑恰山组一名,同时沿用冀六祥(1994)所下定义:"指主要分布于沱沱河北至风火山和错仁德加北一带,一套以紫红色为主的碎屑岩,分为上部砂砾岩段和下部砂岩段,上界以不整合面和上覆沱沱河组及其新地层分隔,下界以比较稳定的灰岩消失分界,产介形虫、轮藻、植物和孢粉等化石。"指定正层型为青海省区调综合地质大队(1989)测制的格尔木市唐古拉山乡桑恰山剖面第 12～25 层。由于正层型位于测区,因此所划分的两个段的分布范围、岩性组合方式、岩相特征、接触关系以及相对层位(晚白垩世等),均与其定义完全一致。

南部条带仅在唐日加旁一线分布,北带以冬布里曲为中心,从风火山东至曲柔尕卡幅的巴音赛若、扎玛茜依等处。

1. 剖面描述

(1)青海省格尔木市沱沱河乡碎穷白垩纪风火山群(KF)实测地层剖面(VTP_{11})见图 2-68。

桑恰山组砂岩段(Ks^1)   >359.65m

19. 灰紫色中层状细粒长石岩屑砂岩(第四系残积物植被覆盖,未见底)   33.96m
18. 灰紫色中层状灰岩质细砾岩   50.66m
17. 灰紫色中层状细粒岩屑砂岩夹灰色薄中层状细粒岩屑石英砂岩   61.59m
16. 灰黄色中砾砾岩   15.54m
15. 灰色中层状中细粒岩屑石英砂岩   52.96m
14. 灰紫色中层状中细粒岩屑石英砂岩   48.36m
13. 灰紫色薄层状细砂质长石岩屑粉砂岩   91.79m
12. 灰色中层状中细粒岩屑石英砂岩   28.05m
11. 灰紫色薄层状粉砂质细粒长石岩屑砂岩夹灰色薄层状细粒钙质粉砂岩(向斜核部,未见顶)   >115.03m
10. 灰色中层状细粒岩屑石英砂岩   57.57m
9. 灰紫色薄—中层状细粒岩屑石英砂岩   69.02m
8. 灰色中层状中细粒岩屑石英砂岩   45.56m
7. 灰紫色中层状含粉砂细粒岩屑石英砂岩   42.46m
6. 灰色中层状细粒长石岩屑砂岩夹灰色中厚层状泥质砾岩   30.01m

——————— 整　合 ———————

洛力卡组(Kl) 灰紫色厚层状钙铁质粉砂岩

(2)青海省格尔木市唐古拉山乡桑恰垱陇晚白垩世风火山群(KF)实测地层剖面见图 2-67。

桑恰山组(Ks^1)

8. 灰紫色中层状细粒岩屑石英砂岩　　　　　　　　　　　　　　　　　　　32.23m

============ 断层破碎带 ============

7. 灰紫色中粗粒岩屑石英砂岩夹灰色含砾粗砂岩　　　　　　　　　　　　447.94m
6. 灰紫色厚层状中粗粒钙质胶结岩屑石英砂岩夹同色中层状复成分砾岩　　37.15m

———— 整　合 ————

洛力卡组（Kl）　灰紫色中薄层状钙质胶结中细粒岩屑石英砂岩夹紫红色中薄层状泥岩

（3）青海省治多县桑恰山白垩纪风火山群（KF）修测地层剖面 XVTP$_1$ 见图 2-70。

桑恰山组上段（Ks^2）　　　　　　　　　　　　　　　　　　　　　　　＞2 172.06m

35. 灰紫色中厚层状中细粒长石岩屑砂岩与中长石岩屑砂岩互层（向斜核）　＞456.35m

　　产孢粉：*Concavisporites*

　　　　　　Biretisporites

　　　　　　Cicatricosisporites

　　　　　　Classopollis

　　　　　　Psophosphaera

　　　　　　Ephedripites（*Ephedripites*）

　　　　　　E.（*Distachyapites*）

　　　　　　Tricolporopollenites

　　　　　　T. aliquantulus

　　　　　　Meliaceoipites

　　　　　　Gramulatisporites

　　　　　　Lycopodiumsporites

　　　　　　Exesipollenetes tumulus

34. 灰紫色巨厚层状粗砾岩（复成分砾岩）　　　　　　　　　　　　　　　28.27m
33. 紫灰色中厚层状微细粒长石岩屑砂岩与厚层状中粒岩屑砂岩互层　　　234.83m

　　产孢粉：*Deltoidospora*

　　　　　　Concavisporites

　　　　　　Gabonisporis labyrinthus

　　　　　　Osmudacidites orbiculatus

　　　　　　Pterisisporites

　　　　　　Classopollis

　　　　　　Euphorbliscites

　　　　　　Ephedripites（*Ephedripites*）

　　　　　　E.（*E.*）*sphaericus*

　　　　　　Tricolporopollenites

32. 灰紫色中厚层状微粒长石岩屑砂岩夹厚层状中细粒岩屑砂岩　　　　　338.45m
31. 灰紫色中厚层状中细粒长石岩屑砂岩与中长石岩屑砂岩互层　　　　　177.50m

　　产孢粉：*Divisisporites*

　　　　　　Klukisporites

　　　　　　Cicatricosisporites

　　　　　　Pterisisporites

　　　　　　Lycopodiumsporites

　　　　　　Momosulcites

　　　　　　Classopollis

　　　　　　Cycadopites

　　　　　　Perinopollenites

　　　　　　　Ephedripites(*Distachyapites*)

　　　　　　　E.(*D.*)cf. *fusiformis*

　　　　　　　E.(*E.*)

　　　　　　　Tricolporopollenites

　　　　　　　T. elongates

30. 褐紫色中厚层状细粒岩屑长石砂岩夹细粒长石岩屑砂岩　　　　　　　　　　　　　　　　　102.24m

　　产植物：*Equisetites* sp.

29. 灰紫色中厚层状细粒岩屑长石砂岩　　　　　　　　　　　　　　　　　　　　　　　　　　244.62m

　　产植物：*Equisetites* sp.

　　孢粉：*Classopollis*

　　　　　Psophosphaera

28. 紫红色巨厚层状粗砾岩（复成分砾岩）　　　　　　　　　　　　　　　　　　　　　　　　214.40m
27. 灰、紫灰色巨厚层状粗砾岩夹厚层状粗—中粒岩屑砂岩　　　　　　　　　　　　　　　　192.36m
26. 灰、灰紫色巨层状粗砾岩　　　　　　　　　　　　　　　　　　　　　　　　　　　　　　37.6m
25. 灰、灰紫色巨厚层状粗砾岩夹巨厚层状粗砾岩及厚层状中—粗粒岩屑石英砂岩（含砾中粗粒岩
　　屑石英砂岩）　　　　　　　　　　　　　　　　　　　　　　　　　　　　　　　　　　　51.66m
24. 灰、灰紫色巨厚层状粗砾岩（复成分砾岩）　　　　　　　　　　　　　　　　　　　　　　47.16m
23. 灰、灰紫色巨厚层状粗砾岩（复成分砾岩）夹砖红、橘红色厚层状不等粒长石石英砂岩　　　48.6m

――――――― 整　合 ―――――――

桑恰山组下段（Ks¹）　　　　　　　　　　　　　　　　　　　　　　　　　　　　　　　**＞1 617.65m**

22. 砖红色厚层状中粒长石石英砂岩　　　　　　　　　　　　　　　　　　　　　　　　　　　221.59m
21. 灰紫色厚层状细粒长石岩屑砂岩夹微—细粒长石岩屑砂岩、绿色中厚层状钙质细粒长石岩屑砂岩　243.91m
20. 灰紫色厚层状粗—中细粒岩屑砂岩　　　　　　　　　　　　　　　　　　　　　　　　　　83.77m
19. 暗紫色厚层状钙质微粒长石岩屑砂岩　　　　　　　　　　　　　　　　　　　　　　　　　82.17m

　　产孢粉化石：小光球菌孢

18. 灰紫色厚层状含砾中粒岩屑砂岩　　　　　　　　　　　　　　　　　　　　　　　　　　　286.32m
17. 暗紫色厚层状钙质细粒岩屑砂岩夹复成分砂砾岩　　　　　　　　　　　　　　　　　　　　118.81m
16. 紫灰色厚层状含砾中粗粒岩屑砂岩夹浅灰绿色中厚层状含铜微粒—细粒岩屑砂岩夹紫灰色厚
　　层状复成分砾岩及钙质微—细粒长石岩屑砂岩　　　　　　　　　　　　　　　　　　　　219.84m

　　含孢粉：*Concavisporites*

　　　　　　Pterisisporites

　　　　　　Gabonisporis

　　　　　　Psophosphaera

　　　　　　Classopollis

　　　　　　Ephedripites(*Distachyapites*)

　　　　　　Tetrapollis

　　　　　　Tricolporopollenites

15. 紫灰色中厚层状钙质微粒—细粒岩屑砂岩　　　　　　　　　　　　　　　　　　　　　　　379.8m
14. 灰紫色厚层状中细粒岩屑砂岩夹含砾中粗粒岩屑砂岩　　　　　　　　　　　　　　　　　　53.03m
13. 紫灰色厚层状钙质细粒岩屑砂岩　　　　　　　　　　　　　　　　　　　　　　　　　　　43.6m
12. 暗紫色厚层状中粗粒岩屑砂岩　　　　　　　　　　　　　　　　　　　　　　　　　　　　104.65m

――――――― 整　合 ―――――――

洛力卡组（K*l*）　浅灰绿色蚀变沉凝灰岩夹含铜钙质细粒岩屑砂岩

2. 地层综述

　　桑恰山组下与洛力卡组整合接触，其上被古近纪沱沱河组不整合覆盖（图 2-76）。

地层分为上、下两段，下段(Ks^1)呈南、北两个条带近东西向展布，北部条带处于桑恰山—冬布里山的南坡，岩性为灰紫色中薄层状中细粒岩屑砂岩、长石岩屑砂岩、灰紫色含砾岩屑石英砂岩夹灰紫色、灰黄色中层状复成分细砾岩及少量薄层状钙质粉砂岩，南部条带分布于贡具玛叉—虽穷一线，岩性为灰紫色中厚层状中细粒岩屑石英砂岩、岩屑长石砂岩夹灰黄色细砾岩、灰色泥质砾岩及长石岩屑粉砂岩；上段(Ks^2)主要分布于桑恰山和东侧曲柔尕卡幅中的巴音赛若两地，岩性为灰紫色中厚层状复成分砾岩、紫红色中层状岩屑石英砂岩、含砾岩屑长石砂岩夹少量岩屑石英粉砂岩。

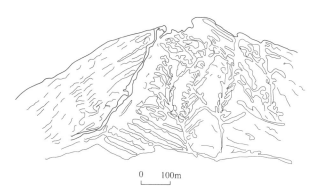

图 2-76 沱沱河组(Et)与桑恰山组(Ks)之间不整合关系素描图(439 点)

主要的岩石类型如下。

砂岩类：按照碎屑组分具体岩性有钙质胶结细粒岩屑石英砂岩、钙质胶结中细粒岩屑砂岩、长石岩屑砂岩等。砂岩以灰紫、紫灰和紫红色为主，中细粒砂状结构，中厚层状构造。碎屑含量为80%~92%，磨圆度或差或较好，分选性大部分较好，少部分较差，碎屑成分为石英(30%~89%)、长石(2%~20%)，岩屑(包括灰岩、酸性熔岩、绢云母千枚岩、安山岩、泥质板岩、中酸性火成岩等，8%~63%)。多数岩石中碎屑杂乱分布，有一些岩石中碎屑略具定向性。胶结物以钙质为主，有少量的铁质，为接触-孔隙式胶结类型。

含砾砂岩：紫红色或杂色，含砾不等粒砂状结构，中层状构造。碎屑磨圆度较好，分选性差，其中砾石在11%左右，砂屑为72%，胶结物为17%，孔隙式胶结。碎屑杂乱分布。

复成分砾岩：桑恰山组下段砂岩所夹砾岩皆为细砾岩，上段岩性以粗砾岩为主。下段中细砾岩多呈灰色、灰黄色，少量呈杂色，上段复成分砾岩多呈灰紫色，少量呈杂色。砾岩具砾状结构，厚层状、中层状构造，以基底式胶结为主，局部为孔隙式胶结。砾石含量为80%~85%，形态呈次圆—浑圆状，砾径在0.3~12cm之间，2~4cm的砾石所占比例最大，砾石有一定的分选。砾石成分中灰岩最多，为40%左右，其他还有紫红色砂岩、灰色砂岩、硅质岩以及少量的火山岩砾石。砾石的扁平面呈平行层理方向排列。胶结物为泥砂质。

3. 沉积环境

下段砂岩中发育平行层理、沙纹层理(图2-77)、透镜状层理，砂岩表面发育不对称波痕，砾岩中砾石均呈平行层理定向排列，显示水流方向大致从西向东。砂岩与粉砂岩组成正粒序韵律层(图2-78)。环境属河流—湖

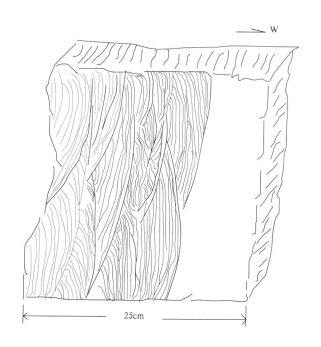

图 2-77 桑恰山组砂岩中浪成沙纹层理素描图(P_{11}剖面9层)

泊相。

砂岩、粉砂岩基本无杂基，碎屑颗粒分选性较好，多呈棱角状—次棱角状，磨圆度差，在虽穷一带桑恰山下段地层采样作粒度分析测试，粒度参数特征如下：平均值 3.75Φ～3.97Φ，标准差 0.56～0.59，偏度 0.17～0.19，尖度 2.60～2.84，峰态较窄。较典型的河流环境下的概率累积粒度分布曲线图如图 2-79 所示，一个样品由悬浮和跳跃总体构成，跳跃总体所占比例在 96% 以上，斜率大，分选好，悬浮总体斜率较大，分选也较好，缺少滚动总体，悬浮总体与跳跃总体的截点在 5Φ 左右，与典型的河流环境的粒度分布曲线相似；另一个样品仅由跳跃总体构成，跳跃总体斜率大，分选好，缺少滚动总体和悬浮总体，可能形成于三角洲入湖口的主河道部位。

上段为大套砾岩与含砾砂岩、砂岩组成的河道冲积层序。砾岩具正粒序层理，岩石中砾石成分复杂，呈次圆状—滚圆状，分选性中等，砾石扁平面呈平行层理定向排列。砂岩中平行层理、大型交错层理、小型交错层理和斜层理极为发育。

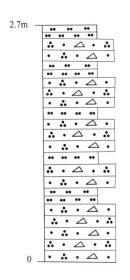

图 2-78 桑恰山组上段(Ks^1)砂岩与粉砂岩形成韵律型基本层序(081)

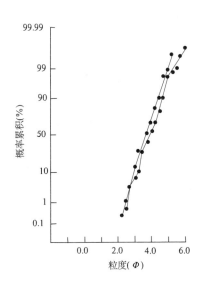

图 2-79 Kl 组砂岩概率累积粒度分布曲线图

该组地层整体具下细上粗的反粒序旋回，反映了一种水体由深变浅，环境由湖泊转变为河流的变迁过程。

4. 时代讨论

前人在桑恰山一带的砾岩段中采到孢粉 *Deltoidospora*，*Concavisporites*，*Gabvonisporis labyrinthus*，*Osmudacidites orbiculatus*，*Pterisisporites*，*Classopollis*，*Euphorbliscites*，*Ephedripites* (*Ephedripites*)，*E.* (*E.*) *sphaericus*，*Tricdporopollenites*，*Divisisporites*，*Klukisporites*，*Cicatricosisporites*，*Lycopodiumsporites*，*Momosulcites*，*Cycadopites*，*Perinopollenites*，*E.* (D) cf. *fusiformis*，*T. elongatus*，*Psophosphaera* 等；植物 *Equisetites* sp. 等化石，其中植物为被子植物，时代为晚白垩世至新生代，孢粉为白垩纪的孢粉组合，特别是 *Tricolporopollenites* 属为晚白垩世常见分子，因此，该地层时代归为晚白垩世。

5. 微量元素

桑恰山组砂砾岩段微量元素中的 Sr/Ba 比值在 0.06～0.57 之间，远远小于 1，反映该地层当时的沉积环境为淡水环境。高场强元素 Tu、Zr 高于陆壳丰度值，这类元素地球化学性质比较稳定，不易溶于水，反映源区中这两种元素含量比较高。其他元素含量皆低于陆壳丰度值。

（四）白垩纪风火山盆地的形成演化

三叠纪末的印支运动已经确立了测区的构造格局，随着晚侏罗世海水彻底退出测区西南角，风火山一带即处于陆内剥蚀状态，普遍缺失沉积记录。早白垩世末至晚白垩世初，由于冈底斯弧后伸展与班公错-怒江缝合带的联合作用，风火山一带诱发了各种大型北西西向断裂，在这些断层的影响下，引起了差异性沉降，形成了北西西向的风火山古地貌盆地。晚白垩世，在风火山古地貌盆地中陆相碎屑物开始堆积，打开了该盆地的演化序幕。

晚白垩世初，沿风火山盆地边缘，大量碎屑物从山麓中倾泻而出，在盆地周边粗碎屑物很快堆积下来，形成厚层、巨厚层状砾岩，砾岩明显具近源堆积特征，可能形成于冲积扇水道的位置上。在风火山西侧走栏压薪曲一带因不整合于苟鲁山克措组之上，砾石成分主要为灰绿色长石岩屑砂岩和石英；在东侧邻幅章岗日松一带因北邻波里拉组灰岩，砾石成分中 90% 为灰岩，砾石分选较差，磨圆度中等；在东侧邻幅玛吾当扎北东侧错居日组不整合于巴塘群上组之上，砾岩的砾石成分有砂岩、灰岩、火山岩及少量脉石英，有下伏巴塘群砂岩的砾石。较细的碎屑物在水流的带动下继续向前行，在盆地中间地段逐渐沉积下来，构成席状洪积相，乌丽南侧一带，紫红色砂岩夹粉砂岩直接覆盖于二叠纪地层之上即为佐证之一。此时气候干旱、炎热，碎屑物因干旱、氧化而呈红色，含有孢粉化石 *Deltoidopora*，*Biretisporites*，*Classopllis*，*Piceaepollenites*，*Tricolporpollenites*。至此，风火山群下部的错居日组形成。从错居日组砾岩多分布于盆地北侧，以及章岗日松一带砾石叠瓦状排列方向指示古水流来自北方，推测风火山古盆地地貌呈北东高西南低的地势形态，测区西南错居日组砂岩不整合覆盖于中侏罗世雀莫错组之上，也能证明此点。

随着时间的推移，在晚白垩世中期，古风火山盆地继续坳陷，盆地规模不断扩张，碎屑物结构成熟度提高，以细粒砂岩、粉砂岩为主夹薄层灰岩及泥灰岩的洛力卡组开始沉积。该组砂岩中多见平行层理、小型交错层理和斜层理，表面发育不对称波痕，粉砂岩中水平层理极发育，局部泥质粉砂岩、泥岩表面发育泥裂，显示河流—湖泊相的沉积特征。灰岩集中分布于以风火山为中心的区域内，另外在碎穹一带有少量分布。桑恰珰陇一带该地层厚度为 1 800.50m，桑恰山一带厚度大于 1 490.03m，夏仑曲一带厚度大于 493.91m，碎穹一带厚度大于 752.58m，显示沉积中心位于风火山、桑恰山一带。风火山一带，湖泊发育，灰岩、泥灰岩夹层很多，灰绿色、灰白色水下还原条件下沉积的砂岩、粉砂岩常见，含铜砂岩形成于此条件下。碎穹、扎里娃一线也夹有灰色砂屑灰岩，砂岩的粒度特征反映其环境为滨湖—三角洲，证明该处也有湖泊存在。该地层灰岩中产介形虫 *Quadracypris* sp.，*Cypria* sp.，*Eucypris* sp.；轮藻 *Hornichara masloyi*，*Tectochara mincrylobule*；砂岩中产孢粉 *Cicatricosisporites*，*Tricolporopollenites*，*Classpollis*，*Tricolpites*，*Deltoidospora*，*Pterisisporites*，*Biretisporites*。气候条件依然处于干旱、炎热环境下。

晚白垩世晚期，风火山盆地开始萎缩，盆地范围缩小，碎屑物粒度逐渐变粗。起初岩性以紫红色砂岩为主夹少量灰黄色细砾岩属桑恰山组下段。该段砂岩中发育平行层理、波状层理、透镜状层理，砂岩表面发育不对称波痕，砾岩中砾石均呈平行层理定向排列。沉积环境既有湖泊相也有河流相。该阶段盆地存在两个沉积中心，北侧位于桑恰山—冬布里山一线，厚度为 1 617.65m，南侧位于贡具玛叉—虽穷一线，厚度大于 359.65m。之后，盆地抬升加快，湖泊彻底消亡，沉积中心缩移至桑恰山—巴音赛若一线，形成了厚层、巨厚层状灰紫色砾岩为主夹紫红色砂岩的桑恰山组砂砾岩段，环境为河流相。该地层整体具下细上粗的反粒序旋回，反映了一种水体由深变浅，环境由湖泊转变为河流的变迁过程。地层中含孢粉 *Deltoidospora*，*Concavisporites*，*Gabonisporis labyrinthus*，*Osmudacidites orbiculatus*，*Pterisisporites*，*Classopollis*，*Euphorbliscites*，*Ephedripites*

(*Ephedripites*), *E.* (*E.*) *sphaericus*, *Tricolporopollenites*, *Divisisporites*, *Klukisporites*, *Cicatricosisporites*, *Lycopodiumsporites*, *Momosulcites*, *Cycadopites*, *Perinopollenites*, *E.* (*D.*) cf. *fusiformis*, *T. elongatus*, *Psophosphaera* 等；植物 *Equisetites* sp. 等化石，时代为晚白垩世至新生代，气候属干旱、炎热的环境。燕山运动末期的造山活动最终使风火山盆地褶皱、隆生，结束了该盆地的演化历史。

综上所述，风火山盆地经历了初期开始坳陷，盆地逐渐扩张，形成较大的湖盆，之后盆地开始萎缩，最后褶皱成山的全过程，形成了风火山群上下粗、中间细的层序特征（图 2-80），反映了沉积环境由河流转变为湖泊，再由湖泊演变成河流相的一个陆相盆地演化的完整旋回。

总之，风火山盆地的形成演化与白垩纪末新特提斯洋关闭，印度地体与欧亚大陆碰撞关系密切，是这一全球性事件在风火山地区映射出的结果。

第五节　生物地层及年代地层

一、晚石炭世—二叠纪生物地层

青海唐古拉晚古生代地层中富含丰富的古生物化石，种类主要有䗴类、腕足类、珊瑚类、植物化石等。其中䗴类化石以晚古生代开心岭群、乌丽群各岩组中分布最为丰富，代表剖面主要为唐古拉山乡开心岭群地层剖面（VTP$_{19}$）、唐古拉山乡乌丽地区晚二叠世乌丽群实测剖面以及唐古拉山乡诺口巴纳保剖面（XVTP$_3$）。根据生物组合特征建立了 4 个䗴类组合（带）与 1 个䗴类化石延限带（表 2-13），即 *Triticites-Montiparus* 组合、*Eoparafusulina-Sphaeroschwagerina* 组合带、*Parafusulina-Misellina* 组合带、*Neoschwagerina-Yabeina* 组合带与 *Palaeofusulina* 延限带；对腕足化石类进行了路线与剖面调查，依据生物组合特征，建立了 1 个 *Spinomarginifera-Oldhamina* 组合带。

（一）䗴类

1. *Triticites-Montiparus* 组合

该组合位于诺日巴纳保剖面扎日根组下部层位，岩性组合为生物灰岩、生物碎屑灰岩等，前人在此地采到该组合中大量分子，但并未建立组合。从现有资料来看该组合中䗴类化石以 *Triticites* 与 *Montiparus* 属及各种的大量出现为特征（图 2-81）。该组合的主要分子有 *Triticites obsoletas* Schellwien，*Triticites parvus*，*T.* cf. *parvulus*，*T. deshenggensis*，*T.* cf. *laxus*，*T.* cf. *chui robustatus*，*T. sudglobarus*，*T. lalaotuensis*，*T.* cf. *cylindrical*，*T. paramontiparus mesopachus*，*T. chus*，*T. umbonoplicatus*；*Montiparus* cf. *montiparus*，*M.* cf. *paramontiparus*，*M. huishuiensis* 等，*Rugosofusulina serrata* Rauser。该组合与朱秀芳（1985）在柴达木盆地北缘建立的 *Triticites paraecticus-Quasifusulina paracompacta* 带，李璋荣等（1986）在布尔汗布达山南坡由下而上建立的 *Montiparus* 带和 *Trictictes* 带，张遴信等（1986）在布尔汗布达山南坡建立的 *M. umbonoplicatus-Obsoletes dulanensis* 带和 *T. variabilis* 带以及刘广才（1987）在祁漫塔格建立的 *Triticites-Montiparus* 带，完全可以对比。

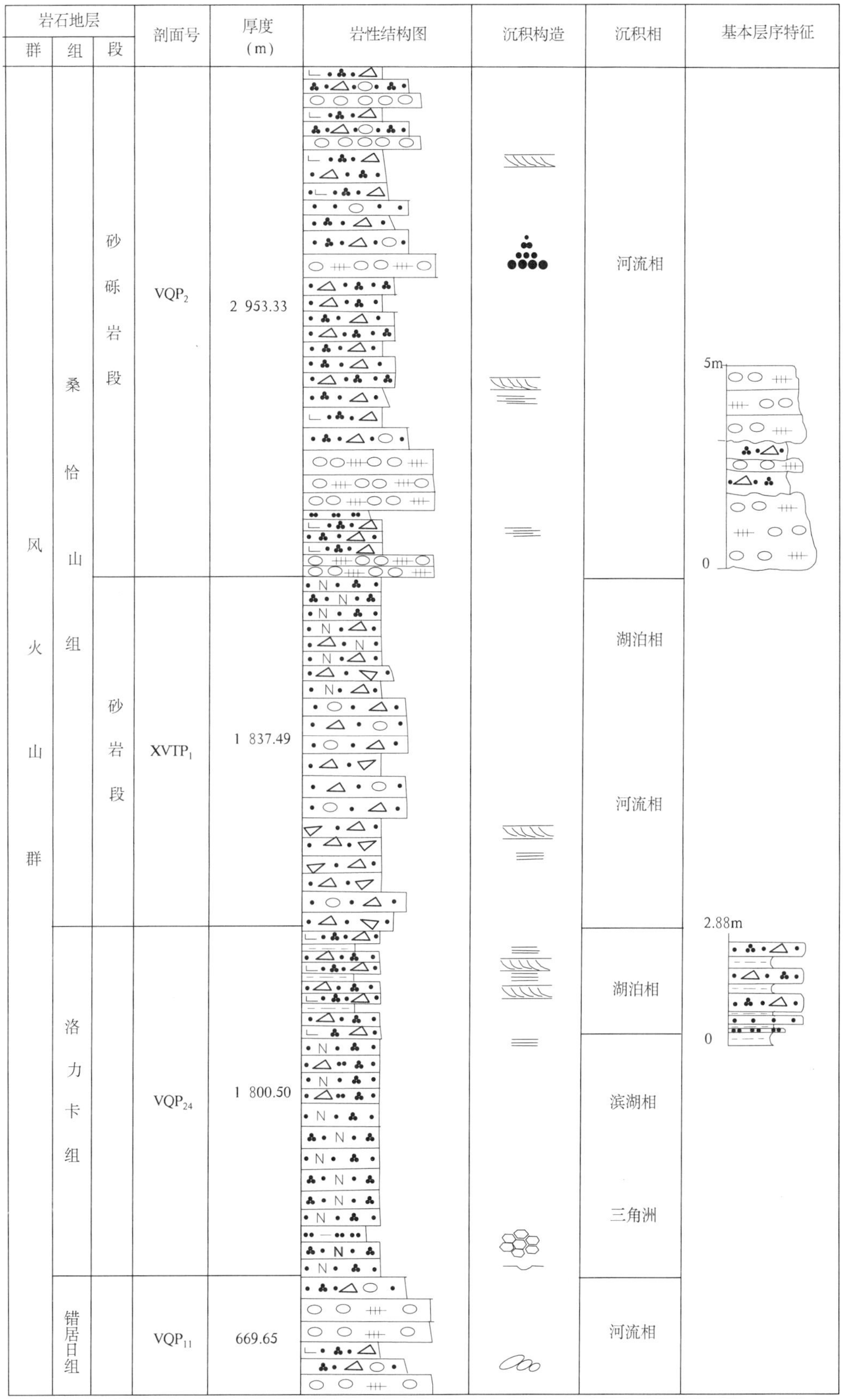

第二章　地　层

岩石地层			剖面号	厚度(m)	岩性结构图	沉积构造	沉积相	基本层序特征
群	组	段						
风火山群	桑恰山组	砂砾岩段	VQP$_2$	2 953.33			河流相	
		砂岩段	XVTP$_1$	1 837.49			湖泊相 / 河流相	
	洛力卡组		VQP$_{24}$	1 800.50			湖泊相 / 滨湖相 / 三角洲	
	错居日组		VQP$_{11}$	669.65			河流相	

图 2-80　风火山群层序特征及沉积相

表 2-13 测区鲢类化石带划分表

年代地层		地质年代	岩石地层		鲢类组合	主要分子
统	阶		群	组		
上二叠统	长兴阶	晚二叠世	乌丽群	拉卜查日组	*Palaeofusulina* 延限带	*Palaeofusulina* cf. *fusuformis* Sheng, *P.* cf. *simplex* Sheng et Chang, *P.* sp., *Reichlina changhsigensis* Sheng et Chang, *Nanankiella* sp., *Sphaerulina* cf. *zisongzhengensis* Sheng, *Staffella* sp., *Nankinella* cf. *orientalis* K. M-Maclay, *N. hunanensis* (Chen), *N.* sp., *Eoverbeekina* sp., *Staffella* sp., *Chenella* sp.
中二叠统	茅口阶	中二叠世		九十道班组	*Neoschwagerina*-*Yabeina* 组合带	*Neoschwagerina douvillei* Ozawa, *N. megasphaerica* Deprat, *N.* cf. *craticulifera*(Schwager), *N. gubleri* Kanmera, *Yabeina* cf. *shirawensis* Ozawa, *Y.* sp., *Sumatrina annae* Volz, *Sumatrina fusiformis* Sheng, *V. verbeeki* Geinitz, *V. haimi* Thompson et Foster, *Neoschwagerina kwangsiana* Lee, *N. douvillei* Ozawa, *Pseudofusulina* sp., *P.* cf. *hupehensis* Chen
	栖霞阶		开心岭群		*Parafusulina*-*Misellina* 组合带	*Parafusulina yabei* Hanzawa, *P. gigantean* Deprar, *P. chekiangensis* Chen, *P. pseudosuni* Sheng, *P.* cf. *multiseptata* Schellwien, *Misellina sphaerica* Zhang, *M.* sp. ind, *Staffella moellerana* Thompson, *Pseudofusulina* sp.
下二叠统	紫松阶	早二叠世		扎日根组	*Eoparafusulina*-*Sphaeroschwagerina* 组合带	*Zellia heritschi* Kahler et Kahler, *Triticites plummeri* Dunbar et Skinner, *Schwagerina quasiqixiaensis* Sheng et Sun, *Rugosofusulina valida* Lee, *R. paragregariformis* Chen et Wang, *Pseudostaffella gorskyi* Dutkevich, *Fusulinella obesa* Sheng, *Eoparafusulina tenuitheca* (Chen), *E.* sp. ind, *E.* sp., *Spaeroschwagerina sphaerica gigas* (Scherborich), *S. parasphaerica* Cheng, *S. dachaigouensis* Zhang et Bao, *S. ishimbajica* Rauser, *S.* sp.
上石炭统	逍遥阶达拉阶	晚石炭世			*Triticites*-*Montiparus* 组合	*Triticites obsoletas* Schellwien, *Triticites parvus*, *T.* cf. *parvulus*, *T. deshenggensis*, *T.* cf. *laxus*, *T. sudglobarus*, *T. lalaotuensis*, *T.* cf. *cylindrical*, *T. paramontiparus mesopachus*, *T. chus*, *T. umbonoplicatus*; *Montiparus* cf. *montiparus*, *M.* cf. *paramontiparus*, *M. huishuiensis*

组合中化石分子主要为晚石炭世逍遥阶特色分子,并见有晚石炭世达拉阶分子 *Pseudostaffella gorskyi* Dutkevich(顾尔斯基氏史塔夫鲢), *Fusulinella obesa* Sheng(肥小纺锤鲢),其时代为晚石炭世达拉阶—逍遥阶,相当于国际地层的 Kasimovian—Gzhelian 阶。

2. *Eoparafusulina*-*Sphaeroschwagerina* 组合带

该组合带位于扎日根组上部,相当于诺日巴纳保剖面(XVTP$_3$)第 17—22 层、扎日根剖面(VTP$_{19}$)第 25—27 层。赋存地层岩性主要为灰—深灰色生物灰岩与生物碎屑灰岩。该组合带的主要分子有 *Zellia colaniae* Kahler et Kahler, *Triticites* sp., *Zellia heritschi* Kahler et Kahler, *Triticites plummeri* Dunbar et Skinner, *Schwagerina quasiqixiaensis* Sheng et Sun, *Rugosofusulina valida* Lee, *Rugosofusulina paragregariformis* Chen et Wang, *Pseudostaffella gorskyi* Dutkevich, *Fusulinella obesa* Sheng, *Eoparafusulina tenuitheca* (Chen), *Eoparafusulina* cf. *tenuitheca* (Chen), *Eoparafusulina* sp. indet., *Eoparafusulina* sp., *Spaeroschwagerina sphaerica gigas* (Scherborich), *Spaeroschwagerina parasphaerica* Cheng, *Spaeroschwagerina dachaigouensis* Zhang et Bao, *Spaeroschwagerina ishimbajica* Rauser, *Spaeroschwagerina* sp. 等。该组合主要分

子中以 *Spaeroschwagerina*, *Eoparafusulina* 及 *Rugosofusulina* 属种最为丰富,其中见有代表晚石炭世马平阶的 *Rugosofusulina serrata* Rauer 分子与早二叠世的 *Spaeroschwagerina*, *Eoparafusulina* 属种,显示时代为晚石炭世—早二叠世,其时代晚于 *Triticites - Montiparus* 组合,揭示出扎日根组上部地层其层位存在穿时效应。

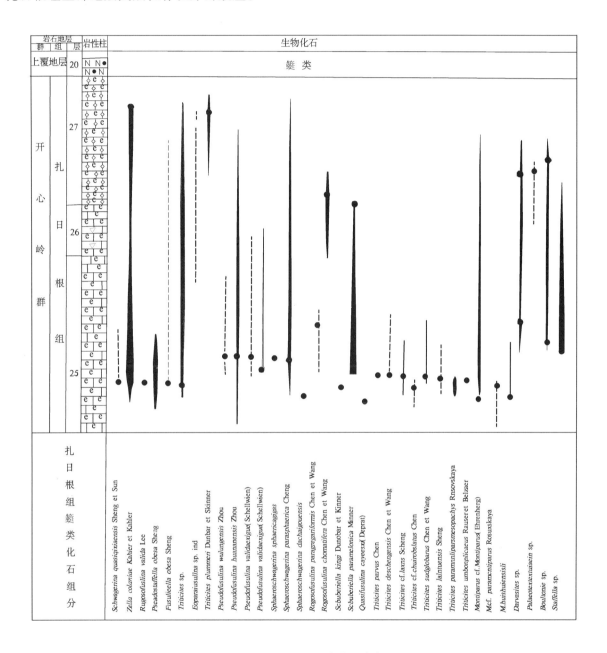

图 2-81 扎日根组䗴类化石分布图

3. *Parafusulina - Misellina* 组合带

该带于 1:20 万沱沱河幅建立,依据诺日巴纳保剖面与扎日根剖面(图 2-82)所采的䗴类化石而建立,但当时二叠纪为两分,即早、晚二叠世,并未见有 *Parafusulina* 属的主要分子。此次工作我们在扎日根北重新实测了剖面(VTP$_{19}$),采集了大量的包括䗴类在内的古生物化石,充实了该组合的重要分子。从目前看,该组合的主要分子有 *Parafusulina yabei* Hanzawa(矢部氏拟纺锤䗴),

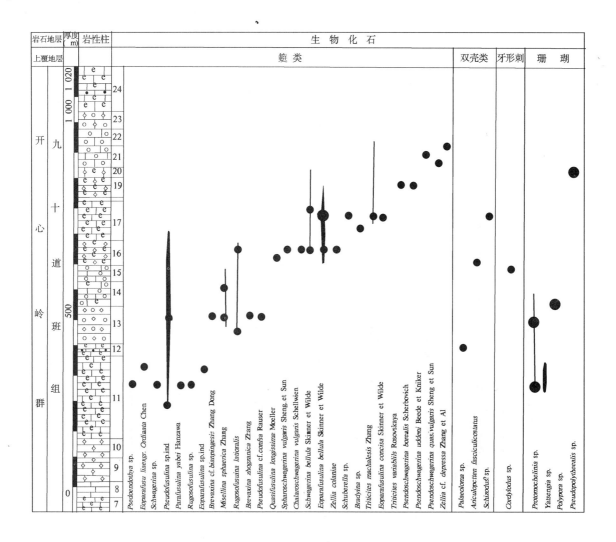

图 2-82 九十道班组生物化石分布图

Parafusulina gigantean Deprar（巨拟纺锤鲢），*Parafusulina chekiangensis* Chen（浙江拟纺锤鲢），*Parafusulina pseudosuni* Sheng（孙氏假纺锤鲢），*Parafusulina* cf. *multiseptata* Schellwien（多隔壁拟纺锤鲢），*Misellina sphaerica* Zhang（球形米斯鲢），*Misellina* sp. ind（米斯鲢），*Staffella Staffella moellerana* Thompson（缪勒氏史塔夫鲢），*Pseudoendothyra affixa* Grozdilova et Lebedeva（添加假内卷鲢），*Pseudofusulina* sp.（假纺锤鲢），*Pseudofusulina* sp. ind.，*Pseudoendothyra* sp. ind（假内卷鲢）；此外原 1:20 万沱沱河幅区调报告采集该带的主要分子有 *Misellina* cf. *claudiae*，*Misellina ovalis*，*Staffella moellerana*，*Nankinella* cf. *orbicularia*，*Nankinella* sp.，*Nagatoella* cf. *yabeinal*，*Schwagerina cushmani*，*Pseudofusulina vulgaris*，*P.* cf. *laxospira*，*Toriyamaia ellipsoidalis* 等。

该带与李四光所称的（1931）*Misellina clandiae* 带、*Nankinella inflata* 带和 *Parafusulina multisaptata* 带相当，当时代表整个江苏宁镇山栖霞组的沉积，与刘广才（1993）建立的 *Saffella molerana - Nankinella orbicularia* 组合带（缺乏完整的剖面）基本一致。地质时代为早二叠世—中二叠世，相当于栖霞阶下部。

4. *Neoschwagerina - Yabeina* 组合带

该组合带位于九十道班组的上部，以扎日根北剖面（VTP$_{19}$）和诺日巴纳保剖面（XVTP$_3$）化石较丰富。除命名带的主要分子大量出现外,主要分子还有 *Neoschwagerina douvillei* Ozawa,*Neoschwagerina megasphaerica* Deprat,*Neoschwagerina* cf. *craticulifera*(Schwager),*Neoschwagerina gubleri* Kanmera,*Yabeina* cf. *shirawensis* Ozawa,*Yabeina* sp.,*Sumatrina annae* Volz,*Sumatrina fusiformis* Sheng,*Neoschwagerina craticulifera* Schwager,*Verbeekina verbeeki* Geinitz,*Verbeekina haimi* Thompson et Foster,*Neoschwagerina kwangsiana* Lee,*Neoschwagerina douvillei* Ozawa,*Pseudofusulina* sp.,*Pseudofusulina* cf. *hupehensis* Chen 等。

Neoschwagerina-Yabeina 组合带,大致与西南地区茅口组盛金章(1963)所称的 *Neoschwagerina* 带和 *Yabeina* 带相当。

5. *Palaeofusulina* 延限带

该组合带分布于拉卜查日组中部,以开心岭煤矿剖面(第3—7层)为代表(图2-83)。组合中主要分子有 *Palaeofusulina* cf. *fusuformis* Sheng,*P.* cf. *simplex* Sheng et Chang,*P.* sp.,*Reichlina changhsigensis* Sheng et Chang,*Nanakiella* sp.,*Sphaerulina* cf. *zisongzhengensis* Sheng,*Staffella* sp.,*Nankinella* cf. *orientalis* K. M-Maclay,*N. hunanensis* (Chen),*N.* sp.,*Eoverbeekina* sp.,*Staffella* sp.,*Chenella* sp. 等;该延限带在区域乌兰乌拉幅纳堡扎陇剖面第5—6层中主要分子有 *Rechelina* sp.,*R. simplex*,*R. changhsiensis*,*Palaeofusulina* sp.,*P. minima*,*Dunbarula* sp. 等。该带化石面貌大致相当于我国西南地区上二叠统吴家坪组及长兴组中盛金章(1963)所称的 *Codonofusulina* 带和 *Palaeofusulina* 带,与华南地区的 *Palaeofusulina sinensis* 带(中国地层典,2000)及喜马拉雅地层区的 *Reichelina changhsiensis* 带上部相当,其时代属晚二叠世长兴期晚期。

(二)腕足类

腕足类化石分布于晚石炭世—二叠纪各地层体之中,主要见于诺日巴尕日保组、九十道班组、那益雄组与拉卜查日组之中,其中诺日巴尕日保组中产 *Amphiclina* sp.,*Stenoscisma* cf. *tetricum* Grant,*Hystriculina texana* Muir Wood 等;九十道班组中主要腕足分子有 *Dictyoclostus* sp.,*Antiquatonia* sp.。依据那益雄组中所产丰富的腕足类化石建立了 *Spinomarginifera-Oldhamina* 组合带(图2-84),该组合中主要分子有 *Neoplicatifera huagi* (Ustriski),? *Spinomarginifera* sp.,? *Martinia* sp.,*Spinomarginifera* sp.,*Araxathyris subpentagulata* Xu et Grant,*Spinomarginifera kueichowensis* (Huang),*Gymnocodium* cf. *bellerophontis*,*Permocalculus* sp.,*Pseudovermiporeda* sp.,*Tethyochonetes quadrata* (Zhan),*Cathaysia chonetoides*(Chao),*Chonetinella cursothornia* Xu et Grant,*Acosarina dorsisulcata* Cooper et Grant,*Orthothetina eusarkos* (Abich),*Orthothetina rubar* (Frech),*Spinomarginifera sichuanensis*,*Perigeyerella* cf. *costellata* Wang,*Spinomarginifera pseudosintanensis* (Huang),*Tethyochonetes quadrata* (Zhan),*Spirigerella ovalooides* Xu et Grant,*Araxathyris guizhouensis* Liao,*Spinomarginifera desgodinsi* (Loczg),*Haydenella kiansiensis* (Kayser),*Neochonetes*(*Huangichonetes*) *substrophomenoides*(Huang),*Squamularia* cf. *grandis* Chao,*Oldhamina anshunensis* Huang,*Neoplicatifera huagi* (Ustriski),*Araxathyris subpentagulata* Xu et Grant,*Tyloplicta* cf. *yangtzeensis*(Chao),*Enteletes waageni* Gemmellaro,*Perigeyerella costella* Wang,*Meekella* cf. *kueichowensis* Uang,*Haydenella chiansis* (Chao),*Squamilaria indica* (Waagen),*Semibrachythyrina anshunensis* Liao,*Oldhamina grandis* Huang 等。

该组合与刘广才(1984)以天峻县阳康乡忠什公剖面第11—12层为代表建立起的 *Oldhamina-Megaderbyia-Linoproductus elongates-Composita yangkangensis* 组合相对比,地质时代为晚二

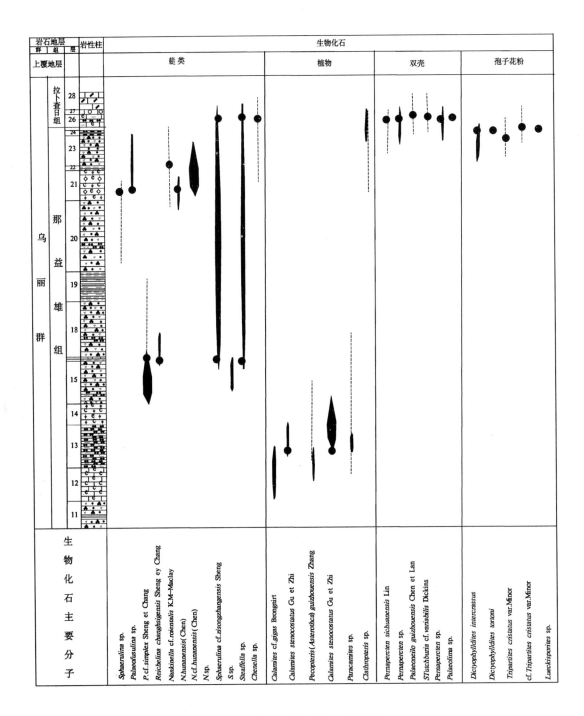

图 2-83 乌丽群生物化石分布图

叠世。

(三) 植物化石

植物化石主要分布于测区晚二叠世那益雄组之中,以前人建立的 *Gigantopteris nicotianae folia-Pecopteris*(*Asterotheca*) *guizhouensis* 组合为特征,该组合位于测区开心岭煤矿剖面第 1 层,组合中主要分子有 *Calamites* cf. *gigas* Brongirt,*C. stenocostatus* Gu et Zhi,*Pecopteris*(*Asterotheca*)

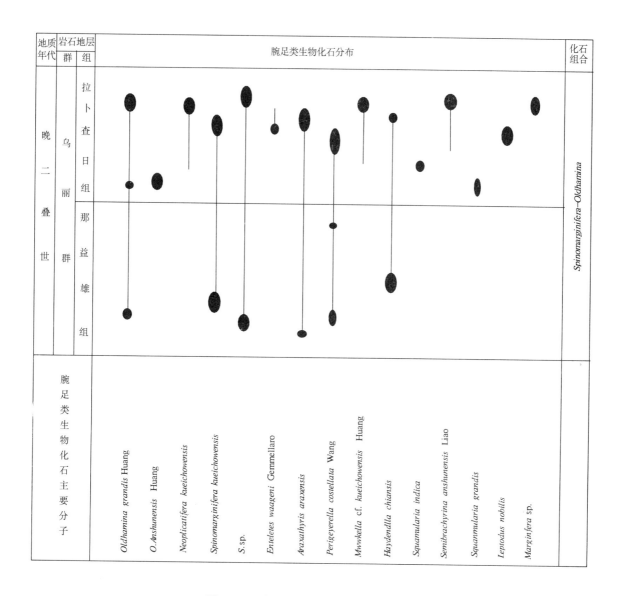

图2-84 乌丽群腕足类生物化石分布图

guizhouensis, Paracalamites stenocostatus Gu et Zhi, Paracalamites sp., Calamites sp.等,潘广(1957)曾在科学通报第11期中首次报道开心岭—乌丽煤矿的 Gigantopteris 植物群,主要分子有 Lobatannularia ensifolia, Gigantopteris nicotianaefolia, G. lagrelii, Calamites cf. gigas, Pecopteris arborescens 等,与乌丽煤矿剖面层位相当。该组合中化石 Calamites cf. gigas 见于湖南龙潭阶,Paracalamites stenocostatus 产于贵州宣威组下段(龙潭阶),Pecopteris (Asterotheca) guizhouensis 原产于贵州宣威组下段及上段(长兴阶),地质时代显示为晚二叠世早期。

(四)珊瑚类化石

珊瑚类化石在晚古生代地层中分布较少,从所采集的珊瑚类化石来看主要为早二叠世的一些分子,这些分子主要为:假似内沟珊瑚? Pseudozaphrentoides,拟文采尔珊瑚(未定种) Wentzellophyllum sp.,亚曾珊瑚(未定种) Yatsengia sp.,原米氏珊瑚(未定种) Protomichelinia sp.,梁山珊瑚 Liangshanophyllum sp.,? 卫根珊瑚? Waganophyllum,原米氏珊瑚(未定种) Protomichelinia sp.等,大多分布于九十道班组之中。

二、晚古生代年代地层

根据上述开心岭群、乌丽群生物化石组合,晚古生代地层地质年代经历了晚石炭世到晚二叠世,扎日根组下部的 *Triticites-Montiparus* 组合带中出现晚石炭世达拉阶的主要分子,代表沉积的地质年代为达拉阶—逍遥阶,而上部的 *Eoparafusulina-Sphaeroschwagerina* 组合带表现出穿时特征,沉积时代为晚石炭世—早二叠世;九十道班组中下部产有代表栖霞阶的 *Parafusulina-Misellina* 组合带和上部代表茅口期的 *Neoschwagerina-Yabeina* 组合带,测区内诺日巴尕日保组中䗴类化石并不丰富,这与其沉积特征及沉积环境有密切关系,该组中腕足类化石显示出沉积体地质年代为早二叠世;分布于那益雄组的 *Palaeofusulina* 延限带,代表中二叠世长兴阶沉积体系;而产于那益雄组、拉卜查日组的腕足类化石组合 *Spinomarginifera-Oldhamina* 组合带更多地反映出晚二叠世化石组合。

三、三叠纪生物地层及年代地层

测区三叠纪地层可划分为结扎群(甲丕拉组、波里拉组与巴贡组)、苟鲁山克措组。各岩组中产大量的古生物化石,其中在晚三叠世苟鲁山克措组中产大量的植物化石,波里拉组中以腕足类最为丰富,生物组合及总体面貌如下。

测区内三叠纪植物化石主要产于苟鲁山克措组与巴贡组之中,根据剖面与路线地质的调查,依据在测区康特金—苟鲁措一带苟鲁山克措组采有植物化石及地层分布建立一个植物组合带,即 *Hyrcanopteris sinensis-Clathropteris* 组合带(图2-85)。该带的主要分子有 *Equisetites takahashi* Kon'no(宽脊似木贼), *Neocalamites* cf. *hoerensis*(Schimper) Halle[霍尔新芦木(比较种)], *Equisetites lufengensis* Li(陆丰似木贼), *Equisetites* sp.[似木贼(未定种)], cf. *E. arenaceus*(Jaeger)Schenk, *Equisetites*? sp., *Carpolithus* sp.[石籽(未定种)], *Equisetites sarrani* Zeiller(沙兰似木贼), *Podozamites* sp.[苏铁杉(未定种)], *Equisetites* cf. *gracilis*(Nathorst)[纤细似木贼(比较种)], *Hyrcanopteris sinensis* Li et Tsao(中国奇脉羊齿), *Clathropteris meniscioides* minor Wu et He(新月蕨型格子蕨较小异型), *Clathropteris meniscioides* Brongniart(新月蕨型格子蕨), *Neocalamites* sp.[新芦木(未定种)], *Czekanowskia rigida* Heer(坚直茨康叶), *Neocalamites carrerei* (Zeiller) Halle(卡勒莱新芦木), *Pterophyllum minutum* Li et Tsao(细弱侧羽叶), *Equisetites-sarrani* Zeiller(沙兰似木贼), *Clathropteris* sp.[格子蕨(未定种)]。该植物组合带以裸子植物门的苏铁纲类最为丰富,裸子植物门的种子蕨纲亦较丰富,以 *Hyrcanopteris sinensis* 为主。与植物共生产出的有小个体、壳薄的海相—半咸水相的双壳类化石 *Unionites trapezoidalis*(Mansuy),表明沉积环境为滨浅海相—海陆交互相。

1:25万乌兰乌拉幅在测区西部的乌兰乌拉地区分布的苟鲁山克措组中建立了 *Hyrcanopteris sevanensis-Clathropteris* 组合带,与测区属于同一化石层位,化石面貌在属种及丰度方面基本与测区一致。从现代的双扇蕨科、苏铁植物主要分布于热带、亚热带地区的状况来对比该地层体中的植物群落,说明三叠纪植物属热带、亚热带气候,属于典型的滨海区特提斯亚区植物群,且 *Hyrcanopteris sinensis* 属种主要繁盛于特提斯亚区。组合分子中总体特征属南方型的 *Dictyophyllum-Clathropteris* 植物群落,组合带时代为晚三叠世Norian期。

(一)腕足类

三叠世腕足类化石主要分布于结扎群波里拉组,根据化石分子及其组合特征,建立起 *Koninckina-Yidunella-Zeilleria lingulata* 组合,该组合命名剖面为唐古拉乡多尔玛地区实测地层剖面(VTP$_5$)第4—8层与唐古拉山乡囊极实测地层剖面(VTP$_6$)第2—9层、第15—22层,赋存地层

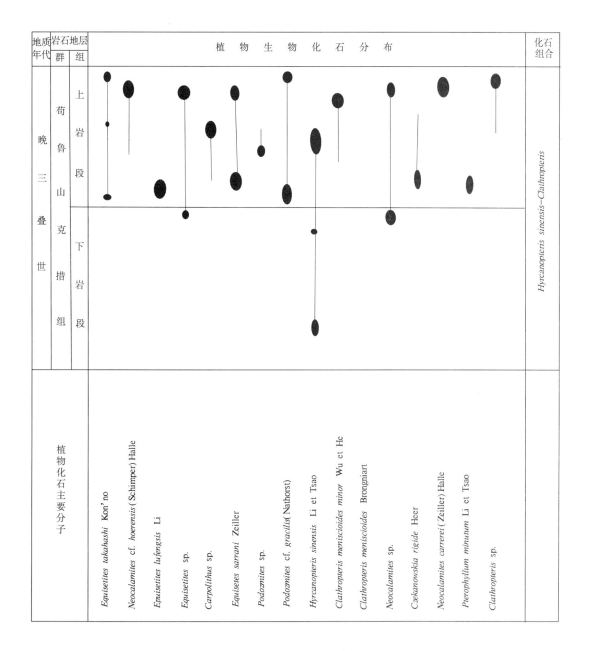

图 2-85　苟鲁山克措组植物化石分布图

岩性组合为灰黑色砂屑灰岩、灰色薄层状泥灰岩泥晶砂屑灰岩、泥晶生物碎屑灰岩、亮晶含生物碎屑砾屑砂屑灰岩夹灰色微晶灰岩等。

该组合以 Koninckina，Yidunella，Zeilleria 属种的首次出现作为该组合带的起始界线，同时又以三属的完全消失作为该组合的最终界面。该组合的主要分子有 Amphiclina taurica Moisseiev（特里卡双螺贝），Zeilleria lingulata Jin，Sun et Ye（舌形采勒贝），Timorhynchia nimassica (Krunback)（尼玛西克帝汶贝），Amphiclina intermedia Bittner（中等双螺贝），Excowatorhynchia deltoidea Jin，Sun et Ye（三角凹嘴贝），Amphiclina ungulina Bittner?（爪形双螺贝），Euxinella levantina (Bittner)（莱温特厄欣贝），Lamellokoninckina elegantula （Bitter）（云南层康尼克贝），Koninckina minor Xu（微小康尼克贝），Omolopella cf. cephalofornis Sun?［头状奥莫罗贝（比较种）］，Koninckina xiakocoensis Sun et Li?（肖卡错康尼克贝），Koninckina gigantean Sun，Jin et Ye

(大康尼克贝),*Yidunella magna* Jin,Sun et Ye(大型义敦贝),*Zeilleria elliptica*(Zunmayer)(椭圆形采勒贝),*Mentzelia* sp.[门策贝(未定种)],*Triadithyris qabdoensis* Sun(昌都三叠贝),*Rhaetina ovata* Yang et Xu(卵形似瑞替贝),*Sanqiaothyris subcircularis* Yang et Xu(亚圆三桥贝),*Sinucosta* cf. *bittneri*(Dagys)[皮特纳槽线贝(比较种)],*Rhaetina* cf. *ovata* Yang et Xu[卵形似瑞替贝(比较种)],*Sanqiaothyris elhiptica* Yang et Xu(椭圆三桥贝),*Triadithyris qabdoensis* Sun(昌都三叠贝),*Adygalla* sp.[阿迪贝(未定种)];在此路线采有该组合带的一些重要分子,分布的层位及赋存的岩性组合与组合带建立的剖面层位相当,这些重要分子主要有如下种类。

Waroboviella cancasica Dagys(高加索沃罗波夫贝),*Robinsonella mastakanensis* Moisseiov?(玛斯塔肯罗宾逊贝),*Zeilleria lingulata* Jin,Sun et Ye(舌形采勒贝),*Koninckina* cf. *telleri* Bittner[泰勒康尼克贝(比较种)],*Yidunella yunnanensis*(Jin et Fang)?(云南义敦贝),*Zeilleria lingulata* Jin,Sun et Ye(舌形采勒贝),*Koninckina* cf. *telleri* Bittner[泰勒康尼克贝(比较种)],*Oxycolpella* sp.[尖突贝(未定种)],*Koninckina alata* Bittner(耳翼康尼克贝),*Sinucosta* sp[槽线贝(未定种)],*Crurirhynchia simlplexa*(Sun)(简单股嘴贝),*Cubanothyris corpulentus* Dagys(肥厚库班贝),*Rhaetinopsis zadoensis* Jin,Sun et Ye(扎多似瑞替贝),*Koninckina minor* Xu(微小康尼克贝),*Septamphiclina qinghaiensis* Jin et Fang(青海板双螺贝),*Amphiclina intermedia* Bittner(中等双螺贝),*Amphiclina taurica* Moisseiev(特里卡双螺贝),*Sinucosta* cf. *emmrichi*(Suess)[埃默里希槽线贝(比较种)];此外在该地质路线上采到 VT0919-1 *Koninckina eleg antula*(Bittner)(采到美丽康尼克贝),*Amphiclina intermedia* Bitter(中等双螺贝),*Amphiclina taurica* Moisseiev(特里卡双螺贝),*Pseudospiriferina asiatica*(Dagys)(? 亚洲假准石燕),*Koninckina gigantean* Sun,Jin et Ye(大康尼克贝),*Sinucosta emmrichi*(Suess)(埃默里希槽褶贝),*Pseudorugitella pulchella*(Bittner)(美丽假褶层贝),*Rhaetina gregaria*(Suess)(群居瑞替贝),*Zeilleria lingulata* Jin,Sun et Ye(舌形采勒贝),*Cubanothyric corpulentus* Dagys(肥厚库班贝),*Cincta* cf. *jielongensis* Sun et Li[? 结隆围带贝(比较种)],*Sacothyris sinosa*(Sun et Fang)(弯槽盾形贝),*Zhidothyris corinata* Jin,Sun et Ye(棱脊治多贝),*Timorhynchia sulcata* Jin,Sun et Ye(虹弯帝汶贝),*Caucasorhynchia kuneusis* Dagys(库姆高加索贝),*Eoseptaliphoria tulongensis* Jin et Sun(土隆古板槽贝),*Yidunella pentagona* Jin,Sun et Ye(五角义敦贝),*Oxycolpella* sp. ?[尖突贝(未定种)],*Sugmarella* sp.[朱格玛依贝(未定种)],*Zhidothyris yulongensis* Sun(玉龙治多贝),*Septamphiclina qinghaiensis* Jin et Fang(青海板双螺贝),*Zeilleria* cf. *lingulata* Jin,Sun et Ye[舌形采勒贝(比较种)],*Timorhynchia sulcata* Jin,Sun et Ye(虹弯帝汶贝),*Neoretzia asiatica*(Bittner)(亚洲新莱采贝),*Amphiclina intermedia* Bitter(中等双螺贝),*Koninckina elegantula*(Bittner)(美丽康尼克贝),*Pexidella strohmayeri* Suess(斯特罗梅耶派克施德贝),*Amphiclina taurica* Moisseie[特里克双螺贝(比较种)],*Amphiclina ungulina* Bittner(爪形双螺贝),在 VT1832 点处采到该组合的重要分子有 *Yidunella pentagona* Jin,Sun et Ye(五角义敦贝),*Yidunella yunnanensis* Jin et Fang(云南义敦贝),*Cubanothyric corpulentus* Dagys(肥厚库班贝),*Koninckina minor* Xu(微小康尼克贝),*Oxycolpella* sp.[尖突贝(未定种)],*Zeilleria* sp.(? 采勒贝)。

上述化石组合及特征分子如 *Yidunella yunnanensis*,*Yidunella pentagona*,*Koninckina gigantean*,*Zeilleria* cf. *lingulata* 常见于云南、贵州等中国南方一带,地质年代显示为晚三叠世中晚期相当于 Carnian—Norian 阶。区域上该组合的主要分子还见于巴塘群中组碳酸盐岩中,在祁连昆仑地区三叠纪地层中亦有不同程度的分布。

(二)孢粉组合(未建名)

三叠纪孢粉主要产于结扎群巴贡组之中,主要属种有在玛章错钦东侧、襄极东侧一带巴贡组中采集到孢粉化石 Punctatisporites sp., Converrucosisporites sp., Annulispora sp., Aratrisporites sp. Verrucosisporites sp., Osmundacidites wellmanii Couper 1958, Duplexisporites sp., Kraeuselisporites sp., Kyrtomisporis speciosus Madler 1964, Protopinus sp., Psophosphaera sp., Conbaculatisporites sp., Verrucosisporites sp., Cycadopites sp., Ovalipollis ovalis Krutsch 1955, Ovalipollis breviformis Krutsch 1955, Taeniaesporites sp., 此外尚有 Tamaricaceae, Artemisia, Compositae, Chenopodiaceae, Gramineae, Ranunculaceae。这些孢粉组合为中国南方晚三叠世常见分子，巴贡组时代应属晚三叠世。本组合与区域上波里拉组的孢粉组合有一定的相似性，所不同的是本组合中的 Osmundacidites wellmanii, Annulispora, Duplexisporites, Kyrtomisporis 等在波里拉组合中未见踪迹，而波里拉组孢粉组合中以 Ovalipollis 花粉占优势，且蕨类孢子中含有古生代残存类型及大量的疑源类，显示出本组合应晚于区域上波里拉组中孢粉组合的时代，为 Norian 期—Rhaetian 期。

四、白垩纪生物地层及年代地层

白垩纪地层生物化石主要以孢粉、轮藻、介形虫等为主(图 2-86)。其中前人在风火山群各组地层中采获大量的孢粉化石，但出于孢粉在沉积地层中延伸差的特点，并未建立起组合，本次区调过程中，在以往工作的基础上对孢粉化石进行了采集，主要分子有：错居日组中采到孢粉 Deltoidospora, Biretisporites, Pterisisporites, Classopollis, Piceaepollenites, Tricolpollenites；洛力卡组砂岩中产孢粉 Cicatricosisporites, Classopollis, Tricolpites, Tricolporopollenites, Deltoidospora, Pterisisporites, Biretisporites。桑恰山一带的桑恰山组砾岩段中采到孢粉 Deltoidospora, Concavisporites, Gabonisporis labyrinthus, Osmudacidites orbiculatus, Pterisisporites, Classopollis, Euphorbliscites, Ephedripites(Ephedripites), E.(E.) sphaericus, Tricolporopollenites, Divisisporites, Klukisporites, Cicatricosisporites, Lycopodiumsporites, Momosulcites, Cycadopites, Perinopollenites, E.(D.)cf. fusiformis, T. elongatus, Psophosphaera 等；植物 Equisetites sp. 等化石。时代为晚白垩世。采获介形虫化石 Quadracypris sp., Cypria sp., Eucypris sp.；轮藻：Hornichara masloyi, Tectochara mincrylobule。这种化石组合揭示地层沉积时代总体为晚白垩世，其年代地层为上白垩统。

五、古—新近纪生物地层与年代地层

古—新近纪地层体系由老到新可划分为沱沱河组、雅西措组、五道梁组与曲果组，其中测区内分布最广的为沱沱河组、雅西措组两个地层体。该时代生物化石种类以孢粉、轮藻和介形类为主，生物化石主要分布于沱沱河组、雅西措组与五道梁组之中，其中沱沱河组中生物以孢粉、轮藻、介形类为主，孢粉有 Pteris cf. neocetica, Quercoidites microhenrici, Cupuliferoipollenites, Rutaceoipollis, Tricolpites, Salixipollenites, Quercus monimotricha, Chanopodipollis 等，该孢粉组合主要以被子植物为主，特别是以 Quercoidites 属最为突出；介形类有 Cypris decaryi, Gautheir, Candoniella albicans(Brady), Darwinula sp.；轮藻有 Peckichara serialis Z. Wang et al. 其中轮藻的时代为 $E_1—E_2$，孢粉和介形类的时代延续较长，总体显示为古近纪古—始新世。

雅西措组生物群落仍以孢粉、轮藻和介形类为主，其中孢粉有 Classopollis, Ephedripites (Distachyapites), Tricolporopollenites, Meliaceoipites, Pinaceae 等；轮藻有 Obtusochara brevicylindrica Xu et Hang, O. sp., Tectochara houi Wang. S., Amblyochara subeiensis Huang et Xu, Hornichara qinghaiensis Di 等。轮藻组合反应了渐新世(E_3)色彩；介形类有 Eucypris lenghuensis Yang F., E. sp., Darwinula sp., Candoniella albicaus(Brady), Cyprinotus sp. 等。介形类反映的时代主要为渐新世，其中 Eucypris lenghuensis 为渐新世的标准分子。

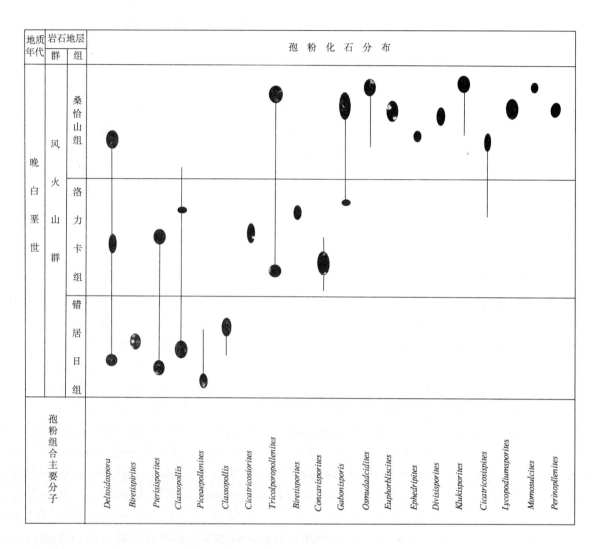

图 2-86 晚白垩世孢粉化石分布图

五道梁组生物组合以孢粉和介形类为主。孢粉有 Verrutetraspora, Verrucosa, Cycadopites, Abietineaepollenites, Pinuspollenites, Piceites, Podocarpidites, Laricodites, Ephedripites (Ephedripites), Tricolporopollenites, Rutaceoipollis, Abiespollenites, Piceaepollenites giganteus, Dacrycarpites, Inaperturopollenites, Triporoletes, Pterisisporites, Classopollis, Meliaceoipites, Cedripites, Quercoidites, Platanoidites, Tricolpites, Didymoporispollenites 等,该孢粉组合时代显示为古近纪渐新世晚期—新近纪中新世早期。而介形类有 Eucypris goibeigouensis Sun, E. sp., E. qaibeigouensis Sun, Limnocythere limbosa Bodina, Candoniella marcida, Mandelstam, Cyclocypris sp., Darwinula nadinae Bodina 等,这些介形类属种,大都为中新世的标准分子或重要分子,由此,从孢粉组合与介形类化石特征可以断定五道梁组沉积时代为新近纪中新世。

第三章 岩浆岩

测区岩浆岩不甚发育。岩浆侵入活动主要集中在晚三叠世—渐新世,尤以晚三叠世、渐新世最为强烈,岩石类型以中酸性岩浆侵入为主,渐新世有少量的碱性岩浆侵入,除此,在测区的西北部出露有基性—超基性岩体(它们属于蛇绿岩的组成部分)。测区侵入岩出露面积约占测区总面积的2‰。火山活动主要集中在二叠纪—三叠纪,古近纪、新近纪有少量的火山活动记录。岩石类型从基性—中性—酸性—碱性均有不同程度地分布。

第一节 蛇绿岩

作为缝合带标志的蛇绿岩,代表了大陆上保存的洋壳和上地幔的碎片,从其形成到定位至现今大陆造山带内,经历了造山演化的不同阶段,因此研究蛇绿岩对于青藏高原的大地构造分区和探讨高原的形成及演化具有非常重要的作用。

测区蛇绿岩露头分布于巴音查乌马一带,在区域上呈北西-南东向带状展布,是西金乌兰湖蛇绿岩带的组成部分,也是西金乌兰湖—金沙江缝合带中重要的板块构造岩石记录,该蛇绿岩由青海省区调综合地质大队在进行1:20万错仁德加幅(1990)区域地质调查时首次发现,在《可可西里综合科学考察报告》(边千韬,1996)称为巴音查乌马蛇绿岩,时代归于晚古生代早二叠世,主要由蛇纹石化方辉橄榄岩、辉长岩、块层状蚀变苦橄质玄武岩、枕状玄武岩、放射虫硅质岩和结晶灰岩组成,还可见脉状斜长花岗斑岩,围岩由变石英砂岩夹板岩等组成。

本次工作针对蛇绿岩组合进行了详细的追索研究,发现图区内蛇绿岩组合主要有橄榄二辉辉石岩、斜辉辉橄岩、角闪辉长岩、深灰—浅灰色硅质岩等残片,呈零星构造块体分布在测区巴音叉琼—巴音查乌马、康特金—岗齐曲一带的晚三叠世苟鲁山克措组及石炭纪—二叠纪通天河蛇绿构造混杂岩群碎屑岩组、灰岩组中,但未发现完整的蛇绿岩组合剖面。

一、蛇绿岩地质学特征

由于后期构造改造作用,蛇绿岩原始层序难觅踪迹,出露的组分不完整,或为单独组分或部分杂乱呈岩块状分布(图3-1、图3-2)。玄武岩和枕状玄武岩测区未见出露,据1:20万错仁德加幅资料在测区图外北侧4km巴音莽鄂阿一带(图3-3)见有出露。综观测区和区域资料,该蛇绿岩总体呈北西-南东向展布,向北出图外,向南东至巴音查乌马东侧被白垩纪风火山群地层和古—新近纪地层所覆盖。测区仅出露在巴音叉琼—巴音查乌马一带(见图2-1),带内各组分相对齐全,主要有:蛇纹石似辉橄岩、斜辉橄榄岩、橄榄二辉辉石岩、角闪辉长岩、辉长辉绿岩、辉绿岩、玄武岩及伴生的硅质岩等。超基性岩、基性岩均无热变质作用显示,自然剖面显示无根,构造分割现象明显,围岩接触部位具破碎现象,超基性岩普遍蛇纹石化。

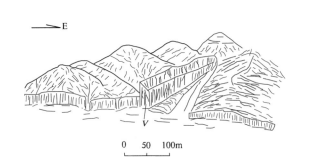 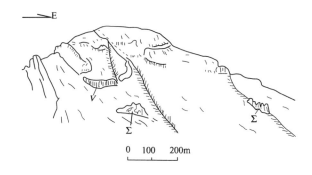

图 3-1 呈构造块体分布的辉长岩素描图　　图 3-2 巴音查乌马蛇绿岩块分布图

青海省玉树藏族自治洲治多县巴普莽鄂阿蛇绿岩剖面见图 3-3。

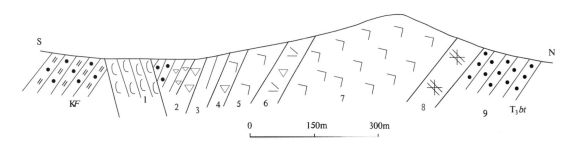

图 3-3 巴音莽鄂阿蛇绿岩剖面图

晚白垩世风火山群

1. 滑石片岩（原岩为超基性岩）
2. 构造角砾岩（角砾成分：蛇纹岩、基性火山岩、灰岩）
3. 浅灰色中厚层状放射虫硅质岩
4. 灰绿色玄武质火山角砾岩
5. 深灰绿色蚀变杏仁状千枚玄武岩
6. 灰绿色玄武质火山角砾岩
7. 深灰绿色蚀变玄武岩
8. 斜长花岗斑岩侵入
9. 碎屑岩、砂岩

综上所述，本区蛇绿岩整体上具备蛇绿岩套的基本组分，包括超基性岩、基性岩、枕状玄武岩、块状玄武岩、放射虫硅质岩、灰岩以及斜长花岗岩组分，因此重建（恢复）蛇绿岩层序表示在图 3-4 及表 3-1 中。

第三章 岩浆岩

表 3-1 测区巴音查乌马地区重建蛇绿岩划分一览表

地质年代	层序单元	代号	岩石组合	分布特征	同位素
石炭纪—二叠纪	硅质岩	Si Ls	深灰色硅质岩(含放射虫);灰色块层状微晶灰岩块体	分布在图幅内的巴音查乌马和巴音莽鄂阿一带,呈构造块体产在晚三叠世巴塘群中,岩石较破碎,不完整,呈残留块体产出,灰岩块体分布在图幅的尕保锅响和查布佳依一带,呈构造块体产出在晚三叠世巴塘群中	
	火山熔岩	β	灰绿色块状玄武岩及灰绿色枕状玄武岩	火山熔岩图幅内未见,在图幅外北侧的巴音莽鄂阿一带,与晚三叠世巴塘群地层呈断层接触关系	
	基性岩墙	βμ	灰绿色蚀变辉绿岩	分布在图幅内的尖石山、巴音叉琼—巴音查乌马一带,呈构造块体产出在通天河蛇绿混杂岩碎屑岩组中,呈群状岩墙产出	Sm-Nd、Ar-Ar, (266±41.2)Ma (Rb-Sr)
	镁铁质	V	灰绿色角闪辉长岩	仅分布在图幅内巴音叉琼—巴音查乌马、康特金一带,呈构造块体产出在晚三叠世苟鲁山克措组中	
	超镁铁质	φω	灰绿色橄榄二辉辉石岩,灰绿色斜辉辉橄岩、滑石片岩(原为超基性辉橄岩)	橄榄二辉辉石岩和斜辉辉橄岩分布在图幅内的巴音叉琼—巴音查乌马一带,呈构造岩体产出在通天河蛇绿混杂岩碎屑岩组地层中;滑石片岩分布在图幅外北侧巴音莽鄂阿一带,呈构造块体产出在晚三叠世巴塘群组地层中	

蛇绿岩有如下特征。

1. 超基性岩

超基性岩包括有辉橄岩、斜辉辉橄岩、橄榄二辉辉石岩等。

(1)辉橄岩

辉橄岩呈绿—黑绿色,具中细粒结构,交代现象及网状结构,块状构造,岩石几乎全部蚀变为蛇纹石、绢石磁铁矿及少量铬尖晶石。岩石由斜方辉石假象、橄榄石假象、磁铁矿组成。斜方辉石已完全被绿泥石、方解石交代,橄榄石已完全被纤维状蛇纹石和透闪石、绿泥石交代,并有少量磁铁矿析出。

(2)斜辉辉橄岩(蛇纹岩)

该岩石主要分布在巴音查乌马以南,出露不大,长约900m,宽约250m,南侧较小,呈孤立团块状分布,与围岩呈构造接触。风化面呈褐绿色,新鲜面呈黑绿色。镜下具似斑状结构。橄榄石呈自形—半自形粒状假象,斜方辉石呈假似斑状颗粒散布于岩石中。岩石由橄榄石(85%)、斜方辉石(13%)及少量的铬铁矿组成。橄榄石已完全被蛇纹石交代,呈自形—半自形粒状假象。斜方辉石假斑状颗粒,构成假斑状结构,被蛇纹石粗叶片交代而伴生绢云母化,铬铁矿呈不规则粒状,局部可见。

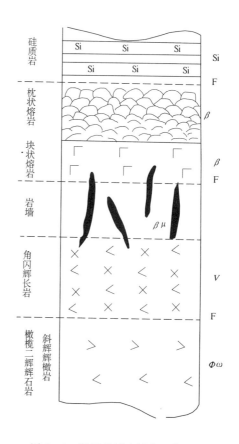

图 3-4 测区蛇绿岩层序示意图

Si. 硅质岩;β. 玄武岩;βμ. 辉绿岩墙;V. 角闪辉长岩;Φω. 橄榄二辉辉石岩、斜辉辉橄岩、辉橄岩;F. 断层

(3) 橄榄二辉辉石岩

该类岩石仅在巴音查乌马剖面看见，岩石由橄榄石、斜方辉石、单斜辉石等矿物组成，岩石具变余半自形粒状结构、纤维变晶结构、块状构造。橄榄石20%、单斜辉石48%、斜方辉石30%、铬铁矿和磁铁矿20%、滑石少量。橄榄石及斜方辉石均呈半自形粒状假象，多被蛇纹石交代。单斜辉石呈半自形粒状，并被细小的蛇纹石及部分次闪石、绿泥石交代。铬铁矿呈不规则的粒状散布。

2. 基性岩

(1) 角闪辉长岩

角闪辉长岩一般呈深灰—灰色，细粒状结构、嵌晶结构（局部），块状构造，岩石由斜长石（40%）、普通辉石（38%）、普通角闪石（20%）和少量的磁铁矿、钛铁矿等组成。普通辉石呈较粗大的半自形粒状晶。为含钛的普通辉石，具次闪石化、绿泥石化等蚀变。普通角闪石呈半自形不规则粒状，常被次闪石部分或大部分交代。斜长石呈自形柱状，均已被微晶状帘石集合体交代、取代，仅以假象存在。

(2) 辉长辉绿岩

辉长辉绿岩呈翠绿色，具嵌晶含长结构、辉绿辉长结构，块状构造。主要矿物为斜长石（55%~70%）、辉石（10%~30%）、角闪石、黑云母等，含少量不透明矿物磁铁矿、钛铁矿、榍石等。

斜长石除斑晶外，呈板粒状晶体构成格架，辉石充填空隙中，也可见板条状斜长石晶体嵌于颗粒粗大的他形辉石中。斜长石二次蚀变强烈，主要形成粘土矿物及帘石。有时辉石中可见橄榄石嵌晶。

黑云母含量较少，有的蚀变为绿泥石、角闪石（<30%，为普通角闪石），受不同程度的次闪石化，有时呈辉石反映边出现。次生矿物次闪石呈长柱状、放射状集合体，葡萄石、绿泥石呈集合体团块出现。

(3) 辉绿岩

岩石风化面为灰绿褐色，新鲜面灰绿色，块状构造。镜下辉绿结构和含长石嵌晶结构明显，主要由斜长石、普通辉石组成，二者含量大致相等，另有少量榍石、黑云母、磷灰石等。

斜长石呈半自形板粒状，为基性斜长石，常又被帘石和绢云母所交代，普通辉石呈不规则粒状，并被蛇纹石及部分绿泥石交代，在绿泥石化之后又遭次闪石化，纤状纤闪石化；无规律杂乱分布于绿泥石之中。这些辉石分布于斜长石空隙间构成辉绿结构，而在粗大辉石中又嵌有斜长石半自形板条，构成含长嵌晶结构。

3. 中基性火山熔岩

该熔岩测区未见，在测区图幅外北侧的巴音莽鄂阿一带见有出露（图3-3）。

玄武岩类呈墨绿色，斑状结构、基质显微粒状结构、杏仁状构造。斑晶由斜长石、辉石组成。辉石呈粒状晶体，他形粒状，有时可见较好的横切面，常以聚斑形式出现。斜长石被钠长石、钠云母集合体所取代，呈交代假象结构。基质由钛铁矿、钠云母及钠长石、磁铁矿组成。杏仁中充填的次生矿物有钠云母、钠长石、方解石、黑云母，有时见少量黄铁矿。斑晶为辉石（5%）、斜长石（2%）、基质辉石（45%）、榍石（5%）、钠长石（35%~40%）、磁铁矿（5%）。

4. 硅质岩

硅质岩呈黑—黑灰色，显微粒状结构，定向构造，岩石由硅质（石英）及粉末状不透明矿物组成，硅质（石英）89%已重结晶呈粉末状不规则状，这些显微晶粒间呈紧密分布，并似有相连接成平行排列现象。岩石中原来夹杂一些杂质粉末，常又聚集呈不规则撕裂状、云雾状条带。长0.4~

二、蛇绿岩的岩石化学和地球化学特征

1. 超基性岩

本区蛇绿岩中超基性岩的化学成分变化不大,化学分析资料表明,本区超基性岩属于典型的阿尔卑斯型超基性岩,其 M/F 比值大于 7,一般在 8.31~10.62 之间,在 M/F 对 M+F/S 的变异图上,均落入镁质岩区,仅一个样品落入镁铁质区(图 3-5)。在 Al_2O_3 对 SiO_2 的变异图上都落入贫铝与低铝区(图 3-6)。从图和表 3-2 中可以看出本区超基性和新生代中大西洋海岭,中生代的塞浦路斯及古生代的肯皮尔赛的超基性岩均落在同一区内。本区与肯皮尔赛更为相似,而与中大西洋海岭和塞浦路斯超基性岩相比较,则后者 Al_2O_3 略高。不同时代,不同地区的不同构造单元中的阿尔卑斯超基性岩在上述的变异图中落入同一区,说明阿尔卑斯型超基性岩是由相同性质的母岩浆演化而成的,只是时代不同而已。

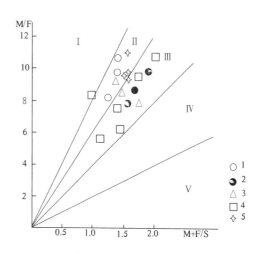

图 3-5 测区蛇绿岩 M/F 对 M+F/S 变异图
Ⅰ.超镁铁质区;Ⅱ.镁质区;Ⅲ.镁铁质区;Ⅳ.铁镁质区;Ⅴ.铁质区
1. 测区;2. 肯皮尔赛;3. 中大西洋海岭;4. 塞浦路斯;5. 巴音莽鄂阿

测区超基性岩在 Al_2O_3-CaO-MgO 图解(图 3-7)中大部分落在变质橄榄岩区,有 3 个样品落在超镁铁堆积岩区,在 AFM 图(图 3-8)上超基性岩有大部分样品落在变质橄榄岩区,有 3 个样落在镁铁和超镁铁堆积岩,靠近变质橄榄岩。测区超基性岩 Al_2O_3 含量较高,为 $0.70×10^{-2}$~$3.38×10^{-2}$,平均为 $1.50×10^{-2}$,而 CaO 含量变化较大,在 $0.02×10^{-2}$~$4.75×10^{-2}$ 之间,平均为 $1.34×10^{-2}$,较低,比典型地幔二辉辉橄岩(平均 Al_2O_3 为 $3.6×10^{-2}$)低,介于斜辉辉橄岩和二辉橄榄岩之间,CaO 含量低(低 CaO),尤其是 Na_2O 和 K_2O 的含量很低,反映为部分熔融后的残余地幔,它们是超镁铁岩的特殊类型,是比上覆盖的堆积岩和熔岩年代更老的地幔,由于构造作用使它向上迁移。

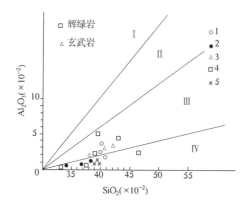

图 3-6 测区蛇绿岩 Al_2O_3-SiO_2 图
Ⅰ.高铝质区;Ⅱ.铝质区;Ⅲ.低铝质区;Ⅳ.贫铝质区
1. 测区;2. 肯皮尔赛;3. 中大西洋海岭;4. 塞浦路斯;5. 巴音莽鄂阿

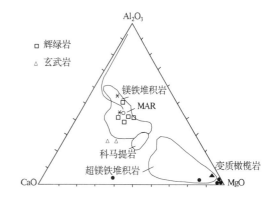

图 3-7 测区蛇绿岩 MgO-CaO-Al_2O_3 图
MAR.大洋脊玄武岩平均成分

2. 基性火山熔岩、基性岩

本组岩石化学成分列于表 3-2 中,由表可以看出,SiO_2 含量变化范围在 $41.15 \times 10^{-2} \sim 54.10 \times 10^{-2}$ 之间,$Na_2O + K_2O$ 在 $1.06 \times 10^{-2} \sim 4.32 \times 10^{-2}$ 之间,Al_2O_3 为 18×10^{-2},这个含量接近密德尔摩斯特(Middmost)的分类标准,属于亚碱质拉斑玄武岩类,即 SiO_2 在 $45 \times 10^{-2} \sim 53.5 \times 10^{-2}$,$Na_2O + K_2O < 5.5 \times 10^{-2}$,$Al_2O_3 < 16 \times 10^{-2}$,在 $(Na_2O + K_2O) - SiO_2$ 图(图 3-9)中,其投影点落入亚碱性系列区,在 AFM 图(图 3-10)中,其投影点落入拉斑玄武岩区,这和密德尔摩斯特的分类基本吻合。

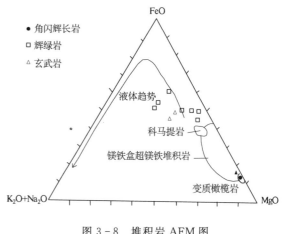

图 3-8 堆积岩 AFM 图
MAR. 大洋脊玄武岩平均成分

本区基性火山岩、熔岩据其化学成分和镜下定名基本吻合。测区基性岩为角闪辉长岩,镁铁质堆晶岩区,反映它们属蛇绿岩的成员,并随 SiO_2 含量增加,Al_2O_3 增加,而 MgO 逐渐降低。测区基性火山熔岩在 AFM 图上,离大洋脊玄武岩(MAR)较近,蛇绿岩套上部的基性岩墙群(辉绿岩)是由玄武质液体沿着一个延伸的带连续贯入生成的(Moores、Vine,1997)。在 AFM 图中,岩石成分上也趋于拉斑玄武质岩浆的演化趋势。

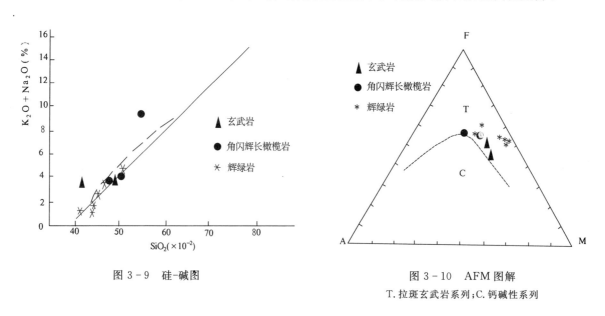

图 3-9 硅-碱图

图 3-10 AFM 图解
T. 拉斑玄武岩系列;C. 钙碱性系列

三、蛇绿岩的稀土元素特征

测区蛇绿岩的稀土元素含量列于表 3-3 中,稀土元素特征参数列于表 3-4 中,从表中可以看出,变质超镁铁质岩稀土总量较低,为 $0.91 \times 10^{-6} \sim 6.78 \times 10^{-6}$,表明其为亏损型地幔或经高度部分熔融后的残余地幔,δEu 为 $0.7 \sim 1.13$,轻重稀土分馏不十分明显,$(La/Lu)_N$ 为 $0.76 \sim 8.13$,平均 4.38,稀土配分曲线(图 3-11)为平坦型,重稀土略低,个别具 Eu 负异常(略具)。角闪辉长岩稀土总量较高 $138.39 \times 10^{-6} \sim 166.64 \times 10^{-6}$,轻重稀土分馏明显,稀土配分型式(图 3-11)为轻稀土富集型的向右倾斜的配分型式,辉绿岩墙(辉绿岩)稀土总量 $72.63 \times 10^{-6} \sim 66.12 \times 10^{-6}$,轻重稀土分馏不明显,稀土配分曲线为平坦型,重稀土略低,Eu 呈正异常。与超镁铁质岩配分型式基本一

表3-2 巴音查乌马蛇绿岩岩石化学特征表

样品编号	岩石名称	序号	氧化物组合及含量（×10^{-2}）											产地
			SiO_2	TiO_2	Al_2O_3	Fe_2O_3	FeO	MnO	MgO	CaO	Na_2O	K_2O	Cr_2O_3	H_2O^-	P_2O_5	LOS	
VTP$_{13}$Gs2-1	橄榄二辉石岩（蛇纹岩）	1	40.01	0.21	2.32	5.28	1.99	0.10	35.49	1.20	0.05	0.31		12.44	0.04	12.78	巴音叉琼—巴音查乌马
VTP$_{13}$Gs4-1	角闪辉长岩	2	49.38	2.76	15.17	2.27	8.84	0.19	4.84	8.03	2.91	0.89		3.56	0.27	4.06	
VTP$_{13}$Gs7-1	角闪辉长岩	3	48.09	2.65	12.75	1.87	10.76	0.21	6.35	9.58	2.78	0.75		2.44	0.28	3.45	
VTGs0505	蚀变辉绿岩	4	44.70	1.27	14.77	2.59	8.93	0.21	9.12	11.67	1.29	0.41		4.45	0.12	4.71	
VTGs500-2	蚀变斜辉辉橄岩（蛇纹岩）	5	40.10	0.11	3.38	4.82	2.85	0.10	33.23	2.61	0.04	0.28		11.58	0.02	12.00	
VTGs501-1	蚀变辉绿岩	6	44.22	1.37	14.92	2.15	9.87	0.31	10.90	8.88	0.86	0.20		5.62	0.13	6.21	
VTGs1639-1	斜辉辉橄岩	7	40.70	0.06	1.73	5.98	1.04	0.13	36.39	0.47	0.03	0.36		12.14	0.04	12.82	
9Gs222	蛇纹石化辉橄岩	8	39.25	0.01	0.92	7.73	0.25	0.12	37.49	0.26	0.02	0.02	0.04	1.56	0.02	13.4	
9Gs222-1	蛇纹化辉橄岩	9	39.20	0.02	0.70	7.66	0.47	0.15	38.04	0.10				0.83		0.67	
9Gs226	蛇纹化辉橄岩	10	39.40	0.01	0.71	1.72	4.93	0.11	38.58	0.02				1.16		0.17	
	蛇纹石化辉橄岩	11	37.40	0.01	0.77	4.20	2.65	0.12	34.33	4.75	0.01	0.01	0.32	0.74	0.00	15.02	
9Gs723	辉长辉绿岩	12	51.33	1.68	13.49	2.74	9.05	0.19	5.49	7.78	2.54	1.78		0.38	0.49	3.57	
9Gs284	辉长辉绿岩	13	46.45	3.80	12.59	2.14	12.61	0.23	6.20	9.18	2.85	0.47		0.02	0.31	3.60	
9Gs285	辉长辉绿岩	14	57.45	0.01	0.77	2.26	8.97	0.12	5.26	7.86	2.73	1.82		0.74	0.00	15.02	
9P$_{28}$Gs729	辉长辉绿岩	15	45.13	1.45	14.30	1.17	9.85	0.17	8.19	12.17	2.41	0.09		0.78	0.16	4.50	
9P$_{28}$Gs5	辉长辉绿岩	16	41.43	1.18	16.24	1.02	8.31	0.10	9.87	14.51	0.95	0.15		0.10	0.16	5.74	巴音莽
P$_{13}$Gs14	蚀变杏仁状碱性玄武岩	17	48.55	2.74	7.23	3.54	6.33	0.23	6.70	13.81	3.25	0.40		0.22	0.29	6.28	鄂阿
P$_{13}$Gs12	蚀变杏仁状玄武岩	18	41.15	2.98	8.78	4.61	7.56	0.20	8.61	14.09	1.30	12.33		0.30	0.43	7.28	

注：1~7号样品为本次工作所采，8~18号样品为《1：20万错仁德加幅》区调报告资料。

表 3-3 巴音查乌马蛇绿岩稀土元素特征值表

样品编号	岩石名称	序号	轻稀土元素组合及含量（×10⁻⁶）							重稀土元素组合及含量（×10⁻⁶）							产地
			La	Ce	Pr	Nd	Sm	Eu	Gd	Tb	Dy	Ho	Er	Tm	Yb	Lu	Y	
VTP₁₃XT2-1	橄榄二辉石岩（蛇纹岩）	1	1.02	2.35	0.40	1.97	0.89	0.39	1.26	0.26	1.59	0.33	0.93	0.15	0.91	0.14	6.78	巴音查乌马
VTP₁₃XT4-1	角闪辉长岩	2	21.74	56.41	6.50	27.36	6.36	2.24	6.31	0.97	5.61	1.06	2.87	0.42	2.55	0.38	25.86	
VTP₁₃XT7-1	角闪辉长岩	3	17.75	44.69	5.29	22.91	5.42	1.98	5.32	0.83	4.96	0.94	2.52	0.37	2.20	0.31	22.60	
VTXT505	蚀变辉绿岩（岩墙）	4	4.96	11.58	1.87	9.34	3.20	1.27	4.36	0.80	5.00	0.98	2.77	0.43	2.19	0.38	23.00	
VTXT500-2	蚀变斜辉辉绿岩（蛇纹）	5	0.41	0.78	0.10	0.36	0.10	0.02	0.06	0.01	0.07	0.02	0.05	0.01	0.05	0.01	0.96	
VTXT501-1	蚀变辉绿岩（岩墙）	6	4.09	10.41	1.82	8.82	3.08	1.40	4.35	0.75	4.65	0.95	2.61	0.41	2.48	0.36	19.94	
VTXT1639-1	斜辉辉橄岩	7	0.78	1.37	0.17	0.57	0.16	0.04	0.14	0.02	0.13	0.02	0.06	0.01	0.05	0.01	0.91	
RRE222	蛇纹石化辉橄岩	8	4.00	6.90	1.70	3.60	0.50	0.23	1.20	0.10	0.12	0.19	0.82	0.40	1.80	0.05		巴音茅
RREP13-14	蚀变杏仁状碱性玄武岩	9	48.00	90.00	10.00	56.00	9.10	2.40	7.40	1.10	7.00	0.92	2.30	0.35	1.80	0.50		鄂阿

表 3-4 巴音查乌马蛇绿岩稀土元素特征参数比值表

样品编号	岩石名称	序号	总量	ΣCe	ΣY	σ(Eu)	ΣCe/ΣY	La/Yb	Ce/Yb	Sm/Nd	La/Lu	La/Sm	(La/Y)ₙ	(Ce/Yb)ₙ	(Sm/Lu)ₙ	(La/Sm)ₙ	产地
VTP₁₃XT2-1	橄榄二辉石岩	1	19.37	7.02	12.35	1.13	0.57	1.12	2.58	0.45	7.28	1.15	0.75	0.67	0.76	0.72	巴音查乌马
VTP₁₃XT4-1	角闪辉长岩	2	166.64	120.61	46.03	1.06	2.62	8.52	22.12	0.23	57.21	3.42	5.75	5.72	5.94	2.14	
VTP₁₃XT7-1	角闪辉长岩	3	138.39	98.04	40.35	1.09	2.43	8.07	19.86	0.24	57.25	3.27	5.44	5.25	5.95	2.06	
VTXT505	蚀变辉绿岩（岩墙）	4	72.63	32.22	40.41	1.04	0.80	1.84	4.30	0.34	13.05	1.55	1.24	1.11	1.36	0.98	
VTXT500-2	蚀变斜辉辉绿岩	5	3.01	1.77	1.24	0.73	1.43	8.20	15.60	0.28	41.00	4.10	5.50	4.04	4.26	2.59	
VTXT501-1	蚀变辉绿岩	6	66.12	29.64	36.50	1.17	0.81	1.65	4.19	0.34	11.36	1.32	1.11	1.08	1.18	0.83	
VTXT1639-1	斜辉辉橄岩	7	4.44	3.09	1.35	0.79	2.29	15.60	27.40	0.28	78.00	4.87	10.50	7.04	8.13	3.07	
RRE222	蛇纹石化辉橄岩	8	21.61	16.93	4.68	0.87	3.62	2.22	3.83	0.14	80.00	8.00	1.49	0.99	8.32	5.04	巴音茅
RREP13-14	蚀变杏仁状碱性玄武岩	9	236.87	215.50	21.37	0.87	10.08	26.67	50.00	0.16	96.00	5.27	17.98	12.94	9.97	3.32	鄂阿

注：1~7号样品为本次工作所采；8~9号样品为《1/20万错仁德加幅》区调报告资料。

致,说明其继承了源区地幔的特征,基性火山熔岩其稀土总量较高 REE=236.87×10⁻⁶,配分型式为向右倾斜的轻稀土富集型,具有弱的Eu负异常,与角闪辉长岩稀土配分模式较相似。

角闪辉长岩稀土总量较高(138.39×10⁻⁶~166.64×10⁻⁶),轻重稀土分馏明显,稀土配分型式(图3-11)为轻稀土富集型的向右倾斜的配分型式,辉绿岩墙(辉绿岩)稀土总量为72.63×10⁻⁶~66.12×10⁻⁶,轻重稀土分馏不明显,稀土配分曲线为平坦型,重稀土略低,Eu呈正异常。与超镁铁质岩配分型式基本一致,说明其继承了源区地幔的特征,基性火山熔岩其稀土总量较高,REE=236.87×10⁻⁶,配分型式为向右倾斜的轻稀土富集型,具有弱的Eu负异常,与角闪辉长岩稀土配分模式较相似。

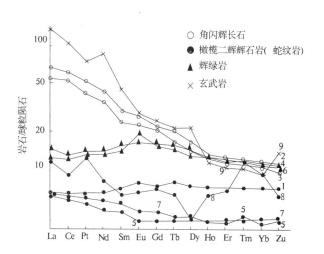

图3-11 蛇绿岩稀土配分模式图
Ⅰ.高铝质区;Ⅱ.铝质区;Ⅲ.低铝质区;Ⅳ.贫铝质区
1.测区;2.肯皮尔赛;3.中大西洋海岭;4.塞浦路斯;5.巴音莽鄂阿;1~9为样品编号

测区蛇绿岩从斜辉辉橄岩—角闪辉长岩—辉绿岩—基性火山熔岩,稀土总量逐渐增加,其中辉橄岩总量较低,轻稀土亏损,配分曲线为向左倾的轻稀土亏损型,随岩浆结晶分异作用,岩石稀土总量逐渐增加,角闪辉长岩22.6×10⁻⁶~5.86×10⁻⁶,且轻稀土含量增加较快,稀土配分曲线变为轻稀土富集型,基性火山熔岩稀土总量REE=236.87×10⁻⁶,为轻稀土富集,反映了岩浆房中结晶分异的特点。

四、微量元素特征

1. 超镁铁岩

根据主元素成分,测区超镁铁岩可分为两个主要类型:斜辉辉橄岩和橄榄二辉辉石岩,多蚀变为蛇纹岩。超镁铁岩微量元素测试结果见表3-5,从表中可以看出Sr/Ba为0.21~4.41。基本上与P-MORB的同类比值相似,而与N-MORB相差甚远。与大离子亲石元素(LILE)的各类比值相比,Zr/Nb比值比较稳定,为16.66,与N-MORB相差较大(>30,Le Roex A P,1987),而接近于P-MORB,MORB的地球化学特征类似于洋岛玄武岩(OIB),显示富集地幔的特征(Schilling J G,Zajac M,Evans R,et al,1989)。在原始地幔标准化比值蛛网图上,测区超镁铁质岩微量元素均比原始地幔要高,Rb、Ba、Th、Ta、轻稀土(La、Ce、Nd、Sm)和Zr与原始地幔比值大0.1,显示具有洋岛富集趋势。

2. 镁铁质火山岩(基性岩)

从测区蛇绿岩中的辉绿岩和角闪辉长岩的微量元素图解中可以看出,测区辉绿岩和角闪辉长岩富集大离子亲石元素的配分型式,显示出"隆起状"型配分型式,与弧火山岩微量元素不同,显示洋岛型特征。

表3-6数据表明测区超镁铁岩(超基性岩)同上地幔一样,具有Cr、Ni明显富集,V丰度很低的特点,说明超基性岩为上地幔岩。测区火山岩某些元素比值与正常洋脊玄武岩十分相似(表3-5)。

表 3-5 测区巴音查乌马镁铁质火山岩微量元素比值与正常玄武岩的比较表

序号	资料来源及地区	部分微量元素比值					
		La/Yb	Sm/Nd	Eu/Sm	Ti/Si	Zr/Y	Ti/Y
1	据 Condie(1982)	1.30	0.36	0.41	100	3.0	300.0
2	据 Sun 和 McDonough(1989)	0.82	0.36	0.39	103	2.6	271.0
3	为正常洋脊玄武岩	14.00	0.26	0.30	61	9.6	593.0
4	据 Cndie(1981)为太古绿岩玄武岩	2.11	0.29	0.35	102	2.8	253.0
5		2.64	0.29	0.35	82	3.3	272.0
6	蚀变杏仁状碱性玄武岩(RREP13—14,1∶20万错仁德加幅区调报告资料)	26.60	0.16	0.26	811.25		5 269.5

表 3-6 测区巴音查乌马超基性岩与上地幔岩石平均微量元素对比表

测区及对比值资料来源		岩石类型	部分微量元素($\times 10^{-6}$)								
			Rb	Sr	Zr	Th	U	V	Cr	Ni	Au
对比值资料来源		大洋型超基性岩	0.50	17.0	100.0	0.70	0.16	45.0	3 900	2 300	0.001 4
		阿尔卑斯型超基性岩	0.24	2.4	33.0	0.02	0.006 3	70.0	2 500	2 000	0.002 2
测区	VTP$_{13}$Dy2-1	橄榄二辉辉石岩(蛇纹岩)	20.00	5.0	15.0	1.00	0.70	30.9	3 995	2 119	
	VTDy500-2	蚀变斜辉辉橄岩(蛇纹岩)	13.00	128.0	9.6	1.00			2 673	1 766	
	VTDy1639-1	斜辉辉橄岩(蛇纹岩)	14.00	11.0	5.6	1.00			2 372	1 722	

五、岩浆来源及成因探讨

测区镁铁质侵入岩的化学成分中，TiO_2、FeO、MgO 等基性组分明显高于下地壳化学成分，SiO_2、Al_2O_3 等酸性组分低于下地壳值(表 3-7)，由此推论，此类岩体的岩浆不可能是下地壳物质熔融的产物。将测区超镁铁岩的平均成分和大洋地幔成分列于表 3-8 中，可见测区超镁铁岩 MgO 含量为 $34.81\times10^{-2}\sim37.11\times10^{-2}$，低于大洋地幔（$41.53\times10^{-2}\sim48.6\times10^{-2}$），$Al_2O_3$ 为 $0.75\times10^{-2}\sim2.55\times10^{-2}$，与大洋地幔较接近（$0.87\times10^{-2}\sim2.36\times10^{-2}$），可见测区超镁铁的原始成分相当于大洋地幔的成分。

表 3-7 测区巴音查乌马地区镁铁质岩与下地壳化学成分对比表

岩石类型及下地壳	部分氧化物含量($\times 10^{-2}$)								
	SiO_2	TiO_2	Al_2O_3	FeO	MgO	CoO	Na_2O	K_2O	总和
镁铁质喷出岩	51.97	7.84	11.43	9.85	6.73	11.19	3.31	2.68	100.00
镁铁质侵入岩	48.87	2.04	15.06	12.41	8.04	10.79	2.18	0.62	100.01
下地壳值	54.40	1.00	16.10	10.60	6.30	8.50	2.80	0.34	100.04

表 3-8 测区巴音查乌马超镁铁岩与大洋地幔的化学成分对比表

岩石类型		氧化物及含量($\times 10^{-2}$)											
		SiO_2	TiO_2	Al_2O_3	Fe_2O_3	FeO	MnO	MgO	CaO	Na_2O	K_2O	Cr_2O_3	H_2O	P_2O_5
大洋地幔	1	39.82	0.01	0.87	1.00	7.86	0.10	48.60	0.37	0.37	6.00	0.46	0.46	0.08
	2	43.56	0.04	2.36	1.00	7.77	0.10	41.53	2.51	0.32	6.00	0.40	0.34	0.07
橄榄二辉辉石岩		40.01	0.21	2.32	5.28	1.99	0.10	35.49	1.20	0.05	0.31			0.04
斜辉辉橄岩(2个样品平均)		40.40	0.08	2.55	5.40	1.94	0.11	34.81	1.54	0.03	0.32			0.03
辉橄岩(4个样品平均)		38.81	0.012	0.75	5.33	2.08	0.12	37.11	1.28	0.02	0.02			0.01

注:(1)赫斯和奥塔罗拉(1964)平均 D+E 型蛇纹岩,换算成无水残余型;(2)赫斯和奥塔罗拉(1964)平均 C 型蛇纹岩,换算成无水(以上根据威利 P J,1971)。

从表 3-9 可见测区超镁铁质岩具有 SiO_2、Na_2O、K_2O、CaO 含量低,Fe_2O_3、FeO、MgO 含量较高的特点,与上地幔的岩石化学成分相同相似。阿尔卑斯型超镁铁质岩的 $MgO/(FeO)$ 在 $6.5\sim1.2$ 之间,测区超镁铁质岩的 $MgO/(FeO)$ 为 $5.12\sim5.40$,可见本区超镁铁质岩属阿尔卑斯型超基性岩。

为了探讨测区超基性岩成分特征及其形成条件,首先我们对比一下测区岩类与其他阿尔卑斯型超基性岩及某些地幔岩在化学成分上的区别(表 3-10)。从表中可以看出,测区超基性岩成分与阿尔卑斯型超基性岩平均成分十分近似,与大洋超基性岩成分也基本一致。

表 3-9 测区巴音查乌马超基性岩与上地幔岩石平均化学成分对比表

测区及对比值资料来源	岩石类型	部分氧化物及含量($\times 10^{-2}$)									
		SiO_2	TiO_2	Al_2O_3	Fe_2O_3	FeO	MnO	MgO	CaO	Na_2O	K_2O
鲍佩声、王希斌(蛇绿岩及其研究方法,1982)	大洋型超基性岩	45.70	0.10	2.50	5.90	2.90	0.10	40.50	1.50	0.20	0.10
	阿尔卑斯型超基性岩	40.49	0.16	1.49	2.88	5.05	0.11	41.31	0.99	0.04	0.01
测区	$VTP_{13}GS2-1$	橄榄二辉辉石岩(蛇纹岩)	40.01	0.21	2.52	5.28	1.99	0.10	35.49	1.20	0.05	0.31
	VTGS508-2	斜辉辉橄岩	40.40	0.09	2.56	5.40	1.94	0.11	34.81	1.54	0.03	0.32
	VTGS1639-1											
	4个样品平均值	辉橄岩	38.31	0.01	0.76	5.33	2.07	0.13	37.11	1.28	0.02	0.02

表 3-10 世界各地超基性岩及地幔岩的岩石化学含量参考表

序号	名称	样品数	氧化物及含量($\times 10^{-2}$)									
			SiO_2	TiO_2	Al_2O_3	Fe_2O_3	FeO	MnO	MgO	CaO	Na_2O	K_2O
1	阿尔卑斯超基性岩	175	40.49	0.04	1.49	2.88	5.05	0.11	41.31	0.99	0.08	0.03
2	二辉橄榄岩包体	195	44.88	0.08	1.90	1.61	6.28	0.14	41.18	1.89	0.16	0.05
3	石榴石橄榄岩包体	97	44.04	0.13	2.12	3.32	4.19	0.10	41.57	1.87	0.23	0.15
4	榴辉岩包体	44	45.26	0.45	14.78	3.56	6.07	0.15	16.72	9.16	0.79	0.29
5	球陨石(硅酸盐)	94	47.04	0.14	3.09		15.40	0.31	29.48	2.41	1.21	
6	大洋超基性岩	140	45.30	0.15	2.70	6.00	2.90	0.10	40.50	1.50	0.15	0.10
7	大陆型地幔超基性岩		44.71	0.14	3.80		7.51	0.13	40.44	2.22	0.22	0.045
8	极乌拉尔阿尔卑斯超基性岩	7	40.29	0.03	0.69	4.25	4.24	0.10	40.24	0.50	0.1	痕迹
9	巴布亚超基性岩	1	43.10	0.02	0.23	1.00	6.50	0.10	48.40	0.55	0.07	0.01
10	新喀里多尼亚	4	43.90	0.07	1.10	1.30	6.80	0.01	45.20	0.59	0.13	0.01
11	岛湾	22	39.70		2.40	3.90	3.90	0.11	48.10	1.00	0.10	

采用 Al_2O_3 - CaO - MgO 三角图解,可以把上述各超基性岩及地幔岩对比的结果看得更清楚,各种岩石的投影点,由石榴石橄榄岩到尖晶石橄榄岩,直到阿尔卑斯型以及测区超基性岩,基本上是沿一定方向有规律的排列,这种排列的顺序实际上反映了它们在地幔中形成的相对深度,即由最深的石榴石橄榄岩到中深的尖晶石橄榄岩,直到最浅的阿尔卑斯型超基性岩。由此可见,测区超基性岩的斜辉辉橄岩与橄榄岩相比,前者在地幔中所形成的深度显然深些。

六、蛇绿岩时代与形成环境

本次工作在路线及剖面上均取钐-钕等时线3条,但都未成线。据已获得巴音查乌马辉长岩的 Rb - Sr 等时线年龄为 $266 \pm 41Ma$(苟金,1990)证明其形成于晚古生代早二叠世。另据可可西里资料辉长岩基性岩墙,年龄在347Ma,因此蛇绿岩时代为从早石炭世开始持续到二叠纪。

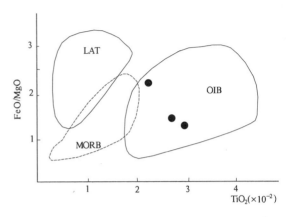

图 3-12 火山岩 FeO/MgO - TiO_2 图
LAT.岛弧拉斑玄武岩;OIB.洋岛拉斑玄武岩;MORB.洋中脊

测区及相邻区域发育有放射虫硅质岩,为确定其时代提供了大量的资料,区域内见有早石炭世杜内期放射虫及早二叠世狼萤早期的放射虫组合,以上各种情况反映出蛇绿岩的时代跨度大,为早石炭世—早二叠世,测区蛇绿岩与1:25万可可西里湖幅及考察中发现的蛇绿岩位于同一条构造带,相距不远,岩性相似,属同一时代,均为早石炭世—早二叠世,同是古特提斯洋壳的残余。

利用 FeO/MgO - TiO_2 图(图3-12)判定,基性岩的玄武岩均投影在洋岛玄武岩的范围,将角闪辉长岩投入 SiO_2 - $(FeO)/MgO$ 变异图中(图3-13),岩石投入 TH 系列区域,其中有点落入大洋拉斑玄武岩区与岛弧拉斑玄武岩区,靠近岛弧拉斑玄武岩区,火山熔岩落入岛弧拉斑玄武岩区。在 TiO_2 - P_2O_5 相关图(图3-13)边显示岩石投影点落入岛弧拉斑玄武岩。投入 Ti - Cr 变异图,表明岛弧拉斑玄武岩。由表(表3-11)可知,本区这些氧化物的含量和洋岛玄武岩系列近似。综上所述,表明测区蛇绿岩中的基性组分并非产在大洋脊,而是具有大洋岛的构造背景。

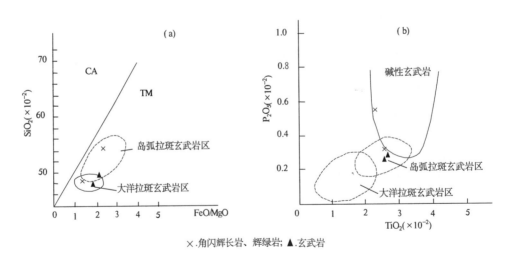

×.角闪辉长岩、辉绿岩;▲.玄武岩

图 3-13 测区巴音查乌马地区角闪辉长岩类及玄武岩类 SiO_2 - FeO/MgO 变异图及 P_2O_5 - TiO_2 相关图

表 3-11 不同构造环境中 TH 系火山岩的一般成分范围表

构造区	氧化物成分及含量($\times 10^{-2}$)					
	FeO/MgO	SiO_2	FeO	Na_2O	K_2O	TiO_2
岛弧 TH 系	1~7	46~76	6~16	1.1~3.6	0.1~2.0	0.3~2.0
洋中脊 TH 系	0.8~2.1	47~51	6~14	1.7~3.3	0.07~0.4	0.7~2.3
洋岛 TH 系	0.5~2.5	45~65	8~16	0.7~4.5	0.06~2.0	0.2~5.0
测区 TH 系	0.88~1.28	41.15~54.10	4.25~7.56	1.30~4.60	0.4~2.33	2.16~1.98

测区所有镁铁质—超镁铁质岩均相对富钛、富钾，玄武岩的 TiO_2、K_2O 平均含量分别为 2.86×10^{-2}、1.37×10^{-2}，明显偏高。岩石稀土总量高，轻稀土富集，模式曲线向右倾斜。在岩石化学成分 FeO/MgO-TiO_2 中，样品均落入洋岛拉斑玄武岩区。测区蛇绿岩辉绿岩岩墙的存在证明了扩张作用的存在，同时微量元素特征判别表明，其扩张速度为 1~2cm/a，属于低速扩张速率，这一点与其地质特征是一致的，即大陆裂解形成裂谷进而形成大洋，出现洋中脊—海岛（洋岛）—岛弧—大陆。

第二节 侵入岩

测区侵入岩极不发育，出露面积约占测区总面积的 0.24‰，主要分布在测区的藏麻西孔、岗齐曲上游、扎拉夏格涌、诺日巴纳保、扎尼日多卡等地。岩石类型主要为基性、中酸性岩体。岩石特征以浅成—超浅成岩为主，几乎没有深成岩出露。单个岩体个体较小，以岩滴、岩株状产出为主，成分单一，无需解体。相同成因、相同时代的侵入岩群居性比较好，很少出现不同时代、不同成因的侵入岩共居一起的现象。

岩浆侵入活动主要发生在晚三叠世、始新世、渐新世等几个时期，尤以始新世最为发育。

测区侵入岩严格受控于北西-南东向断裂的夹持，不同时代的侵入岩带状分布明显。大致可划分为勒恩托星—藏麻西孔岩浆带，主要为渐新世碱性侵入岩侵入；巴音叉琼岩浆带，主要为基性—超基性岩浆侵入，这些基性—超基性岩共同组成了通天河蛇绿岩（本节只是提及不作详细描述，详见蛇绿岩一节）；约改—扎拉夏格涌岩浆带，为始新世中酸性岩浆侵入；扎尼日多卡—诺日巴纳保岩浆岩带，为晚三叠世基性岩浆侵入。

测区侵入岩调查以 1:25 万区域地质调查（暂行）为准则，对中酸性侵入岩用"花岗岩类岩石谱系单位的划分原则及调查方法"合理建立单元，归并超单元。对基性岩石不作单元、超单元归并，相同时代的基性岩按岩性分别给予描述。不论是中酸性侵入岩，还是基性岩，图面均按"时代＋岩性"表示。

测区圈定了不同大小的侵入体 22 个（表 3-12），其中基性岩体 3 个（不包括蛇绿岩组成体），对其中的 19 个侵入体依据时代、结构、群居特征、所处构造部位、成因特征等，建立了 4 个单元，其中 1 个为独立单元（即藏麻西孔独立单元），对 3 个单元归并为 1 个超单元（即岗齐曲上游超单元），剩余的 3 个基性岩体，不建立超单元、单元填图单位，只是按不同岩石类型给予描述。

表 3-12 测区侵入岩填图单位划分一览表

岩浆期	时代	超单元	单元	代号	岩性	侵入体个数	面积(km²)	同位素(Ma)
喜马拉雅期	渐新世		藏麻西孔	$E_3\xi\pi$	灰白—肉红色黑云母辉石正长斑岩	4	2.40	33 34±5(K-Ar)
	始新世	岗齐曲上游	多巴的	$E_2\eta o\mu$	灰白色石英二长闪长玢岩	2	1.75	
			扎拉夏格涌	$E_2\delta o\mu$	灰白色石英闪长玢岩	7	4.11	38.44±0.58 37.86±0.56 (K-Ar)
			约改	$E_2\delta\mu$	灰白色闪长玢岩	6	20.99	41.19±0.4 (K-Ar)
印支期	晚三叠世		邦可钦—冬日日纠基性岩	$T_3\beta\mu$	灰绿色辉绿岩	3	3.40	

侵入岩岩石化学计算以原地矿部推荐的 B6-13 程序进行铁调整，以 QBASIC 程序进行百分比调整，然后用 B6-1 程序进行 CIPW 标准矿物计算。

一、晚三叠世邦可钦—冬日日纠辉绿玢岩体($T_3\beta\mu$)

该岩体分布在测区的扎尼日多卡、诺日巴纳保等地，总体呈东西向带状展布，与区域构造线的方向一致，该类岩体数目较少，分布面局限，呈岩株、岩墙分布。主要岩石类型有更长辉绿岩、辉绿玢岩等，共有 3 个岩体，总面积为 3.4km²，以下就不同的岩石类型分别描述。

（一）地质特征

1. 细粒更长辉绿岩

该岩体分布于测区的扎尼日多卡，出露面积为 2.05km²，呈不规则状侵入于早二叠世诺日巴尕保组碎屑岩夹火山岩及九十道班组灰岩之中，二者界线弯曲，近岩体处，围岩具热蚀变现象，岩体受后期断裂的切穿、分割，外接触界线具不连续性。

该岩体岩石成分单一、均匀，均为更长辉绿岩，呈灰色色调，细粒辉绿结构，块状构造。岩石由 An10～15 更长石(77%)、辉石(22%)、金属矿物(1%)及少量的磷灰石、绿帘石、葡萄石组成。更长石多呈半自形柱状晶，个别呈板状晶，长径在 0.40～2.42mm 之间，具较强的粘土化，伴有帘石化或绢云母化。辉石为透辉石，具绿泥石化，粒径相对比更长石小，晶内含更长石嵌晶。

2. 辉绿玢岩

该岩体分布于测区的诺日巴纳保，共有 2 个岩体，总分布面积约 1.35km²，岩体露头呈圆状、椭圆状分布。侵入地层分别为石炭纪—二叠纪扎日根组灰岩、九十道班组灰岩，二者界线明显，接触带处褐铁矿化明显，靠近岩体的灰岩有矽卡岩化现象，岩体边部携带有灰岩的捕虏体，接触面外倾，接触面产状为 210°∠50°。

2 个岩体岩石成分一致，色调相同，均为辉绿玢岩，呈灰绿色色调，斑状结构，块状构造，斑晶为长石，含量为 48%，自形板状，具环带结构，属拉长石，具轻微的碳酸盐化、帘石化，并伴有粘土化。基质由斜长石(25%)、橄榄石(4%)、微粒磁铁矿(3%)、微粒状绿泥石碳酸盐、帘石和楣石（总计 20%)组成。自形板条状微晶斜长石呈不规则状，略具定向排列，在其空隙间充填着蚀变矿物绿泥石、碳酸盐岩、磁铁矿、帘石及榍石微粒。

(二)岩石化学特征

以上各岩石类型分别取1件硅酸盐样品,共2件样品,其分析成果见表3-13。2件样品中SiO_2的含量分别为:47.29×10^{-2}、52.21×10^{-2},据SiO_2含量2个样品均属基性岩范畴,该类岩石与北京西山辉绿岩的岩石化学平均值相比,其SiO_2含量基本一致,TiO_2、FeO、MnO、CaO、Na_2O均高于北京西山辉绿岩,其他氧化物均低于北京西山辉绿岩。Na_2O+K_2O总量也比北京西山辉绿岩略高。

表3-13 测区侵入岩各单元岩石化学含量特征一览表

时代	超单元	单元	岩性	样号	氧化物成分及含量($\times10^{-2}$)													
					SiO_2	TiO_2	Al_2O_3	Fe_2O_3	FeO	MnO	MgO	CaO	Na_2O	K_2O	P_2O_5	H_2O	LOS	Σ
T_3		邦可钦—冬日日纠辉绿岩	$\beta\mu$	VTGS046-1	52.21	1.16	15.91	2.48	5.48	0.14	5.79	5.53	5.26	1.15	0.17	2.76	3.27	101.31
				VTGS0427	47.29	1.04	15.61	4.86	4.44	0.19	7.50	9.82	3.61	0.39	0.20	3.35	3.92	102.22
E_2	岗齐曲上游	多巴的	$\eta\delta o\mu$	VTGS471	62.44	0.72	16.41	2.94	1.20	0.04	1.86	2.80	4.35	4.55	0.36	0.36	1.32	98.99
				VTGS396	67.35	0.41	15.76	2.62	0.30	0.01	0.65	1.33	3.88	4.98	0.24	0.46	1.24	98.76
		扎拉格涌	$\delta o\mu$	VTGS0431	71.64	0.30	13.94	1.79	0.31	0.06	0.77	1.89	3.70	3.73	0.14	0.92	1.51	99.78
				VTGS0443	72.82	0.16	13.80	0.57	0.26	0.02	0.27	2.26	3.78	4.07	0.11	0.62	1.45	99.57
				VTGS1922-1	62.00	0.46	17.11	1.83	3.78	0.10	2.12	2.64	3.33	2.94	0.33	2.75	3.22	99.86
				VTGS2418	62.97	0.74	16.36	3.04	1.03	0.04	1.35	3.31	3.89	4.34	0.54	1.22	2.02	99.64
		约改	$\delta\mu$	VTGS0464-1	65.92	0.71	16.41	2.69	0.79	0.03	0.81	2.66	3.74	4.36	0.47	1.04	1.19	99.78
				VTGS0465	67.20	0.91	16.23	2.31	0.95	0.02	0.62	2.57	3.52	4.02	0.40	0.93	1.13	99.88
				VTGS1915-1	68.44	0.58	16.50	1.79	0.36	0.01	0.42	1.72	3.56	4.81	0.42	0.99	1.21	99.81
				VTGS1588	67.36	0.48	14.73	1.80	0.44	0.02	2.66	1.70	3.42	4.87	0.50	1.56	1.94	99.74
E_3		藏麻西孔	$\varepsilon\pi$	VTGS1019	62.40	0.45	14.64	2.84	1.26	0.06	1.62	3.84	4.09	4.92	0.38	1.10	2.98	100.58
				VTGS1161	64.55	0.46	14.65	2.24	0.88	0.06	1.49	3.88	3.59	4.43	0.42	0.90	3.03	100.51
				G324-3	60.09	0.44	14.69	2.70	1.05	0.66	1.65	4.35	4.00	5.85	0.43	0.44	3.28	99.03

有关特征值见表3-14。其中里特曼指数2个样品都很低,最高为1.51。另外1个样品为0.75,且$K_2O<Na_2O$,说明该类基性岩为钙碱性系列,属太平洋型,在AFM图中投影发现,两件样品均落入钙碱性岩区(图3-14)。固结指数SI最大为28.07,最小为1.41,长英指数FL最大为53.69,最小为28.94,说明岩浆分离结晶作用程度中等到差。

标准矿物特征见表3-15。从表中可以看出,其标准矿物组合为:Or+Ab+An+Di+Hy+Ol组合,属正常类型,SiO_2低度不饱和。

表 3-14 测区侵入岩各单元岩石化学特征值表

时代	超单元	单元	样号	σ	SI	MF	M/F	FL	N/K	A/NKC	AR	OX
T_3	邦可钦—冬日日纠辉绿玢岩		VTGS046-1	1.51	28.72	57.89	1.32	53.69	4.50	0.59		0.29
			VTGS0427	0.75	1.41	98.04	0.03	28.94	9.10	0.64		0.23
E_2	岗齐曲超单元	多巴的	VTGS471	4.08	12.48				0.96	0.95	2.73	0.69
			VTGS396	3.22	5.23				0.78	1.12	3.15	0.89
			平均值	3.65	8.85				0.87	1.04	2.94	0.79
		扎拉夏格涌	VTGS0431	1.93	7.48				0.99	1.03	2.76	0.82
			VTGS0443	2.06	3.02				0.93	0.94	2.91	0.70
			VTGS1922-1	2.07	15.14				1.13	1.28	1.97	0.29
			VTGS2418	3.47	9.85				0.89	0.96	1.39	0.73
			平均值	2.38	8.87				0.98	1.06	2.26	0.63
		约改	VTGS0464-1	2.86	6.97				0.86	1.05	2.51	0.75
			VTGS0465	2.35	5.42				0.86	1.11	2.34	0.68
			VTGS1915-1	2.75	3.85				0.74	1.17	2.69	0.81
			VTGS1588	2.82	20.17				0.70	1.05	3.04	0.79
			平均值	2.70	9.10				0.79	1.09	2.64	0.75
E_3		藏麻西孔	VTGS1019	4.30	19.00				0.82	0.77	2.80	0.45
			VTGS1161	2.90	12.00				0.81	0.82	2.50	0.39
			G324-3	5.10	11.50				0.68	0.70	3.10	0.36
			平均值	4.10	14.10				0.77	0.76	2.80	0.40

(三) 微量元素特征

该类基性岩的微量元素见表 3-16,仅有的 1 个基岩光谱定量样品经分析 Ba、Hf、Sc、Cr、Co、Ni、V、Zn、Ti 等元素含量较高,其他元素均接近或低于泰勒值,据 1:20 万报告,该基性岩类副矿物简单,其类型为电气石-磷灰石型,锆石为无色或淡黄褐色,透明短柱状,个别锆石晶体中可见黑色包体。

(四) 稀土元素特征

稀土元素含量及特征见表 3-17。从表上看基性岩的稀土总量最低为 66.39×10^{-6},最高为 141.91×10^{-6},轻稀土总量分别为 90.51×10^{-6}、36.51×10^{-6};重稀土总量分别为 29.88×10^{-6}、51.4×10^{-6}。轻、重稀土总量比值分别为 1.57、1.82,表明测

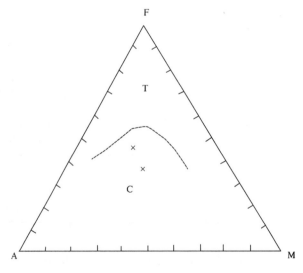

图 3-14 测区基性岩 AFM 图解
(Irvine T N 等,1971)
T. 拉斑玄武岩系列;C. 钙碱性系列

表 3-15　测区侵入岩各单元标准矿物含量特征一览表

标准矿物及含量（$\times 10^{-2}$）

超单元	单元	样号	Ap	Il	Mt	Or	Ab	An	C	Di Wo	Di En'	Di Fs'	Ol Fo	Ol Fa	Hy En	Hy Fs	Q	SUM
邦可钦—冬日日	纠灰绿玢岩	VTGS046-1	0.389	2.311	3.774	7.132	46.721	17.215		4.350	2.815	1.241	5.790	4.234	2.672	1.773		100.417
		VTGS0427	0.461	2.085	4.224	2.435	32.242	26.640		9.772	0.237	10.787	-82.909	123.656	-197.025	266.633		99.238
岗齐曲上游	多巴的	VTGS471	0.806	1.404	2.743	26.981	37.768	11.845	0.213						4.752	1.412	12.030	99.779
		VTGS396	0.538	0.800	1.939	30.214	33.714	5.171	2.198						1.661	1.021	22.716	99.970
	扎拉夏格涌	VTGS0431	0.312	0.581	1.290	22.449	31.985	8.617	0.729						1.953	0.994	31.165	99.985
		VTGS0443	0.245	0.310	0.536	24.517	32.606	8.835		0.779	0.506	0.220			0.179	0.078	31.177	99.987
		VTGS1922-1	0.745	0.904	2.746	17.976	29.161	11.328	4.592						5.465	5.023	22.019	99.959
		VTGS2418	1.208	1.440	2.610	26.284	34.518	13.218	0.398						3.447	1.451	15.355	99.930
		VTGS0464-1	1.042	1.369	2.198	26.166	32.140	11.296	1.854						2.050	1.096	21.738	99.940
		VTGS0465	0.885	1.751	2.007	24.080	30.194	11.280	2.403						1.564	0.724	26.060	99.948
		VTGS1915-1	0.931	1.119	1.385	28.849	30.575	5.882	3.364						1.061	0.352	26.431	99.947
		VTGS1588	1.121	0.934	1.448	29.516	29.686	5.304	1.577						6.795	0.629	22.925	99.935
藏庥西孔		VTGS1019	0.861	0.887	2.787	30.160	35.906	7.320		4.121	2.665	1.177			1.519	0.671	11.879	99.952
		VTGS1161	0.951	0.904	1.999	27.111	31.463	11.159		2.478	1.673	0.616			2.171	0.800	18.619	99.944
		G324-3	0.988	0.877	2.685	36.306	35.551	5.094		6.106	4.187	1.432			0.130	0.044	6.545	99.945

第三章　岩浆岩

· 113 ·

表 3-16 测区侵入岩各单元微量元素含量表

微量元素及含量($\times 10^{-6}$)

岩性	Sr	Rb	Ba	Sn	Mn	Zr	Hf	Sc	Cr	Co	Ni	V	Cs	Ga	Cu	Pb	Zn	Ti
灰绿粉岩	360	17.5	233			154	4.0	25.0	322.0	34.0	96.0	18	4.0	15	51.0	8.6	80	6 523
石英二长闪长岩	940		1 200			180		5.0	68.0	5.0	11.0	48	3.2		17.0	44	52	
石英闪长粉岩	504	179	796			151	4.9	1.8	7.9	3.5	6.1		2.3		5.6	62	98	
	380	84	488			108	3.0	0.8	8.1	3.2	7.0		4.5		4.2	17	23	
	984	83	1 590			138	2.7	7.0	9.5	8.6	5.9		9.1		13.0	25	57	
	2 268	149	3 981			322	6.7	8.8	38.0	12.8	33.0		11.0		10.0	25	47	
闪长粉岩	2 668	148	4 404			278	6.0	5.6	18.0	10.0	14.0		4.5		11.0	39	68	
	1 359	147	3 641			365	8.2	4.4	27.0	8.7	19.0		5.0		14.0	28	62	
	2 466	167	4 274			326	9.2	6.0	11.0	7.2	11.0		5.5		9.0	54	57	
	1 601	204	3 702			295	7.4	5.7	47.0	7.6	27.0				13.0	41	98	
辉石正长斑岩	1 729		2 889	5.8	3 333			9.7	158.0	9.6	77.0	79	3.0	17	28.0	77	51	2 811
泰勒值	375	90	425	40.0	900	165	3.0	22.0	100.0	25.0	75.0	135		15	55.0	12	70	5 700

表 3-17 测区侵入岩各单元稀土元素含量及特征一览表

稀土元素及含量($\times 10^{-6}$)

时代	岩性	样号	La	Ce	Pr	Nd	Sm	Eu	Gd	Tb	Dy	Ho	Er	Tm	Yb	Lu	Y	ΣREE	ΣLREE	ΣHREE	LREE/HREE	δEu
晚三叠世	灰绿色灰绿粉岩	VTXT046-1	18.30	39.91	4.95	20.90	5.32	1.49	5.58	0.95	5.84	1.15	3.32	0.53	3.35	0.49	29.82	141.91	90.51	51.40	1.57	0.83
		VTXT0427	6.08	14.25	1.97	10.35	2.78	1.08	3.29	0.56	3.58	0.72	1.91	0.28	1.79	0.27	17.48	66.39	36.51	29.88	1.82	1.09
	石英闪长粉岩	VTXT0431	41.67	70.72	7.25	22.33	3.29	0.77	2.05	0.28	1.27	0.23	0.61	0.10	0.61	0.10	6.48	157.80	146.03	11.77	12.41	0.85
		VTXT0443	10..97	22.82	2.72	7.83	1.21	0.33	0.64	0.09	0.50	0.10	0.29	0.05	0.38	0.07	2.72	50.70	45.88	4.82	9.52	1.03
		VTXT1992-1	63.67	107.50	11.69	42.71	7.24	2.00	5.00	0.69	3.20	0.60	1.66	0.26	1.69	0.26	13.95	262.10	234.81	27.29	8.60	0.96
喜山期		VTXT2418	145.70	258.30	29.54	106.80	14.90	3.55	8.34	1.02	4.19	0.77	1.68	0.22	1.13	0.16	14.81	591.10	558.79	32.31	17.29	0.89
	闪长粉岩	VTXT0464-1	132.20	250.10	26.13	92.26	13.87	3.50	8.50	0.95	4.21	0.73	1.62	0.21	1.09	0.15	15.54	551.10	518.06	33.04	15.68	0.29
		VTXT0465	107.70	186.90	20.42	65.82	8.65	2.23	4.83	0.55	2.39	0.45	0.96	0.13	0.71	0.11	8.37	410.20	391.72	18.48	21.19	0.96
		VTXT1915-1	160.50	271.80	30.56	107.00	14.99	3.51	8.88	1.08	4.64	0.79	1.74	0.24	1.15	0.16	14.91	621.90	588.36	33.54	17.54	0.86
	正长斑岩	VTXT1588	68.16	121.50	14.04	47.53	7.52	1.91	5.25	0.70	3.08	0.58	1.40	0.20	1.29	0.20	13.48	286.80	260.66	26.14	9.97	0.55
		VTXT1019	79.79	156.50	18.77	67.01	10.00	2.35	5.62	0.65	3.00	0.52	1.15	0.16	0.93	0.13	11.43	358.00	334.35	23.65	14.14	0.88
		VTXT1161	75.49	135.60	18.20	62.96	9.18	2.19	4.96	0.62	2.72	0.44	1.07	0.15	0.88	0.13	10.82	325.40	303.62	21.78	13.94	0.89

区基性岩据已有样品资料表现出轻稀土富集型。

δEu 值分别为 0.83、1.09。在稀土配分模式图上，2 个样品的模式曲线均为右倾斜的折线，从 Eu 异常看，1 个样品出现"V"型负异常，而另 1 个样品出现微弱正异常（图 3-15）。反映测区基性岩铕有亏损，也有富集；但亏损与富集都不很强烈。从 δEu 值看，两个样品相差 0.26。从稀土配分模式曲线的分布形式看，辉绿玢岩的稀土曲线与洋中脊拉斑玄武岩的稀土配分曲线十分相似，而更长辉绿岩的稀土配分曲线与洋岛碱性玄武岩的稀土配分曲线接近（丛柏林，1979）。

（五）基性岩的构造环境分析

该类岩体的岩石化学反映，基性岩的岩石类型为钙碱性岩，在 $TiO_2-10MnO-10P_2O_5$ 图（图 3-16）上，投影有一个样品落入 CAB 区，即钙碱性玄武岩区；而另一个样品投影于 MORB 区，即洋中脊玄武岩区，说明测区基性岩既有伸展期形成的，也有挤压期形成的。微量元素中 Cr、Co、Ni、V 各元素较高，说明该类岩体物源较深；从稀土配分模式图上看，有两条曲线除铕富集程度不同外，配分模式基本一致，说明二者具有相同的物源，但诺日巴纳保辉绿玢岩出现明显的 Eu 正异常，而扎尼日多卡细粒更长辉绿岩出现明显的 Eu 负异常，这就说明诺日巴纳保辉绿玢岩与扎尼日多卡细粒更长辉绿岩在成因和构造环境上有差异，但是从两个样品的稀土总量看，最大不超过 150×10^{-6}，从铕异常看，两个样品都没有显示强烈的富集和强烈的亏损，基本接近 1，轻稀土有富集性，据此，我们认为测区的基性岩体的原岩可能是碱性玄武岩浆。结晶分离作用对残余岩浆稀土元素含量产生了很大的影响，从而导致测区基性岩体稀土总量、稀土各元素含量的不一致性。从区内及区域资料看，不论诺日巴纳保辉绿玢岩还是扎尼日多卡细粒更长辉绿岩，它们的物源以地幔物质为主，构造环境属晚三叠世局部扩张期侵入的产物，只是扎尼日多卡细粒更长辉绿岩之所以出现 Eu 的负异常很有可能与辉石含量的减少有关。

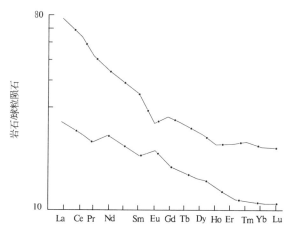

图 3-15 测区基性岩稀土配分模式图

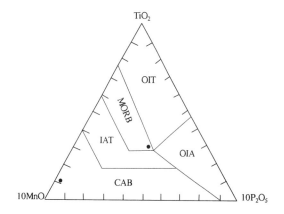

图 3-16 测区基性岩 $TiO_2-10MnO-10P_2O_5$ 图
(Mullen E D,1983)

OIT.大洋岛屿拉斑玄武岩；OIA.大洋岛屿碱性玄武岩；MORB.洋中脊玄武岩；IAT.岛弧拉斑玄武岩；CAB.钙碱性玄武岩

二、始新世岗齐曲上游超单元

该超单元集中分布在约改北部领玛尔托及东部的扎拉夏格涌等地，由 15 个侵入体、3 个单元（约改单元、扎拉夏格涌单元、多巴的单元）组成，出露总面积为 26.85km²。依据超单元各侵入体分别侵入中侏罗世夏里组,晚三叠世苟鲁山克措组,局部侵入于晚白垩世风火山群洛力卡组、桑卡山组及5件从不同侵入体采获的K-Ar同位素年龄:35.64Ma、37.86Ma、37.74±0.52Ma、38.44±0.58Ma、41.19±0.48Ma,将该超单元时代归属为新生代始新世。

(一)约改单元($E_2\delta\mu$)

该单元分布在测区的约改附近,共由6个侵入体组成,出露面积为20.99km²。

1. 地质特征

该单元各侵入体侵入最老地层为中侏罗世雀莫错组砂岩,最新地层为晚白垩世风火山群桑卡山组碎屑岩,其中岩体侵入桑卡山组时关系清楚,接触界线弯曲,红色砂岩在靠近岩体处产状突然变陡,沿接触面灰紫色砂岩色调更红,形成宽约2m的橘红色热蚀变带,接触面产状外倾,倾角在60°~65°之间,岩体中含有火山岩捕虏体,最大者为0.8km²。呈棱角状或不规则状,其边部有褐铁矿化蚀变。

2. 岩石学特征

该单元岩性单一,均为灰白色闪长玢岩,斑状结构,基质具显微粒状—隐晶质结构,岩石由斑晶和基质两部分组成,斑晶由斜长石、黑云母、角闪石组成,其斑晶大小呈两种状态,一种斑晶粒径为0.5~0.9mm,另一种粒径为1~3mm,除此,还有一种很小的斑晶粒径为0.06~0.09mm及0.1mm,数量较少,无论哪种斑晶,大小不同,成分相同,且斜长石呈半自形板状晶,较新鲜,普遍发育着环带构造,有的发育聚片双晶,有的不发育,为中长石。因受应力影响,晶内不规则裂隙很发育。黑云母呈半自形板条状,暗褐色,多色性明显,具暗化边。角闪石为普通角闪石,呈半自形柱粒状,红褐色,多色性明显,解理发育,并常见暗化边(即在角闪石边缘具一层不透明的边),反映岩石为浅成产状。基质由斜长石组成,斜长石的一部分呈显微粒状,还有一部分呈隐晶质,其中夹少量不透明矿物及绿泥石等,副矿物磷灰石、锆石散布,具破碎现象。

3. 岩石化学特征

该单元岩石化学特征见表3-13。SiO_2含量最低为65.92×10^{-2},最高为68.44×10^{-2},平均为67.23×10^{-2},比中国闪长岩平均值高出10×10^{-2},这种高出的主要原因可能是玢岩体属于残余岩浆产物,残余岩浆的酸度大,SiO_2含量高。K_2O+Na_2O总量最低为7.52×10^{-2},最高为8.37×10^{-2},平均为8.08×10^{-2},也同样高出中国闪长岩平均值0.25×10^{-2},同样说明残余岩浆中碱的富集。

有关特征值见表3-14。里特曼指数σ介于2.35~2.86之间,平均为2.70,说明该单元岩浆属钙碱性岩系。N/K介于0.70~0.86之间,平均为0.79,说明岩石中低Na,而高K。A/NKC介于1.05~1.17之间,平均为1.09,说明岩石中Al_2O_3处于过饱和。固结指数SI介于3.85~20.17之间,平均为9.10,说明该单元岩体为残余熔浆侵入形成。碱度率AR介于2.34~3.04之间,平均为2.64,说明岩中的碱性较低。氧化度OX介于0.68~0.81之间,平均为0.75,说明岩石遭受风化剥蚀作用较强。

CIPW标准矿物计算出现刚玉标准分子(表3-15),$Al_2O_3>Al_2O_3+K_2O+Na_2O+CaO$属铝过饱和类型。在硅-碱图(图3-17)上,投影各点均落入"S"区,即亚碱性岩区,在AFM图(图3-18)中各类均投影于钙碱性岩区。

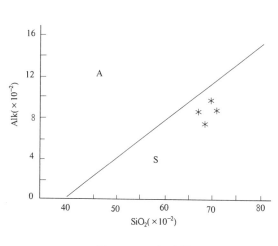

图 3-17 硅-碱图
（据 Irvine T N 等,1971）
A. 碱性系列；S. 亚碱性系列

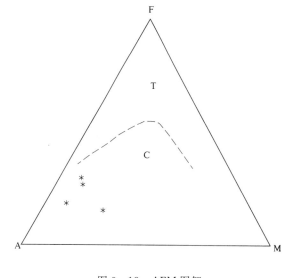

图 3-18 AFM 图解
（据 Irvine T N 等,1971）
T. 拉斑玄武岩系列；C. 钙碱性系列

4. 微量元素特征

本单元微量元素特征见表 3-16。单元微量元素与泰勒值(1964)相比 Sr 高出泰勒值 3.5 倍，Rb 高出 1.5 倍，Th 高出 2 倍，Zr 高出 1.5 倍，Hf 高出 2 倍，P 高出 1.2 倍，Ba 高出 9 倍，Ce 高出 1 倍，Nd 高出 1 倍，Cr、Y、Cu、Pb、Zn、Co 均低于泰勒值。

5. 稀土元素特征

本单元稀土元素含量见表 3-17。由表可知单元内各样品稀土总量高，最低为 260.66×10^{-6}，一般在 410.2×10^{-6} 以上，各样品以轻稀土总量高；而重稀土总量低。轻、重稀土比值普遍大于 10，说明该单元以轻稀土富集为特征。δEu 介于 $0.55 \sim 0.96$ 之间，说明岩浆中 Eu 处于亏损，$(La/Sm)_N$ 介于 $5.70 \sim 7.83$ 之间，$(Gd/Yb)_N$ 介于 $3.29 \sim 6.29$ 之间，也说明轻稀土富集，且分馏程度高。在稀土配分模式图上（图 3-19），单元中各样品投影曲线均为右倾斜，轻稀土富集而重稀土亏损。从各种样品曲线之间的相互一致性分析，单元各岩体具同源岩浆特点。

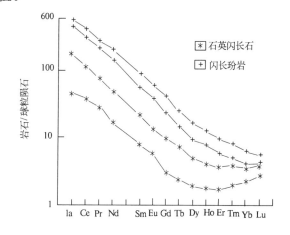

图 3-19 岗齐曲上游超单元各单元稀土配分模式图

（二）扎拉夏格涌单元（$E_2\delta o\mu$）

该单元分布于领玛尔托、谢日同那等地，共由 7 个侵入体组成，总面积为 $4.11 km^2$。

1. 地质特征

该单元侵入体侵入最新地层为晚白垩世风火山群洛力卡组紫红色、灰红色长石砂岩，最老地层为晚三叠世苟鲁山克措组砂岩夹砾岩之中。大部分岩体周边被第四系覆盖，与围岩关系不清楚，只有个别岩体与围岩接触界线分明,界线弯曲,围岩具烘烤蚀变现象,并见有岩体岩枝穿插,岩体有围岩捕虏体,捕虏体为棱角状,接触面外倾。

2. 岩石学特征

该单元共有 4 块薄片鉴定样,分别控制了 6 个岩体,据薄片鉴定,岩性均为灰白色石英闪长玢岩,斑状结构,基质具粒状结构,岩石由斑晶(22%)和基质(78%)两部分组成,并有少量的楣石、锆石、磷灰石,斑晶由斜长石(5%)、石英(8%)、黑云母(8%)、角闪石(1%)组成,粒径为 0.4~0.6mm,个别为 0.9~1.6mm,其中斜长石呈半自形板柱状晶,为中长石,有的具环带构造阴影。石英呈不规则粒状,有的被熔蚀。黑云母呈板状晶,多色性明显,有的交代角闪石。角闪石呈半自形假象,已全部被碳酸盐矿物交代或被黑云母交代,并析出铁质,斑晶矿物多发育晶内碎裂。基质由斜长石和少许石英及氧化物组成,斜长石(70%)呈不规则微粒状或半自形微粒状,个别有轻微绢云母化现象,石英(<5%)呈微粒状分布于斜长石粒间空隙,这些斜长石粒间分布较多的铁质(3%)粉末、楣石、锆石、磷灰石多分布于其他矿物之中呈包体存在或散布于岩石中。

3. 岩石化学特征

该单元岩石化学特征见表 3-13。单元共采集硅酸盐样品 4 件,由表中可知这 4 件硅酸盐样品经硅酸盐全分析,其 SiO_2 含量最高为 72.82×10^{-2},最低为 62×10^{-2},属中酸性侵入岩,平均为 67.36×10^{-2},与中国石英闪长岩 60.51×10^{-2} 相比高 6.85×10^{-2}。碱总量在 $6.27 \times 10^{-2} \sim 7.85 \times 10^{-2}$,且 4 件样品中,3 件 $Na_2O < K_2O$,只有 1 件 $K_2O < Na_2O$。

有关特征值见表 3-14。里特曼指数 σ 在 1.93~3.47,平均为 2.38,属于钙碱性系列。在硅-碱图(图 3-20)上,投影各点均落入亚碱性岩区,在 AFM 图解(图 3-21)中,各点均投影于钙碱性岩区,从各点投影位置看个别样品含碱较高。A/NKC 值在 4 个样品中只有 1 个样品大于 1.1,其他各样品小于 1.1,说明岩石具 I 型花岗岩的特点,固结指数 SI 在 3.02~15.14 之间,说明该单元岩浆已经历较高程度的分异作用。氧化度平均为 0.79,说明岩石遭受风化剥蚀作用强烈。标准矿物计算除个别样品反映正常类型外,大部分以铝过饱和类型为特征,出现刚玉 C 分子(表 3-15)。

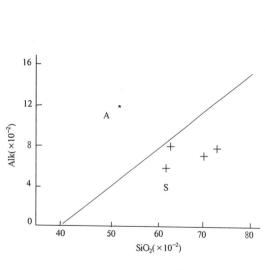

图 3-20 硅-碱图
(据 Irvine T N 等,1971)
A. 碱性系列;S. 亚碱性系列

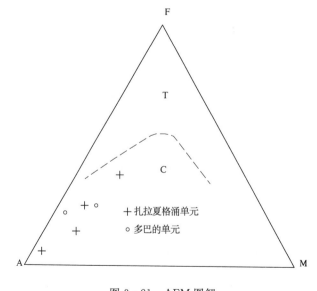

图 3-21 AFM 图解
(据 Irvine T N 等,1971)
T. 拉斑玄武岩系列;C. 钙碱性系列

4. 微量元素特征

由表 3-16 可知,本单元微量元素表现为 Sr、Rb、Th、Zr、Hf、P、Ba、Sm、Cs 等含量明显高于泰勒值,Zn 接近于泰勒值,Pb 明显高出泰勒值 2 倍,从成矿角度看,该单元有利于 Pb 矿的富集。

5. 稀土元素特征

有关稀土元素含量及特征见表 3-17。本单元共取 2 件稀土样品,经分析发现该单元稀土总量最高为 591.1×10^{-6},最低为 50.7×10^{-6},各总量相互差异较大,Eu 只有一个样品出现弱正异常。另外一个样品均反映出 Eu 具有弱负异常,各样品均反映为轻稀土富集型,$(La/Sm)_N$ 值变化在 5.53~7.97 之间,说明轻稀土分馏程度高,轻稀土富集,$(Gd/Yb)_N$ 值变化在 5.95~1.36 之间,说明重稀土富集程度较差。在稀土配分模式图(图 3-19)上,单元内各样品的曲线为右倾斜,各样品曲线基本一致说明各岩体具同源岩浆性。

(三) 多巴的单元($E_2\eta o\delta\mu$)

该单元位于测区多巴的,共由 2 个侵入体组成,分布面积为 $1.75km^2$。

1. 地质特征

该单元侵入体呈不规则状侵入于晚白垩世风火山群洛力卡组砾岩夹砂岩及桑卡山组碎屑岩之中,接触界线清楚,界线弯曲呈港湾状,围岩具轻微的角岩化,岩体边部见有围岩捕虏体,接触面外倾。

2. 岩石学特征

岩性为灰白色石英二长闪长玢岩,斑状结构,块状构造,斑晶主要为钾长石(22%),次为斜长石(18%)、角闪石(5%)及黑云母(2%),基质主要由斜长石和钾长石组成,两种长石约占 53%,其次有蚀变暗色矿物和石英,还有少量的磷灰石、锆石及不透明矿物,斜长石、钾长石、石英及暗色矿物呈隐晶-微粒状,构成粒状结构。

3. 岩石化学特征

本单元岩石化学特征见表 3-13。由表可知该单元 SiO_2 含量变化在 62.44×10^{-2}~67.35×10^{-2} 之间,平均为 64.895×10^{-2},与中国正长岩的平均值十分相近,而比石英正长岩低 6.5×10^{-2}。碱总量为 8.90×10^{-2}~8.86×10^{-2},平均为 8.88×10^{-2},且 K_2O 大于 Na_2O。

有关特征值见表 3-14。里特曼指数为 3.22~4.08,平均为 3.65,且 Na_2O/K_2O 小于 1,属弱钙碱性岩系。在硅-碱图(图 3-22)上,个别样品落入"S"区,即亚碱性系列区。在 AFM 图(图 3-21)上,个别样品落入"C"区,即钙碱性系列区。A/NKC 值接近于 1,其中一个样品大于 1.1,另一个样品小于 1.1,固结指数 SI 分别为 2.73 和 3.15,说明该单元岩体为残余

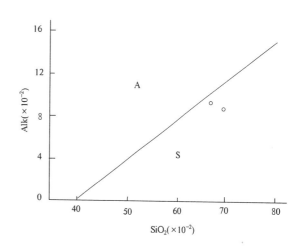

图 3-22 硅-碱图
(据 Irvine T N 等,1971)
A. 碱性系列;S. 亚碱性系列

岩浆侵入形成,同时也说明是由于岩石的酸性程度高,分异程度高所致。碱度率 AR 值分别为 2.73、3.15,平均为 2.94,说明岩石的碱性程度较低,氧化度 OX 分别为 0.69、0.89,说明岩体遭受风化作用强烈,CIPW 标准矿物计算出现刚玉标准分子 C,且 $Al_2O_3 > K_2O + Na_2O + CaO$ 属铝过饱和类型。

4. 微量元素特征

本单元共取基岩光谱 5 个,各元素平均含量见表 3-16。经各元素平均值与中性元素丰度值对比,亲铜元素 Pb 含量为 44×10^{-6},Ga 含量为 38×10^{-6},亲铁元素 Cr 含量为 68×10^{-6},亲石元素 Ba、Sr 含量为 $1\,200 \times 10^{-6}$、940×10^{-6},元素 Li 含量为 50×10^{-6},元素 Sc 含量为 5×10^{-6},均高于相应的元素丰度值,其他元素却低于其相应丰度值。

(四)超单元演化特征

岩石学特征表明:超单元从早期单元—晚期单元岩性变化为:灰白色闪长玢岩—灰白色石英闪长玢岩—灰白色石英二长闪长玢岩,即石英含量从早期单元向晚期单元逐渐增高,也说明超单元内从早期单元向晚期单元岩石中的酸度呈增高趋势。

岩石化学特征表明:超单元从早期单元—晚期单元 SiO_2 平均含量逐渐增大(最早单元为 67.23×10^{-2};中间单元为 67.32×10^{-2};晚期单元为 67.35×10^{-2});TiO_2 平均含量逐渐降低;$NaO + K_2O$ 呈逐渐增大趋势。

稀土总量从早期单元向晚期单元呈递减式,各单元稀土曲线的一致性表明为同源岩浆岩化特征。

(五)岩体形成的深度和剥蚀程度

1. 岩体形成的深度

超单元内各单元侵入体岩石以斑状结构为特征,岩石的粒度存在明显的不均匀性,岩体内部缺乏叶理,与围岩具明显的接触关系,并切割围岩层理,近岩体边部围岩具烘烤等热蚀变迹象,并携带围岩捕房体,该捕房体保留了原岩的形态和原岩结构特征。据此我们认为超单元各岩体属高位深成岩,依据岩石中化合水的含量我们认为约改单元各岩体形成于 1.5~3km,而扎拉夏格涌单元形成于 3~6km,多巴的单元形成于 1.5~3km,依据 $Fe_2O_3 \times 100/(Fe_2O_3 + FeO)$ 比值推算,约改单元 $Fe_2O_3 \times 100/(Fe_2O_3 + FeO)$ 的平均值为 77×10^{-2},扎拉夏格涌单元平均值为 57.5×10^{-2},多巴的单元平均值为 65×10^{-2},通过计算发现约改单元,多巴的单元该比值均大于 62×10^{-2},属浅成侵入岩体,也就是说约改单元各岩体近地表形成,氧化程度高,多巴的单元各岩体相对约改单元较深,而扎拉夏格涌单元各岩体相对多巴的单元还要更深些。

2. 剥蚀程度

超单元各单元侵入体的氧化度均在 0.68 以上,只有个别为 0.29,说明超单元各岩体遭受了较强的氧化剥蚀作用,其中,氧化最强的为多巴的单元各岩体,氧化度平均为 0.79,其次,为约改单元各岩体,氧化度平均为 0.75,氧化最弱的是扎拉夏格涌单元岩体,氧化度平均为 0.63。超单元各岩体岩性为玢岩,玢岩作为浅—超浅成岩体,在图区内呈岩株状分布,且群居性很好,说明该地区剥蚀程度较强,另外,从玢岩体的分布面积看,其出露面积较大,同样也说明了该地区风化剥蚀作用强烈。鉴于以上特征,我们认为该超单元各侵入体所遭受的风化剥蚀作用处于中—深剥蚀。

(六)就位机制及岩浆成因与构造环境分析

1. 就位机制

超单元各单元侵入体呈长条状,不规则状分布,岩体的长轴方向与北西-南东向展布的构造线相一致,岩体内部均未发现矿物定向排列特征,超单元各单元侵入体均具有斑状结构,形成斑状结构必须有足够的空间,在岩体边部常见有围岩棱角状捕房体,围岩未因岩浆侵入体而发生强烈变形。根据以上特征分析,超单元各单元侵入体属被动就位,即由线状或环状断裂构造提供岩浆通道,致使超单元各单元侵入体上侵。

2. 岩浆成因及构造环境分析

通过岩石化学分析,超单元各单元以高 Al 低 Mg、Mn 为特征,说明岩浆来源于地壳的部分熔融,微量元素研究以高 Sr、Rb、Th、Zr、Hf、Ba,而低 Cr、Ni、Co、Cu 为特征,反映"S"型花岗岩的特点,稀土元素特征表明超单元以稀土总量高为特征,同样具有"S"型花岗岩的特点,在 $\lg\delta - \lg\tau$ 图(图 3-23)上投影,超单元各点均落入 B 区,即挤压消减的产物,在 $R_1 - R_2$ 图解(图 3-24)上投影发现,在 10 个样品中有 5 个样品落入 4 区,即晚造山期花岗岩区,有 2 个样品落入 3 区,即高钾钙碱性花岗岩区,有 2 个样品落入 6 区,即地壳熔融的花岗岩区,有 1 个样品落入 2 区和 3 区的分界线附近。综合以上资料,结合测区的地质特征,我们认为在古近纪中晚期由于测区受南北向强烈挤压,在这种挤压作用促使下导致地壳层间的滑脱,局部造成壳源物质的部分熔融形成局部岩浆房,岩浆房中的岩浆沿滑脱面上侵在近地表附近就位形成。

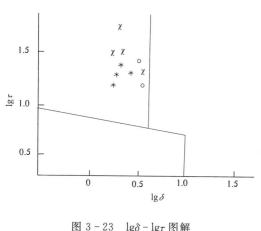

图 3-23 $\lg\delta - \lg\tau$ 图解
(Mittmann A,1970)

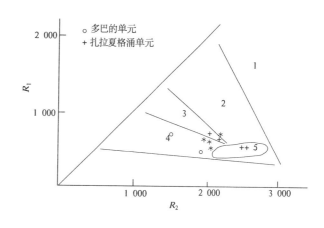

图 3-24 $R_1 - R_2$ 图解
(Batchelor R A 等,1985)

1.幔源花岗岩;2.板块碰撞前消减区花岗岩;3.高钾钙碱性花岗岩;4.晚造山期花岗岩;6.地壳熔融的花岗岩

三、渐新世藏麻西孔独立单元($E_3\xi\pi$)

该单元主要分布于测区的藏麻西孔、勒恩托星、才日根加游等地,共由 4 个侵入体组成,总面积为 2.4km²。依据岩体侵入最新地层古—新近纪雅西措组的相对时代和 K-Ar 同位素年龄为 33Ma 和 34±5Ma 等,将时代归属为渐新世。

1. 地质特征

该单元各侵入体侵入最老地层为晚白垩世风火山群洛力卡组碎屑岩,最新地层为古—新近纪雅西措组,岩体平面形态为椭圆状、长条状、葫芦状,岩体与围岩接触界线弯曲,侵入关系清楚,岩体切穿围岩层理,接触面均向外倾斜,外接触带围岩普遍具有烘烤蚀变现象,具有硅化褐铁矿化蚀变带,靠边近侵入体一侧有粒度变细(细粒边),岩体中见有围岩捕虏体,直径一般10cm(图3-25),捕虏体呈棱角状,近靠岩体边部分布,由岩体边部向岩体中心捕虏体逐渐变少,在岩体中部不含捕虏体。藏麻西孔岩体内具较强的矿化现象,其中肉眼可观察的矿种有方铅矿。方铅矿主要发育在产状为190°∠60°的平行裂隙中,裂隙充填物具有强烈的蚀变现象,呈黄褐色,具孔雀石化、方铅矿化(图3-26)。

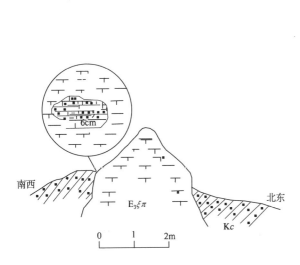

图3-25 渐新世藏麻西孔独立单元($E_3\xi\pi$)侵入体与围岩接触关系素描图

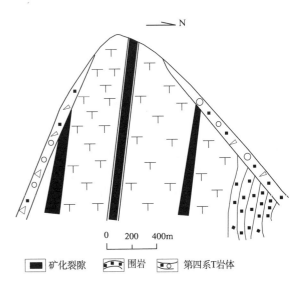

图3-26 渐进世藏麻西孔岩体裂隙式矿化素描图

2. 岩石学特征

该单元岩体成分单一,均为黑云母辉石正长斑岩,岩石以灰白色色调为主略具肉红色,斑状结构,局部可见微弱的流动构造,岩石由黑云母、辉石、长石及少量石英、磷灰石、榍石、钛铁矿和次生矿物碳酸盐、褐铁矿等组成。

黑云母:主要呈斑晶(5%~10%)出现,为片状晶体,颜色不均匀,而表现为一种特殊的环带构造,局部具弱定向性。

霓辉石:主要呈斑晶(10%~5%)出现,有时呈聚斑晶形式出现。呈长柱状、柱状晶体,有时可见八边形横切面,有被碳酸盐、褐铁矿交代的现象,其中可见残留的霓辉石,交代强时其假象与透辉石连生构成环带状,略具定向分布,基质(5%)中的霓辉石呈柱状、粒状,亦有被碳酸盐矿物交代现象。

钾钠长石(70%):主要在基质中,为钠长石、正长石,呈板条状、粒状,表面可见铁质尘点,呈斑晶状分布者偶见。

石英:呈他形粒状分布于其他矿物间隙中。

3. 岩石化学特征

该单元岩石化学成分见表 3-13。

由表可知,该单元 SiO_2 含量主要变化在 $60.9 \times 10^{-2} \sim 64.55 \times 10^{-2}$ 之间,平均为 62.35×10^{-2}, TiO_2 变化在 $0.44 \times 10^{-2} \sim 2.8 \times 10^{-2}$ 之间,平均为 2.59×10^{-2}, Al_2O_3 变化在 $14.64 \times 10^{-2} \sim 14.69 \times 10^{-2}$ 之间,平均为 14.66×10^{-2}, Fe_2O_3 变化在 $2.24 \times 10^{-2} \sim 2.84 \times 10^{-2}$ 之间,平均为 2.59×10^{-2}, FeO 变化在 $0.88 \times 10^{-2} \sim 1.26 \times 10^{-2}$ 之间,平均为 1.06×10^{-2}, MnO 为 0.06×10^{-2}, MgO 变化在 $1.49 \times 10^{-2} \sim 1.65 \times 10^{-2}$ 之间,平均为 1.06×10^{-2}, CaO 变化在 $3.84 \times 10^{-2} \sim 4.35 \times 10^{-2}$ 之间,平均为 4.02×10^{-2}, Na_2O 变化在 $3.59 \times 10^{-2} \sim 4.09 \times 10^{-2}$ 之间,平均为 3.89×10^{-2}, K_2O 变化在 $4.43 \times 10^{-2} \sim 5.85 \times 10^{-2}$ 之间,平均为 5.07×10^{-2}, P_2O_5 变化在 $0.38 \times 10^{-2} \sim 0.42 \times 10^{-2}$ 之间,平均为 0.41×10^{-2},这些氧化物各成分与戴里的碱性正长岩相比, SiO_2、TiO_2、Al_2O_3、Na_2O、K_2O 比较相近,而 Fe_2O_3、FeO、MnO、MgO、CaO 较低。与中国主要岩浆岩种类的平均化学成分(黎彤、饶纪龙,1962)中的正长岩相比, SiO_2、TiO_2、Fe_2O_3、FeO、MgO、Na_2O,十分接近。其他成分或高或低,有一定偏差。

有关特征值计算结果见表 3-14。里特曼指数 σ 变化平均在 4.10 左右,属钙碱性系列,钠钾比值 $N/K=0.77$, AR 为 2.80,说明岩石中碱性程度高,含钾指数 A/KNC 为 0.76 显示岩石中高铝的特征,SI 为 14.10,反映岩石的结晶分异作用较强,氧化率 OX 为 0.40,表明岩石遭受氧化作用中等。

CIPW 标准矿物计算结果见表 3-15。为 Q、Or、Ab、An、Di、Hy 组合属正常类型,SiO_2 过饱和,与世界正长岩 CIPW 标准矿物组合完全一致,但各矿物含量有一定差异,Q、An、Hy 偏低,而 Or、Ab、Di 偏高。

4. 地球化学特征

(1)微量元素特征

该单元微量元素见表 3-16。由表可知该独立单元微量元素的平均值与维氏值比较,亲铜元素 Pb 比维氏值高出 4 倍多,Cu、Zn 等值低于维氏值,亲铁元素 Ni 高于维氏值,Ni 接近于维氏值,亲石元素 Cr、Ba、Sr、Be、Sc 均高于维氏值,其中 Gr 高出 2 倍多,Ba 高出 3 倍多,Sr 高出 1 倍多,Be 高于 1 倍,Sc 高出 3 倍,Ti、V 低于维氏值。

(2)稀土元素特征

由表 3-17 可知,本单元稀土元素总量较高,轻、重稀土之比大于 10,说明轻稀土有明显的富集,$\delta Eu=0.88 \sim 0.89 < 1$,表明铕具弱点异常。$(La/Sm)_N$ 在 $5.02 \sim 5.17$ 之间,$(Gd/Yb)_N$ 在 $4.27 \sim 3.98$ 之间,说明轻稀土富集较弱。

稀土配分模式图(图 3-27)反映为右倾斜的曲线,两条曲线走势完全一致,说明两岩体具有相同的物质来源和形成方式,也就是说两地岩体具有同源性。

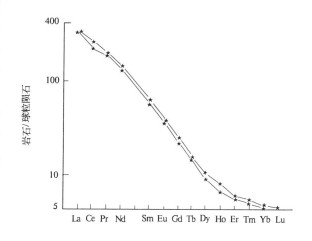

图 3-27 藏麻西孔独立单元稀土配分模式图

5. 岩体形成条件和剥蚀程度

(1)岩体形成条件

本单元各侵入体岩石以斑状结构为特征,

岩石的粒度存在明显的不均匀性,岩体内部缺乏叶理的块岩石,与围岩具有明显的接触关系,并切割围岩层理,近岩体围岩有角岩化热变质带,形成接触变质晕,岩体边部携带的围岩捕虏体保留原岩形态的原始结构特征,有时可见压实烘烤现象。通过上述现象的综述,我们认为该岩体属高位深成岩体,另外,根据岩石中化合水的含量分别为 1.10×10^{-2} 和 0.90×10^{-2},据此,岩体形成于 $1\sim1.5km$ 内。据 $100\times Fe_2O_3/Fe_2O_3+FeO$ 的值介于 $69\times10^{-2}\sim72\times10^{-2}$ 之间,大于 62×10^{-2},说明该岩体为超浅成岩体。

(2)剥蚀程度

该单元岩体边部含有较多棱角状围岩捕虏体,最大捕虏体直径为10cm,一般为3~5cm,捕虏体保留了原岩的结构构造;深成岩体岩性单一,接触面产状外倾,形态上以椭圆状或近椭圆状出露,接触变质晕较窄,一般为10~20cm,虽然附近没有脉岩出露,但露头不足 $1m^2$ 的小岩体群居明显,岩体内有较强的方铅矿化,以上特征表明该单元侵入体的剥蚀程度为浅剥蚀。

6. 就位机制、成因及构造环境分析

(1)就位机制

该单元侵入体形态以椭圆状或近于椭圆状分布,长轴展布方向与区域构造吻合,岩体内呈微弱的黑云母定向排列分布,但这种定向分布呈一条直线分布或带状分布,是构造应力作用的结果,围岩中也未发现新的片理绕岩体旋转的特征资料,岩体与围岩的接触界线呈锯齿状清楚,岩体本身缺乏内部环绕状定向组构,围岩未因岩浆侵入而发生强烈变形,原有的结构、构造即使靠近接触带也未受干扰,在岩体边部见有围岩的棱角状捕虏体。此特征表明该岩体的就位机制为类似岩墙扩张式被动就位。

(2)成因及构造环境分析

①岩石化学研究表明 A/KNC 介于 0.70~0.82 之间,平均为 0.76,小于 1.1,反映为 I 型花岗岩的特征。

②微量元素中 Pb、Cr、Ni、Ba、Sr、REE 较高,反映岩石具有壳幔型花岗岩特征。

③在 R_1-R_2 图解(图3-28)上投影1个样点落入4区,即晚造山期花岗岩区,另外1个样品落入3区中,即高钾钙碱性花岗岩区。据以上特征结合测区实际,我们认为该超单元岩体为南北向挤压作用大背景之下引起壳幔层的层间滑脱拆沉、拆离、地侵共同作用的产物。

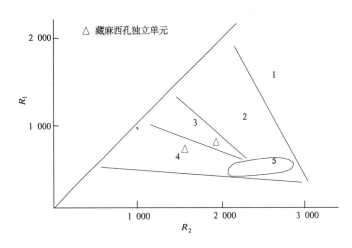

图3-28 R_1-R_2 图解

(Batchelor R A 等,1985)

1.幔源花岗岩;2.板块碰撞前消减区花岗岩;3.高钾钙碱性花岗岩;4.晚造山期花岗岩;6.地壳熔融的花岗岩

四、侵入岩与矿产的关系

(一)基性岩与矿产的关系

区内的辉绿玢岩体的微量元素研究表明,该类岩体明显含 Zn 元素高,在区调过程中发现,该岩体在诺日巴纳保地区有明显的褐铁矿化特征,1:20 万区化扫面 Cu、Pb、Zn、Fe 等元素出现富集。因此该类岩体对形成多金属矿是十分有利的。据 1:20 万沱沱河幅区域地质调查资料反映,半定量基岩光谱成果表明,岩石中 Cr、Ni、Co、V、Mn、Cu、Zn、Ag、As、Pb 等含量较高。其中,Cr 含量高于维氏值 1.23 倍,Zn 含量高于维氏值 3.76 倍,Pb 含量高于维氏值 66 倍。此外,在该岩体出露的地段还有 Cr、Ni、Cu、Ag 化探组合异常,人工重砂中 Cr 矿物含量较高,为 454.9×10^{-6}。

(二)岗齐曲上游超单元与矿产的关系

该超单元在野外调查中未出现十分明显的矿化现象,在微量元素中扎拉夏格涌单元(石英闪长岩)Pb 元素明显高出泰勒值 2 倍,而约改单元中 Ba 元素高出泰勒值 9 倍,据此,我们认为在该超单中应注意寻找重晶石矿和方铅矿。

(三)藏麻西孔独立单元与矿产的关系

该独立单元在野外调查中,我们发现藏麻西孔岩体矿化十分明显,在岩体内及外接触带均发现黄铁矿、方铅矿、黄铜矿、闪锌矿等,该单元的微量元素中 Pb 元素高出维氏值 4 倍,该单元是测区最为有利的成矿岩体。据 1:20 万沱沱河幅资料,藏麻西孔正长斑岩中,见有自然金,含量分别为 4 000 粒/t、103 粒/t。基岩光谱中含金情况不佳,但有一定的显示。

第三节 火山岩

一、火山岩的时空分布概况

测区火山活动时间跨度较大,始于晚古生代,终于中生代,其中二叠纪、三叠纪火山活动最为强烈。古生代晚期,在通天河—沱沱河地区中—晚二叠世开心岭群诺日巴尕日保组、乌丽群地层中,均有基性—中基性火山岩及火山岩呈夹层状产出。区内火山活动最强烈期为晚三叠世,也是最发育时期,并具有明显的分区性,表现出"南强北弱"的火山活动特征。以通天河构造混杂带为界,北部在东邻 1:25 万曲柔尕卡幅火山活动较弱,持续时间短;而在南部火山活动强烈,持续时间长,且分布面积广。火山岩属海相喷发,以火山地层,夹层状、透镜状赋存于晚三叠世结扎群的甲丕拉组、波里拉组及巴贡组地层中,以甲丕拉组火山活动最为强烈。白垩纪火山活动微弱,火山岩赋存在风火山群洛力卡组地层中。

二、火山构造划分

火山构造是火山岩分布区内,由火山作用所形成的火山产物及构造形迹的总称。它既可包括单一的火山机构,也可包括由区域构造所控制而形成的,具有不同的构造属性的火山构造组合群体。目前,国内外关于火山构造的划分很不统一。

根据我们对本区的实际工作,并参考前人的研究成果,以及《火山岩地区区域地质调查方法指南》(以下简称《指南》),本着简明、实用的原则,本区火山构造级别划分为羌塘陆块和通天河构造混杂岩带两个一级火山活动带,再将羌塘陆块一级火山活动带进一步划分为晚古生代—早中生代二级火山活动带,通天河—沱沱河三级火山断裂喷发带。

(一)火山活动带及火山带

测区火山岩发育有羌塘陆块上的中—晚二叠世开心岭群诺日巴尕日保组火山岩;晚二叠世乌丽群那益雄组、拉卜查日组火山岩;结扎群甲丕拉组、波里拉组、巴贡组火山岩;通天河构造混杂岩带内的风火山群洛力卡组火山岩。

(二)喷发带(裂隙线状火山喷发)

该喷发带应属羌塘陆块火山活动带三级火山构造。区内火山喷发带内断裂构造较发育,且与基底断裂构造密切相关,火山喷发带主要受深断裂控制,多个三级构造沿深断裂主方向呈带状展布,一般规模较大,可延长数十至数百千米;火山断裂喷发带呈北西-南东向或近东西向展布,各时代火山岩空间展布明显受断裂控制,各火山断裂喷发带多具以溢流相为主的火山活动特征,在部分地区见有较强烈爆发相产物。现初步划分为通天河—沱沱河晚古生代及早中生代火山断裂喷发带,可进一步细分为扎日根—郭仓枪玛晚古生代中二叠世火山断裂裂隙式喷发带;扎苏—囊极—郭仓枪玛早中生代晚三叠世火山断裂裂隙式喷发带。各喷发带受后期构造运动的破坏,岩石普遍蚀变,部分地段强烈剪切变形糜棱岩化。

三、火山旋回

(一)旋回划分原则

火山旋回是指在一个火山活动期内,由火山作用不同阶段形成,并与一定火山构造形式相联系的火山产物的总和。因此,正确划分火山活动旋回是阐明火山作用基本规律的基础之一。

划分火山活动旋回必须考虑以下基本原则。

1. 火山活动的间断性与时差性

一个火山活动旋回只代表一个火山活动期,同一活动期内,火山虽然多次喷发,但火山活动基本连续。不同火山旋回之间有火山活动间断期分开,间断期可由区域性沉积事件、不整合面表现出来;不同旋回的火山岩在形成时间上存在一定的差异性。

2. 火山产物特征

不同旋回的火山产物,如火山岩岩石类型、岩相及组合,岩石化学及地球化学特征,潜火山岩,与火山岩有关侵入岩及矿产物不可能完全相同。

3. 不同时期火山构造叠置关系

不同火山旋回产物组成的火山构造虽有共性,但由于火山作用方式及所处构造环境产生变异,故不仅构造类型可反映出差异性,其火山构造的分布格局、叠置关系亦有不同特征。同旋回火山构造以并列为主,不同旋回火山构造则主要表现为晚期构造叠置于早期构造之上。

(二)火山旋回划分概述

测区火山活动具明显时空分布规律,与华力西期—印支期主造山期不同演化阶段关系密切。基于上述特征,与测区构造分区相一致,将测区火山活动划分为2个构造-岩浆活动区,4个旋回,5

个亚旋回(表3-18)。

表3-18 测区火山活动旋回划分表

时代		羌塘陆块构造-岩浆活动区		通天河构造混杂岩带构造-岩浆活动区	
		旋回	赋存岩石地层	旋回	赋存岩石地层
晚白垩世				Ⅳ	风火山群洛力卡组
晚三叠世	T_3^3	Ⅲ$_3$	结扎群 巴贡组		
	T_3^2	Ⅲ$_2$	波里拉组		
	T_3^1	Ⅲ$_1$	甲丕拉组		
二叠世	晚二叠世	Ⅱ$_2$	乌丽群 拉卜查日组		
		Ⅱ$_1$	那益雄组		
	早二叠世	Ⅰ	开心岭群 诺日巴尕日保组		

四、羌塘陆块早二叠世火山岩

(一)地质特征

该火山岩分布在测区羌塘陆块的沱沱河地区,呈北西-南东向展布,是测区较早一期火山活动。火山岩剖面控制厚度1 855.45m,测区内火山活动自早到晚由东向西变强,其中在沱沱河北侧的郭仓枪玛火山活动最为强烈。火山岩以火山地层、夹层状、透镜状等形式赋存于地层中,属海相喷发环境产物,在部分地区属沉积型地层和火山与沉积的结构类型,岩石地层单位为开心岭群诺日巴尕日保组。

(二)火山岩喷发旋回及火山韵律划分

火山岩旋回的划分(表3-18)清楚地显示为Ⅰ旋回。火山岩呈长条状带状分布。火山活动经历了喷发—静止—爆发—静止的韵律性活动。火山地层结构类型有沉积类型和熔岩—正常沉积类型。

1. 火山喷发韵律

根据测区火山岩资料,测区火山岩在不同地方其喷发韵律不同。由于测区断裂构造发育,致使剖面上火山岩出露不全,据在测区沱沱河北侧的郭仓枪玛一带剖面(VTP_1),可以划分8个韵律(图3-29),剖面下部由喷溢—沉积组成3个韵律,中部由爆发—喷溢组成2个韵律,上部由喷溢—沉积组成2个韵律,再上部由爆发沉积—沉积相组成1个韵律。路线上可见喷溢—沉积等韵律,即熔岩—正常沉积物(碎屑),在约改地区见有爆发沉积相:岩性为沉凝灰岩。从整个韵律特征来看,显示了火山喷发韵律发育。火山活动由弱—强—弱,即早期为喷发—沉积,到中期爆发—喷溢,晚期喷发—沉积,到最后的爆发沉积—沉积相的活动规律。

2. 喷发旋回的划分

在划分韵律的基础上,即可进行喷发旋回的划分,《指南》强调火山活动的旋回应当与岩石地层单位组相对应,依据区域资料和测区实际情况综合分析研究,将测区早二叠世火山岩划分为Ⅰ旋回。本旋回相当于岩石地层单位开心岭群诺日巴尕日保组。其火山活动经历了初始期的间歇性喷发,到中期强烈爆发至晚期间歇性喷发,最后结束的一个火山活动全过程。

时代	群	组	段	旋回	韵律	喷发期	层号	柱状图	厚度(m)	岩性描述	岩相
早二叠世	开心岭群	诺日巴尕日保组	上段			8	21		177.0	灰色生物碎屑灰岩夹灰绿色沉积灰岩	沉积爆发相
						7	20		78.9	灰黑色生物碎屑灰岩	沉积相
							19		78.9	灰紫色复成分砾岩	沉积相
							18		57.2	泥晶灰岩夹灰紫色流纹英安岩	喷溢
						6	17		382.0	灰岩	沉积相
							16		18.0		
							15		22.0	灰紫色复成分砾岩	
							14		76.6	灰绿色蚀变安山岩 断层角砾岩	喷溢 爆发
			下段			5	13		48.5	灰绿色蚀变安山岩	喷溢
							12		59.3	灰绿色中基性凝灰岩	爆发
							11		94.2	灰绿色蚀变杏仁状玄武岩	喷溢相
						4	10		117.0	杂色角砾凝灰岩	爆发相
							9		78.3	灰岩	沉积
						3	8		45.8	紫红色蚀变杏仁状玄武岩	喷溢相
							7		113.0	灰紫色蚀变杏仁玄武安山岩	
						2	6		109.0	泥晶灰岩夹钙质板岩	沉积
							5		38.9	蓝绿色蚀变杏仁玄武安山岩	喷溢
							4		34.2	灰岩	沉积
						1	3		46.4	蓝绿色蚀变杏仁玄武安山岩	喷溢
							2		27.0	粉晶灰岩	沉积
							1		105.0	深灰色灰岩夹灰色玄武安山岩	沉积喷溢

图 3-29 早二叠世火山岩喷发旋回及火山韵律划分

(三) 火山岩岩相及火山构造划分

1. 火山岩岩相划分

由于地质年代久远,且遭受多次构造运动剥蚀及后期岩浆侵入破坏,以及后期火山-沉积物覆盖,使查明古火山机构相当困难,只能对古火山喷发中心进行推测。而这一切都是以火山岩岩相的研究为基础。

岩相组合下部为沉积相间夹溢流相,由第4—9层组成,主要由基性—中基性熔岩和沉积岩组成,测区分布较广,为火山活动早期的产物;中部为火山爆发相、溢流相,由第10—13层组成,岩性由火山碎屑角砾凝灰岩、含角砾玻屑晶屑凝灰岩和熔岩玄武岩、玄武安山岩组成,为火山活动中期阶段,火山活动较强,但区内不发育,仅在部分地段发育;上部为溢流相、沉积相,由第 15—20 层组成,由基性—中基性熔岩和沉积岩组成,在区内分布较广,火山活动较弱;最上部为沉积相、爆发沉积相。出露厚度不大,呈夹层状或透镜状产出,分布也局限,岩性为沉积岩、变质沉凝灰岩、沉凝灰岩,反映出此时火山活动较弱,为火山活动晚期产物。该期火山活动由弱—强—弱变化,其发展过程可能为:

(1)早期为溢流—沉积阶段,组成分布较广的溢流—沉积相。

(2)中期为火山活动变强,但分布不广,仅在局部形成爆发相—溢流相。

(3)晚期阶段,形成溢流相—沉积相,最后爆发沉积相—沉积相结束了测区早二叠世火山活动。

2. 火山构造划分

测区早二叠世火山岩为羌塘陆块火山活动带的一部分,为沱沱河—通天河晚古生代扎日根—郭仓枪玛晚古生代早二叠世火山断裂隙式喷发带,扎日根—郭仓乐玛裂隙式线状古火山喷发,为Ⅳ级火山构造。

(四)同位素地质特征及时代

1. 同位素地质特征

火山岩中取得同位素,成果见表 3-19,图 3-30,样品均采自火山熔岩,岩性为玄武岩和安山岩,上述样品有两条 Rb-Sr 等时线图的投点,可以拟合成线性关系较好的直线,给出的年龄分别为 160 ± 75 Ma、182 ± 34 Ma,年龄偏新,我们认为该套岩石具备成因上的同源性,不会有疑问(义)。但所获得的年龄数值较实际情况差别较大,表明受后期构造热事件的影响,导致了较为活动的 Rb-Sr 放射性体系开放并重新均一化。同位素测试成果见表 3-20,^{87}Rb/^{86}Sr 比值变化在 $0.1597\sim0.7825$ 之间;^{87}Sr/^{86}Sr 比值变化在 $0.706756\sim0.709697$ 之间,且 ^{87}Rb/^{86}Sr 变化范围较大,^{87}Sr/^{86}Sr 变化范围较小,组成两条较好的相关性曲线,显示了由于不同岩石因 ^{87}Rb/^{86}Sr 比值相关性较大,^{87}Sr/^{86}Sr 比值相关性较小,导致年龄计算误差较大,偏新。^{87}Sr/^{86}Sr 初始值在 0.70606 ± 0.00063 和 0.70684 ± 0.00030 之间,均小于 0.719,表明岩浆来自上地幔源区,但受到外来锶的混染。

表 3-19　测区早二叠世开心岭群诺日巴尕日保组火山岩 Sm-Nd 同位素特征值表

序号	样号	岩石名称	Sm	Nd	^{147}Sm/^{144}Nd	^{143}Nd/^{144}Nd	$\pm 2\sigma$
1	VTJD427-a	玄武安山岩	2.488	8.876	0.1696	0.512912	5
2	VTJD427-b	玄武安山岩	2.762	9.552	0.1749	0.51232	10
3	VTJD427-c	玄武安山岩	2.576	8.672	0.1799	0.512943	8
4	VTJD427-d	玄武安山岩	2.244	8.975	0.1512	0.512688	6
5	VTJD427-e	玄武安山岩	2.2417	8.584	0.173	0.512927	6

2. 火山岩时代的确定

综上所述,测区火山岩呈夹层状在沉积岩中,沉积岩中产较丰富的古生物化石如䗴、珊瑚及双壳类等。䗴、珊瑚较多,也较为重要,扎日根含䗴 *Shwagerina* sp.,*Eoparafusulina* sp.,*Eoparafusulina bellula* Skinner et Wilde 等早二叠世晚期分子,产珊瑚 *Protomichelinia* sp.,双壳 *Plaeolima* sp.,腕足类 *Uncinunellina mongolicus* 等早二叠世晚期分子,揭示时代为早二叠世晚期。

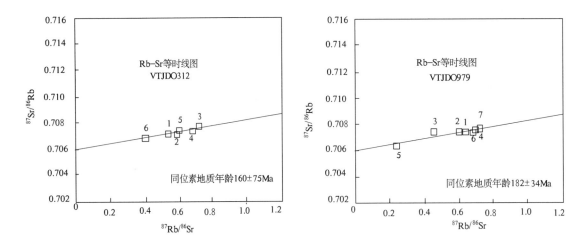

图 3-30 测区早二叠世开心岭群诺日巴尕日保组火山岩 Rb-Sr 等值线图

表 3-20 测区中二叠世开心岭群诺日巴尕日保组火山岩 Rb-Sr 同位素特征值表

序号	样号	岩石名称	Rb	Sr	$^{87}Rb/^{86}Sr$	$^{87}Sr/^{86}Sr$	$\pm 2\sigma$
1	VTP$_7$JD10-1-1	橄榄玄武岩	3.446×10^2	1.370×10^3	0.728 5	0.706 771	9
2	VTP$_7$JD10-1-2	橄榄玄武岩	3.75×10^2	1.300×10^3	0.707 0	0.706 719	14
3	VTP$_7$JD10-1-3	橄榄玄武岩	3.355×10^2	1.349×10^3	0.720 2	0.706 721	13
4	VTP$_7$JD10-1-4	橄榄玄武岩	3.561×10^2	1.318×10^3	0.782 5	0.706 656	14
5	VTP$_7$JD10-1-5	橄榄玄武岩	3.224×10^2	1.368×10^3	0.682 3	0.706 756	12
6	VTP$_7$JD10-1-6	橄榄玄武岩	1.610×10^2	2.919×10^3	0.159 7	0.707 305	12
7	VTP$_7$JD10-1-7	橄榄玄武岩	1.939×10^2	2.525×10^3	0.222 3	0.706 807	13
8	VTJD312-a	粗面英安岩	4.037×10	2.235×10^2	0.523 1	0.707 292	13
9	VTJD312-b	粗面英安岩	4.769×10	2.387×10^2	0.578 4	0.707 202	18
10	VTJD312-c	粗面英安岩	5.865×10	2.384×10^2	0.712 3	0.707 790	13
11	VTJD312-d	粗面英安岩	4.117×10	2.109×10^2	0.565 3	0.708 194	15
12	VTJD312-e	粗面英安岩	4.683×10	1.976×10^2	0.686 1	0.707 494	12
13	VTJD312-f	粗面英安岩	2.023×10	1.502×10^2	0.389 8	0.706 948	13
14	VTJD312-g	粗面英安岩	4.184×10	2.059×10^2	0.588 3	0.707 568	13
15	VTJD0979-1	蚀变粗安岩	6.915×10	2.964×10^2	0.675 5	0.708 554	14
16	VTJD0979-2	蚀变粗安岩	6.224×10	2.764×10^2	0.652 0	0.708 587	13
17	VTJD0979-3	蚀变粗安岩	4.136×10	2.440×10^2	0.490 8	0.708 358	19
18	VTJD0979-4	蚀变粗安岩	7.182×10	3.011×10^2	0.690 6	0.708 550	13
19	VTJD0979-5	蚀变粗安岩	2.736×10	3.288×10^2	0.241 0	0.707 348	16
20	VTJD0979-6	蚀变粗安岩	6.942×10	3.052×10^2	0.658 7	0.708 533	13
21	VTJD0979-7	蚀变粗安岩	6.382×10	2.506×10^2	0.739 2	0.709 697	11

注：样品由中国地质科学院地质研究所测制。

(五)火山岩岩石类型

本区该时代火山岩系的岩石种类有熔岩及碎屑熔岩、火山碎屑岩两大类。火山熔岩以气孔构造罕见,杏仁构造发育,火山碎屑岩中的玻屑较少为特征。本书主要描述最能反映岩浆成分的熔岩类的特征。

1. 熔岩类

(1)玄武岩

此类岩石分布较广,呈夹层状在沉积岩中。普遍蚀变较强,岩石呈深灰色,斑状结构,基质为间隐结构,杏仁状构造。岩石由斑晶和基质组成。斑晶含量16%,由斜长石、单斜辉石组成。斜长石含量11%,为基性斜长石,呈自形板柱状晶体,聚片双晶发育,双晶带较宽,次生变化后被绢云母、钠长石交代。单斜辉石含量4%,呈自形柱状晶体,次生变化后完全被碳酸盐、绿泥石交代。基质含量84%,由斜长石、单斜辉石、磁铁矿和杏仁体组成。斜长石呈细长柱状微晶密集分布,交插排列,格架状分布,次生变化后被绢云母、钠长石、碳酸盐交代。单斜辉石呈微粒状不甚均匀充填在空隙中。杏仁体大小相近呈云朵状外形,期间被绿泥石、碳酸盐充填。

(2)玄武安山岩

玄武安山岩分布在测区沱沱河北的郭仓枪玛一带,岩石普遍蚀变,呈灰紫色,斑状结构,基质具交织结构和间隐结构,杏仁状构造。

岩石由斑晶和基质两部分组成。

斑晶由中基性斜长石、单斜辉石组成,均为假象,含量在20%左右。中基性斜长石呈自形板柱状晶体,具环带构造,聚片双晶发育,双晶带较宽,次生变化后完全被绢云母、碳酸盐、钠长石交代,只保留晶体假象。单斜辉石呈自形柱状晶体,次生变化后完全被碳酸盐交代。

基质由中基性斜长石、方解石、磁铁矿、绿泥石和杏仁体组成,含量占岩石的80%左右。斜长石呈细长柱状微晶密集分布,交叉排列,格架状分布,局部见有半自形排列。方解石呈微粒状、绿泥石呈鳞片状、磁铁矿呈微粒状不甚均匀分布在斜长石之间。杏仁体呈圆状、椭圆状外形,其间被方解石、石英充填。杏仁体略作定向排列。

(3)安山岩

安山岩分布在测区的沱沱河北的郭仓乐玛、玛章错钦东南侧及沱沱河南。岩石呈灰紫色,斑状结构,基质具交织结构,杏仁状构造。岩石由斑晶和基质组成。斑晶含量30%,主要由中长石(28%)、普通角闪石(20%)组成。中长石呈自形柱状晶体,具环带构造,次生变化后被高岭土、碳酸盐和钠长石交代,只保留晶体假象。普通角闪石呈自形柱状晶体,次生变化后完全被碳酸盐交代,只保留晶体假象。

基质由中长石微晶、钛铁矿、磁铁矿和杏仁体、磷灰石组成,含量占岩石的70%左右,中长石呈微晶状,平行和半平行排列,钛铁矿呈微粒状,磁铁矿呈质点状充填在空隙中,磷灰石呈自形针状晶体,零星分布。杏仁体呈圆状外形,其间被方解石充填,零星分布。

(4)粗面岩(石英粗面岩)

粗面岩分布在测区沱沱河南侧的那日加保麻南侧,岩石呈紫灰色,斑状结构,基质具粗面结构,气孔状构造。岩石由斑晶和基质组成。斑晶含量48%,由透长石、黑云母组成,透长石呈自形板状晶体,具卡斯巴双晶,长轴排列方向与岩石构造方向一致,黑云母呈自形板状晶体,具暗化边,晶体内有磁铁矿包裹体,定向排列。

基质由透长石、黑云母、磷灰石及磁铁矿组成,含量占岩石成分的52%左右,透长石呈微晶状密集分布,近于平行排列,遇斑晶绕道而行。黑云母呈细小磷片状不甚均匀分布在透长石之间,磷灰石呈自形短柱状和六边形晶体,磁铁矿呈微粒状不甚均匀分布在透长石之间。气孔状大小不等,呈椭圆状外形和圆状外形。

(5) 粗玄岩

粗玄岩仅分布在测区沱沱河北郭仓乐玛一带,岩石呈灰紫色,斑状结构,基质具交织结构,杏仁状构造,岩石由斑晶和基质组成。

斑晶含量为16%,主要由基性斜长石和普通辉石组成。基性斜长石呈自形板状晶体,聚片双晶发育,次生变化后被绢云母、钠长石、碳酸盐交代,只保留晶体假象,其长轴方向与岩石构造方向一致,普通辉石呈自形柱状晶体,具暗化边,次生变化后完全被绿泥石、碳酸盐交代。

基质含量为84%,由基性斜长石、普通辉石、磁铁矿和杏仁体组成。基性斜长石呈细长柱状晶体密集分布,平行和半平行排列,次生变化后完全被绢云母、钠长石、碳酸盐交代,保留晶体假象,普通辉石呈微粒状晶体不甚均匀充填在空隙中,次生变化后被绿泥石、绿帘石交代。磁铁矿呈微粒状不甚均匀充填在空隙中,杏仁体呈云朵状外形,其间被绿泥石、方解石充填。

2. 火山碎屑岩类

区内火山碎屑岩有正常火山碎屑岩和沉积火山碎屑岩两种。

(1) 正常火山碎屑岩

此类岩系由火山碎屑物质坠落后经压结而形成,其中正常火山碎屑物占90%以上。在测区沱沱河北侧的郭仓乐玛见有含角砾岩屑玻屑凝灰岩,蚀变玻屑凝灰岩,安山质角砾岩、角砾凝灰岩等。

(2) 沉积火山碎屑岩

此类岩石特征是正常火山碎屑物占60%~70%,成分单一,非火山成因混入物为23%~40%。其中常见者是石英碎屑、岩屑等,经压结和水化学胶结成岩。岩石多为灰—浅灰色,火山碎屑成分大多与同一旋回和此段的熔岩相近,见有沉凝灰岩。

(六) 岩石化学及地球化学特征

1. 岩石化学特征

(1) 岩石化学分类

测区早二叠世开心岭群诺日巴尕日保组火山岩岩石化学样含量见表3-21,将熔岩类的样品投点于国际地科联1989年推荐的划分方案TAS图(图3-31)中,从投

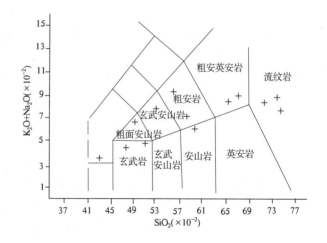

图3-31 TAS图解

图情况来看与实际镜下鉴定基本一致。测区火山岩可划分为碱玄岩、玄武岩、粗安岩、石英安粗岩、石英安山岩5个岩石类型。上述样品的K_2O含量变化在0.53×10^{-2}~8.23×10^{-2}之间变化,范围较大,在SiO_2-K_2O分类图解(图3-32)上,3个样品为高钾,4个样品为中钾,仅1个样品为低钾,据此将测区早中二叠世开心岭群诺日巴尕日保组火山岩划属中—高钾碱性玄武岩、玄武岩、粗安岩、安山岩、石英安粗岩组合。

本区火山岩H_2O及烧失量较高(H_2O为0.76×10^{-2}~5.59×10^{-2},平均为3.89×10^{-2}),表明本区岩石均遭受过一定程度的蚀变、变质作用。

① 碱性玄武岩:仅2个样品SiO_2含量为49.87×10^{-2}~42.83×10^{-2},$K_2O+Na_2O=6.61\times10^{-2}$~

6.49×10^{-2}，K_2O 含量为 $1.77\times10^{-2}\sim0.82\times10^{-2}$，且 $Na_2O>K_2O$，CaO 含量为 $5.77\times10^{-2}\sim14.29\times10^{-2}$，$TiO_2$ 含量为 $1.27\times10^{-2}\sim1.07\times10^{-2}$，以低硅、高钾、钙、钛为特征。

玄武岩：据2个样品 SiO_2 含量为 $47.46\times10^{-2}\sim50.37\times10^{-2}$，平均为 48.9×10^{-2}，与世界平均玄武岩接近（戴里），K_2O+Na_2O 为 $5.25\times10^{-2}\sim4.58\times10^{-2}$，平均为 4.29×10^{-2}，其中 K_2O 含量为 $0.77\times10^{-2}\sim1.65\times10^{-2}$，平均为 1.21×10^{-2}，低于中国平均值、高于世界平均 K_2O 含量，且 $Na_2O>K_2O$，CaO

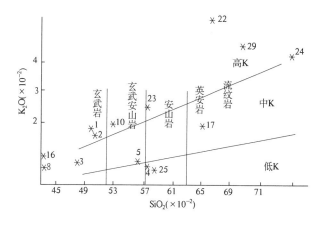

图 3-32 测区火山岩 SiO_2-K_2O 图

含量为 6.82×10^{-2}，低于中国和世界平均值。TiO_2 含量为 $1.36\times10^{-2}\sim1.48\times10^{-2}$，平均为 1.40×10^{-2}，较高。总之测区玄武岩类以低硅、中—高钾、钙、富钠为特征。

②粗安岩类：据3个样品 SiO_2 含量为 $56.02\times10^{-2}\sim57.43\times10^{-2}$，平均为 56.83×10^{-2}，其中 K_2O 含量为 $2.56\times10^{-2}\sim0.65\times10^{-2}$，平均为 1.33×10^{-2}，且 $Na_2O>K_2O$，CaO 含量为 $1.39\times10^{-2}\sim6.03\times10^{-2}$，平均为 3.36×10^{-2}。TiO_2 含量为 $0.93\times10^{-2}\sim1.55\times10^{-2}$，平均为 1.26×10^{-2}，较高。总之测区粗安岩类以低硅、中—高钾、高钛、低钙为特征。

③粗面英安岩：据2个样品 SiO_2 含量为 $65\times10^{-2}\sim66.23\times10^{-2}$，平均为 65.62×10^{-2}。其中 K_2O 含量为 $1.82\times10^{-2}\sim8.23\times10^{-2}$，平均为 5.02×10^{-2}；SiO_2 含量与中国及世界英安岩平均接近，而 K_2O 含量高于中国和世界英安岩的含量，CaO 含量为 $2.90\times10^{-2}\sim1.37\times10^{-2}$，平均为 2.13×10^{-2}。TiO_2 含量为 $1.64\times10^{-2}\sim1.10\times10^{-2}$，平均为 1.37×10^{-2}。总之测区粗面英岩以高硅、中—高钾、钛为特征。

④流纹岩：据2个样品 SiO_2 含量为 $74.80\times10^{-2}\sim74.99\times10^{-2}$，平均为 74.89×10^{-2}；K_2O 含量为 $5.78\times10^{-2}\sim4.38\times10^{-2}$，平均为 5.08×10^{-2}，高于中国和世界流纹岩平均值，高于世界 SiO_2 和 K_2O 的平均含量，CaO 含量为 $0.21\times10^{-2}\sim0.34\times10^{-2}$，平均为 0.23×10^{-2}，低于中国和世界平均值。TiO_2 含量为 $0.19\times10^{-2}\sim0.16\times10^{-2}$，平均为 0.18×10^{-2}，高于中国低于世界 Ti_2O 的平均含量，以高硅、钾，低钛、钙为特征。

（2）岩石化学特征

测区早二叠世开心岭群诺日巴尕日保组火山岩岩石化学成分见表3-21，CIPW标准矿物和岩石化学特征参数列于表3-22、表3-23中，岩石化学成分变化有如下规律。

①在表3-21中，SiO_2 含量为 $42.32\times10^{-2}\sim77.24\times10^{-2}$，属基性—中性—酸性岩类，变化范围较大，但总体以基性岩为主，在沱沱河北以基性—中性岩为主，而在沱沱河南以中—酸性为主，反映出火山岩浆由基性—中性—酸性演化。

②TiO_2 含量为 $0.16\times10^{-2}\sim1.64\times10^{-2}$，变化较大，基性岩 TiO_2 较高，而酸性岩 TiO_2 量较低。

③绝大多数样品 $Na_2O>K_2O$，仅有4个样品 $Na_2O<K_2O$，富钠成为本区火山岩的共同特征。在基性—中性岩，$Na_2O>K_2O$；酸性岩中 $Na_2O<K_2O$，反映出火山岩浆由基性—中酸性，由富钠向酸性岩富钾贫钠，K_2O 的含量由基性—酸性增加，岩石总体属中—高钾系列。

该组火山岩中玄武岩具有相对高 Ti_2O（$1.36\times10^{-2}\sim1.45\times10^{-2}$，平均 1.41×10^{-2}）的特点，与下陆壳和上地幔平均值较接近，同位素资料也反映出其岩浆来源于上地幔源区。总之测区火山岩岩石化学以基性岩贫硅、钾，高钙、钛为特征；中性—酸性岩以富硅、钾，贫钙、钛为特征。

表 3-21 测区早二叠世开心岭群诺日巴尕日保组火山岩岩石化学含量表

时代	地层群	地层组	样号	岩石名称	旋回	SiO$_2$	TiO$_2$	Al$_2$O$_3$	Fe$_2$O$_3$	FeO	MnO	MgO	CaO	Na$_2$O	K$_2$O	P$_2$O$_5$	H$_2$O$^+$	LOS	Σ
早二叠世	开心岭群	诺日巴尕日保组	VTP1Gs1-2	蚀变碱性玄武岩	诺日巴尕日保旋回	49.87	1.27	16.91	5.51	2.70	0.15	5.45	5.77	4.84	1.77	0.43	2.87	3.98	99.65
			VTP1Gs3-1	蚀变杏仁状玄武岩		50.39	1.36	16.82	1.07	5.04	0.07	6.82	6.82	3.60	1.65	0.36	3.89	5.84	99.84
			VTP1Gs5-1	蚀变杏仁状玄武岩		47.46	1.45	17.01	3.54	3.78	0.07	7.45	0.82	3.81	0.77	0.44	4.55	7.14	99.75
			VTP1Gs7-1	蚀变粗安岩		57.43	1.55	14.43	7.40	2.33	0.12	2.62	2.66	6.59	0.65	0.47	2.18	3.41	99.67
			VTP1Gs8-1	蚀变粗安岩		56.02	0.93	17.17	3.69	0.85	0.08	0.69	6.03	8.49	0.78	0.32	1.33	4.80	99.87
			VTP1Gs10-1	蚀变杏仁状玄武岩		67.12	0.50	12.51	5.13	0.40	0.06	0.23	3.18	7.17	0.36	0.14	1.13	3.00	99.80
			VTP1Gs18-1	碱性苦橄岩		42.32	0.28	9.59	1.01	0.52	0.13	1.23	22.15	3.35	0.53	0.06	2.05	18.51	99.60
			VTP1Gs21-1	变质凝灰岩		73.08	0.20	8.93	0.37	1.40	0.08	0.29	4.52	4.45	0.83	0.05	1.16	4.17	99.53
			VTGs902-1	蚀变玄武粗安岩		52.82	1.27	17.11	9.50	0.50	0.11	2.54	5.56	5.30	1.88	0.40	2.67	2.69	99.67
			VTGs903-3	蚀变含砾凝灰岩		60.76	1.40	16.12	2.87	2.92	0.06	1.61	2.57	6.30	2.38	0.51	2.06	2.30	99.79
			VTGs602-1	玄武岩		48.49	1.42	17.21	4.09	4.32	0.05	9.84	1.45	3.22	1.76	0.43	5.59	6.70	98.97
			VTGs602-3	玄武粗安岩		53.48	1.02	18.37	4.09	2.69	0.10	4.06	4.46	4.97	1.65	0.31	2.73	4.24	99.49
			VTGs602-4	粗面英安岩		68.66	0.62	14.66	3.69	0.76	0.04	0.53	1.29	6.75	1.86	0.20	0.76	1.35	100.40
			VTGs603-1	流纹岩		77.24	0.18	11.02	0.90	0.56	0.03	0.21	1.60	5.47	1.15	0.04	0.79	1.43	99.82
			VTGs301-2	杏仁状碱玄岩		42.83	1.07	14.66	6.46	1.50	0.13	0.77	14.29	5.67	0.82	0.24	1.95	11.52	99.96
			VTGs312	蚀变粗面安山岩		65.00	1.10	14.51	6.91	0.70	0.02	0.46	1.37	5.60	1.82	0.41	1.61	1.69	99.58
			VTGs610a	粗安岩		59.96	1.07	17.68	7.29	0.60	0.04	0.59	1.63	8.69	0.56	0.35	1.33	1.84	100.29
			VTP7Gs10-1	蚀变粗面英安岩		66.23	1.64	8.07	4.76	0.31	0.06	3.36	2.90	0.68	8.23	1.49	1.45	1.56	99.31
			VTGs979-1	蚀变粗安岩		57.04	1.29	16.76	4.78	3.09	0.12	3.89	1.39	4.81	2.56	0.26	3.51	3.72	99.72
			VTGs979-2	蚀变球粒状流纹岩		74.99	0.19	12.84	2.50	0.78	0.03	0.35	0.34	2.84	4.38	0.02	1.25	1.14	100.40
			VTGs980-1	蚀变杏仁状安山岩		58.48	1.03	13.31	3.00	4.09	0.14	2.43	5.19	5.63	0.43	0.31	2.45	5.68	99.74
			VTGs1570	蚀变流纹岩		74.80	0.16	12.64	1.76	0.56	0.02	0.18	0.21	2.16	5.78	0.03	1.32	1.31	99.60
			VTGs376	流纹岩		74.47	0.17	12.72	1.81	1.26	0.03	0.39	0.41	3.91	3.46	0.04	1.33	1.02	99.70
			VTGs964-1	流纹岩		71.83	0.28	13.36	2.74	0.31	0.01	0.19	0.79	3.76	4.93	0.17	1.67	1.48	99.86
			VTGs1077	熔结凝灰岩		74.49	0.12	11.94	1.12	1.71	0.04	1.90	1.56	3.01	1.37	0.08	1.77	2.37	99.80

表 3-22 测区早二叠世开心岭群诺日巴尕日保组火山岩 CIPW 标准矿物表

时代	群	组	样号	岩石名称	Ap	Il	Mt	Q	Or	Ab	An	Ne	Wo	En'	Fs	Ol	Fo	Fn	En	Fs	SUM
早二叠世	开心岭群	诺日巴尕日保组	VTP₁Gs1-2	蚀变碱性玄武岩	0.986	2.528	5.772		10.962	41.622	20.117	0.708	2.899	2.022	0.661	11.668	8.568	3.120			99.945
			VTP₁Gs3-1	蚀变杏仁状玄武岩	0.837	2.748	1.650		10.371	32.411	26.450		2.940	1.985	0.731	5.746	3.674	2.072	9.580	4.901	100.350
			VTP₁Gs5-1	蚀变杏仁状玄武岩	1.040	2.976	4.196		4.916	34.848	29.226		1.770	1.319	0.277	8.276	6.490	1.786	8.999	2.247	100.090
			VTP₁Gs7-1	蚀变粗安岩	1.071	3.067	6.706	7.685	4.001	58.120	8.207		0.980	0.618	0.500				6.184	3.004	99.942
			VTP₁Gs8-1	蚀变粗安岩	0.736	1.863	3.377	-1.375	4.859	75.747	6.789		4.436	2.930	1.189						100.550
			VTP₁Gs10-1	蚀变角砾凝灰岩	0.317	0.984	4.112	22.269	2.204	62.830	0.921		4.308	1.138	3.397						102.480
			VTP₁Gs18-1	碱性苦橄岩	0.162	0.655	0.880	17.404	3.859	34.950	11.790		6.096	4.071	1.573						81.439
			VTP₁Gs21-1	变质凝灰岩	0.114	0.399	0.563	44.903	5.141	39.490	2.035		3.082	0.834	2.405						98.968
			VTGs902-1	蚀变玄武岩	0.907	2.501	6.407		11.517	46.500	17.980		3.301	1.904	1.247	0.044	0.018	0.026	3.473	4.534	100.316
			VTGs903-3	蚀变含角砾凝灰岩	1.143	2.727	4.269	8.550	14.424	59.680	8.896		0.320	0.241	0.048				3.871	0.769	99.380
			VTGs602-1	玄武岩	1.018	2.925	5.014	4.763	11.280	29.560	4.762	9.110							26.587	4.923	99.940
			VTGs602-3	玄武粗安岩	0.712	2.038	4.474	2.301	10.250	44.230	21.144	1.094							10.636	3.078	99.960
			VTGs602-4	粗面英安岩	0.441	1.191	3.467	19.380	11.109	57.740	4.256		0.374	0.282	0.119				1.103	0.567	99.970
			VTGs603-1	流纹岩	0.090	0.348	1.153	39.990	6.908	47.050	2.153		1.492	0.866	0.555						100.610
			VTGs301-2	杏仁状碱岩	0.594	2.308	4.920	-3.232	5.501	54.460	13.770	1.862	9.482	2.943	6.901						97.650
			VTGs312	蚀变粗面安岩	0.918	2.140	5.482	22.758	11.020	48.570	4.224								1.173	1.823	99.950
			VTGs610a	粗安岩	0.780	1.956	5.869	3.165	3.374	74.980	5.915	0.665	1.996	1.522	0.267				1.499	1.750	99.960
			VTP₁Gs10-1	蚀变粗英安岩	3.339	3.785		27.560	49.870	-4.420	0.329								7.059	1.241	99.800
			VTGs979-1	蚀变粗安岩	0.592	2.554	5.533	10.469	15.780	42.460	5.425	7.843							10.105	2.707	99.968
			VTGs979-2	蚀变球粒状流纹岩	0.044	0.365	2.546	40.388	26.096	24.230	1.571	4.350							0.879	0.995	99.990
			VTGs980-1	蚀变杏仁状安山岩	0.721	2.061	4.625	12.254	2.825	50.656	10.333	2.889	6.216	3.696	2.203				2.740	1.633	99.960
			VTGs1570	蚀变流纹岩	0.068	0.310	1.873	39.928	34.760	18.600	0.859	2.567							0.456	0.574	99.980
			VTGs376	流纹岩	0.090	0.327	2.447	37.210	20.720	33.540	1.796	1.919							0.984	0.966	99.990
			VTGs964-1	流纹岩	0.378	0.541	2.446	30.087	29.670	32.410	2.408	0.990							0.483	0.560	99.980
			VTGs1077	熔结凝灰岩	0.181	0.412	1.640	46.786	8.356	26.293	7.445	2.954							4.884	1.040	99.990

表 3-23 测区早二叠世开心岭群诺日巴尕日保组火山岩岩石化学特征参数表

时代	地层群	组	样号	岩石名称	σ	SI	FL	ANT	DI	NK	QU	OX	LI	M/F	N/K	AR	MF
早二叠世	开心岭群	诺日巴尕日保组	VTP₁Gs1-2	蚀变碱性玄武岩	5.175	25.955	53.391	9.506	53.291	6.928	4.025	0.392	−1.690	0.423	4.157	1.823	0.423
			VTP₁Gs3-1	蚀变杏仁状玄武岩	2.947	37.513	43.497	9.719	42.782	5.585	3.917	0.158	−1.347	0.941	3.317	1.571	0.473
			VTP₁Gs5-1。	蚀变杏仁状玄武岩	2.954	38.674	40.172	9.010 5	39.765	4.950	3.927	0.342	−5.100	0.746	7.523	1.476	0.493
			VTP₁Gs7-1	蚀变粗安岩	3.378	13.582	73.132	5.059	69.805	7.545	6.219	0.483	5.631	0.187	15.419	2.740	0.783
			VTP₁Gs8-1	蚀变粗安岩	5.946	4.823	60.585	9.329	79.230	9.773	16.434	0.474	9.000	0.104	16.551	2.331	0.863
			VTP₁Gs10-1	蚀变角砾凝灰岩	2.294	1.761	70.309	10.687	87.307	7.798	17.957	0.485	14.755	0.028	30.256	2.845	0.958
			VTP₁Gs18-1	碱性苦橄岩	2.495	18.665	14.905	22.296	56.212	4.873	16.342	0.284	−12.702	0.585	9.613	1.279	0.546
			VTP₁Gs21-1	变质凝灰岩	0.880	3.950	53.878	22.371	29.538	5.537	44.613	0.184	19.875	0.131	8.153	2.292	0.859
			VTGs902-1	蚀变杏仁状粗安岩	4.712	13.230	56.360	9.297	58.018	7.444	5.769	0.419	2.319	0.186	4.285	1.927	0.789
			VTGs903-3	蚀变含角砾凝灰岩	4.103	10.010	77.156	7.013	77.658	8.903	10.857	0.464	13.220	0.185	4.024	2.734	0.782
			VTGs602-1	玄武岩	3.040	42.524	77.448	9.854	45.603	5.402	2.668	0.356	1.539	0.851	2.781	1.728	0.458
			VTGs602-3	玄武粗安岩	3.659	23.409	59.744	13.134	56.786	6.962	5.732	0.408	4.717	0.419	4.579	1.817	0.621
			VTGs602-4	粗面英安岩	2.868	3.940	86.969	12.753 3	88.228	8.703	20.016	0.517	19.010	0.079	5.516	3.346	0.891
			VTGs603-1	流纹岩	1.275	2.531	80.539	30.825	93.949	6.729	61.258	0.503	24.076	0.093	7.229	3.207	0.874
			VTGs301-2	杏仁状碱玄岩	9.659	5.177	31.232	8.400	56.734	7.367	7.554	0.361	−8.408	0.072	10.507	1.578	0.908
			VTGs312	蚀变粗面英安岩	2.449	3.030	84.414	8.102	82.325	7.604	12.083	0.479	15.085	0.042	4.627	2.754	0.941
			VTGs610ᵃ	粗安岩	4.904	3.393	85.019	8.900	81.525	9.432	11.287	0.496	11.344	0.051	23.587	2.839	0.928
			VTP₂Gs10-1	蚀变杏仁状安山岩	3.350	19.615	75.442	4.505	73.008	9.136	8.820	0.511	19.885	0.444	0.126	9.647	0.591
			VTGs979-1	蚀变粗面流纹岩	3.583	20.455	84.130	9.267	68.702	7.687	5.813	0.438	9.161	0.337	2.856	2.367	0.666
			VTGs979-2	蚀变球粒状流纹岩	1.625	3.250	95.500	52.557	90.711	7.299	28.174	0.512	25.835	0.070	0.985	2.513	0.901
			VTGs980-1	蚀变杏仁状安山岩	2.178	15.578	53.948	7.526	65.735	6.464	7.523	0.389	5.734	0.023	19.034	1.979	0.745
			VTGs1570	流纹岩	1.971	1.730	97.420	65.442	93.291	8.081	41.892	0.528	28.661	0.050	0.568	4.234	0.927
			VTGs376	流纹岩	1.718	3.603	94.725	55.919	91.468	7.470	28.847	0.513	24.898	0.080	1.718	3.559	0.887
			VTGs964-1	流纹岩	2.597	1.611	92.546	34.312	92.174	8.852	32.778	0.535	25.666	0.041	1.159	3.300	0.939

(3) 重要岩石化学特征参数

①里特曼指数 $\sigma=0.88\sim9.659$，变化范围较大，10个样品 $\sigma>3.3$，为碱性岩系列，14个样品 $\sigma<3.3$，属钙碱性系列。

②分异指数 $DI=42.782\sim93.2921$，变化范围较大，岩浆分异演化趋势由超基性—基性—中性演化。

③固结指数 $SI=1.611\sim42.524$，变化范围较大，并从超基性—基性到酸性岩，固结指数由大变小，岩浆分异程度高，SI值超基性—基性较大，表明岩石的基性程度较高。

④碱钙指数 FL 和铁镁指数。测区火山岩 $FL=14.905\sim97.420$，变化范围较大，测区火山岩 $FM=0.028\sim0.941$。

⑤碱度指数 $AR=1.279\sim9.647$，指数变化范围较大，较宽，AR值越大，表示岩石越偏碱性。

(4) CIPW 标准矿物

从表3-22中可知，有如下特征，仅1个样品标准矿物组合为 Or、Ab、An、Ne、Di、Ol，为正常类型 SiO_2 极度不饱和；有9个样品标准矿物组合为 Q、Or、Ab、An、Di、Hy，为正常类型 SiO_2 过饱和；3个样品标准矿物组合为 Or、Ab、An、Di、Ol、Hy，为正常类型 SiO_2 低度不饱和；有1个样品标准矿物组合为 Q、Or、Ab、An、Di、Ac、Hy，为碱过饱和类型 SiO_2 过饱和；2个样品标准矿物组合为 Q、Or、Ab、An、Di、C、Ol、Hy，为铝过饱和 SiO_2 低度不饱和；8个样品为 Q、Or、Ab、An、C、Hy，为铝过饱和 SiO_2 过饱和；6个样品为 Q、Or、Ab、An、Di，为正常类型 SiO_2 过饱和；4个样品为 Q、Or、Ab、An、Di、Hy，为正常类型 SiO_2 过饱和。

(5) 火山岩的系列及组合

将测区火山岩样品投图（图3-33）中，基性岩—中性岩大部分落在碱性系列，酸性岩落在亚碱性系列，里特曼指数在 0.88～9.66 之间，其中大多数小于3.3，为钙碱性系列。在图（图3-34）中，碱性系列岩石多数为钠质类型。综上所述，测区早二叠世开心岭群诺日巴尕日保组火山岩以钙碱性系列为主，同时存在碱性系列（基性岩）。

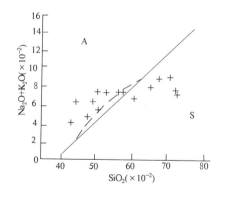

图 3-33 硅-碱图解
（据 Irvine T N 等，1971）
A. 碱性系列；S. 亚碱性系列

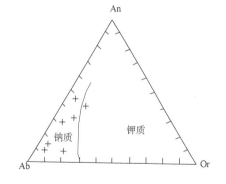

图 3-34 Ab-An-Or 图解
（据 Irvine T N 等，1971）

2. 岩石地球化学特征

(1) 火山岩稀土元素地球化学特征

测区火山岩稀土元素及特征参数列于表3-24中，稀土元素配分模式见图3-35、图3-36，显示有如下特征。

表 3-24 测区中二叠世开心岭群诺日巴尕日保组火山岩稀土元素含量表

稀土元素含量($\times 10^{-6}$)

时代	地层群	组	样号	岩石名称	La	Ce	Pr	Nd	Sm	Eu	Gd	Tb	Dy	Ho	Er	Tm	Yb	Lu	Y	Σ	L/H
中二叠世	开心岭群	诺日巴尕日保组	VTP₁XT1-2	蚀变碱性玄武岩	24.93	47.83	6.25	22.91	4.53	1.61	4.40	0.72	4.48	0.93	2.47	0.39	2.36	0.36	22.59	146.76	2.79
			VTP₁XT3-1	蚀变杏仁状玄武岩	21.88	42.19	5.54	20.99	4.33	1.47	4.25	0.65	4.25	0.82	2.38	0.36	2.25	0.34	19.57	131.08	2.78
			VTP₁XT5-1	蚀变杏仁状玄武岩	16.49	31.76	4.22	17.02	3.68	1.29	3.63	0.59	3.61	0.74	2.18	0.33	2.05	0.32	18.23	106.14	2.35
			VTP₁XT7-1	蚀变杏仁状粗安岩	24.24	47.58	6.47	25.48	5.60	1.76	5.87	0.99	6.03	1.24	3.61	0.57	3.72	0.59	30.32	164.08	2.09
			VTP₁XT8-1	蚀变粗安岩	19.66	39.46	5.10	20.24	4.55	1.42	4.32	0.68	3.96	0.79	2.23	0.34	2.12	0.34	20.44	125.64	2.57
			VTP₁XT10-1	蚀变角砾凝灰岩	57.25	103.40	11.76	41.68	7.59	1.48	6.37	0.98	5.85	1.16	3.41	0.55	3.64	0.55	30.76	276.43	1.33
			VTP₁XT18-1	碱性苦橄岩	30.47	56.99	6.82	25.61	5.12	1.12	4.12	0.68	4.12	0.83	2.46	0.41	2.80	0.45	20.96	162.99	3.42
			VTP₁XT21-1	变质凝灰岩	39.23	66.76	7.19	23.09	3.83	0.62	3.12	0.49	2.93	0.61	1.77	0.30	1.94	0.31	16.25	168.48	5.08
			VTXT902-1	蚀变玄武粗安岩	26.36	51.97	6.45	23.21	4.64	1.49	4.36	0.73	4.10	0.85	2.36	0.36	2.32	0.34	20.29	149.83	3.19
			VTXT903-3	蚀变含角砾粗安岩	43.75	84.88	10.90	40.41	8.61	1.75	7.84	1.28	7.48	1.53	4.31	0.68	4.28	0.64	36.46	254.80	2.95
			VTXT602-1	玄武岩	25.79	51.41	6.31	23.61	4.58	1.59	4.74	0.76	4.17	0.92	2.56	0.40	2.35	0.37	21.9	151.46	2.96
			VTXT602-3	玄武粗安岩	24.00	46.50	5.76	22.21	4.55	1.49	4.81	0.74	4.36	0.93	2.74	0.45	2.81	0.43	23.68	145.46	2.55
			VTXT602-4	粗面英安岩	31.35	58.98	7.18	25.73	5.58	0.98	5.01	0.90	5.99	1.29	3.9	0.65	4.21	0.63	30.78	183.17	2.43
			VTXT603-1	流纹岩	39.61	73.20	8.63	28.56	5.51	0.64	4.58	0.69	4.22	0.93	2.78	0.47	3.18	0.49	23.33	196.82	3.84
			VTXT301-2	杏仁状碱玄岩	12.12	26.39	3.23	12.96	3.05	1.08	3.21	0.56	3.42	0.70	2.05	0.32	1.95	0.31	17.44	88.78	1.97
			VTXT312	蚀变粗面玄武岩	26.86	59.59	6.69	24.05	5.05	1.50	4.94	0.81	4.90	1.02	3.03	0.46	3.00	0.45	26.99	169.32	2.71
			VTXT610a	粗安岩	18.95	34.61	4.64	19.59	4.35	1.12	4.05	0.65	3.75	0.82	2.15	0.33	2.08	0.32	19.17	116.52	2.51
			VTXTP₇10-1	蚀变粗面英安岩	60.32	133.70	17.35	67.03	10.48	2.39	6.68	0.86	4.06	0.74	1.72	0.24	1.33	0.20	16.65	323.75	8.96
			VTXT979-1	蚀变粗安岩	31.91	60.62	7.69	28.17	5.96	1.62	6.19	1.01	5.91	1.28	3.50	0.57	3.80	0.55	29.49	188.29	2.60
			VTXT979-2	蚀变球粒状流纹岩	50.69	90.61	10.32	35.16	7.05	0.56	6.03	0.99	5.69	1.18	3.38	0.54	3.76	0.54	28.43	244.99	3.84
			VTXT980-1	蚀变杏仁状安山岩	34.07	66.24	8.15	33.66	7.66	1.94	7.64	1.28	8.13	1.76	5.36	0.87	5.68	0.86	44.41	227.71	1.99
			VTXT1570	蚀变流纹岩	8.37	11.69	1.50	5.34	0.90	0.19	1.07	0.19	1.15	0.28	0.84	0.13	0.82	0.14	9.70	42.26	2.71
			VTXT376		45.62	73.40	7.92	24.14	4.20	0.66	3.49	0.56	3.27	0.72	2.16	0.37	2.57	0.40	17.98	187.47	
			VTXT964-1	流纹岩	133.60	221.0	24.02	78.75	11.17	2.80	6.83	0.85	4.10	0.72	1.64	0.23	1.40	0.20	16.04	503.34	
			VTXT1077	熔结凝灰岩	44.61	89.01	10.88	39.67	7.85	0.85	6.56	0.98	5.58	1.13	3.08	0.52	3.65	0.56	23.96	238.90	

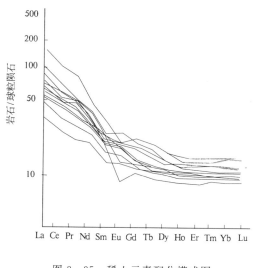
图 3-35 稀土元素配分模式图

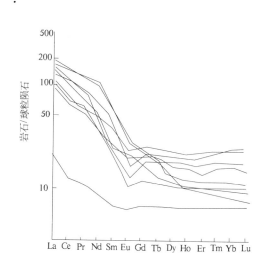
图 3-36 稀土元素配分模式图

①从表中可知ΣREE:$88.78\times10^{-6}\sim503.35\times10^{-6}$;含量变化范围较大,由基性—中性—酸性 ΣREE 逐渐增高。

②稀土元素配分曲线均为右倾斜,轻稀土元素ΣCe$=58.83\times10^{-6}\sim291.27\times10^{-6}$;重稀土 ΣY$=27.72\times10^{-6}\sim96.39\times10^{-6}$;轻重稀土比值$\Sigma$Ce/$\Sigma$Y$=1.33\sim8.96$,变化范围较大,具有铕亏损(异常),$\delta$Eu$=0.24\sim1.09$,其中有 7 个样品亏损明显,其余不明显。

③主要稀土元素特征参数 Sm/Nd$=0.16\sim0.61$,绝大多数样品 Sm/Nd 均小于 0.31,反映为轻稀土富集型;La/Yb$=6.21\sim45.35$,变化范围较大,Gd/Yb$=1.19\sim5.02$,说明重稀土不富集;Eu/Sm$=0.08\sim0.35$,变化范围较大,La/Lu$=39.09\sim301.60$,变化范围较大,$(Ce/Yb)_N=3.02\sim8.91$,比值变化范围较大;$(La/Yb)_N=4.04\sim30.59$,变化范围较大,$(La/Sm)_N=2.50\sim6.44$,均大于 1。曲线均为右倾斜型,表明富集了ΣCe(轻稀土)。

④火山岩中酸性岩ΣREE 高于中性岩,而中性岩ΣREE 高于基性岩,并由基性—中性岩有增加趋势。

综上所述,测区早二叠世开心岭群诺日巴尕日保组火山岩其稀土配分曲线总体表现为轻稀土富集型特征。

(2)火山岩的微量元素地球化学特征

将测区内早二叠世开心岭群诺日巴尕日保组火山岩的微量元素分析数据列于表 3-25 中。微量元素是确定岩石形成过程的重要指示剂,反映了原岩的地球化学特征。由 Pearce(1982)大洋中脊玄武岩(MORB)微量元素标准化的各类火山岩的微量元素配分型式(图 3-37)显示,绝大多数火山岩微量元素标准化具"单隆起"型分布模式,其特征是强不相容元素(大离子亲石元素)富集配分型式,与洋中脊(MORB)大离子亲石元素(活动性元素)亏损和火山弧玄武岩具非活动性元素 Nb、Ta 亏损,很容易与上述两岩石分配型式区分。对于浅变质火山岩,其微量元素分析结果基本为上地幔衍生的,所以为富集活动性元素。

表3-25 测区二叠世开心岭群诺日巴尕日保组火山岩微量元素含量表

样号	岩石名称	微量元素及含量($\times 10^{-6}$)												
		La	Be	Nb	Sc	Ga	Zr	Th	Sr	Ba	V	Co	Cr	Ni
VTP_1Dy1-2	蚀变碱性玄武岩	25.0	1.7	18.9	21.1	19.2	165	3.0	727	276	126	21.6	73.7	51.1
VTP_1Dy3-1	蚀变杏仁状玄武岩	23.0	1.6	19.9	19.3	20.4	164	4.4	356	314	312	14.8	103.6	72.5
VTP_1Dy5-1	蚀变杏仁状玄武岩	23.6	1.2	17.6	19.1	13.1	188	3.3	459	392	138	22.9	109.0	68.1
VTP_1Dy7-1	蚀变粗安岩	23.0	1.2	12.3	21.10	16.5	235	2.9	126	153	165	19.0	31.7	20.5
VTP_1Dy8-1	蚀变粗安岩	31.6	1.5	9.6	14.8	10.1	188	6.3	424	572	139	701.0	22.6	7.0
$VTP_1Dy10-1$	蚀变角砾凝灰岩	34.9	1.9	13.7	9.4	13.6	307	17.0	98	673	49	4.8	17.6	7.2
$VTP_1Dy11-1$	蚀变杏仁状玄武岩	21.6	0.9	8.8	21.9	7.4	148	1.4	164	111	158	21.9	84.9	30.7
$VTP_1Dy12-1$	中基性凝灰岩	52.4	2.7	16.6	7.3	21.6	274	21.1	222	478	27	3.6	5.8	4.4
$VTP_1Dy13-1$	玄武安山岩	35.1	1.6	13.6	23.1	20.6	216	6.4	409	447	187	16.6	35.2	7.4
$VTP_1Dy15-1$	蚀变安山岩	38.9	1.9	16.8	20.9	26.4	414	16.1	162	290	125	8.7	15.4	6.2
$VTP_1Dy18-1$	碱性苦橄岩	26.4	1.1	10.0	4.4	7.4	233	13.2	382	211	27	6.4	5.0	8.3
$VTP_1Dy21-1$	变质沉凝灰岩	41.1	1.1	18.0	6.5	9.2	112	22.5	405	585	30	4.4	11.9	5.6
$VTP_7Dy10-1$	蚀变石英粗安岩	8.7	9.0	20.0	12.9	17.7	374	16.6	1246	329	126	13.0	283.0	134.0
VTDy1077	流纹英安质凝灰岩				10.3		158	16.8	148	326		2.6	6.6	3.7
VTP_1Dy1-2	蚀变碱性玄武岩	21.2	12.1	59	0.49	0.84	0.030	6.7	1.2	0.13	24.0	1.3	0.05	0.5
VTP_1Dy3-1	蚀变杏仁状玄武岩	31.3	5.5	54	0.4	0.37	0.020	0.3	1.2	0.05	27.4	1.4	0.05	0.5
VTP_1Dy5-1	蚀变杏仁状玄武岩	53.0	8.4	69	0.46	0.64	0.058	1.0	1.2	0.07	32.6	1.1	0.05	0.3
VTP_1Dy7-1	蚀变粗安岩	25.4	5.9	78	04	0.41	0.026	1.9	2.2	0.10	3.4	1.4	0.05	0.3
VTP_1Dy8-1	蚀变粗安岩	8.9	6.7	36	0.56	0.51	0.020	5.1	1.0	0.16	13.8	0.6	0.08	0.3
$VTP_1Dy10-1$	蚀变角砾凝灰岩	6.1	25.3	485	0.96	2.57	0.023	10.2	1.0	0.24	3.3	0.9	0.05	0.4
$VTP_1Dy11-1$	蚀变杏仁状玄武岩	12.1	7.9	86	0.71	1.20	0.023	5.0	1.0	0.13	6.7	1.0	0.2	0.3
$VTP_1Dy12-1$	中基性凝灰岩	5.0	17.8	83	1.31	0.61	0.064	3.2	3.7	0.21	83.4	1.6	0.05	0.4
$VTP_1Dy13-1$	玄武安山岩	8.8	13.6	512	0.56	0.83	0.021	1.3	1.2	0.11	30.0	0.7	0.05	0.4
$VTP_1Dy15-1$	蚀变安山岩	11.0	16.4	119	1.28	0.98	0.032	2.3	2.9	0.25	33.0	1.0	0.05	0.3
$VTP_1Dy18-1$	碱性苦橄岩	6.3	12.3	83	0.42	0.22	0.02	6.4	1.4	0.12	3.0	1.0	0.1	0.2
$VTP_1Dy21-1$	变质沉凝灰岩	9.8	47.2	159	0.74	0.40	0.026	7.6	1.8	0.39	37.7	1.1	0.11	0.3
$VTP_7Dy10-1$	蚀变石英粗安岩	25.9	393.0	57	5.54	0.22	0.062	222.0	5.4	1.41	341.0	1.3	0.05	0.2
VTDy1077	流纹英安质凝灰岩	7.7	46.11	139										

注:样品由武汉综合岩矿测试中心分析。

(七)火山岩成因

1. 岩浆来源(玄武岩原始岩浆来源探讨)

原始岩浆的来源有3个,即地壳源区、地幔源区和壳幔过渡区。由于不同源区的固体岩石组成不同,故其熔融所形成的岩浆的物化性质必然不同,其喷出地表后所形成的岩石类型、岩石组合,特别是岩石地球化学性,诸如同位素地球化学、微量元素及稀土元素分布必然有所不同,因此,这些特征是追踪原始岩浆的性质来源的重要标志。我们主要从稀土及微量元素上讨论早二叠世开心岭群诺日巴尕日保组火山岩中玄武岩原始岩浆来源。

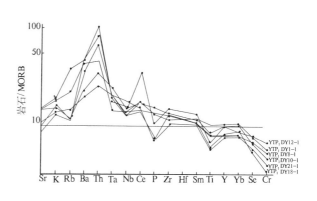

图3-37 火山岩微量元素蛛网图

(1)同位素依据

测区早二叠世开心岭群诺日巴尕日保组火山岩Sr同位素测试结果见表3-20,$^{87}Sr/^{86}Sr$初始值在0.706 06~0.706 84之间,变化范围不大,岩浆岩低$^{87}Sr/^{86}Sr$初始值和正εNd表明它们起源于地幔。

(2)微量元素组分证据

地球端元组分DMM、HIMU、EM_1和EM_2除具有独特的Sr、Nd、Pb同位素比值特征外,这些地球化学端元组分中的不相容元素对平均含量比值差异能很好地确定源区的性质和起源(Weaver,1991)。我们将碱玄岩和玄武岩的不相容比值与地幔端元比值进行对比,大多数元素比值与原始比值相近,在图Nb-Zr和Y-Zr图解(图3-38)上,在Nb-Zr图解上落在过渡型地幔,在Y-Zr图解上,落在富集型地幔。

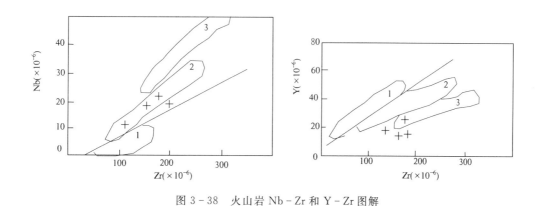

图3-38 火山岩Nb-Zr和Y-Zr图解
(据Le Roex等,1983)
1.亏损型地幔;2.过渡型地幔;3.富集型地幔;直线为原始地幔

Zr、Nb都是高均强(HFS)元素,它们对后期的蚀变保持相对惰性,Zr/Nb比值常被用来指示源区性质。典型的N-MORB具有很高的Zr/Nb比值(40~50)(Erlank,1976),球粒陨石的Zr/Nb比值为16~18(Sun等,1979)。显然N-MORB是起源亏损的地幔。测区火山岩玄武岩类的Zr/Nb比值为8.24~23.3,平均为16.94,明显低于N-MORB,与球粒陨石相近,表明它们起源于正常地幔或富集地幔的来源受到地壳的混染。

2. 火山岩形成构造环境判别

早二叠世火山岩主要岩石类型有玄武岩、安山岩、粗面英安岩、流纹岩。岩石以钙碱性系列为主,稀土配分曲线呈右倾斜,轻稀土富集型,铕具亏损的特征。

我们选用微量元素 Th、La、Nb 比值 La/Nb - La 和 Nb/Th - Nb(图 3 - 39)可以区分洋脊、洋岛、岛弧玄武岩(李曙光,1993),测区岩石投点少部分落在洋岛,大部分落在岛弧区。

综上所述,早二叠世诺日巴尕日保组火山岩形成环境以岛弧环境为主。

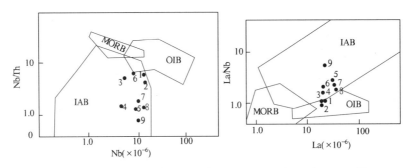

图 3 - 39　测区火山岩微量元素 Nb/Th - Nb 和 La/Nb - La 图
(据李曙光,1993)
MORB. 洋中脊;OIB. 洋岛;IAB. 岛弧

五、羌塘陆块晚二叠世火山岩

该火山岩分布在测区羌塘陆块通天河北的乌丽、拉卜查日一带,向东延伸至达哈曲—冬布里一带,呈近东西向展布。火山活动由西向东逐渐变强(即东侧比西侧火山活动较强),火山岩呈夹层状分布在地层中。火山岩剖面控制厚度 48.12m,反映出该期火山活动较弱,规模较小,仅在局部分布。岩石地层单位为晚二叠世乌丽群,并划分为两个组级地层单位,即那益雄组和拉卜查日组,有关地层的时代,岩石地层单位划分详见第一章地层部分。乌丽群与晚三叠世结扎群和古近纪沱沱河组为不整合接触关系,部分地段与晚三叠世结扎群为断层接触。岩石普遍遭受不同程度的蚀变,部分地段蚀变强烈,普遍具绿泥石化、绿帘石化。

(一)火山旋回及火山韵律划分

火山活动旋回应当与岩石地层单位相对应,依据区域资料和测区实际情况综合分析研究,结合测区岩石地层单位乌丽群的建立,并划分为两个岩组,即那益雄组和拉卜查日组,两组均有火山岩分布,呈夹层状产出,但从出现情况来看火山活动比较弱,相比之下那益雄组火山活动较强。因此,将晚二叠世火山岩划分为一个旋回即Ⅱ旋回,两个亚旋回Ⅱ$_1$、Ⅱ$_2$ 分别与岩石地层单位相对应(表 3 - 18)。

1. Ⅱ$_1$ 亚旋回

本亚旋回火山岩分布在测区乌丽和通天河北达哈曲一带,以溢流相、爆发相和爆发沉积相产于晚二叠世乌丽群那益雄组地层中,呈夹层状和透镜状。在剖面上见有一层厚约 48.12m 的火山岩,其岩性为晶屑岩屑钙质沉凝灰岩,组成爆发沉积—沉积一个韵律,在剖面西侧不远的相邻路线见有溢流相的熔岩,岩性为蚀变安山岩。在测区东侧的通天河北侧达哈曲一带的路线见有由熔岩—凝灰岩—熔岩—凝灰岩—沉积,组成两个韵律,反映出火山活动由溢流—爆发静止的韵律性变化,表现了此亚旋回火山活动经历了由弱—强—弱—强—终止的一个完整过程。

2. II$_2$亚旋回

本亚旋回火山岩仅分布在通天河北达哈曲东侧一带，以爆发相和爆发沉积相产于晚二叠世拉卜查日组中，呈夹层状和透镜状产出。据路线观察资料，火山岩由角砾状晶屑岩屑凝灰岩、沉凝灰岩组成，构成1~2个爆发相—爆发沉积相—正常沉积相的韵律层。说明火山活动经历了由强烈爆发—终止的活动历程。

（二）火山岩相及火山构造的划分

1. 火山岩相划分

据剖面和路线资料分析，II$_1$亚旋回火山岩主要由溢流相、火山爆发相和火山爆发沉积相组成。

溢流相熔岩：由蚀变玄武岩、玄武岩、蚀变安山岩组成，颜色均为灰绿色。分布在测区乌丽和通天河北达哈曲一带。

爆发相：由浅灰绿色角砾安山质晶屑岩屑凝灰岩、灰绿色安山质晶屑岩屑凝灰岩组合，仅分布在通天河北达哈曲一带。

爆发沉积相：为晶屑岩屑钙质沉凝灰岩组成，仅分布在乌丽一带。

II$_2$亚旋回火山岩主要由爆发相和火山爆发沉积相组成。爆发相由浅灰绿色晶屑岩屑凝灰岩组成，爆发沉积相由浅灰绿色晶屑岩屑沉凝灰岩和褐紫色沉凝灰岩组成。爆发相和爆发沉积相仅分布在通天河北的达哈曲一带。

2. 火山构造划分

乌丽—达哈曲裂隙线状火山喷发带为羌塘陆块火山活动带的一部分，位于沱沱河—通天河晚古生代火山断裂喷发带的乌丽—达哈曲晚二叠世火山断裂喷发带。

（三）火山岩时代的确定

乌丽群那益雄组、拉卜查日组地层中所采得的古生物化石时代为晚二叠世，火山岩呈夹层和透镜状产在该套地层中，故其时代为晚二叠世。

（四）火山岩岩石类型及特征

火山岩系的岩石种类有熔岩、正常火山碎屑岩和沉积火山碎屑岩。本文主要描述最能反映岩浆成分的熔岩类。

1. 熔岩类

（1）玄武安山岩

玄武安山岩呈灰绿色，斑状结构，基质交织结构，杏仁状构造。

岩石由斑晶和基质与杏仁体组成。斑晶含量10%，由斜长石组成，粒度一般在0.93~0.58mm之间，全部绿帘石化、绿泥石化。基质含量85%，由斜长石、暗色矿物的不透明矿物组成，其中斜长石含量57%，呈柱状、板柱状，略具定向排列趋势，全部被绿泥化，在其空隙之间充填有柱状暗色矿物，暗色矿物全部被绿泥石化，不透明矿物微粒状分布均匀。杏仁含量5%，近似椭圆状、不规则状，粒度在0.45~0.22mm之间，在岩石中分布均匀，其内充填有方解石。

（2）安山岩

安山岩呈浅灰绿色—灰绿色，斑状结构，基质具交织结构，块状构造，部分地段见有流动构造。

岩石由斑晶和基质两部分组成：斑晶含量8%左右，由斜长石组成，粒度在0.98~0.77mm之间，呈板状、柱状，表面普遍泥化和不均匀帘石化，在岩石中分布均匀，具定向排列，长轴方向与岩石构造方向一致。基质成分是斜长石、暗色矿物，粒度一般在0.19~0.05mm之间，斜长石呈长柱状，含量68%，普遍被钠长石化、帘石化，具明显的定向排列，长轴方向与岩石构造方向一致，暗色矿物含量24%，呈柱状、粒状，全部被绿泥石化、绿帘石化，均匀分布在斜长石孔隙之间，不均匀地析出少量铁质。

在部分岩石中见有杏仁体含量在4%~5%之间，呈椭圆状，粒度一般在0.78~2.96mm之间，均匀分布在岩石中，其内充填有绿帘石、石英和方解石等。在乌丽一带岩石流动构造发育。

2. 火山碎屑岩类

区内火山碎屑岩有正常火山碎屑岩和沉积火山碎屑岩。

(1) 正常火山碎屑岩

此类岩石由火山喷发碎屑物质坠落后压结而形成，其中正常火山岩成因碎屑物质占95%以上。在那益雄旋回和拉卜查日旋回中都有发现，岩性有角砾状晶屑岩屑凝灰岩，角砾状安山质岩屑晶屑凝灰岩和安山质晶屑岩屑凝灰岩。

(2) 沉积火山碎屑岩

此类岩石特征是正常火山成因碎屑物占岩石69%~90%之间，成分单一，非火山成因混入物约占20%~31%，其中常见者是方解石组成填隙物(胶结物)，经压结和化学胶结成岩。岩石多为浅灰绿色、褐紫色。岩性主要为晶屑岩屑沉凝灰岩、沉凝灰岩、晶屑岩屑钙质沉凝灰岩。

(五) 岩石化学及地球化学特征

将岩石主要氧化物成分列于表3-26中，将熔岩样品投于TAS图解，样品落在粗安岩，与镜下鉴定有误差，修正误差后，所投情况基本上与镜下鉴定基本吻合。岩石化学分类为安山岩。岩石标准矿物见表3-27，其标准矿物组合为Q、Or、Ab、An、Di、Hy，为正常类型SiO_2过饱和，属于铝过饱和类型。岩石$Na_2O>K_2O$，属钠质岩石。岩石特征参数见表3-28。$\sigma=2.451<3.3$，为钙碱性系列。

岩石稀土元素含量列于表3-29中，$\Sigma REE=79.55\times10^{-6}$，$Sm/Nd=0.27$，$(La/Yb)_N=2.34$，$(Ce/Yb)_N=2.17$，$La/Lu=23.46$。稀土配分型式为轻稀土富集右倾斜式，铕显负异常，具岛弧安山岩特征。

岩石微量元素Y、Yb、Nb、Sc、Cu、Pb、N变化不大，与中性岩相比(涂和费，1961)，亲石元素Ti、V、W、Rb、Sr、U、Th、Y、La相近，Ba、Nb等相近，Sc、V、Cr较高，亲铁元素Co、Ni、Mo相近，亲铜元素Cu、Pb、Zn较高，均为钙碱性系列范围。

(六) 火山岩构造环境判别

晚二叠世火山岩岩石类型主要为玄武安山岩、安山岩类，均属钙碱性系列，稀土配分曲线为右倾斜，铕显示负异常。

将测区火山岩熔岩样品投在$TiO_2-10MnO-10P_2O_5$三角图解(图3-40)上，样品投在岛弧拉斑玄武岩区。从以上岩石学、岩石化学、地球化学等综合判别，显示晚二叠世火山岩构造环境为岛弧环境。

六、羌塘陆块晚三叠世火山岩

(一) 地层特征

该火山岩分布在测区羌塘陆块的沱沱河—通天河一带，呈近东西向或北西西-南东东向带状展

第三章 岩浆岩

表3-26 测区晚二叠世乌丽群火山岩岩石化学特征表

氧化物组合及含量（×10⁻²）

时代	地层		岩石名称	样号	SiO$_2$	TiO$_2$	Al$_2$O$_3$	Fe$_2$O$_3$	FeO	MnO	MgO	CaO	Na$_2$O	K$_2$O	P$_2$O$_5$	H$_2$O$^+$	LOS	Σ
	群	组																
晚二叠世	乌丽群	那益雄组	蚀变安山岩	VTGS1576-2	58.04	0.58	16.36	4.47	7.92	0.10	2.40	3.27	5.69	0.66	0.13	3.20	4.78	99.4

表3-27 测区晚二叠世乌丽群火山岩岩石CIPW特征表

CIPW

时代	地层		岩石名称	样号	Ap	Il	Mt	Q	Or	Ab	An	Ne	Wo	En	Fs	C	Fo	Fn	En	Fs	SUM
	群	组																			
晚二叠世	乌丽群	那益雄组	蚀变安山岩	VTGS1576-2	0.302	1.166	5.060	11.079	4.125	50.952	16.264					0.691		6.327	4.023	99.988

表3-28 测区晚二叠世乌丽群火山岩岩石化学特征参数表

岩石化学特征参数

时代	地层		岩石名称	样号	σ	SI	FL	ANT	DI	NK	QU	OX	LI	M/F	N/K	AR	ME
	群	组															
晚二叠世	乌丽群	那益雄组	蚀变安山岩	VTGS1576-2	2.451	14.981	66.008	18.389	66.154	6.719	7.450	0.421	7.717	0.225	13.111	1.956	0.752

表3-29 测区晚二叠世乌丽群火山岩稀土元素含量表

稀土元素含量（×10⁻⁶）

时代	地层		岩石名称	样号	La	Ca	Pr	Nd	Sm	Eu	Gd	Tb	Dy	Ho	Er	Tm	Yb	Lu	Y	Σ
	群	组																		
晚二叠世	乌丽群	那益雄组	蚀变安山岩	VTXT1576-2	8.21	19.76	2.46	11.58	3.08	0.75	3.33	0.57	3.81	0.81	2.29	0.38	2.36	0.35	19.81	79.55

布,总体呈近东西向展布,与区域构造线基本一致。该期火山活动是测区最强烈一期,时间跨度较长,纵贯整个晚三叠世地层。火山岩厚度由西向东在郭仓尼亚陇巴剖面 VTP_3,控制厚度 3 277.22m,火山岩厚 183.3m(占地层厚度的 5.59%);多尔玛地区 VTP_5 剖面控制厚度 1 799.49m,火山岩厚 862.47m(占地层厚度的 49.92%);在囊极地区 VTP_6 剖面控制厚度 1 049.74m,火山岩厚 434.45m(占地层厚度的 41.38%);而在东邻 1:25 万曲柔尕卡幅的扎苏尼通地区 VQP_1 剖面控制厚度 2 364.28m,火山岩厚 2 301.52m(占地层厚度的 97.35%),再向东至通天河火山岩呈夹层状,出露厚度较小,反映出火山活动东强西弱的变化规律。

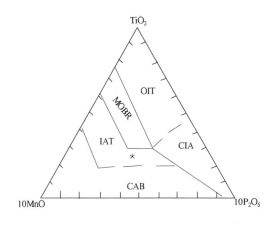

图 3-40 火山岩 TiO_2-$10MnO$-$10P_2O_5$ 图解
OIT. 大洋岛屿与拉斑玄武岩;CIA. 大洋岛屿碱性玄武岩;MORB. 洋中脊玄武岩;IAT. 岛弧拉斑玄武岩;CAB. 钙碱性玄武岩

岩石地层单位为晚三叠世结扎群,并划分为 3 个组级岩石地层单位,即甲丕拉组、波里拉组、巴贡组,有关岩石地层单位划分详见第一章地层部分章节。各组均见有火山岩发育,其中尤以甲丕拉组火山活动最强烈、最发育。结扎群与晚二叠世乌丽群那益雄组和古近系沱沱河组为不整合接触关系,局部地段与乌丽群那益雄组为断层接触关系,与中二叠世九十道班组呈断层接触关系,与侵入岩为侵入接触关系。

(二)火山旋回及火山韵律划分(火山地层)

表 3-18 清楚地显示,晚三叠世火山岩划分为一个旋回(Ⅲ),进一步划分为 3 个亚旋回。该区晚三叠世火山岩具有多亚旋回活动的特点,各亚旋回火山岩岩性、岩相组合及地层结构类型均有其自身特征。现按不同亚旋回分别将其主要特征叙述于下。

1. 第一亚旋回($Ⅲ_1$)

本亚旋回火山岩赋存于结扎群甲丕拉组中。其火山活动经历了初始期的间歇性喷发—大规模火山喷发—爆发至晚期爆发—最后次火山岩侵入。本亚旋回分上、中、下三段,即一段、二段、三段。

一段(下岩性段)为第一亚旋回早期阶段性间歇性喷发活动产物,分布于测区扎苏、囊极、多尔玛一带,岩性为杏仁状玄武岩。

二段(中岩性段)是大规模火山喷溢(溢流)活动产物,分布于测区扎苏一带,岩相组合为溢流相,岩性组合为玄武岩、粗玄岩、玄武安山岩等。

三段(上岩性段)是大规模火山爆发—喷溢活动产物,仅分布于测区扎苏泥通一带,岩相组合为爆发相、溢流相,最后为次火山岩侵入。其岩性组合为火山集块岩、火山角砾岩、含角砾熔岩、凝灰岩、玄武岩、安山岩、玄武安山岩等。

晚三叠世结扎群甲丕拉组地层中很少产有化石,火山岩同位素年龄值为 231±28Ma,详见后面有关同位素年龄资料。故将本亚旋回时代归属晚三叠世早期,是测区火山活动最强烈时期。

2. 第二亚旋回($Ⅲ_2$)

本亚旋回火山岩在测区通天河北的日阿吾德贤、琼扎、囊极、沱沱河南、扎日根北地区出露。赋存在结扎群波里拉组地层中。在囊极岩性主要为爆发相的火山角砾,爆发沉积相沉凝灰岩组成,呈夹层状,沉积岩明显增多,火山岩夹层少。而在日阿吾德贤则以溢流相的碱性玄武岩和安山岩夹持在碳酸盐岩中,在沱沱河南扎日根北一带则以溢流相的玄武安山岩夹持在灰岩中,火山机构为破火山机构。

同位素年龄为225±8Ma,详见后面有关同位素年龄资料。

3. 第三旋回(Ⅲ₃)

第三亚旋回形成的火山岩赋存于晚三叠世结扎群的上部巴贡组地层中,主要分布在测区沱沱河北的郭仓尼亚陇巴一带,为晚三叠世火山活动晚期产物,火山岩明显减少,据VTP₃剖面仅见有4层火山岩,以基性熔岩溢流为主,形成溢流相玄武岩,呈夹层状产出,剖面控制厚度3 277.72m,其中火山岩仅厚183.30m,占剖面的5.59%。以沉积相为主,间夹溢流相。本旋回火山活动微弱,火山岩多以夹层形式分布于本旋回,区内目前尚未发现由本亚旋回火山岩组成的火山机构,火山地层结构属沉积型。

4. 火山韵律

根据测区现有火山岩资料,测区火山岩在不同地方和不同旋回中其韵律不同。由于断裂构造发育,致使剖面上火山岩出露不全,现仅据剖面由西向东在测区沱沱河北郭仓尼亚陇巴地区的晚三叠世结扎群巴贡组(Ⅲ₃亚旋回)组成4个韵律(图3-41),即溢流相—沉积相(据VTP₃剖面),在测区通天河北囊极一带,晚三叠世结扎群波里拉组(Ⅲ₂亚旋回)组成了3个韵律(图3-42),即爆发

时代	群	组	亚旋回	韵律	层号	柱状图	厚度(m)	岩性描述	岩相
晚三叠世	结扎群	巴贡组	第三亚旋回	4	8		457.0	灰绿色细粒岩屑长石砂岩	沉积相
					7		47.6	灰绿色蚀变玄武岩	溢流相
				3	6		969.0	灰绿色细粒岩屑石英砂岩	沉积相
					5		15.2	灰绿色蚀变玄武岩	溢流相
				2	4		1 005.0	灰绿色细粒岩屑长石砂岩 灰绿色细粒岩屑石英砂岩 互层	沉积相
					3		41.8	灰绿色蚀变玄武岩	溢流相
				1	2		50.2	灰绿色细粒岩屑长石砂岩	沉积相
					1		>78.7	灰绿色细粒岩屑石英砂岩	溢流相

图3-41 晚三叠世结扎群巴贡组火山喷发韵律、旋回柱状图

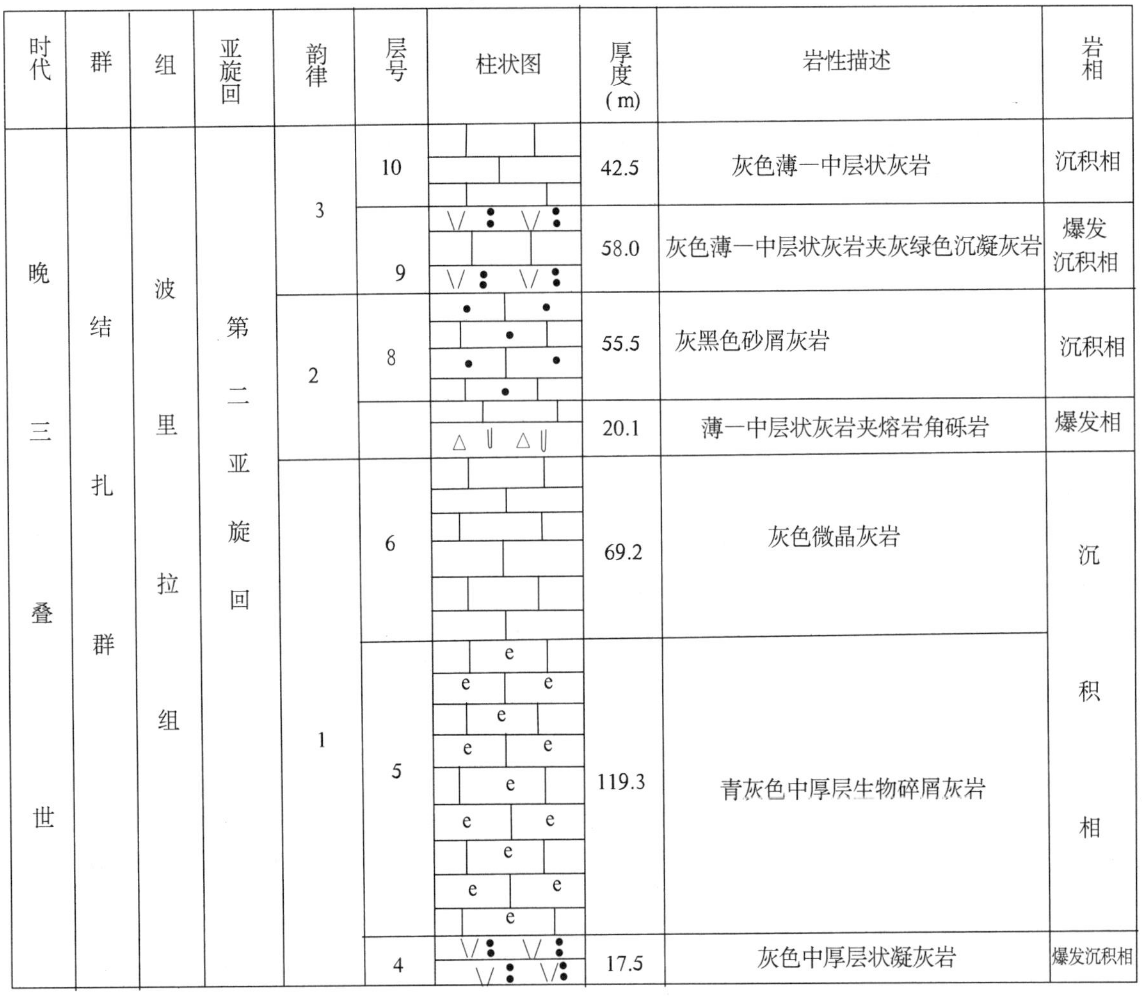

时代	群	组	亚旋回	韵律	层号	柱状图	厚度(m)	岩性描述	岩相
晚三叠世	结扎群	波里拉组	第二亚旋回	3	10		42.5	灰色薄—中层状灰岩	沉积相
					9		58.0	灰色薄—中层状灰岩夹灰绿色沉凝灰岩	爆发沉积相
				2	8		55.5	灰黑色砂屑灰岩	沉积相
					7		20.1	薄—中层状灰岩夹熔岩角砾岩	爆发相
				1	6		69.2	灰色微晶灰岩	沉积相
					5		119.3	青灰色中厚层生物碎屑灰岩	
					4		17.5	灰色中厚层状凝灰岩	爆发沉积相

图 3-42　晚三叠世结扎群波里拉组火山喷发韵律、旋回柱状图

沉积相—沉积相—爆发相—沉积相—爆发沉积相—沉积相组成,岩性为沉凝灰岩、火山角砾岩(据 VTP$_6$ 剖面)。在测区通天河北侧的多尔玛地区晚三叠世结扎群甲丕拉组火山岩(Ⅲ$_1$亚旋回)组成 4 个韵律(图 3-43),即早期溢流—沉积 1 个韵律,岩性为玄武安山岩,中期溢流相—爆发相 2 个韵律,岩性为玄武岩、含角砾凝灰岩,到晚期的溢流相—沉积相 1 个韵律。

(三) 火山地层的对比

火山地层对比的目的是论证地层位置的对应关系,并以此讨论火山地层的区域性变化规律。在同一个火山岩地区、同一火山喷发带,同时代的火山地层之间,可以对岩浆演化的旋回性进行对比。

测区晚三叠世的火山活动经历了由萌发经高潮直至衰退的完整过程,可以明显地划分出 3 个喷发亚旋回。

第一亚旋回反映火山活动的序幕到火山活动高潮期,早期以碎屑岩沉积为主,其中火山产物不足 5%,中期火山活动渐强,由基性—中基性熔岩溢流,以熔岩溢流为主,晚期反映火山活动的高潮期,大量基性—中基性火山岩多次爆发、喷溢、火山产物占 90% 以上。第一亚旋回之后,火山经过一段时间的休眠,到第二亚旋回又有几次火山喷发活动,但强度已大为减弱,间歇较多,最后到第三亚旋回火山活动经历了几次小规模火山喷发活动，间歇时间较长、较多，强度明显减弱，火山产物占10%左右，明显地显示出火山作用衰退，直至最后结束。

测区火山岩由西到东，火山作用的强度与规模，在中部的扎苏一带高于西部和东部，成分上，在中部基性—中基性成分多于东、西两侧，岩相上，在中部火山爆发相多于东、西两侧。

时代	群	组	亚旋回	韵律	喷发期	层号	柱状图	厚度(m)	岩性描述	岩相
晚三叠世	结扎群	甲丕拉组	第一亚旋回	4		5		237	灰色厚层状灰岩	沉积相
						4		240	浅灰—灰绿色蚀变玄武岩	喷溢相
				3				270	灰黄色含角砾凝灰岩	爆发
									浅灰—灰绿色蚀变玄武岩夹灰黄色含角砾凝灰岩	喷溢相
				2				218	灰黄色含角砾凝灰岩	爆发
									浅灰—灰绿色蚀变玄武岩夹灰色蚀变粗安岩	喷溢相
				1		3		133	浅灰色蚀变玄武岩夹浅紫红色细粒岩屑长石砂岩	喷溢—沉积相

图 3-43 多尔玛地区晚三叠世结扎群甲丕拉组火山喷发韵律、旋回柱状图（据 VTP$_5$）

（四）火山岩地质特征

1. 火山岩相划分

如前所述，岩相的划分是恢复古火山机构的重要途径，因此对晚三叠世火山岩进行了岩相划分。

（1）爆发相

本岩相见有两种岩石类型。一种为爆发碎屑岩相，次为火山角砾岩，岩相特征是碎屑大小混杂，分选性极差，多为棱角状，岩石缺乏层理，厚度变化很大。多分布在火山口、近火山口处，属于此类岩石的火山岩在第一亚旋回中发育，在其他亚旋回中不发育，仅在扎苏尼通一带分布，组成火山口、近火山口爆发碎屑相。

另一种为爆发火山灰流相，该相指火山强烈爆发时喷出的炽热的火山灰流堆积，碎屑以火山灰为主,次为在塑性状态下熔结而成的熔结火山碎屑岩类。其特征是火山灰粒度较细,呈凝灰级、较均匀,含少量细角砾,在火山口区缺乏灰流堆积,属于此类岩石的火山岩在第一亚旋回中发育,在其他亚旋回中较少见,岩性主要为含角砾凝灰岩、含角砾晶屑岩屑凝灰岩,分布在扎苏尼通、囊极和多尔玛一带。次为在塑性状态下熔结而成的熔结火山碎屑岩,其特征是岩石中含有大量不同大小的塑性岩屑(又名浆屑),属于此类岩石的火山岩在第二亚旋回中见有,但较少,仅分布在囊极一带,岩性为中基性熔结角砾岩,含角砾中基性熔结凝灰岩。

(2) 溢流相

本岩相主要为基性—中基性的熔岩,具流动构造,但流动不远,受后期构造及蚀变破坏保留不好,不易辨认。它分布较广,属于本岩相的火山岩在3个亚旋回中都有产出,远离火山口的溢流相的特征是常夹细粒含角砾晶屑岩屑凝灰岩,如在囊极一带,熔岩流中夹有凝灰岩。

(3) 爆发沉积相

本岩相在喷发带中分布较广,多位于距火山口较远的地方,空间上常常与爆发碎屑相及火山溢流相呈过渡关系。该岩相主要指火山喷发时喷出的火山碎屑物质坠落在积水凹地中形成的堆积物,是沉积火山碎屑岩类,特点是岩石颜色多为灰色、灰绿色,物质主要来自火山爆发相产物,很少混有陆源碎屑、生物碎屑,但常混有水体中化学沉积物,火山碎屑磨圆度较好,呈凝灰级,并依重力分选成层,使岩石具水平层理,并常常呈现韵律层,属于此相的火山岩仅在第二亚旋回中发育,其他亚旋回中不发育,仅分布在囊极一带,岩性为蚀变沉凝灰岩、基性沉凝灰岩。

(4) 次火山岩相

该岩相指与火山同源异相的未喷出地表的火山岩浆的超浅成侵入体,出现于喷发晚期,呈岩墙、岩株、岩脉产出,测区内见有次玄武岩,在第一亚旋回中产出,在其他亚旋回中不发育,仅在扎苏尼通古火山机构附近见有。

2. 火山构造单位划分

测区该火山岩为羌塘陆块火山活动带的一部分,沱沱河—通天河晚古生代及早中生代火山断裂喷发带的扎苏—囊极—多尔玛—郭仓枪玛早中生代晚三叠世火山断裂裂隙式喷发带(Ⅲ)为Ⅲ级,扎苏—囊极—多尔玛—郭仓枪玛中心式—裂隙式火山喷发为Ⅳ级,见有扎苏层状古火机构和日阿吾贤德破火山机构。

3. 古火山机构

通过对火山构造单元、火山旋回和韵律、火山岩相的划分,以及对火山放射状断裂、环状断裂的调查,在侧区东曲柔尕卡幅扎苏新发现一处古火山机构和在日阿吾德贤发现破古火山机构,我们分别称之为扎苏层状古火山机构和日阿吾德贤古火山机构。

(五) 火山岩同位素地质特征及时代

在结扎群甲丕拉组、波里拉组和巴贡组火山岩中取同位素,测试方法有Rb-Sr法、Ar-Ar法、U-Pb法,在所列的成果中其中有3个样品成果较好,2个样品为Rb-Sr等时线(表3-30,图3-44、图3-45)。获得Rb-Sr等时线同位素年龄:甲丕拉组为231±28Ma、波里拉组为225±8Ma。另一个样品为单颗粒锆石U-Pb法测年,获得了上交点年龄为534±161Ma(图3-46),从图中可以看出1、2、3、4号点拟合成的非谐和线与谐和线构成上、下交点年龄,而3号点落在谐和线上,年龄为162±13.1Ma,靠近该点的2、4号点,满足成岩年龄,时代为晚三叠世,表面年龄分别是325±1.7Ma,343±15.9Ma,469±21.9Ma,229±3.3Ma,237±67.2Ma,318±90.4Ma,156±1.2Ma,162±13.1Ma,252±20.4Ma,207±0.9Ma,213±6.7Ma,288±9.2Ma,其中207~237Ma

年龄较多,与 Rb-Sr 等时线同位素给出的年龄相吻合,应属晚三叠世,另在沉积岩所产化石也给予充分证明。Ar-Ar 同位素坪年龄见图 3-47。

表 3-30　测区晚三叠世结扎群火山岩 Rb-Sr 同位素特征值表

旋回	样号	岩石名称	Rb(10^{-6})	Sr(10^{-6})	$^{87}Rb/^{86}Sr$	$^{87}Sr/^{86}Sr$	$\pm 2\sigma$
甲丕拉旋回	VTJD954-4-1	玄武岩	84.43	305.0	0.801 5	0.707 650	15
	VTJD954-4-2	玄武岩	93.95	316.1	0.862 5	0.708 276	15
	VTJD954-4-3	玄武岩	68.44	442.0	0.448 4	0.706 650	12
	VTJD954-4-4	玄武岩	58.58	844.3	0.200 9	0.705 846	12
	VTJD954-4-5	玄武岩	32.98	105.6	0.105 6	0.705 648	12
	VTJD132-1-1	安山岩	10.30	548.0	0.527 5	0.705 55	0.000 03
	VTJD132-1-2	安山岩	2.60	72.14	0.103 9	0.707 52	0.000 02
	VTJD132-1-3	安山岩	11.33	110.2	0.296 3	0.707 43	0.000 03
	VTJD132-1-4	安山岩	24.25	137.3	0.509 4	0.707 71	0.000 04
	VTJD132-1-5	安山岩	16.84	156.0	0.311 2	0.707 12	0.000 04
	VTJD132-1-6	安山岩	12.88	528.0	0.070 27	0.706 31	0.000 03

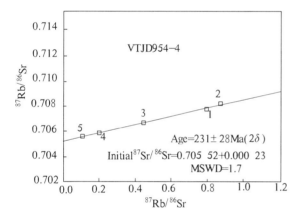

图 3-44　甲丕拉组火山岩 Rb-Sr 等时线图

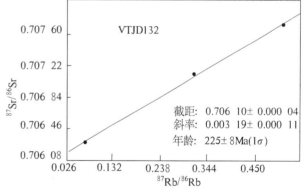

图 3-45　波里拉组 Rb-Sr 同位素谐和图

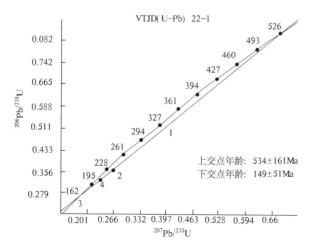

图 3-46　甲丕拉组 U-Pb 同位素谐和图

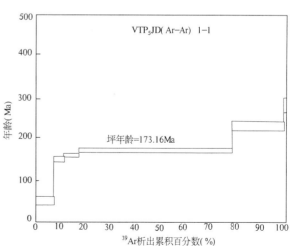

图 3-47　甲丕拉组 Ar-Ar 同位素坪年龄谱图

Sr 同位素的初始比值 Sr＝0.705 22±0.000 23，少于 0.719，表明岩浆（原始）来源于上地幔在上升的过程中受到地壳的混染。

而两个 Sm‐Nd 法同位素样品均未成线，但其 Sm‐Nd 同位素特征参数（表 3‐31）仍具有一定的参考价值。

表 3‐31　测区晚三叠世结扎群火山岩石 Sm‐Nd 同位素特征值表

序号	样号	岩石名称	Sm(10^{-6})	Nd(10^{-6})	$^{147}Sm/^{144}Nd$	$^{143}Nd/^{144}Nd$	$\pm 2\sigma$
甲丕拉组	VTP$_5$JD6‐1	玄武岩	6.206	35.679	0.105 2	0.512 456	8
	VTP$_5$JD6‐2	玄武岩	3.295	12.325	0.161 7	0.513 181	41
	VTP$_5$JD6‐3	玄武岩	7.307	40.576	0.108 9	0.512 534	6
	VTP$_5$JD6‐4	玄武岩	6.613	36.064	0.110 9	0.512 506	6
	VTP$_5$JD6‐5	玄武岩	6.367	33.934	0.113 5	0.512 472	6
	VTP$_5$JD6‐6	玄武岩	6.204	32.627	0.115 0	0.512 934	8
	VTP$_5$JD6‐7	玄武岩	6.480	33.478	0.117 1	0.512 933	6
波里拉组	VTP$_6$JD8‐1	熔岩角砾岩	3.428	12.688	0.163 4	0.512 915	8
	VTP$_6$JD8‐2	熔岩角砾岩	3.309	12.483	0.164 3	0.513 118	23
	VTP$_6$JD8‐3	熔岩角砾岩	3.327	12.356	0.162 9	0.512 978	11
	VTP$_6$JD8‐4	熔岩角砾岩	6.473	36.619	0.106 9	0.512 723	8
	VTP$_6$JD8‐5	熔岩角砾岩	3.426	12.719	0.162 9	0.512 958	12

（六）火山岩岩石类型及其特征

岩石种类繁多，有熔岩及碎屑熔岩、火山碎屑岩两大类。本区整个火山岩系以杏仁构造熔岩较多，火山碎屑中玻屑较少为特征。

1. 熔岩类

（1）玄武岩

岩石呈灰色—浅灰绿色，斑状结构，基质间隐结构，块状构造。岩石由斑晶的基质组成。斑晶含量在 28%～40% 之间，成分是斜长石（25%～35%）和少量暗色矿物（3%～5%）。粒度在 0.37～3.74mm 之间。斜长石呈自形板状、柱状，普遍被帘石化、绿泥石化，局部被碳酸盐化，在岩石中分布均匀，仅保留柱状假象。基质含量 65%～75%，由斜长石、玻璃质和不透明矿物组成。斜长石（40%）呈板柱状、长柱状，普遍被帘石化和碳酸盐化，在岩石中呈杂乱分布，部分略具定向排列，在斜长石空隙之间，充填了隐晶质的玻璃质（23%～33%），后期脱玻化变成绿泥石和碳酸盐矿物。不透明矿物（2%～3%）微粒状，零星分布。此类岩石产于第一、第二亚旋回中，分布范围较广，成分变化不大，蚀变较强。

（2）玄武安山岩

岩石呈灰绿色，斑状结构，基质具间隐结构，杏仁状构造和块状构造。岩石由斑晶的基质组成。斑晶在 3%～12% 之间，由斜长石和暗色矿物组成。斜长石多呈半自形板柱状，具不明显的环带构造，次生变化后完全被绢云母化、碳酸盐化。暗色矿物为角闪石，全部被绿泥石交代。基质含量 67%～70%，由斜长石、暗色矿物和不透明矿物组成。粒度在 0.048～2.024mm 之间，斜长石（48%～53%）呈长柱状、针状，略具定向排列。暗色矿物（17%）为普通角闪石，呈微粒状不甚均匀充填在长石微晶之间，次生变化后被绿帘石化。不透明矿物（2%～3%）呈微粒状分布。部分岩石中见有杏仁体,大小相近,呈云朵状外形,具花边,组成花边是球粒状石英,内部为绿泥石集合体充填,零星分布。此类岩石产于第一、第二亚旋回中,分布范围较广,成分变化不大,蚀变较强。

(3)安山岩

岩石呈灰褐色—灰绿色,斑状结构,基质交织结构,杏仁状构造或块状构造。岩石由斑晶的基质组成。斑晶含量在30%～33%之间。

(4)英安岩

岩石呈灰紫色,斑状结构,基质具微粒结构,流动构造或块状构造。岩石由斑晶和基质组成。斑晶为4%～5%,由更长石、石英和正长石组成。更长石(3%)呈自形板状晶体,聚片双晶发育,双晶带细而密,次生变化后轻微地被绢云母交代,长轴排列方向与岩石构造方向一致。正长石(10%)呈自形柱状晶体,具卡斯巴双晶。石英(1%)呈自形粒状晶体,裂纹发育,具有方向性排列,且与岩石构造方向一致。

基质含量95%～96%,由更长石、石英、绢云母、方解石、磁铁矿、锆石组成。更长石(50%～55%)呈微粒状晶体,石英(28%～38%)呈显微粒状晶体,彼此紧密接触镶嵌,不甚均匀分布,局部见有不规则的粒状石英组成主晶,其中包含着杂乱分布的长石微晶,成团块状分布,绢云母(4%)呈鳞片状不甚均匀分布在石英、更长石之间,磁铁矿(2%)呈粒状晶体和质点状褐铁矿不甚均匀分布在石英、更长石之间,方解石(1%)呈微粒状不甚均匀分布在石英之间。见有流动构造。此类岩石产于第一亚旋回中,分布范围较小,仅在囊极一带出露。

(5)粗玄岩

岩石呈浅灰色、深灰色、灰绿色等,斑状结构,基质具间粒间隐结构,块状构造。岩石由斑晶与基质两部分组成。斑晶(3%～35%)由基性斜长石、单斜辉石组成。基性斜长石(35%)呈自形板块晶体,聚片双晶发育,双晶带较宽,次生变化后完全被绢云母、绿泥石、碳酸盐交代,仅保留着晶体的假象,长轴排列方向与岩石构造方向一致。单斜辉石(3%),呈自形柱状晶体,次生变化后完全被碳酸盐交代。

基质(65%～97%)由基性斜长石、普通辉石、黑云母、石英和磁铁矿少量组成。

基性斜长石(55%)呈半自形的长柱状晶体,交插排列,格架状分布,次生变化后被绢云母、绿泥石、碳酸盐交代。普通辉石(8%)呈粒状晶体,不甚均匀充填在其空隙之间,次生变化后被绿泥石、绿帘石交代,黑云母呈片状晶体不甚均匀充填在其空隙中,次生变化后被绿泥石交代,石英呈微粒状不均匀充填在其空隙中。此类岩石产于第一、第三亚旋回中,分布范围较大,但不广,仅在扎苏和郭仓尼亚陇巴一带,成分变化较大,两亚旋回中岩石成分区别较大,第一亚旋回中斑晶含量较多,达35%,为基性斜长石,而第三亚旋回中斑晶含量仅3%,矿物为单斜辉石和拉长石;在第一亚旋回中基质含量65%,矿物为基性斜长石(55%),普通辉石(8%)、石英和磁铁矿少量,而第三亚旋回中岩石基质含量达97%,由拉长石(81%)、单斜辉石(6%)、基性玻璃(7%)、磁铁矿(3%)等组成。反映二者虽岩性相同,但其矿物含量明显不同,反映了两亚旋回岩浆成分的差异。

2. 火山碎屑

区内火山碎屑岩包括熔结火山碎屑岩、正常火山碎屑岩、沉积火山碎屑岩和火山碎屑沉积岩四大类。

(1)熔结(岩)火山碎屑岩

熔结火山碎屑岩系指火山碎屑物大于60%,并以熔结方式成岩的火山碎屑岩,主要有蚀变中基性熔岩角砾岩。仅分布在测区囊极一带的第二亚旋回中。

岩石具熔岩角砾状结构,块状构造。角砾由岩屑和胶结物组成。角砾岩屑均为火山岩,含量60%,角砾大小相近,呈次棱角状、次磨圆状外形。胶结物含量40%,由基性熔岩组成。

(2) 正常火山碎屑岩

此类岩石系由火山喷发碎屑物质坠落后经压结而形成的,其中正常火山成因碎屑占95％以上,仅在第一亚旋回中见有安山质火山集块岩、玄武质集块岩、含角砾晶屑岩屑凝灰岩、中基性火山角砾岩。

(3) 沉积火山碎屑岩

此类岩石特征是正常火山成因碎屑物占岩石80％～82％,成分单一,非火山成因混入物占18％～20％,主要为方解石,经压结和水化学胶结成岩。岩石多为灰色、灰绿色。仅在囊极一带的第二亚旋回中见有沉凝灰岩、基性沉凝灰岩。

(七) 岩石化学及地球化学特征

1. 岩石化学特征

(1) 岩石化学分类

测区晚三叠世结扎群甲丕拉组、波里拉组、巴贡组火山岩岩石化学含量见表3-32,将熔岩类投点于国际地科联1989推荐的划分方案TAS(图3-48),巴贡组火山岩落在玄武岩和玄武粗安岩区,波里拉组火山岩落在玄武安山岩区;甲丕拉组火山岩落在玄武岩、粗面玄武岩、玄武粗安岩、粗安岩、英安岩中。从投图情况来

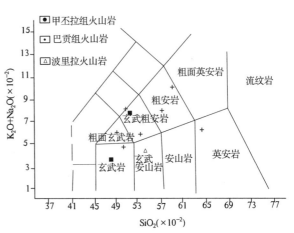

图3-48 火山岩TAS图解

看与实际镜下鉴定有误差,其原因可能是与H_2O^+含量有关,绝大多数样品$H_2O^+>2\%$,而把$H_2O^+>2\%$样品投在李兆鼐图中来修正TAS图所投误差,测区巴贡组火山岩可划分为玄武岩、粗安岩两个岩石类型;波里拉组火山岩可划分为玄武安山岩型;甲丕拉组火山岩可划分为碱性玄武岩、玄武岩、英安岩等岩石类型,上述样品的K_2O含量变化巴贡组在$0.39\times10^{-2}\sim0.48\times10^{-2}$之间,变化范围较小;波里拉组在$0.62\times10^{-2}\sim1.58\times10^{-2}$之间,变化范围略大;甲丕拉组火山岩在$0.25\times10^{-2}\sim3.16\times10^{-2}$之间,变化范围较大,在$SiO_2-K_2O$分类图(图3-49)中,巴贡组火山岩为中—低钾,以中钾为主,波里拉组火山岩为中—高钾,以高钾为主,甲丕拉组火山岩为中—高钾,以中钾为主。

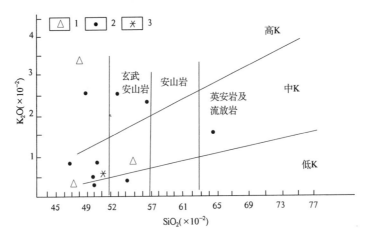

图3-49 火山岩SiO_2-K_2O图解

1.晚三叠世结扎群巴贡组火山岩;2.晚三叠世结扎群甲丕拉组火山岩;3.晚三叠世结扎群波里拉组火山岩

分析结果表明,测区火山岩样品 H_2O^+ 及烧失量均较高,表明本区岩石均遭受过一定程度的蚀变(变质)作用(低绿片岩相的变质作用)。

①碱玄岩:SiO_2 含量为 $46.32\times10^{-2}\sim50.03\times10^{-2}$;$K_2O+Na_2O$ 为 $7.69\times10^{-2}\sim5.61\times10^{-2}$,且多数 $K_2O>Na_2O$,CaO 含量为 $4.61\times10^{-2}\sim8.98\times10^{-2}$,$TiO_2$ 含量为 $0.90\times10^{-2}\sim1.19\times10^{-2}$,以低硅,高钾、钛为特征。

②玄武岩类:巴贡组火山岩玄武岩 SiO_2 含量为 47.62×10^{-2};K_2O+Na_2O 为 3.42×10^{-2},且 $K_2O<Na_2O$,CaO 为 8.17×10^{-2},TiO_2 为 1.81×10^{-2},以低硅,中钾、高钙、钛为特征。

甲丕拉组中玄武岩 SiO_2 含量为 $46.81\times10^{-2}\sim51.82\times10^{-2}$,平均为 49.86×10^{-2};K_2O+Na_2O 为 $3.22\times10^{-2}\sim4.96\times10^{-2}$,平均为 3.99×10^{-2},CaO 含量为 $7.24\times10^{-2}\sim14.66\times10^{-2}$,平均为 9.78×10^{-2},TiO_2 含量为 $0.55\times10^{-2}\sim1.17\times10^{-2}$,平均为 0.80×10^{-2},K_2O 含量为 $0.5\times10^{-2}\sim1.13\times10^{-2}$,平均为 0.83×10^{-2},且 $K_2O<Na_2O$,以低硅,中钾、钛、高钙、富钠为特征。

③玄武安山岩类:巴贡组火山岩玄武安山岩 SiO_2 含量为 47.62×10^{-2};K_2O 含量为 0.39×10^{-2},CaO 为 8.17×10^{-2},TiO_2 为 1.81×10^{-2},为低硅、钾、高钙、钛为特征。

甲丕拉组中玄武安山岩 SiO_2 含量为 $52.82\times10^{-2}\sim55.65\times10^{-2}$,平均为 54.48×10^{-2};K_2O+Na_2O 为 $4.37\times10^{-2}\sim6.05\times10^{-2}$,平均为 5.13×10^{-2},CaO 含量为 $3.65\times10^{-2}\sim7.69\times10^{-2}$,平均为 6.04×10^{-2},K_2O 含量为 $0.25\times10^{-2}\sim2.53\times10^{-2}$,平均为 1.35×10^{-2},TiO_2 含量为 $0.69\times10^{-2}\sim1.04\times10^{-2}$,平均为 0.78×10^{-2},且 $K_2O<Na_2O$,为低硅,中钾、钛,高钙为特征。

④安山岩类:甲丕拉组中安山岩 SiO_2 为 $53.39\times10^{-2}\sim57.98\times10^{-2}$,平均为 55.69×10^{-2};K_2O+Na_2O 为 $5.70\times10^{-2}\sim6.32\times10^{-2}$,平均为 6.01×10^{-2},CaO 为 $4.28\times10^{-2}\sim4.24\times10^{-2}$,平均为 4.24×10^{-2},K_2O 为 $1.28\times10^{-2}\sim1.49\times10^{-2}$,平均为 1.39×10^{-2},TiO_2 为 $0.70\times10^{-2}\sim1.63\times10^{-2}$,平均为 0.67×10^{-2},以低硅、钙,中钾、钛为特征。

⑤粗安岩类:巴贡组中有 1 个样品,另有 2 个样品为甲丕拉组中的火山岩。巴贡组中的粗安岩 SiO_2 为 54.27×10^{-2},K_2O+Na_2O 为 7.31×10^{-2};K_2O 为 0.48×10^{-2},CaO 为 4.12×10^{-2},TiO_2 为 1.38×10^{-2},且 $K_2O<Na_2O$,为低硅、钙,中钾、高钛为特征。甲丕拉组中粗安岩据 2 个样品 SiO_2 为 $56.32\times10^{-2}\sim59.37\times10^{-2}$,平均为 57.85×10^{-2};K_2O+Na_2O 为 $8.48\times10^{-2}\sim9.76\times10^{-2}$,平均为 9.12×10^{-2},CaO 为 $5.11\times10^{-2}\sim1.79\times10^{-2}$,平均为 3.45×10^{-2},K_2O 为 $2.44\times10^{-2}\sim2.78\times10^{-2}$,平均为 2.61×10^{-2},TiO_2 为 $0.60\times10^{-2}\sim0.69\times10^{-2}$,平均为 0.65×10^{-2},$K_2O<Na_2O$,以低钙,中硅、钾,高钛为特征。

⑥英安岩:仅见有 1 个样品在甲丕拉组中,其 SiO_2 为 64.40×10^{-2},K_2O+Na_2O 为 5.93×10^{-2};K_2O 为 1.51×10^{-2},CaO 为 2.90×10^{-2},TiO_2 为 0.61×10^{-2},且 $K_2O<Na_2O$,以低钙,中钛、高钾、硅为特征。

(2)岩石化学特征

测区火山岩岩石化学成分见表 3-32,CIPW 标准矿物、岩石化学特征参数列于表 3-33、表 3-34 中,岩石化学成分变化规律如下。

①在表 3-32 中 SiO_2 含量介于 $38.46\times10^{-2}\sim64.46\times10^{-2}$ 之间,变化范围较大,区间较宽,应属基性—中基性—中性—酸性岩类,但总体以基性—中基性为主。

②TiO_2 含量介于 $0.48\times10^{-2}\sim1.87\times10^{-2}$ 之间,为低钛—中钛岩石。反映出火山岩浆由基性—酸性,由中钛变低钛。

③绝大多数样品 $K_2O<Na_2O$,富钠为本区火山岩共同特征,并且由基性—中性—酸性由富钠贫钾向富钾贫钠过渡,K_2O 的含量由基性—酸性增加,岩石总体应属中钾—高钾系列。

总之测区火山岩的岩石化学基性岩以贫硅、钾,高钛、钙为特征;中性岩类以低硅,中钾、钛、钙

表 3-32 测区中晚三叠结扎群甲丕拉、波里拉、巴贡组火山岩岩石化学含量表

氧化物组合及含量（×10⁻²）

时代	群	地层 组	旋回	样号	岩石名称	SiO₂	TiO₂	Al₂O₃	Fe₂O₃	FeO	MnO	MgO	GaO	Na₂O	K₂O	P₂O₅	H₂O⁺	LOS	Σ
晚三叠世	结扎群	巴贡组	第一旋回	VTP₃Gs2-1	玄武岩	47.62	1.81	14.77	2.97	7.14	0.11	5.68	8.17	3.03	0.39	0.42	4.77	7.49	99.62
				VT2705	英安质含角砾凝灰岩	40.64	0.92	11.45	0.84	2.73	0.30	2.90	18.58	4.30	0.41	0.48	2.34	16.11	99.67
				VT908	蚀变玄武粗安岩	54.27	1.38	16.30	1.43	6.17	0.11	4.19	4.12	6.83	0.48	0.52	3.11	3.71	99.51
				VT1053	英安质火山角砾熔岩	45.98	1.61	16.12	6.05	2.45	0.21	5.38	9.58	3.56	0.52	0.75	2.96	7.54	99.76
			第二旋回	VTP₆Gs8-1	中基性熔岩角砾岩	49.98	0.67	16.30	2.01	3.40	0.11	3.43	7.95	5.09	1.76	0.23	4.02	9.00	99.94
		波里拉组		VTGs132-1	蚀变玄武安山岩	54.61	0.94	17.17	4.10	3.82	0.28	6.95	2.59	3.10	0.89	0.26	4.58	5.00	99.70
		甲丕拉组	第三旋回	VTP₅Gs6-1	蚀变碱性玄武安山岩	56.32	0.60	16.74	5.84	1.12	0.14	1.55	5.11	6.04	2.44	0.34	1.75	3.24	99.38
				VTP₅Gs7-1	蚀变碱性玄武岩	49.70	0.90	19.23	2.02	3.55	0.13	2.24	6.12	6.71	0.55	0.13	4.17	8.11	99.48
				VTGs954-3	蚀变杏仁状玄武岩	52.80	0.79	17.56	2.61	5.38	0.18	4.69	5.56	2.89	2.53	0.29	3.89	4.39	99.69
				VTGs954-4	蚀变杏仁状玄武岩	50.05	0.66	17.20	3.49	3.34	0.16	4.08	9.05	4.10	0.86	0.38	3.78	6.19	99.56
				VTGs131	蚀变玄武岩	48.89	1.12	17.74	3.82	6.16	1.25	7.77	2.44	2.45	3.16	0.16	4.51	4.88	99.84
				VTGs130	蚀变英安岩	64.40	0.61	12.95	5.10	1.94	0.23	2.06	2.90	4.42	1.51	0.13	1.87	3.14	99.39
				VTP₅Gs6-3	蚀变粗安岩	59.37	0.69	17.76	5.69	1.07	0.13	1.15	1.79	6.98	2.78	0.38	1.74	1.97	99.76

表 3-33 测区晚三叠世结扎群甲丕拉、波里拉、巴贡组火山岩 CIPW 标准矿物表

时代	群	地层 组	样号	岩石名称	Ap	Il	Mt	C	Q	Or	Ab	An	Wo	En'	Fs'	En	Fs	Fo	Fa	Ne	SUM
晚三叠世	结扎群	巴贡组	VTP₃Gs2-1	玄武岩	0.479	1.789	2.242	49.719	0.067	1.200	13.145	19.670				7.365	4.099				99.974
			VT2705	英安质含角砾凝灰岩	1.257	2.091	1.457		3.896	2.901	43.556	12.839	14.275	9.112	4.237						95.621
			VT908	蚀变玄武粗安岩	1.187	2.737	2.165			2.961	60.328	12.947	2.024	1.101	0.852	1.269	2.386	3.596	7.453		101.004
			VT1053	英安质火山角砾熔岩	1.783	3.327	4.557			3.345	32.783	28.804	7.744	4.982	1.865	3.75	1.993	3.578	2.096		100.152
			VTP₆Gs8-1	中基性熔岩角砾岩	0.553	1.400	3.204			11.440	38.194	18.067	9.877	6.428	2.770	18.297	5.561				99.971
	波里拉组		VTGs132-1	蚀变玄武安山岩	0.601	1.888	4.637	7.420		5.561	27.731	11.788				18.297	5.561	2.079	0.987	4.972	99.971
	甲丕拉组		VTP₅Gs6-1	蚀变碱性玄武安山岩	0.774	1.187	4.995		0.855	15.021	53.254	11.831	5.123	2.860	2.060	1.163	0.837				99.961
			VTP₅Gs7-1	蚀变碱性玄武岩	0.310	1.873	3.209			3.563	48.516	22.705	4.022	2.330	1.505			2.650	1.887	7.416	99.987
			VTGs954-3	蚀变杏仁状玄武岩	0.664	1.574	3.971	0.683		15.689	25.666	26.958				12.257	7.086				99.965
			VTGs954-4	蚀变杏仁状玄武岩	0.889	1.345	4.080		5.415	5.448	37.192	27.861	7.355	4.727	2.140	5.338	3.688	0.068	0.052		100.184
			VTGs131	蚀变玄武岩	0.367	2.239	5.833	6.565		19.666	21.833	11.653				20.380	9.089				99.996
			VTGs130	蚀变英安岩	0.295	1.206	4.870	2.372	23.921	19.289	38.935	11.489	1.089	0.625	0.416	4.716	3.317				99.987
			VTP₅Gs6-3	蚀变粗安岩	0.850	1.343	5.194	2.859		16.894	60.532	6.560				2.937	1.854				99.955
			VQGs2122	橄榄玄武岩	2.170	1.103	4.097	4.673		7.050	19.303	12.918	23.968	16.403	5.664	1.877	0.648				99.874

为特征；酸性岩类以高硅、钾，中钛，低钙为特征。

(3) 主要岩石化学参数

① 里特曼指数(表 3-34)σ=0.031~7.163，变化范围较大。

② 分异指数 DI 绝大多数为 14.612~80.285，变化范围较大，表明岩浆分异演化趋势由基性—中性—酸性增大。

③ 固结指数 SI=6.58~39.248，变化范围较宽。

④ 碱钙指数 FI 绝大多数在 11.294~84.518，变化范围较大。

⑤ 铁镁指数 FM 在 0.518~0.859 之间，变化范围不大，指数明显偏低。

(4) CIPW 标准矿物特征

从表 3-33 可知，基性岩类有 4 个组合，即 Q、Or、Ab、An、C、Hy 铝过饱和类型 SiO_2 过饱和，Or、Ab、An、Di、Ne、Ol 正常类型 SiO_2 极度不饱和，Q、Or、Ab、An、Di、Hy 正常类型 SiO_2 过饱和，Or、Ab、An、Ol、Hy 正常类型 SiO_2 低度不饱和。中性岩类有 3 个组合，即 Q、Or、Ab、An、Di、Hy 正常类型 SiO_2 过饱和，Or、Ab、An、Di、Hy、Ol 正常类型 SiO_2 极度不饱和，Q、Or、Ab、An、C、Hy 铝过饱和类型 SiO_2 过饱和。酸性岩为 Q、Or、Ab、An、Di、Hy 正常类型 SiO_2 过饱和。大多数为正常类型 SiO_2 过饱和。

(5) 火山岩的碱度、系列及组合划分

将测区熔岩类样品在 $Ol'-Ne'-Q'$ 图解(图 3-50)中，样品全部落在亚碱性系列。在 AFM 三角图解(图 3-51)中，绝大多数样品落在钙碱性系列，仅有 3 个样品落在拉斑玄武岩系列，并靠近钙碱性系列，里特曼指数显示有碱性系列存在。

综上所述，测区晚三叠世火山岩属钙碱性系列—碱性系列。

2. 岩石地球化学特征

(1) 火山岩稀土元素地球化学特征

测区火山岩稀土元素含量及特征参数值见表 3-35，用推荐的球粒陨石平均值标准化后分别作配分模式图(图 3-52、图 3-53、图 3-54)显示有如下特征。

① 由表(表 3-35)中可知，$\sum REE$ 为 $47.11 \times 10^{-6} \sim 338.37 \times 10^{-6}$，含量变化范围较大，其中第三亚旋回(巴贡组) $\sum REE$ 为 $153.04 \times 10^{-6} \sim 227.15 \times 10^{-6}$，平均为 196.12×10^{-6}；第二亚旋回(波里拉组) $\sum REE$ 为 $49.20 \times 10^{-6} \sim 338.37 \times 10^{-6}$，变化范围较大，平均为 135.88×10^{-6}；第一亚旋回(甲丕拉组) $\sum REE$ 为 $47.11 \times 10^{-6} \sim 307.21 \times 10^{-6}$，变化范围较大，平均为 129.64×10^{-6}；明显可以看出稀土总量随着第一亚旋回—第二亚旋回—第三亚旋回增加；在同一亚旋回其稀土总量由基性—中性—酸性均渐增加，并且喷溢相高于爆发相。

② 稀土元素配分曲线均为右倾斜型，轻稀土元素 $\sum Ce=25.72 \times 10^{-6} \sim 303.36 \times 10^{-6}$，重稀土元素 $\sum Y=14.23 \times 10^{-6} \sim 146.85 \times 10^{-6}$，变化范围均较大，轻重稀土比值 $\sum Ce/\sum Y=1.01 \sim 11.70$，变化范围较大，$\delta Eu=0.74 \sim 1.46$，有部分铕异常(亏损)。在第一亚旋回中 $\sum Ce/\sum Y=1.01 \sim 11.70$，平均 2.48；第二亚旋回中 $\sum Ce/\sum Y=1.09 \sim 8.66$，平均 3.60，第三亚旋回中 $\sum Ce/\sum Y=1.66 \sim 5.72$，平均 3.84，明显反映出稀土配分曲线由第一亚旋回—第二亚旋回—第三亚旋回变陡。

③ 主要稀土特征参数：$Sm/Nd=0.17 \sim 0.28$，变化范围较窄，且均小于 3.3，反映轻稀土富集型；$La/Yb=1.56 \sim 42.69$，变化范围较大，区间宽，$Gd/Yb=1.32 \sim 3.98$，变化范围较小，说明重稀土不富集；$Eu/Sm=0.21 \sim 2.78$ 变化范围较大，$La/Lu=3.13 \sim 544.45$ 变化范围较大，$La/Ce=0.21 \sim 1.26$，$Yb/Lu=6.10 \sim 6.83$ 变化范围较小，与岛弧相似。$(Ce/Yb)_N=1.54 \sim 23.73$，$(La/Yb)_N=1.05 \sim 59.44$，$(La/Sm)_N=0.82 \sim 9.23$，变化范围较大，绝大多数大于 1。曲线均为右倾斜型，表明轻稀土富集。

表 3-34 测区晚三叠世结扎群甲丕拉、波里拉、巴贡组火山岩岩石化学特征参数表

时代	群	组	样号	岩石名称	岩石化学特征参数									
					σ	SI	FL	ANT	DI	NK	OU	OX	LI	M/F	N/K	AR	MF
晚三叠世	结扎群	巴贡组	VTP₃Gs2-1	玄武岩	-8.396	29.570	29.504	61.746	14.612	1.780	3.238	0.269	18.875	0.131	8.153	1.057	0.859
			VT2705	英安质含角砾凝灰岩	5.638	25.938	20.225	7.772	50.353	5.638	6.839	0.199	-13.560	0.616	15.933 3	1.372	0.552
			VT908	蚀变英武粗安岩	4.265	21.938	63.957	6.861	63.288	7.630	5.458	0.170	2.809	0.458	21.628	2.115	0.645
			VT1053	英安质火山角砾熔岩	2.802	30.493	29.869	7.801	36.127	4.440	3.662	0.321	-7.856	0.477 7	10.403	1.377	0.603
			VTP₆Gs8-1	中基性熔岩角砾岩	4.744	21.860	46.286	16.727	54.605	7.734	6.559	0.340	1.894	0.456	4.395	1.787	0.612
		波里拉组	VTGs132-1	蚀变玄武安山岩	1.208	37.058	60.608	14.961	49.779	4.218	3.711	0.349	1.863	0.625	5.293	1.506	0.529
		甲丕拉组	VTP₅Gs6-1	蚀变粗安岩	4.980	9.262	62.398	17.835	69.130	8.835	9.309	0.457	8.373	0.153	3.763	2.269	0.812
			VTP₅Gs7-1	蚀变玄武粗安岩	5.526	14.864	54.260	13.911	59.495	7.954	8.101	0.331	3.710	0.290	18.529	1.803	0.713
			VTGs954-3	蚀变玄武粗安岩	2.604	25.910	49.366	18.568	46.771	5.688	4.583	0.297	2.076	0.435	1.736	1.613	0.630
			VTGs954-4	蚀变杏仁状玄武岩	2.654	25.851	35.402	19.936	42.640	5.317	5.138	0.356	-2.389	0.428	7.245	1.466	0.623
			VTGs131	蚀变碱性玄武岩	4.114	33.260	69.686	13.657	43.870	5.908	7.941	0.316	-1.686	0.516	1.178	1.641	0.562
			VTGs130	蚀变英安岩	1.585	13.876	67.165	13.984	72.145	6.173	8.780	0.429	11.718	0.200	4.449	2.196	0.769

表 3-35 测区晚三叠世结扎群甲丕拉、波里拉、巴贡组火山岩岩石稀土元素含量表

稀土元素含量(×10⁻⁶)

时代	群	组	样号	岩石名称	La	Ce	Pr	Nd	Sm	Eu	Gd	Tb	Dy	Ho	Er	Tm	Yb	Lu	Y	Σ
晚三叠世	结扎群	巴贡组	VTP₃Gs2-1	玄武岩	18.82	39.81	5.63	23.98	5.71	2.16	6.43	1.05	6.78	1.34	3.88	0.59	3.75	0.56	33.19	153.04
			VT2705	英安质含角砾凝灰岩	31.95	75.22	8.64	33.65	6.13	2.87	5.71	0.88	4.79	0.92	2.34	0.36	2.07	0.32	22.75	198.60
			VT908	蚀变英武粗安岩	38.71	74.63	9.11	34.44	6.22	1.76	5.43	0.85	4.78	0.99	2.54	0.38	2.51	0.37	22.97	205.69
			VT1053	英安质火山角砾熔岩	40.67	88.92	11.27	42.53	7.55	2.42	5.92	0.82	4.19	0.79	2.05	0.29	1.69	0.26	17.78	227.15
			VTP₆Gs8-1	中基性熔岩角砾岩	23.34	45.53	5.41	21.04	3.90	1.18	3.57	0.58	3.52	0.75	2.10	0.34	2.17	0.34	17.37	131.34
		波里拉组	VTGs132-1	蚀变玄武安山岩	25.00	49.42	6.36	24.16	4.24	1.41	3.38	0.48	2.42	0.48	1.32	0.21	1.27	0.20	12.64	132.09
		甲丕拉组	VTP₅Gs6-1	蚀变粗安岩	55.32	95.81	11.53	40.91	7.15	1.73	5.72	0.82	4.89	0.98	2.81	0.44	2.81	0.41	24.04	255.38
			VTP₅Gs7-1	蚀变玄武粗安岩	9.87	19.53	2.73	11.39	3.03	0.78	3.40	0.60	3.97	0.88	2.38	0.38	2.58	0.40	19.68	81.61
			VTGs954-3	蚀变玄武粗安岩	28.59	52.31	5.84	21.12	4.32	1.26	3.69	0.57	3.51	0.72	1.93	0.32	2.05	0.30	17.11	143.64
			VTGs954-4	蚀变杏仁状玄武岩	37.38	69.75	7.87	29.81	5.34	1.47	4.56	0.72	4.19	0.86	2.52	0.41	2.78	0.42	21.67	189.71
			VTGs131	蚀变碱性玄武岩	3.78	17.96	1.84	9.27	2.90	0.95	3.76	0.65	4.05	0.82	2.42	0.38	2.43	0.38	21.45	73.04
			VTGs130	蚀变英安岩	24.04	62.30	9.44	44.51	12.46	3.59	15.18	2.59	16.69	3.33	10.03	1.52	10.43	1.57	85.52	303.19
			VTP₅Gs6-3	蚀变英安岩	68.97	117.20	13.75	46.07	8.01	1.70	6.75	1.01	5.75	1.20	3.31	0.56	3.69	0.57	28.67	307.21

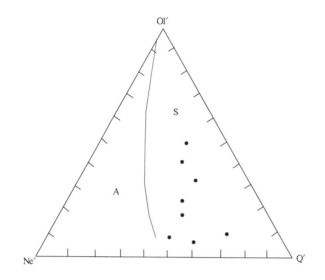

图 3-50 火山岩 Ol′-Ne′-Q′图解

(据 Irvine T N 等,1971)

A.碱性系列;S.亚碱性系列

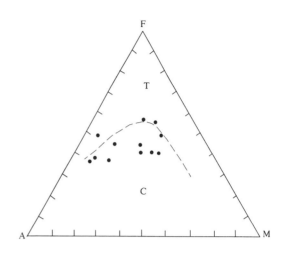

图 3-51 火山岩 AFM 三角图解

(据 Irvine T N 等,1971)

T.拉斑玄武岩系列;C.钙碱性系列

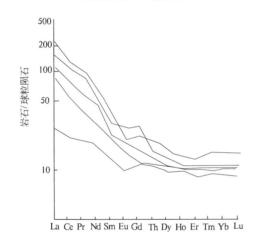

图 3-52 波里拉组火山岩稀土元素配分模式图

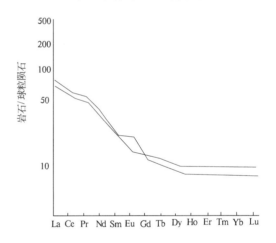

图 3-53 甲丕拉组火山岩稀土元素配分模式图

④火山岩中同岩性中溢流相ΣREE 高于爆发相的 ΣREE,酸性岩的ΣREE 高于中性、基性岩,并由基性—中性—酸性岩增加趋势。

(2)火山岩微量元素地球化学特征

测区晚三叠世结扎群火山岩的微量元素分析数据列于表 3-36 中,由表可知微量元素有如下特征。

①铁族元素:Ni、Cr 低于泰勒(1964,后同)平均值,Co、V 高于泰勒平均值,并且酸性岩高于基性—中性岩及泰勒平均值。第三亚旋回 Ni、Cr、Co、V 高于第二亚旋回,高于第一亚旋回,并且从早到晚 Ni、Cr、Co、V 有增加趋势,岩性由基性—中性—酸性呈增加的趋势。

②成矿元素:Cu、Pb、Zn 等元素,其中 Cu、Pb 较低,

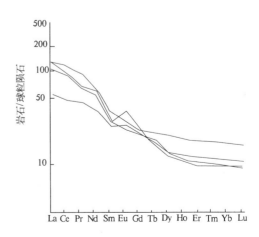

图 3-54 巴贡组火山岩稀土元素配分模式图

表 3-36 测区中晚三叠世结甲丕拉、波里拉、巴贡组火山岩微量元素含量表（×10⁻⁶）

样号	La	Be	Nb	Sc	Ga	Zr	Th	Sr	Ba	V	Co	Cr	Ni	Cu	Pb	Zn	W	Mo	Ag	As	Sn	Sb	Rb	Ta	Bi	Au
VTP₃Dy2-1	71.3	1.2	8.5	32.0	14.9	187	1.7	333	156	238.6	29.3	153.7	76.2	54.6	3.6	83	0.26	0.55	0.002 6	0.9	1.1	0.05	2.0	1.1		0.6
DyVT2705				15.3		12.1	4.4	529	208		10.9	16.8	32.0	18.4	22.6	50.7						23.00				
DyVT1053			23.7	20.0		155	2.7	933	507		29.7	68.0	90.0	19.0	23.0	136							18.0	1.87		
VTP₂Dy4-1	102.0	1.2	10.6	32.0	13.7	143	1.3	236	113	218.5	33.3	126.7	77.3	15.0	11.6	129	0.45	0.23	0.020	0.4	1.0	0.18	20.0	0.6		0.4
VTP₂Dy9-1	82.9	1.1	10.6	32.0	16.2	172	1.6	429	705	230.5	31.3	97.4	79.3	24.0	5.3	95	0.52	0.26	0.020	0.5	1.1	0.06	5.5	0.5		0.4
VTP₂Dy13-1	91.7	1.4	10.7	36.9	21.0	240	2.0	196	151	301.6	39.0	121.0	75.9	33.0	13.2	171	0.73	0.47	0.034	0.8	1.9	0.05	3.0	0.6		0.7
VTP₆Dy8-1	48.0	1.5	10.5	15.4	12.7	87	6.6	557	752	150.5	40.4	14.3	104.0	58.3	12.7	109	0.89	0.28	0.032	7.8	1.0	0.15	33.3	0.7	0.10	1.1
VTDy132-1			3.2	19.7		72.4	1.3	739	63		28.9	26.0	56.0	9.5	12.8	176							15.0	0.5		
VTP₅Gs6-1	16.3	1.9	25.8	11.4	17.9	212	28.9	220	552	115.2	11.9	7.3	7.9	18.6	12.3	73	2.19	0.95	0.094	8.7	1.0	0.30	35.9	1.7	0.05	0.4
VTP₅Gs7-1	125.6	1.1	4.2	32.4	19.2	83	3.4	117	116	211.4	17.0	15.8	11.0	74.3	12.3	357	0.94	0.20	0.056	4.0	1.0	0.26	7.7	0.5	0.05	0.6
VTP₅Dy6-1	16.3	1.9	25.8	11.4	17.9	212	28.9	220	552	115.2	11.9	7.3	7.9	18.6	12.3	73	2.19	0.95	0.055	8.7	1.0	0.30	35.9	1.7	0.05	0.5
VTP₅Dy6-2	23.3	4.1	16.3	7.6	39.3	123	16.8	1 171	110	143.0	12.4	10.1	8.7	7.6	62.7	110	1.22	0.67	0.026	25.5	1.0	1.03	3.0	0.6	0.05	0.4
VTP₅Dy6-3	33.7	2.1	38.3	9.9	21.5	318	34.6	372	2 357	94.4	16.8	5.0	10.8	77.3	26.6	377	1.39	1.03	0.094	301.4	1.2	0.71	66.3	1.5	0.05	0.4
VTP₅Dy7-1	125.6	1.1	4.2	32.4	19.2	83	3.4	117	116	211.4	17.0	15.8	11.0	74.3	12.3	357	0.94	0.20	0.056	4.0	1.0	0.26	7.7	0.5	0.05	0.6

低于泰勒平均值,而 Zn 较高,高于泰勒平均值。另 Cu、Pb 基性岩类高于中性和酸性岩类,而 Zn 基性岩类低于中性、酸性岩类,酸性岩类最高。

③稀有分散元素:Zr、Ba、Be、Sr 等元素,其中 Zr、Be 低于泰勒平均值,Ba、Sr 略高于泰勒平均值,其中 Ba 在酸性岩中最高,高于中性—基性岩。

④同洋中脊玄武岩标准化的微量元素(Pearce,1982)相比:K、Rb、Ba、Th 较强富集,并伴有 Sr、Ta、Nb、Ce 富集,部分 Sm 富集,以及部分 Zr、Hf、Sm、Ti、Y、Yb、Sc、Cr 亏损,低于 MORB 标准值,其配分型式总体上具有相似性,说明岩浆来自相同源区。

(八)火山岩成因

1. 岩浆来源(玄武岩原始岩浆来源)

(1)同位素依据

测区在晚三叠世结扎群甲丕拉组和波里拉组火山岩中均取同位素样,其中在甲丕拉组获取 $^{87}Sr/^{86}Sr$ 初始值 0.705 22±0.000 23,小于 0.719,岩浆岩低 $^{87}Sr/^{86}Sr$ 初始值和正 εNd 表明它们起源于(来源)于地幔。

(2)微量元素组分证据

玄武岩部分微量元素比值,与 Wearer(1991)地幔参数进行对比可知,大多数元素比值位于原始地幔与陆壳之间,并靠近原始地幔。在 Nb-Zr 和 Y-Zr 图解(图 3-55)上均落在亏损地幔并靠近原始地幔。

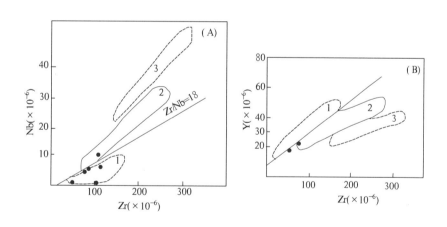

图 3-55 火山岩 Nb-Zr 和 Y-Zr 图解
(据 Le Roex 等,1983)
1. 亏损型地幔;2. 过渡型地幔;3. 富集型地幔;直线为原始地幔

(3)稀土元素组分依据

测区玄武岩为亚碱性玄武岩。其 REE 分布模式曲线为右倾斜式,轻稀土含量较高,为轻稀土富集型,无强烈的负铕异常。测区晚三叠世结扎群火山岩中玄武岩的 Zr/Nb 比值为 16.04~39.28,平均为 20.88,高于球粒陨石,表明它们来源于亏损地幔的岩浆并受到地壳物质的混染。

2. 岩浆同源性讨论

根据测区火山岩形成的时代,所处的构造环境及同位素、微量元素分析结果来看,测区晚三叠世结扎群火山岩原始岩浆具有相同来源,依据如下,在同一期地质作用的产物,虽然安山岩、玄武安山岩、粗安岩、玄武岩在主要元素、微量元素组成上存在一定的差异,但这主要是由原始岩浆的后期分离结晶作用所致(Goldich et al,1975;Sun et al,1976)。从构造环境来看,均处于同一构造环境下,均属于羌塘陆块构造单元,火山岩 $^{87}Sr/^{86}Sr$ 为 0.705 648～0.708 276, $^{143}Nd/^{144}Nd$ 为 0.512 396～0.512 934,均暗示出它们具有非常一致的源区。它们的稀土元素配分模式曲线的相似性以及一些强不相容元素几乎具有一致的 La/Ce 和 Zr/Lf 比值,也均说明了这一点。

3. 火山岩形成的构造环境判别

将测区晚三叠世结扎群火山岩投在 $Fe^*/MgO-TiO_2$ 图解(图3-56)上,可以看出本区火山岩绝大多数火山岩落在岛弧区。

利用测区晚三叠世结扎群火山岩中的安山岩氧化物与大陆地壳和不同构造地区氧化物进行对比,可知测区火山岩中安山岩与岛弧安山岩较接近,与上述投图吻合。

微量元素特征与岛弧特征一致。通过对测区晚三叠世结扎群火山岩的岩石学、岩石化学、地球化学等研究,其形成环境为碰撞期后由挤压向伸展演化阶段的系列产物。

利用同位素比值及部分氧化物比值与不同构造区火山岩进行对比,可知测区火山岩与岛弧火山岩岩相相似或相同。

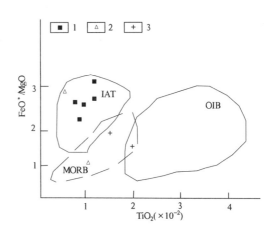

图3-56 火山岩 $FeO^*/MgO-TiO_2$ 图解
IAT.岛弧拉斑玄武岩;OIB.洋岛拉斑玄武岩;MORB.洋中脊拉斑玄武岩;1.甲丕拉组火山岩;2.波里拉组火山岩;3.巴贡组火山岩

七、通天河蛇绿构造混杂岩带晚白垩世火山岩

仅分布于测区沱沱河幅的贡具玛叉东侧,为晚白垩世风火山群洛力卡组的夹层,出露零星,岩石风化掩盖甚剧,对其研究甚少。

火山岩出露零星,仅在贡具玛叉东侧出露,露头大部分被残坡积物掩盖,沿走向追索不远呈透镜状,延展性差,与上、下紫红色砂岩整合接触,呈夹层状,所见厚度在10～50cm 之间,岩性为火山碎屑岩,即凝灰岩,未见熔岩,为爆发相产物。由于火山岩出露极少,无须划分火山活动旋回及韵律。

风火山群洛力卡组火山岩岩石类型为基性凝灰岩,流纹质含晶屑玻屑凝灰岩。

流纹质含晶屑玻屑凝灰岩:青灰色—灰色,玻屑凝灰结构,块状构造。岩石由火山碎屑物及火山灰胶结构成。火山碎屑物含量70%,以玻屑为主,并有晶屑及少量岩屑。其玻屑(90%)呈各种形状的多角形鸡骨状,多已脱玻化为长英质矿物取代,这些玻屑常常具定向排列现象,其晶屑长轴也基本同步排列,形成定向构造。

岩屑(2%)和晶屑(8%),大小为0.06～0.09mm,少数为0.13mm±,稀散分布,约占碎屑的10%±。玻屑长约0.13mm,宽约0.05mm。

胶结物含量30%,由火山灰尘构成,其中大部分已被绢云母等粘土矿物所取代,还有一部分被微粒状长英矿物取代。绢云母细小鳞片略显定向分布。

基性凝灰岩:灰绿色变余凝灰结构,块状构造。岩石由火山碎屑和火山灰组成。火山碎屑(56%)由岩屑、玻屑、晶屑组成。岩屑(16%)为安山岩、辉长岩、辉绿岩、千枚岩等岩屑;晶屑(20%)由斜长石、辉石、石英、榍石等矿物组成,它们大小不等,为0.09～0.13mm、0.25～0.31mm 及0.5～1.2mm。亦有大量的玻屑(20%)均已脱玻化为次闪石取代。火山灰(46%)胶结物具全部重结晶,并被次闪石和绿帘石取代。由于受后期区域变质作用影响及一定的动力变质作用,使之具有千枚状构造并生成新生矿物次闪石、绿帘石等。

岩石化学主要氧化物成分见表 3-37,其 $SiO_2=50.54\times10^{-2}$,$K_2O+Na_2O=2.14\times10^{-2}$;$CaO=8.63\times10^{-2}$,以基性火山碎屑为主,岩石标准矿物组合为 Q、Or、Ab、An、Di、Hy,属正常类型。岩石微量元素丰度见表 3-38:Cr、Y、Zr、Nb、Ta、Sc、Cu、Zn、Pb 变化不大,与基性岩(维诺格拉多夫,1962)相比,亲石元素 Th、Y 等相近,Rb、Sc、Sr、较低,Cr 较高,亲铁元素 Co 相近,Ni 较高,亲铜元素 Cu、Pb、Zn 均较低,与泰勒值相比 Sr、Rb、Th、Sc、Zr、Y、Yb、Hf、Ba、Sm、Ce、Nb、Ta、Nb 均低,而 Cu、Pb、Zn、Cr、Cs、Ni、Co 高。

表 3-37 测区晚白垩世风火山群火山岩化学($\times 10^{-2}$)、CIPW 标准矿物、特征参数表

样品号	SiO_2	TiO_2	Al_2O_3	Fe_2O_3	FeO	MnO	MgO	CaO	Na_2O	K_2O	P_2O_5	H_2O	LOS	Σ
VTGs703-1	50.59	1.33	8.03	2.74	5.30	0.16	13.72	8.63	1.31	0.83	0.24	7.24	4.50	100.12

岩石化学特征参数												
样品号	σ	SI	FL	ANT	DI	NK	QU	OL	LI	M/F	N/K	AR	FM
VTGs703-1	0.463	57.427	19.876	5.050	22.457	2.305	2.011	0.300	-13.547	1.266	2.399	1.295	0.369

CIPW 标准矿物											
样品号	Ap	Il	Mt	Q	Or	Ab	An	Wo	En′	Fs′	En	Fs	SUM
VTGs703-1	0.564	2.720	4.132	5.228	5.283	11.940	14.617	12.441	9.522	1.616	27.274	4.630	99.967

表 3-38 测区晚白垩世风火山群火山岩微量元素含量表($\times 10^{-6}$)

样品号	Sr	Rb	Th	Sc	Zr	Ta	Cr	Yb	Hf	Ba
VTGs703-1	59.0	23.0	1.0	16.9	92.6	0.5	739	1.3	2.1	311
样品号	Cu	Pb	Zn	Sm	Ce	Cs	Ni	Nd	Co	Nb
VTGs703-1	64	1.5	78.9	2.7	7.7	4.5	538	19.1	50.7	11.4

岩石稀土元素含量见表 3-39:ΣREE 为 91.41×10^{-6},Eu/Sm、$(La/Lu)_N$ 均在基性玄武岩范围内。Sm/Nd、$(La/Lu)_N$、δEu 都显示轻稀土富集特征,在图 3-57 中,岩石稀土元素配分型式为右倾型,铕为不亏损的轻稀土富集型。

表 3-39 测区晚白垩世风火山群火山岩稀土元素含量表($\times 10^{-6}$)

样品号	La	Ce	Pr	Nd	Sm	Eu	Gd	Tb	Dy	Ho	Er	Tm	Yb	Lu	Y	Σ
VTGs703-1	14.42	30.6	3.98	16.0	3.59	1.11	3.51	0.55	2.85	0.51	1.24	0.18	1.110	0.16	11.61	91.41

由 Pearce(1982)的微量元素标准化配分图(图 3-58)可知,风火山群洛力卡组火山岩具典型的钙碱性火山系列"单隆起"的特征型式,表现为 K、Rb、Ba、Th、Ta、Nb、P、Cr 富集,其中 K、Rb、Ba、Th 强烈富集,Sr、Ce、Uf、Sm、Ti、Y、Yb、Sc 亏损,低于 MORB 标准值。

风火山群洛力卡组火山岩发育在中—新生代风火山上叠盆地中,此盆地内发育喜马拉雅期岗齐曲上游超单元和藏麻西孔独立单元岩体,这些岩体的岩石类型为钙碱性系列。构造环境为在南北向强烈挤压下导致壳幔层间滑脱、拆离、拆沉,经过上地幔熔融,岩浆沿滑脱面侵入或喷出,晚白垩世火山岩就是在这种环境中形成的。

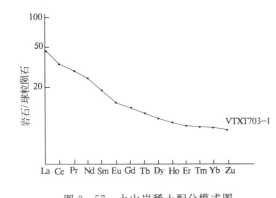

图 3-57 火山岩稀土配分模式图

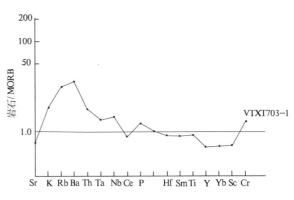

图 3-58 火山岩微量元素标准化配分图

八、测区火山岩与矿产的关系

根据资料研究程度,选择 W、Cu、Pb、Zn 等元素进行对比研究。

(1)W 在通天河—沱沱河构造-岩浆活动区晚三叠世结扎群高于晚二叠世乌丽群和早二叠世开心岭群火山岩,且以第二旋回(Ⅴ)(波里拉旋回)高为特征,均低于克拉克值。到目前为止,尚未找到与火山岩直接有关的 W 矿点或矿化点。

(2)Cu 以风火山群洛力卡组火山岩丰度值最高,高于克拉克值,其他各构造-岩浆活动区各旋回均低于克拉克值。在通天河—沱沱河构造-岩浆活动区,各旋回均低于克拉克值,其中以结扎群火山岩 Cu 丰度值较高,高于开心岭群和乌丽群火山岩,并以结扎群中甲丕拉组火山岩(第一旋回或Ⅵ旋回)最高,一些重点矿点及矿化和矿床反映出 Cu 与风火山群洛力卡组火山岩有关,如较著名的风火山铜矿。

(3)Pb 风火山群洛力卡组火山岩均高于丰度值。其他地区的各旋回均小于克拉克值。在通天河—沱沱河构造-岩浆活动区中结扎群火山岩高于开心岭群和乌丽群火山岩,并且平均克拉克值较接近。

(4)Zn 结扎群火山岩 Zn 都高于克拉克值,风火山群火山岩略高于或接近克拉克值,在通天河—沱沱河构造-岩浆区内结扎群火山岩均高于克拉克值,乌丽群和开心岭群火山岩均低于克拉克值。在结扎群中,尤以甲丕拉组火山岩最高为特征。

(5)由于受资料所限,铁元素丰度无法按旋回统计,但从已有矿点可知,火山沉积—变质型铁矿主要与结扎群火山岩关系密切,如沱沱河铁矿,均系如此。

第四节 脉岩

测区内脉岩种类较多,分布广泛,从基性、中性、中酸性—酸性均有出露,其中以基性岩脉最为发育。脉岩规模大小不一,脉宽从数厘米至数米,长数米到数百米,近北西-南东向分布,多与围岩呈小角度斜交或顺层侵入,基本上与区域构造线方向一致,在成因上脉岩与相伴的深成岩体多属同源,形成时间上紧随着相应的深成岩体,在成分上即反映出多与深成岩体有继承性,又有演化发展的特点。

根据脉岩的分布、形成时间以及岩石种属等特征,将脉岩分为两大类,相关性岩脉和区域性岩脉。

一、相关性岩脉

该类脉岩在空间、时间及成分上与相关的深成岩体关系密切,大多分布于围岩中,时间上从晚三叠世—侏罗世—始新世—渐新世,根据时代建立了相应的超单元和独立侵入岩体以及与其相对应的脉岩类型(表3-40)。

表3-40 测区内超单元或独立侵入体相关性岩脉特征表

时代	超单元或独立侵入体	岩性	代号	分布特点	脉数	规模 长(m)	规模 宽(m)	产状	关系
渐新世	藏麻西孔独立侵入体	正长斑岩脉	$\xi\pi$	分布于尺阿龙玛保东西两侧二叠纪诺日巴尕保组地层中	2	150~200	80	走向290°	同期或稍晚
始新世	岗齐曲上游	蚀变石英闪长玢岩脉	$\delta o\mu$	分布于晚三叠世巴颜喀拉山群砂板岩中及结扎群巴贡组地层中	2	不祥	5~75	走向280°	同期或稍晚
始新世	岗齐曲上游	闪长玢岩脉	$\delta\mu$	分布于二叠纪乌丽群地层及三叠纪巴颜喀拉山群和结扎群巴贡组地层中	4	>100	5~20	走向295°	同期或稍晚
侏罗世	白日榨加	花岗斑岩脉	$\gamma\pi$	分布于达春加族晚三叠世巴塘群地层及扎日根达改塘二叠纪开心岭群、诺日巴尕保组地层中	2	100~1 100	5~50	走向290°	同期
晚三叠世	邦可钦—冬日日纠基性岩体	蚀变辉绿玢岩脉	$\beta\mu$	分布较广,见于二叠纪乌丽群那益雄组、九十道班组,三叠纪扎群巴贡组地层中	8	>100	5~10	走向300°	同期或稍晚
晚三叠世	邦可钦—冬日日纠基性岩体	蚀变辉绿岩脉	$\beta\mu$	分布于二叠纪乌丽群那益雄组地层和三叠纪巴塘群及结扎群波里拉组地层中	3	>150	30~60	走向290°	同期或稍晚
晚三叠世	邦可钦—冬日日纠基性岩体	蚀变辉长辉绿岩脉	$\nu\beta$	分布于阿吾德贤晚三叠世结扎群波里拉组地层及二叠纪扎日根组地层中	3	不祥	25~70	走向310°	同期或稍晚
晚三叠世	邦可钦—冬日日纠基性岩体	蚀变辉长岩脉	ν	分布于二叠纪诺日巴尕保组地层及晚三叠世结扎群巴贡组地层中	1	>100	10	走向305°	同期或稍晚
晚三叠世	邦可钦—冬日日纠基性岩体	片状蚀变角闪辉长岩脉	ν	分布于巴音查乌马构造带中	2	>100	15	走向310°	同期或稍晚

(一)晚三叠世相关性岩脉

晚三叠世划为邦可钦—冬日日纠基性岩体,与其相关的脉岩类型有蚀变辉绿玢岩脉、蚀变辉绿岩脉、蚀变辉长辉绿岩脉、蚀变辉长岩脉、片状蚀变角闪辉长岩脉。各类脉岩的分布特点、规模、产状等见表3-40。现将各类岩脉的岩石特征分述如下。

1. 蚀变辉绿玢岩脉($\beta\mu$)

岩石呈灰绿色,具辉绿结构、斑状结构,块状构造,岩石由斑晶斜长石(2%)、辉石(4%)和基质斜长石(62%)、辉石(30%)组成,斑晶粒度在1.08~1.88mm之间,斜长石呈板状、板柱状,普遍泥化。辉石呈粒状在岩石中均匀分布,基质粒径一般在0.25~0.72mm之间,在斜长石格架中充填有粒状辉石及不透明矿物。该岩脉的产出状态如图3-59、图3-60所示。

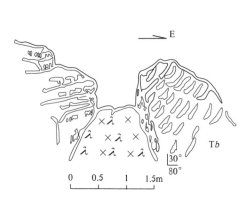

图 3-59 蚀变辉绿玢岩脉侵入地层关系素描图

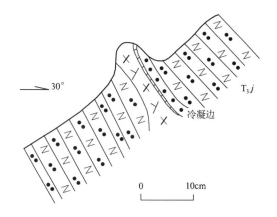

图 3-60 蚀变辉绿玢岩脉顺层

2. 蚀变辉绿岩脉（$\beta\mu$）

岩石呈灰绿色，具辉绿结构，块状构造，岩石由斜长石（75%）、辉石（20%）及不透明矿物（5%）组成，粒径在 0.37～1.48mm 之间，斜长石呈板状、板柱状，普遍被泥化，见有简单双晶，在长石空隙之间充填有粒状辉石，辉石泥化并析出铁质，不透明矿物分布均匀。

3. 蚀变辉长辉绿岩脉（$\nu\beta$）

岩石呈灰绿色，具辉长辉绿结构，块状构造，岩石由斜长石（78%）、单斜辉石（20%）及不透明矿物（2%）组成，粒径一般在 0.37～2.57mm 之间，斜长石呈板状、板柱状，多被泥化，其空隙内充填有粒状单斜辉石，不透明矿物局部相对集中。

4. 片状蚀变角闪辉长岩脉（ν）

岩石呈灰绿色，具粒状纤维状鳞片状结构，块状构造，岩石由单斜辉石（39%）、普通角闪石（4%）、斜长石（蚀变）（20%）、绿泥石（20%）、次闪石（16%）、榍石、白钛矿（1%）组成，斜长石完全被帘石化取代，部分已绢云母化、次闪石化，其轮廓无法辨认，仅存残晶，辉石已破碎具次闪石化和绿泥石化，平行分布构成片状构造。

5. 蚀变辉长岩脉（ν）

岩石呈灰绿色，具变余细粒辉长结构、碎裂岩化结构，块状构造，岩石由斜长石（55%）、暗色矿物（45%）和次生蚀变矿物组成。斜长石呈半自形板状、板柱状，受轻微应力作用后已破碎，多蚀变为黝帘石、绿泥石和钠长石等，暗色矿物多为辉石假象，完全被次闪石化、绿帘石化及碳酸盐矿物和绿泥石的集合体所交代取代。

该期脉岩与邦可钦—冬日日纠基性岩体关系密切，形成时间和它同期或稍晚，主要分布于该岩体附近的地层中。脉体的岩石化学成分特征及有关的特征值数见表 3-41～表 3-43。

从表中可以看出 SiO_2 含量在 48.09×10^{-2}～53.75×10^{-2} 之间，Al_2O_3 含量在 12.75×10^{-2}～16.64×10^{-2} 之间，与相应的基性岩基本一致。脉岩的组合指数在 0.48×10^{-2}～1.17×10^{-2} 之间，$CaO+Na_2O+K_2O>Al_2O_3>Na_2O+K_2O$，$Na_2O\gg K_2O$ 说明该类脉岩为钙—钙碱性系列属于太平洋型，正常类型。

微量元素见表 3-44。总的来看，除 Co、V、Cs、Cu、Zn、P 等元素含量较高外，其他元素均接近或低

第三章 岩浆岩

表3-41 测区各超单元(独立单元相关岩脉)岩石化学特征表

超单元及独立侵入体	样品编号	岩脉类型	氧化物组分及含量(×10⁻²)												
			SiO_2	TiO_2	Al_2O_3	Fe_2O_3	FeO	MnO	MgO	CaO	Na_2O	K_2O	P_2O_5	H_2O	LOS	Σ
藏麻西孔	VTGS1161	正长斑岩脉	64.55	0.46	14.65	2.24	0.88	0.06	1.49	3.88	3.59	4.43	0.42	0.92	3.03	99.68
岗齐曲上游	VTGS1922-1	蚀变石英闪长玢岩脉	62.00	0.46	17.11	1.83	3.76	0.10	2.12	2.64	3.33	2.94	0.33	2.75	3.22	99.86
	VTGS1612-1	闪长玢岩脉	65.20	0.63	14.68	2.10	1.14	0.05	2.38	3.45	3.09	4.72	0.71	0.81	1.42	99.86
白日榨加	VTGS0377	花岗斑岩脉	75.38	0.13	12.01	1.32	0.70	0.03	0.30	1.72	2.29	3.87	0.03	1.50	2.37	101.65
	VTGS909	蚀变辉绿岩脉	49.63	1.32	16.64	2.67	5.88	0.15	6.34	7.34	3.98	1.27	0.48	3.30	3.88	101.88
	VTP₁₀GS5-1	蚀变辉绿岩脉	49.28	2.18	15.21	2.57	7.09	0.18	6.24	9.35	2.61	1.10	0.29	3.42	3.88	99.98
	VTGS0491	蚀变辉绿岩脉	53.75	1.09	14.79	2.45	7.45	0.16	5.25	8.35	2.65	1.01	0.18	1.99	2.95	99.69
邦可钦—冬日纠基性岩体	VTGS1076a	蚀变辉长岩脉	48.95	0.57	16.26	3.10	4.04	0.15	10.60	7.65	2.6	0.85	0.10	3.01	4.12	99.58
	VTP₁₃GS4-1	细粒角闪辉长岩脉	49.38	2.76	15.17	2.27	8.84	0.19	4.84	8.03	2.91	0.89	0.27	3.56	4.06	99.61
	VTP₁₃GS7-1	细粒角闪辉长岩脉	48.09	2.65	12.75	1.87	10.76	0.21	6.35	9.58	2.78	0.75	0.28	2.44	3.45	99.52

表3-42 测区各超单元(独立单元)相关性岩脉标准矿物特征表

超单元及独立侵入体	样品编号	岩脉类型	CLPW标准矿物特征值(×10⁻²)													岩石类型
			Ap	Il	Mt	C	Q	Or	Ab	An	Di	Hr	SUM				
藏麻西孔	VTGS1161	正长斑岩脉	0.951	0.904	1.999	—	18.619	27.111	31.463	11.159	4.767	2.971	99.944				正常类型
岗齐曲上游	VTGS1922-1	蚀变石英闪长玢岩脉	0.745	0.904	2.746	4.592	22.019	17.976	29.161	11.328	10.488	10.487	99.959				铝过饱和类型
	VTGS1612-1	闪长玢岩脉	1.582	1.219	2.039	—	20.114	28.435	26.665	12.486	0.192	7.177	99.909				正常类型
白日榨加	VTGS0377	花岗斑岩脉	0.068	0.253	1.189	1.023	43.591	23.400	19.827	8.529	2.118	2.118	99.998				铝过饱和类型
	VTGS909	蚀变辉绿岩脉	1.097	2.619	4.045	—	—	7.841	35.195	24.857	7.994	7.767	100.391				正常类型
	VTP₁₀GS5-1	蚀变辉绿岩脉	0.660	4.307	3.877	—	1.842	6.766	22.984	27.612	15.118	16.797	99.964				正常类型
	VTGS0491	蚀变辉绿岩脉	0.404	2.131	3.657	—	8.056	6.146	23.085	26.231	12.480	17.788	99.979				正常类型
邦可钦—冬日纠基性岩体	VTGS1076a	蚀变辉长岩脉	0.232	1.141	3.138	—	—	5.301	23.221	31.851	5.983	21.639	100.299				正常类型
	VTP₁₃GS4-1	细粒角闪辉长岩脉	0.618	5.487	3.445	—	5.595	5.501	25.776	26.899	10.650	17.997	99.970				正常类型
	VTP₁₃GS7-1	细粒角闪辉长岩脉	0.636	5.238	2.822	—	—	4.615	24.490	20.917	21.976	17.318	101.550				正常类型

表 3-43 测区各超单元(独立单元)相关性岩脉岩石特征参数表

超单元及独立侵入体	样品编号	岩脉类型	特征参数值													
			σ	SI	FL	QU	DI	NK	SAL	OX	LI	M/F	N/K	AR	MF
藏麻西孔独立侵入体	VTGS1161	正长斑岩脉	2.98	11.883	67.397	16.624	77.191 2	8.306	4.406	0.560	18.250	0.337	1.232	2.265	0.670
岗齐曲上游	VTGS1922-1	蚀变石英闪长玢岩脉	2.07	15.145	70.369	9.379	69.156 4	6.488	3.624	0.674	13.763	0.281	1.722	1.930	0.726
	VTGS1612-1	闪长玢岩脉	2.44	17.819	69.358	12.696	75.214 4	7.963	4.441	0.565	17.886	0.518	0.995	2.034	0.571
白日榨加	VTGS0377	花岗斑岩脉	1.17	3.560	78.172	41.832	86.818 0	6.303	6.277	0.593	25.64	0.107	0.889	2.001	0.868
	VTGS909.	蚀变辉绿玢岩脉	1.17	31.480	41.700	3.601	43.036 6	5.486	2.983	0.688	-4.493	0.558	4.764	1.561	0.574
	VTP₁₀GS5-1	蚀变辉绿岩脉	0.59	31.819	28.411	3.248	31.592 0	3.861	3.240	0.734	-7.955	0.503	3.605	1.356	0.608
	VTGS0491	蚀变辉绿岩脉	0.48	27.911	30.473	3.785	37.286 7	3.768	3.634	0.753	-4.621	0.420	3.987	1.376	0.653
邦可钦—冬日日纠基性岩体	VTGS1076a	蚀变辉长岩脉	0.52	50.270	31.082	2.560	28.521 4	3.641	3.010	0.709	-8.509	1.148	4.650	1.337	0.399
	VTP₁₃GS4-1	细粒角闪岩脉	0.62	24.504	32.122	3.442	34.872 6	3.977	3.255	0.796	-6.901	0.357	4.973	1.392	0.697
	VTP₁₃GS7-1	细粒角闪长岩脉	0.56	28.210	26.929	2.740	29.105 2	3.675	3.772	0.852	-12.286	0.432	5.632	1.376	0.665

表 3-44 微量元素特征表

微量元素组合及含量(全定量分析,$\times 10^{-6}$)

样品编号	岩脉类型	Sr	Rb	Ba	Th	Ta	Nb	Hf	Zr	Sc	Cr	Co	Ni	V
VTP9DY3-1	ν	68	20	79	2.5	1.2	-8.0	2.9	132.	22.4	9.3	60.5	368	22.0
VTP13DY4-1	ν	247	56	400	3.1	1.3	-7.9	5.2	165	25.4	26.0	37.3	48.5	345.0
VTP13DY7-1	ν	210	33	265	3.0	1.4	-9.4	6.0	185	32.8	64.0	43.0	71.3	383.1
VTP10DY5-1	β	121	13	37	4.4	2.3	26.5	5.2	213	22.0	6.0	30.4	20.0	364.7
VTDY22-1	δμ	984	83	1 590	18.0	—	—	2.7	138	7.5	9.5	8.6	5.9	12.7
VTDY1612-1	δμ	1 755	202	3 666	20.5	—	—	8.5	335	7.3	42.0	12.9	44.0	12.6
VTP6DY25-1	δμ	201	16	325	1.3	0.5	2.8	3.1	119	3.9	5.0	5.7	3.0	17.5
泰勒值		375	90	425	9.6	2	20.0	3.0	165	22.0	100.0	25.0	75.0	135.0

样品编号	岩脉类型	Cs	U	Cu	Pb	Zn	Yb	W	Ti	Mo	Sm	Ce	Nd	P
VTP9DY3-1	ν	6.0	0.7	85.2	1.5	96.0	1.8	0.54	9 014	0.22	5.7	43.6	31.2	1 874
VTP13DY4-1	ν	8.5	1.0	149.0	6.6	100.0	2.9	0.79	14 230	0.73	6.0	59.0	34.4	1 351
VTP13DY7-1	ν	6.0	1.4	173.0	6.9	109.0	3.3	0.88	14 870	0.85	6.4	62.1	37.3	1 384
VTP10DY5-1	β	6.0	1.4	133.0	2.0	78.0	3.8	0.69	16 360	1.01	7.7	70.9	44.5	2 094
VTDY22-1	δμ	4.5	—	13.2	24.8	56.6	1.5	—	—	—	6.0	20.8	39.6	1 498
VTDY1612-1	δμ	5.5	—	22.4	33.9	44.3	1.2	—	—	—	6.7	42.2	48.3	3 472
VTP6DY25-1	δμ	6.0	0.9	7.1	3.0	99.0	3.1	0.40	1 556	0.76	3.2	269.0	19.3	905
泰勒值		3.0	—	55.0	12.5	70.0	3.0	—	5 700	—	6.0	60.0	28.0	1 050

于泰勒值。

稀土元素的特征见表3-45。在稀土配分模式图（图3-61）上，分布曲线向右倾，为轻稀土富集型，双δEu值一般在0.83～1.268之间，铕具有轻微的异常。只有辉长岩稀土曲线与其他模试曲线不一致，该曲线比较平缓，且δEu略具正异常，反映物质来源于地幔。

（二）侏罗世相关性岩脉

侏罗世划分为白日榨加超单元，与该超单元侵入体相关的岩脉为花岗斑岩脉，岩脉的分布、规模、产状等特点见表3-40。

花岗斑岩脉（$\nu\pi$）

岩石呈灰白色，具斑状结构，基质为微粒结构，块状构造，岩石由斑晶和基质组成。斑晶成分为斜长石（8%）和暗色矿物（6%），斑晶大小一般在1.85～0.37mm之间，斜长石呈板状，均已获绢云母化、碳酸盐化，暗色矿物均已碳酸盐化和绿帘石化，斑晶在岩石中均匀分布。基质成分为长英质和暗色矿物，粒度一般为0.024左右，长石、石英呈半自形—他形粒状，暗色矿物均已绿泥石化、白云母化，呈片状、鳞片状均匀分布。该期脉岩与白日榨加超单元侵入体关系十分密切，岩脉主要分布于三叠世巴颜喀拉山群和巴塘群地层中，在形成时间上与侵入体同期或晚一些。

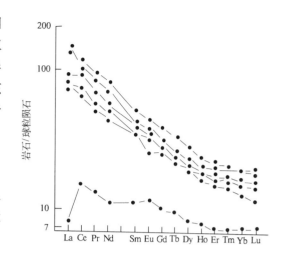

图3-61 稀土配分模式图

脉体的岩石化学成分特征及有关的特征指数见表3-41～表3-43。

从表中可以看出SiO_2含量为75.38×10^{-2}，Al_2O_3含量为12.01×10^{-2}，与中国岩浆岩种类相应的平均化学成分值基本一致。里特曼指数为1.17，$Al_2O_3>CaO+Na_2+K_2O$，说明该类岩脉为钙碱性岩系，铝过饱和类型，固结指数为3.56，说明岩浆分异程度高，岩石的酸性程度高。

脉体的微量元素见表3-44，从表中可以看出该类脉岩，除少数元素接近外，其他元素低于泰勒值。脉体的稀土元素特征及参数见表3-45。在稀土模式图（图3-62）上分布曲线向右倾，为轻稀土富集型，δEu为0.25，铕具负异常，说明该类脉体具铕亏损的特点，花岗斑岩脉在分布曲线上形成大的"V"谷，稀土总量大于200×10^{-6}，说明其物质成分来源于地壳重熔。

（三）始新世相关性岩脉

始新世划分为岗齐曲上游超单元，与该超单元侵入体相关的岩脉包括蚀变石英闪长玢岩脉和闪长玢岩脉，岩脉的分布、规模及产状等特点见表3-40。

1. 蚀变石英闪长玢岩脉（$\delta o\mu$）

岩石呈浅灰绿色，具变余斑状结构，基质具微粒结构，块状构造，岩石由斑晶和基质组成，岩石在轻微应力作用并伴随热液蚀变产生绿泥石、碳酸盐等蚀变矿物。斑晶含量可达35%，其中斜长石20%、黑云母15%和少量石英，粒径一般在0.35～1.55mm之间，个别达到2mm左右，斜长石呈半自形板状，双晶发育，见有环带构造，石英具有熔蚀迹象，黑云母呈半自形板条状，均已绿泥石化，基质含量65%，由斜长石55%、石英10%、磷灰石及不透明矿物组成。

表 3-45 脉岩稀土元素特征一览表

超单元及独立侵入体	样品编号	岩脉类型	稀土元素（×10⁻⁶）															特征参数及比值		
			La	Ce	Pr	Nd	Sm	Eu	Gd	Tb	Dy	Ho	Er	Tm	Yb	Lu	Y	ΣREE	δEu	ΣCe/ΣY
岗齐曲上游	VTXT1922-1	蚀变石英闪长玢岩脉	63.67	107.50	11.69	42.71	7.24	2.00	5.00	0.68	3.20	0.60	1.66	0.26	1.69	0.26	13.95	262.1	0.964	17.58
	VTXT0580	蚀变石英闪长玢岩脉	101.90	150.10	16.12	53.75	8.42	2.35	6.20	0.85	4.28	0.82	1.99	0.29	1.76	0.26	19.36	368.4	0.950	20.22
	VTXT1612-1	蚀变闪长玢岩脉	70.05	125.00	13.99	50.69	8.23	2.04	5.37	0.69	3.05	0.57	1.38	0.20	1.17	0.17	12.65	295.3	0.880	21.43
白日榨加	VTXT0377	花岗斑岩脉	47.29	84.33	9.64	33.03	6.70	0.54	6.28	1.14	6.84	1.40	4.16	0.67	4.36	0.63	37.33	244.34	0.250	7.124
	VTXT0909	蚀变辉绿玢岩脉	33.55	64.54	8.14	32.91	6.11	1.92	5.73	0.90	4.87	1.03	2.75	0.44	2.81	0.40	24.25	190.33	0.977	7.77
	VTP₁₀XT5-1	蚀变辉绿岩脉	32.41	67.54	8.85	37.66	7.86	2.57	7.84	1.26	7.14	1.36	3.59	0.53	3.29	0.47	29.24	211.6	0.990	6.16
邦可钦—冬日日纠基性岩体	VTXT046-1	蚀变辉绿岩脉	18.30	39.91	4.95	20.90	5.32	1.49	5.58	0.95	5.84	1.15	3.32	0.53	3.35	0.49	29.82	141.91	0.830	4.28
	VTXT1076a	蚀变辉长岩脉	1.97	9.27	1.28	5.23	1.76	0.59	2.11	0.36	2.16	0.45	1.20	0.19	1.23	0.19	9.86	38	1.096	2.56
	VTP₁₃XT4-1	细粒角闪辉长岩脉	21.74	56.41	6.56	27.36	6.36	2.24	6.31	0.97	5.61	1.06	2.87	0.42	2.55	0.38	25.88	166.6	1.070	5.98
	VTP₁₃XT7-1	细粒角闪辉长岩脉	17.75	44.69	5.29	22.91	5.42	1.98	5.62	0.83	4.96	0.94	2.52	0.37	2.20	0.31	22.60	138.4	1.268	5.52

2. 闪长玢岩脉（$\delta\mu$）

岩石呈灰绿色，具斑状结构，基质具半自形细—微细粒结构，块状构造，岩石由斑晶和基质组成，斑晶占 30%，其中斜长石 5%、黑云母 10%、普通辉石 5%、普通角闪石 10%，斑晶大小在 0.2～0.9mm 之间，斜长石呈半自形板柱状，具有清晰的环带构造，角闪石呈半自形短柱状略具次闪石化，辉石呈粒状，个别被黑云母交代，基质含量 70%，其中斜长石 54%、角闪石（次闪石化）10%、不透明矿物 5%、磷灰石 1% 及少量榍石和黑云母。

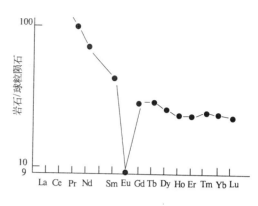

图 3-62　稀土配分模式图

该期岩脉与岗齐曲上游超单元侵入体相对应，形成时间可能与侵入体同期。

脉体的岩石化学成分及有关的特征指数见表 3-41～表 3-43。

从表中可以看到 SiO_2 含量在 $62.00\times10^{-2}\sim65.20\times10^{-2}$ 之间，与中国石英闪长玢岩和闪长玢岩基本一致，碱总量在 $3.1\times10^{-2}\sim8.6\times10^{-2}$ 之间，总体上 $Na_2O>K_2O$，Al_2O_3 在 $14.68\times10^{-2}\sim17.11\times10^{-2}$ 之间，里特曼指数 σ 在 2.07～2.44 之间，为钙碱性系列，多数石英闪长玢岩脉中，$Al_2O_3>CaO+Na_2O+K_2O$ 属于铝过饱和类型，而闪长玢岩均为正常类别，固结指数 SI 在 15.145～17.819 之间，说明岩浆分异度较高，岩石的酸性程度也高，碱度率 AR 在 1.930～2.034 之间，说明岩石的碱性程度较低。

形成机制表现为南北向挤压作用下，部分壳源物质部分熔融。

脉岩的微量元素特征见表 3-44，除了 Cs、P 稍偏高外，其他元素均低于或接近泰勒值。

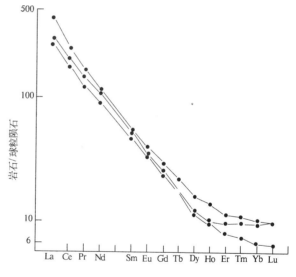

图 3-63　稀土配分模式图

脉体的稀土元素特征及参数见表 3-45。在稀土配分模式图（图 3-63）上，分布曲线向右倾，为轻稀土富集型，从 δEu 值小于 1 来看，说明该类脉岩具有铕亏损的特点，从分布曲线上各种样品的曲线基本一致，说明它们来自同一岩浆的产物。

（四）渐新世相关性岩脉

渐新世划分为藏麻西孔独立侵入体，与该侵入体响应的脉岩有正长斑岩脉，其分布、规模、产状等特点见表 3-40。

正长斑岩脉（$\zeta\pi$）

岩石呈灰红色，具斑状结构，块状构造，岩石由斑晶和基质组成，斑晶以正长石为主，含量可达 20%～25%，其次为斜长石（3%～7%）、普通辉石（3%）、黑云母（2%）、普通角闪石（4%），斑晶呈自形，粒径一般在 3～5mm 之间，基质呈细小的半自形粒状，粒径在 0.1～0.2mm 之间，主要由正长石（40%～47%）、斜长石（10%）、石英（2%）、普通角闪石和黑云母（2%）、普通辉石（2%）及副矿物磷灰石、榍石、磁铁矿、锆石组成，正长石呈自形，具卡氏双晶，斜长石为更长石，呈自形板状，岩石具碳酸盐化。

该期脉岩与藏麻西孔独立侵入体关系密切，侵入时间可能在侵入体固结或未完全固结时形成。

从表 3-41、表 3-42 中看出，正长斑岩的 SiO_2 含量为 64.55×10^{-2}，与中国岩浆岩种类的平均化学成分相比，基本一致，正长岩的 Al_2O_3 偏低，里特曼指数 σ 值，正常斑岩为 2.98。$Al_2O_3 > CaO + Na_2 + K_2O > Al_2O_3 > Na + K_2O$，属于正常类型的钙碱性岩系。

二、区域性岩脉

区内区域性岩脉相对分布较广，种类单一，主要以石英脉为主，在不同时间的地质体中均有不同程度的出露。主要分布于巴颜喀拉山群砂、板岩之中，呈平行的带状分布，在空间上往往受区域性断裂构造及裂隙所控制，时间上与区域内侵入体间隔较大，成分上与侵入体有明显的区别，脉体大部分呈北西-南东向与区内构造线基本一致，呈脉状、树枝状、透镜状和不规则状，具有多期性特点，形成环境和深部热液有关。脉宽一般为 $10 \sim 50cm$，延伸不详。岩石呈白色块状构造，组成矿物主要为石英，脉体质较纯，没有矿化现象。

第四章 变质岩

测区属唐古拉山变质地区,变质作用以区域低温动力变质作用为主,大面积分布低绿片岩相、亚绿片岩相浅变质岩系。测区内动力变质较强,韧性、脆性动力变质岩分布广泛,韧性断层主要分布于通天河蛇绿构造混杂带的边界地段。由于图幅内侵入岩的数量、规模相对较小,接触变质作用表现不强烈。

第一节 区域低温动力变质岩系

测区内海西期—印支期区域低温动力变质作用最为强烈,具体影响到二叠纪、三叠纪的地层,普遍达到低绿片岩相变质程度。

测区内区域低温动力变质岩分布面积占工区面积近一半,包括的岩石地层有:石炭纪—二叠纪的通天河蛇绿混杂岩碎屑岩组、碳酸盐岩组和开心岭群,二叠纪乌丽群,三叠纪结扎群及苟鲁山克措组。虽然这些地层中岩石的变质程度和变质矿物特征基本一致,但由于原岩的种类不尽相同,因此,在不同的岩性中,就有不同的变质组合矿物生成,各地层中变质岩相学特征如下。

(一)通天河蛇绿构造混杂岩(CPa、CPb)

处于巴音查乌马混杂带中的通天河蛇绿混杂岩碎屑岩组,基质为发育透入性剪切的片理化砂岩,前期的区域变质已被后期的动力变质所掩盖,区域变质作用仅仅保留在基性、超基性的构造岩块当中;而位于康特金南侧的该岩组地层变质程度属低绿片岩相。碳酸盐岩组岩性较单调,大套的灰岩夹火山岩,变质矿物主要出现在火山岩中。具体岩性的变质特征如下。

灰岩类:粉晶方解石晶粒有重结晶现象,岩石中的少量粘土质变质成叶片状绿泥石,平行分布,岩石中的砂屑多具拉长变形,长轴略具平行排列。亮晶方解石内碎屑也具有压溶、变形、平行排列的现象。

变质砂岩类:变余砂状结构,部分岩石具定向构造。碎屑石英有重结晶次生加大现象,填隙物中的硅质重结晶为石英,粘土变质为绢云母。

蚀变角闪辉长岩:基性斜长石已全部被帘石微粒集合体交代,普通辉石次闪石化、绿泥石化。角闪石大部分已次闪石化或绿泥石化。岩石中有变质产生的微粒状透闪石。

蚀变辉绿岩:岩石中的半自形板条状基性斜长石已全部被帘石微粒集合体所取代,单斜辉石多蚀变为绿泥石。岩石中不规则裂隙交错穿插分布,充填有热液石英及次闪石、绿帘石等矿物。蚀变石英岗纹辉绿岩中基性斜长石全部被绿帘石微粒集合体及次闪石交代,普通辉石多变质成角闪石,角闪石边缘已纤闪石化,部分角闪石具绿泥石化。

蛇纹岩(全蚀变斜辉辉橄岩):自性—半自形橄榄石已完全被蛇纹石交代,并析出铁质。斜方辉石全部被绢石和部分碳酸岩取代,仅保留假象。

以上变质特征可归纳出通天河蛇绿混杂岩在经历区域低温动力变质作用后产生的特征变质矿

物组合为:绢云母+绿泥石、绿泥石+绿帘石+次闪石、绿泥石+方解石、绿帘石+角闪石+纤闪石+绿泥石。这些是低绿片岩相条件下典型的矿物组合(图4-1)。变质矿物带为绢云母+绿泥石带。

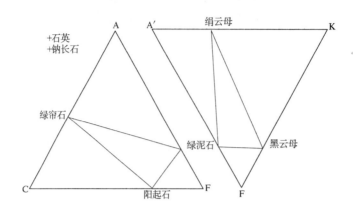

图4-1 测区低绿片岩相区域低温动力变质
ACF与A′KF图解

(二)开心岭群(CPK)

开心岭群的扎日根组和九十道班组岩性单调,为碳酸盐岩,变质作用反映的不明显,仅表现在碳酸盐类矿物结晶增大,以及少量粘土转变为绢云母。诺日巴尕日保组岩性种类较复杂,有碎屑岩、火山岩及灰岩,新生的变质矿物主要出现在泥质岩和火山岩中。具体的变质岩相学特征有以下几类。

碳酸盐类:粉晶方解石晶粒有重结晶现象,有的已结晶为细晶晶粒,彼此镶嵌紧密接触。部分层位的岩石中方解石晶粒具拉长、定向排列现象。岩石中的少量泥质变质成细小鳞片状绢云母。薄层状生物碎屑泥晶灰岩中,生物碎片具定向分布。

变质砂岩类:变余砂状结构,部分岩石具定向构造。胶结物中细小杂基变成绿泥石和细小鳞片状绢云母,多数定向排列;部分岩石胶结物中硅质重结晶为细微石英颗粒;胶结物中钙质已全部重结晶成方解石。

变质粉砂岩类:变余粉砂状结构,变余层状构造。碎屑具重结晶现象,碎屑中云母、千枚岩、片岩等较软岩屑多具平行排列,构成定向构造;杂基中的绢云母、绿泥石呈鳞片状不均匀定向分布于碎屑之间,少量岩石中鳞片状绢云母和叶片状绿泥石集中成层分布于碎屑之间;胶结物中钙质组分重结晶成方解石微粒,硅质组分沿石英边缘重结晶生长。

钙质板岩:显微鳞片变晶结构,板状构造。绢云母呈显微鳞片状变晶,平行定向排列,岩石出现黑云母雏晶,不均匀分布于岩石中;方解石呈微粒状,彼此紧密镶嵌定向排列;石英具压扁拉长现象,定向排列。

变质复成分砾岩:填隙物碎屑具重结晶现象;胶结物变质为细小鳞片状绢云母和微粒状方解石。

蚀变玄武安山岩:变余斑状结构,基质具变余间隐结构。斑晶中的基性斜长石多数蚀变为绢云母和钠长石,橄榄石斑晶被纤维状蛇纹石交代,角闪石斑晶蚀变为绿泥石和绿帘石。基质由细小的绢云母、钠长石和绿泥石及碳酸盐组成,有些岩石的基质全变为绿泥石和绿帘石。蚀变安山岩的基质由斜长石、绢云母、绿泥石、绿帘石和碳酸盐组成。

蚀变玄武岩:变余斑状结构,基质具变余间隐结构。斑晶中的基性斜长石多数蚀变为绢云母、钠长石及碳酸盐,辉石斑晶全被绿帘石或绿泥石、碳酸盐及磁铁矿取代,仅保留辉石晶形假象。基质由细小的绢云母、钠长石和绿泥石及碳酸盐组成。杏仁体被绿泥石、碳酸盐和石英充填。

蚀变安山岩：变余斑状结构，基质具变余交织结构。斑晶中的中长石多数蚀变为高岭土、碳酸盐和钠长石，普通角闪石斑晶蚀变为碳酸盐。基质由细小的绢云母、钠长石和绿泥石及碳酸盐组成。

变火山碎屑岩类：具体岩性有蚀变角砾凝灰岩、蚀变含角砾晶屑玻屑凝灰岩变余火山凝灰结构，变余火山角砾结构。岩石中的玻屑脱玻化后被硅质、铁质交代，晶屑斜长石被绢云母和含有Fe_2O_3的高岭土交代，晶屑、岩屑有定向排列趋势。胶结物中火山尘经变质后被绿泥石、绿帘石、纤闪石交代，或被绢云母、绿泥石、钠长石和硅质交代。

变质沉凝灰岩：变余沉凝灰结构。部分火山碎屑绿泥石化、碳酸盐化；晶屑斜长石已变质为高岭土和绢云母，钾长石晶屑全部高岭土化。胶结物中的火山尘变质为隐晶状长英质。

以上变质特征可归纳出开心岭群在经历区域低温动力变质作用后产生的特征变质矿物组合为：绢云母＋绿泥石、绢云母＋绿泥石＋钠长石、绿泥石＋绿帘石、绢云母＋绿泥石＋绿帘石＋石英、绢云母＋钠长石＋碳酸盐、绿泥石＋碳酸盐矿物。这些是低绿片岩相条件下典型的矿物组合(图4-1)，变质程度属低级。

（三）乌丽群

乌丽群由那益雄组和拉卜查日组组成，变质特征与开心岭群相似。那益雄组为一套以泥、砂质碎屑岩为主夹泥晶灰岩及少量火山凝灰岩的含煤地层。拉卜查日组以灰岩为主夹粉砂岩、细砂岩等。具体岩性的变质特征如下。

变质砂岩类：变余砂状结构，部分岩石具定向构造。碎屑级别中的黑云母多绿泥石化，粘土质板岩岩屑中的粘土物质也多被绿泥石取代。胶结物中钙质已全部重结晶成方解石，少量粘土杂基已变质为绢云母，硅质胶结物呈次生加大边围绕石英碎屑分布，全部变为再生石英，开心岭一带砂岩杂基成分全部变质为绿泥石，基质重结晶为粗大的方解石。

变质粉砂岩类：变余粉砂状结构，变余层状构造。碎屑具重结晶现象；杂基中的绢云母、绿泥石呈鳞片状不均匀定向分布于碎屑之间，胶结物中钙质组分重结晶成方解石微粒。

碳酸盐类：方解石晶粒有重结晶现象，彼此镶嵌紧密接触，岩石中的少量泥质变质成细小鳞片状绢云母。局部地段有微细粒大理岩出现，岩石矿物成分以方解石为主，含绿帘石。

泥钙质板岩：变余泥质结构、泥晶结构，板状构造。绢云母呈细微的显微鳞片状雏晶，略定向分布，与泥晶方解石均匀混合在一起。

沉凝灰岩类：变余沉凝灰结构。部分火山碎屑绿泥石化、碳酸盐化；胶结物中粘土矿物蚀变为绢云母。钙质已重结晶为亮晶方解石。

以上变质特征可归纳出乌丽群在经历区域低温动力变质作用后产生的特征变质矿物组合为绢云母＋绿泥石、绿泥石＋方解石、方解石＋绿帘石、绢云母＋方解石。这些是低绿片岩相条件下典型的矿物组合(图4-1)。变质矿物带为绢云母＋绿泥石带。

（四）苟鲁山克措组

苟鲁山克措组为砂岩、粉砂岩及砾岩组成的地层。

变质砂岩类：变余砂状结构，变余层理构造。碎屑级别中的黑云母部分绿泥石化，石英颗粒边缘多数已重结晶次生加大；胶结物中钙质已全部重结晶成方解石，粘土变质为绢云母。

变质粉砂岩类：变余粉砂状结构，变余层状构造。碎屑具重结晶现象；杂基中的绢云母、绿泥石呈鳞片状不均匀定向分布于碎屑之间，胶结物中钙质组分重结晶成方解石微粒，硅质组分沿石英边缘重结晶生长。

苟鲁山克措组的变质矿物组合为绿泥石＋绢云母＋石英＋方解石、绢云母＋方解石。变质矿物带为绢云母＋绿泥石带，为低绿片岩相变质程度。

(五)结扎群

变质砾岩类：填隙物碎屑具重结晶现象；胶结物变质为细小鳞片状绢云母和微粒状方解石。

变质砂岩类：变余砂状结构，层状构造。石英颗粒边缘多数已重结晶次生加大，胶结物中钙质重结晶成方解石，填隙物杂基的粘土组分已变质成鳞片状绢云母。

变质粉砂岩类：变余粉砂状结构，变余层状构造。碎屑具重结晶现象；杂基中的绢云母、绿泥石呈鳞片状不均匀定向分布于碎屑之间，少量岩石中鳞片状绢云母和叶片状绿泥石集中成层分布于碎屑之间；胶结物中钙质组分重结晶成方解石微粒，硅质组分沿石英边缘重结晶生长。

碳酸盐类：方解石晶粒有重结晶现象，胶结物形成两个世代的胶结，第二世代的方解石呈较大的晶体，颗粒间界线弯曲，彼此镶嵌紧密接触。

蚀变玄武岩：变余斑状结构，基质具变余间粒结构。斑晶中的基性斜长石次生变化为绢云母，辉石斑晶全被绿帘石或绿泥石、碳酸盐及磁铁矿取代，仅保留辉石晶形假象。杏仁体被绿泥石、碳酸盐和石英充填。

蚀变粗玄岩：变余斑状结构。斑晶拉长石退变为碳酸盐、绿泥石和绢云母，仅呈假象，单斜辉石假象完全由绿泥石充填或被碳酸盐和绿泥石交代。基质次生变化后，产生绢云母、碳酸盐和绿泥石集合体新生矿物组合。个别岩石基质中的紫苏辉石退变后被绿泥石集合体交代。

蚀变玄武安山岩：变余斑状结构，基质具变余间粒结构。斑晶中的基性斜长石多数蚀变为绢云母、钠长石和碳酸盐，普通辉石被碳酸盐、纤闪石交代。基质由细小的绢云母、绿泥石、钠长石及碳酸盐组成，有些岩石的基质全变为绿泥石和绿帘石。

蚀变辉绿岩：变余辉绿结构。基性斜长石变质成绢云母、钠长石，仅保留假象，单斜辉石次生变化为碳酸盐。黑云母完全变为绿泥石。

变质(含角砾)凝灰岩：变余火山凝灰结构，变余层状结构。岩石中的玻屑脱玻化后被硅质交代。胶结物中火山尘经变质后被绿泥石、绿帘石、纤闪石交代，或被绢云母、绿泥石、钠长石和硅质交代。

蚀变中基性熔岩角砾岩：变余熔岩角砾结构，块状构造。岩石中斑晶斜长石蚀变为绢云母，正长石被碳酸盐、绢云母交代，暗色矿物次生变化为绿泥石、碳酸盐。基质次生变化后被绿泥石、碳酸盐交代。

蚀变中基性火山角砾岩：变余火山角砾结构。岩石胶结物中的火山尘经脱玻作用形成鳞片状绢云母和绿泥石。

蚀变沉凝灰岩：变余沉凝灰结构，块状构造。岩石中的斜长石晶屑被绢云母、高岭土交代，钾长石被碳酸盐和含有Fe_2O_3的高岭土交代，黑云母晶屑次生变化后被绿泥石交代。

蚀变英安岩：变余斑状结构，流动构造。斑晶更长石蚀变为绢云母。基质由石英、绿泥石、绿帘石、方解石或石英、绢云母或方解石组成。

从上述岩石变质特征归纳出结扎群区域变质作用的特征变质矿物组合为绢云母＋绿泥石、绢云母＋绿泥石＋方解石＋石英、绢云母＋绿泥石＋绿帘石＋纤闪石＋碳酸盐矿物、绿泥石＋绿帘石＋纤闪石、绢云母＋方解石＋石英、绢云母＋绿泥石＋碳酸盐矿物、绢云母＋绿泥石＋钠长石＋碳酸盐矿物、绢云母＋绿泥石＋钠长石＋石英等。形成碎屑岩中的绢云母＋绿泥石的变质带，火山岩中的绿泥石＋钠长石变质带，同属低绿片岩相条件下形成。

以上晚石炭世—晚三叠世各个地层中岩石新生变质矿物(以绢云母、绿泥石为主)定向排列，分布于岩石的构造面理(板理面、劈理面、片理化面等)上，明显属区域动力变质作用的结果。从区域低温动力变质作用影响的地层,产生的变质矿物组合,结合变形样式综合分析,测区内海西期—印支期为主期变质作用发生时期。

第二节　埋深变质岩系

图幅内出露的是中侏罗世雀莫措组、布曲组和夏里组,布曲组为一套灰岩,变质作用反映不明显。雀莫措组、夏里组为滨浅海海相砂岩、砾岩及粉砂岩组合,各岩性变质特征如下。

砾岩类:填隙物碎屑具重结晶现象;胶结物变质为细小微粒状方解石。

变质砂岩类:变余砂状结构,层状构造。碎屑具重结晶现象,石英颗粒边缘多数已重结晶次生加大,填隙物中的粘土质杂基多变为绢云母,也有部分粘土矿物呈隐晶状,有些岩石孔隙中的粘土矿物出现亚平衡状态,隐晶状粘土矿物与部分重结晶成显微鳞片状的绢云母、绿泥石呈过渡状态,二者共存。部分岩石胶结物中硅质重结晶为细微石英颗粒;胶结物中钙质已全部重结晶成方解石。

变质粉砂岩类:变余粉砂状结构,变余层状构造。碎屑具重结晶现象;杂基中的粘土质变质为绢云母,呈鳞片状不均匀定向分布于碎屑之间,胶结物中钙质组分重结晶成方解石微粒,硅质组分沿石英边缘重结晶生长。

从上述岩石镜下特征归纳出侏罗纪地层变质作用的特征变质矿物组合为绢云母＋石英＋方解石,同时砂岩中的粘土质杂基处于隐晶质粘土矿物和显微鳞片状绢云母＋绿泥石的过渡状态,结合区域上中侏罗世地层的中、酸性火山岩与火山碎屑岩中见有浊沸石及方沸石(《青海省及比邻地区变质地带与变质作用》(王云山,1987)等低级特征变质矿物,可以将测区内侏罗纪地层的变质程度划分到亚绿片岩相的沸石相(图4-2),相对应的变质环境为:温度200～300℃,压力0.2～0.3GPa(变质岩石学,王仁民,1989)。

唐古拉地区海相侏罗系地层分布较广泛,区域上夹有较多的火山岩、火山碎屑岩,地层总厚7 000m左右,褶皱形态为向斜宽、背斜窄的隔档式,多呈宽缓的等厚褶皱。变质矿物出现隐晶质粘土矿物和显微鳞片

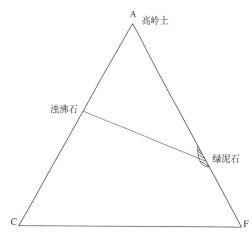

图4-2　浊沸石相ACF图解

状绢云母＋绿泥石的亚平衡共存状态,区域上有浊沸石、葡萄石、绿纤石等极低变质矿物出现,反映变质作用处于起始状态。地层无明显的应力变形,新生变质矿物多无定向排列的迹象。其大地构造环境为海相陆缘盆地。种种证据表明,唐古拉地区侏罗纪地层是巨厚的沉积物下沉,进而遭受埋深变质,是燕山期造陆构造旋回的体现。

第三节　动力变质岩

测区内动力变质岩分为韧性、脆性动力变质岩两大类。韧性动力变质岩主要分布于西金乌兰湖—金沙江构造混杂带内及其边界地带。脆性动力变质岩在测区内广泛发育。韧性动力变质岩又细分为中浅层次和浅表层次两类不同变形层次的动力变质岩。中浅层次的岩石分布于岗齐曲至贡

具玛叉西侧一线,岩石主要由糜棱岩系列和超糜棱岩组成。浅表层次主要由糜棱岩化的岩石和片理化的岩石组成,分布于西部巴音查乌马和东部尕保锅响两处,呈条带状与构造线平行分布。

一、韧性动力变质岩

(一)中浅层次的韧性剪切带——岗齐曲—贡具玛叉糜棱岩带

该糜棱岩带近东西向分布于测区西部岗齐曲上游至贡具玛叉东侧一线,长50km左右,宽200～300m,呈断续的条带状分布,部分地段被中新生代红色陆相碎屑岩系掩盖。构成糜棱岩带的主要岩石有流纹质糜棱岩、基性凝灰质糜棱岩、基性超糜棱岩、糜棱岩化蚀变基性火山角砾熔岩和糜棱岩化含火山碎屑蚀变玄武岩,韧性剪切带强度向南北两侧很快递减,使其附近的含泥质砂屑灰岩、流纹质晶屑玻屑凝灰岩形成了一些微观上的定向条纹构造。主要岩石的显微特征如下。

流纹质糜棱岩:糜棱结构,残留斑状结构,平行条带—平行透镜构造。在剪切应力作用下,原岩斑晶中的斜长石和部分暗色矿物略有变形,多呈破碎状,被磨细、定向排列;斜长石绢云母化,黑云母被绿泥石、石英和不透明矿物取代;石英斑晶和原岩基质一同被磨碎变细后又重结晶成长英质微粒,组成破碎的条带状、透镜状平行排列;基质中新生的微叶片状绿泥石也顺糜棱面理平行定向分布。

基性凝灰质糜棱岩:糜棱结构、显微纤状变晶结构、变余凝灰结构,千枚状构造。糜棱碎斑由被磨碎的火山碎屑、次闪石、绿帘石组成,磨细后的微粒定向排列;火山灰被次闪石、绿帘石交代,它们大致呈平行排列,形成似流动构造,构成岩石的千枚理。

基性超糜棱岩:超糜棱结构、显微鳞片变晶结构,千枚状构造。糜棱碎斑含量为4%～5%,粒径一般为0.02～0.1mm,个别为0.4～1.2mm,有磨碎的斑晶斜长石、辉石和石英,有角砾熔岩的碎块、碎粒,还有碳酸盐微粒组成的条带;碎基含量为95%左右,为绿泥石、透闪石和绿帘石,呈细小的显微鳞片状、纤状变晶,沿千枚理面定向排列。

糜棱岩化蚀变基性火山角砾熔岩:糜棱岩化结构,定向构造。火山角砾被磨碎为透镜状,长轴大致呈平行定向排列,由细碎的岩石本身和蚀变矿物绿泥石、绿帘石等分布于透镜体之间,构成定向构造。原岩中橄榄石斑晶蚀变为蛇纹石和绿泥石。

糜棱岩化含火山碎屑蚀变玄武岩:糜棱岩化结构,定向构造。橄榄石、辉石和斜长石斑晶全部破碎并蚀变,有的可见不完整变形拉长的假象,橄榄石、辉石被蛇纹石和碳酸盐矿物取代,斜长石碎粒集合体与碳酸盐矿物、蛇纹石及石英构成略具定向排列的条带。

该糜棱岩带中,同构造动态重结晶和新生的矿物组合为 $Chl+Ser+Qz+Cal$、$Url+Ep$、$Chl+Ep+Tl+Cal$、$Chl+Ep+Sep$、$Sep+Cal+Qz$。

特征变质矿物主要为绿泥石、绿帘石和绢云母,因此该韧性剪切带的变质相为绢云母—绿泥石级低绿片岩相。岩石中斜长石略有塑性变形,石英动态重结晶明显,指示该糜棱岩带形成于地壳中浅层次条件下。

变形作用影响到晚三叠世火山岩,因此该韧性剪切带变质期为印支期。

(二)浅表层次韧性剪切带——巴音查乌马片理化带

该片理化带北西西向分布于尖石山、巴音叉琼至巴音查乌马东侧,呈宽度2～3km的带状。该带卷入的地层为石炭纪—二叠纪通天河蛇绿构造混杂岩砂岩组(CPa),其中含有弱变形域的透镜状蛇绿岩岩块。

糜棱岩带中间地段的主要岩石类型有片理化(长石)岩屑砂岩、糜棱岩化(长石)石英砂岩及零星片岩,向南北逐渐过渡为碎裂岩系列。北侧被新生代地层覆盖。主要岩石的岩相学特征见下述。

片理化(长石)岩屑砂岩：变余中细粒砂状结构，片理化构造。岩石中碎屑颗粒边界已模糊，具拉长变形，长轴具定向排列，部分碎屑(石英、长石、岩屑)又有破碎现象，石英具波状消光，少数碎屑还具有压力影构造。填隙物中硅质已重结晶为石英，有沿石英碎屑边缘次生加大现象，粘土已变质为绢云母、白云母雏晶及少量绿泥石，并沿碎屑长轴方向平行分布，构成片理化构造。

糜棱岩化(长石)石英砂岩：糜棱岩化结构、变余砂状结构，片状—片理化构造。碎屑中千枚状岩屑、长石和石英有破碎、细粒化现象；石英碎屑边缘被同成分细碎颗粒所围绕，构成核幔构造，局部石英碎屑边缘形成压力影构造；斜长石碎屑多破碎成细碎粒状集合体，呈长条状平行分布，部分长石表面较污浊，有绢云母化；碎屑黑云母片呈破碎弯曲状，长轴平行排列；那些较软的千枚岩、片岩和云母，被揉皱、拉长、变形、变细，平行并环绕其他碎屑分布；锆石、电气石亦破碎成粒状，长轴多平行排列。填隙物也具破碎并重结晶，其中方解石和石英成碎粒化集合体定向排列；粉末状铁质及有机物亦集中成小条纹状平行排列；杂基已变成鳞片状绢云母和细小的鳞片状绿泥石，沿碎屑之间的空隙定向分布，构成片状—片理化构造。

长石白云母石英片岩：鳞片花岗变晶结构，片状构造。变晶斜长石、钾长石长轴大致平行定向排列，斜长石部分绢云母化，石英成锯齿状边界镶嵌，片状—鳞片状白云母、绢云母及少量叶片状绿泥石环绕粒状变晶矿物定向连续平行排列。

碎裂岩化砂岩：岩石具碎裂岩化结构。岩石中多数碎屑破碎、细粒化，电气石呈碎块状，白云母被揉皱弯曲。杂基中的粘土已变为细小鳞片状绢云母。

岩石中同构造形成的变质矿物组合有绢云母＋绿泥石，同构造变形矿物主要为石英。变质相为低绿片岩相。

该韧性剪切带与典型的构造混杂堆积特征基本一致，岩块为超基性、基性蛇绿岩外来岩块和硅质岩、炭质硅质板岩等深海远洋沉积物，基质为此套强片理化的岩屑砂岩，发育透入性剪切面理，是板块缝合带的重要标志。

通过区域对比，强片理化砂岩的时代可能属石炭纪—二叠纪，因此，剪切带形成可能是海西期末，即古特提斯洋消亡的时期。

二、脆性动力变质岩

测区表层次脆性动力变质岩：构造角砾岩、碎裂岩、碎裂岩化岩石发育，它们广泛分布于测区北西西向主干断裂和北东向的次级断裂中。

构造角砾岩的角砾含量多在90％以上，碎基含量小于10％，岩石多数未固结，少量半固结，胶结物为钙质和铁质，褐铁矿化较普遍。

测区许多金属矿产与构造角砾岩有关，要么通过角砾岩间的空隙作为含矿热液的通道，要么直接赋存于角砾岩带中，部分矿石也呈角砾状。

表层次脆性动力变质中新生矿物极少，为细小鳞片状绢云母，变质程度为极低级变质。

部分边界断裂的活动时期较长，如巴音叉琼北—俄日邦陇断裂，开始大致形成于华力西期，印支期、燕山期又再次活动，早期可能是脆性、韧性动力变质作用共存的断裂带，晚期以脆性动力变质—碎裂作用为主。大多数断裂可能形成于中新生代燕山期—喜马拉雅期。

第四节　变质作用与构造变形的关系

晚古生代末，随着古特提斯洋的消亡、关闭，羌塘古陆北界形成通天河蛇绿构造混杂岩带，带内应力不断增强,在动力变质作用影响下,沿其主断裂位置脆、韧性变形逐渐增强,开始形成巴音查乌马片理化带的原始雏形。羌塘古陆北缘的晚古生代岛弧也已焊接为稳定陆块的一部分。在南方陆块不断向北漂移、拼接的动力驱使下,测区内的晚古生代地层在南北向上缩短,形成尖棱状褶皱,同时伴随着区域低温变质作用,在顺应构造应力最为薄弱的方向上,生成新生的变质矿物组合(以绿泥石、绢云母为主)。

晚三叠世,在雅鲁藏布江一线中生代特提斯洋扩张下,海水涌进测区,沉积了苟鲁山克错组和结扎群,晚三叠世末,印支造山运动强烈,晚三叠世各地层形成转折端圆滑的中常直立或歪斜褶皱,区域低温动力变质作用持续发生,在地层中形成低绿片岩相特征矿物组合(绢云母+绿泥石、绿泥石+钠长石),同时发育各种构造面理(板理面、劈理面、片理化面等)。在通天河蛇绿构造混杂带内及其边界,动力变质作用很强,形成中浅层次和浅表层次的韧性剪切带。

中侏罗世,新特提斯洋海水南侵至测区西南角,沉积形成雁石坪群。晚侏罗世,燕山造山运动使海水彻底退出本地区,该地层下沉遭受埋深变质,形成低绿片岩相矿物组合(浊沸石相),测区内的变质作用转为局部或点上的脆性动力变质和热接触变质,大范围的区域变质作用彻底停止。

第五章　地质构造及构造发展史

第一节　区域地球物理特征

在青藏高原及邻区板块构造格架和单元划分上,测区属羌塘陆块和柴达木陆块接合部位,之间为可可西里—巴颜喀拉前陆盆地。磁法、重力、电法、人工地震等地球物理方法均反映大区域、大深度及陆块和陆间的性质,因此,《亚东—格尔木岩石圈GGT断面综合研究》中地球物理资料适用本区。由于测区地处高寒缺氧、气候恶劣的无人区,地球物理测量方法应用较少,工作程度较低。目前仅1∶100万重力测量覆盖测区,1∶100万航空磁力测量涉及测区东部。据现有资料,对测区的地球物理特征作简要概述。

从图5-1中可看出测区莫霍面深度为55km,具近水平的特点,另据吴功建(1988)该测区的莫霍面深度为60km左右,两者比较基本一致。根据大地电磁测深成果本区的岩石圈厚度为120km左右。

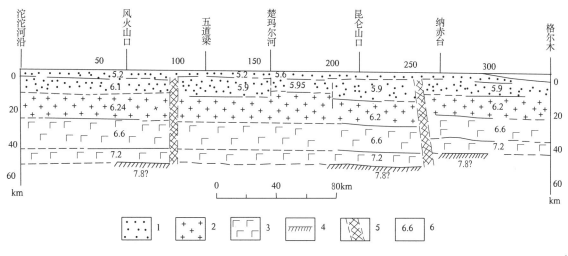

图 5-1　沱沱河—格尔木地震测深剖面图
(引自卢德源等,1987)
1. 沉积层和结晶基底;2. 花岗岩层;3. 玄武岩层;4. 莫霍面;5. 深断裂;6. 纵波层速度(km/s)

在图中反映出下地壳分两个波速层,上层层速6.6km/s,沱沱河昆仑山口厚约18km;下层层速7.2km/s,厚约8km。下地壳的上界面平缓,上地壳可分为3层,上层层速5.2～5.6km/s,厚2～5km,格尔木厚2～3km,楚玛尔河—沱沱河厚4～5km,中层层速5.9～6.1km/s,上界面埋深2～5km,下界面埋深12～17km,横向厚度变化大,沱沱河地区厚9km,楚玛尔河南侧厚12km、北侧厚

6~12km,格尔木厚8km,下层层速6.2km/s,厚度稳定在13~15km。表明该区组成地壳的岩性横向变化较大且层间滑脱较多。

在图5-2中显示地壳呈二维非均值速度和界面连续弯曲的特征。从电性结构特征来看,横向上电性层的厚度电阻率变化较大,纵向上出现高低电阻相间的格局。据《亚东—格尔木地学断面综合研究》的地球物理资料,可分为5个电性层:第一电性层为低阻层,电阻率变化较大,在20~200Ωm之间,一般在10~10^2Ωm之间变化,深2~5km,由碎屑岩类组成;第二电性层为高阻层,电阻率在10^2~10^3Ωm之间,厚15~20km,横向上电性变化大,可能由构造差和断裂异引起,该变化终止于低阻层;第三电性层为壳内地阻层,电阻率为5~10Ωm,高者50Ωm,埋深20~30km,为岩层受水平挤压形成空隙,被液体充填的滑脱层,且滑脱层在测区北部被断层上下错断;第四电性层为高阻层,较为稳定,多为3 000Ωm,为壳幔高阻层,厚度较大,厚50~60km;第五电性层为低阻层,电阻率为50Ωm,为上地幔低阻层。

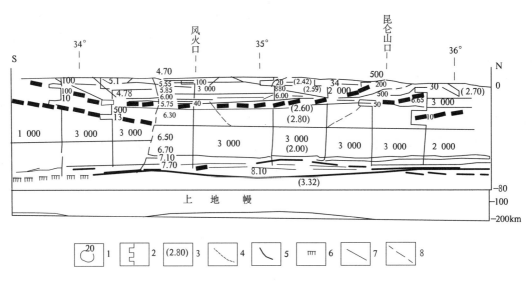

图5-2 深部地球物理综合解释图
(吴建功、高锐等,1991)

1.二维速度分布曲线(km/s);2.电阻率深度曲线(Ωm);3.密度(g/cm³);4.磁壳层底界面;5.断层;6.莫霍界面;7.上地幔高导层;8.滑动层

得出测区的密度结构:地壳表层密度为2.24g/cm³,地壳上部(即滑脱面之上)密度为2.6~2.9g/cm³,壳内低速层相对应的密度为2.6 g/cm³。地壳中部的密度为2.8~2.9g/cm³。下地壳(壳幔混合层)密度为3.01g/cm³。上地幔顶部密度为3.32 g/cm³。

依据地震,重力资料,根据Woolard(1975)的速度与密度关系式,并采用人机交互反演,根据垂向磁化率填图结果,测区属弱磁性区,反映了沉积地层的厚度增大。综合区段内地热流数据资料和用直接求磁性体下界面的功率谱法计算,测区的居里等温面比较稳定,埋深35km。

另外从西金乌兰—玉树断裂带来看,该断裂带在风火山口附近通过,航磁剖面图、地震和大地电磁测深剖面(图5-1)上均有反映,但断裂带两侧地壳结构没有明显差异,且重力剖面(图5-3)上仅在二道沟出现约10×10^{-3}cm/s² 的重力。此等现象表明,剖面通过位置的断裂带规模和影响深度并不很大。据区域展布和地质意义分析,该带所代表的古裂谷带沿纵向很可能具有裂张程度高低和发育时间长短等变化特点。此外,地震推断楚玛尔河北有一40km宽的隆起带,上地壳基底向上抬升了2~3km;重力剖面表现为20×10^{-3}cm/s² 的重力高,宽度相近。表明该处确实存在局部隆起,但影响深度不大。地震和重力剖面均反映可可西里地区地壳结构比较一致,但大地电磁测深的电性断面则变化较大,相当复杂,表明该区组成地壳的岩性横向变化较大,且层间滑脱较多。

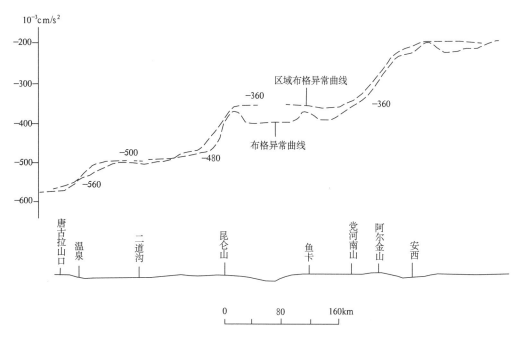

图5-3 唐古拉山山口—安西重力剖面图
(引自青海省地球物理勘查队,1988)

综观测区的地球物理特征,测区的地球物理均呈较平静、低缓、负的低异常区,其南北两侧为高的或相对较高的梯级带。岩石圈出现磁性、电性分层结构。电阻显示出高低阻相间格局。说明了地壳深部滑脱层的存在和在南北双向挤压力的作用下岩片沿滑脱面产生逆冲推覆作用的存在。同时也造成地壳厚度的增加。

第二节 构造单元划分及其特征

一、构造单元划分

测区位于青藏高原腹地,唐古拉山北坡。在大地构造位置上处于东昆仑中缝合带之南,红其拉甫—双湖—昌宁缝合带之北古特提斯缝合系(边千韬,1991)中部。在漫长的地质历史时期测区经历了石炭纪—二叠纪古特提斯洋的发展、演化、消亡过程;到早三叠世中晚期进入陆内A型俯冲阶段,晚三叠世俯冲达到高潮,东昆仑中陆块与羌塘陆块最终拼合;在侏罗纪测区由于受中特提斯主域向南迁移的影响,除测区西南角有少量的海水侵没外,其他地区脱离海水上升为陆。班公湖-怒江晚中生代中特提斯洋和冈底斯山以南新特提斯洋的相继开启及向北俯冲,印度洋的打开与扩张导致印度和欧亚板块于80Ma期间碰撞及大规模陆内俯冲(许志琴等,1992)的远程效应,在区内深深打上了中、新特提斯的烙印。加之华北刚性陆块的阻抗,扬子刚性陆块的楔入,使包括本区在内的青藏高原成为一个长期的陆内汇聚活动区,壳幔动力学环境发生了根本性转变,在拆离作用和拆沉作用的共同约束下,引起岩石圈突发性的减薄,青藏高原快速抬升,铸造了岩石圈统一的深部幔坳和地表隆升的双凸型构造-地貌景观。

长期以来,青藏高原地质研究是人们瞩目的焦点。本报告以板块构造理论为基础,以实际资料为佐证,并以充分反映野外客观实际为准则,在充分吸纳前人资料的基础上对测区地质构造予以总结。希望能为今后研究青藏高原构造演化提供一点依据。

有关本区构造单元的划分,不同学者、学派认识不一,分歧较大(表5-1)。究其原因,一是区内研究程度较低,且存在部分1:20万区调空白区,对诸多地质问题的认识或构造背景的鉴定,明显地具有不确定性;二是中国境内特提斯(东特提斯)在晚古生代—早中生代期间的板块构造格局异常复杂,似乎并非遵循经典的威尔逊演化规律。而多岛洋模式(殷鸿福,1997),多岛弧系统洋陆转换模式(潘桂棠,1996),古特提斯缝合系(王乃文,1984;黄汲清,1987)等观点的提出,揭开了东特提斯地质研究的新篇章。基于上述观点,我们以测区构造-建造实体为基础,以板块构造格局和构造演化为主导,参考《青藏高原及其邻区大地构造单元初步划分方案》(中国地质调查局西南项目管理办公室,青藏高原地质研究中心综合研究项目,2002)及邻区1:25万实测完成图幅的经验,并结合区域资料及有关参考文献等,对测区的构造单元初步划分如下(图5-4)。

表 5-1 测区不同学者构造单元划分一览表

黄汲清 (1983)	高延林 (1987)		青海省区域地质志(1991)	许志琴 (1992)	张以弗等 (1994)	潘桂棠等 (1996)	本书		
松潘—甘孜褶皱系	巴颜喀拉山弧后盆地	华南板块	南巴颜喀拉冒地槽带	松潘甘孜造山带	可可西力三叠纪海盆印支褶皱带	巴颜喀拉晚古生代—中三叠世弧后盆地 T_2^2—T_3 为前边缘前陆盆地	巴颜喀拉晚古生代—中生代前边缘前陆盆地		上叠白垩纪对冲式盆地及新生代走滑拉分盆地
	松潘甘孜褶皱系		通天河优地槽带	金沙江蛇绿构造混杂岩带	西金乌兰华力西印支断陷槽—印支褶皱带	泛华夏大陆晚古生代、中生代弧后区	可可西里消减杂岩	通天河蛇绿构造混杂岩带	巴音叉琼蛇绿混杂岩亚带	上叠苟鲁山克措边缘前陆盆地及巴塘滞后火山弧
三江褶皱系		杂多玉树义敦岛弧隆起带	巴塘台缘褶带	唐古拉地台	江达德钦陆缘火山弧				岗齐曲蛇绿混杂岩亚带	
喀拉昆仑—唐古拉褶皱系			乌丽囊谦台隆		羌塘昌都陆块	昌都弧后盆地	唐古拉古陆—华力西—早燕山褶皱表海—早燕山褶皱区	北羌塘晚三叠世弧后盆地	羌塘陆块	乌丽—开心岭岛弧
									邦可钦—砸赤扎弧后前陆盆地	
									玛章错钦前陆盆地	

Ⅰ—巴颜喀拉晚古生代—中生代边缘前陆盆地
Ⅱ—通天河蛇绿构造混杂岩带
  Ⅱ₁—巴音叉琼蛇绿混杂岩亚带
  Ⅱ₂—康特金蛇绿混杂岩亚带

鉴于测区的特殊情况,在上述两个构造单元之上叠覆有晚三叠世沉积体,我们称之为晚三叠世上叠盆地。根据东、西两地物质建造的不同,可细分为:

(1)苟鲁山克措边缘前陆盆地。
(2)巴塘滞后火山弧。

Ⅲ—羌塘陆块
  Ⅲ₁—乌丽—开心岭岛弧

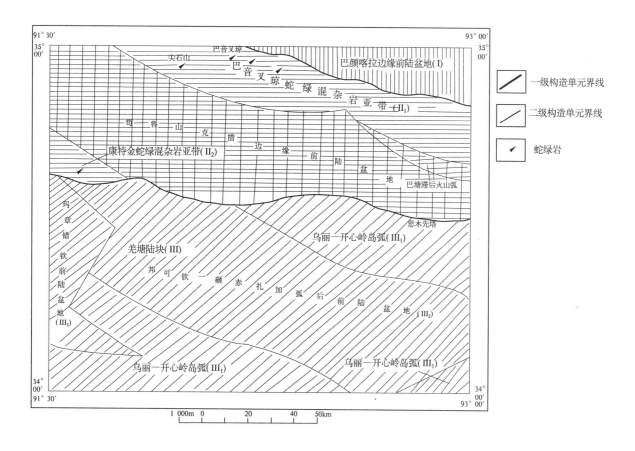

图 5-4 构造单元划分图

III$_2$—邦可钦—砸赤扎加弧后前陆盆地

III$_3$—玛章错钦前陆盆地

除以上主体构造单元的划分以外,对测区的晚白垩世、古近纪、新近纪、第四纪沉积体也作了相应的构造单元划分。笔者认为,不论是晚白垩世沉积体还是古近纪、新近纪、第四纪沉积体,都叠覆于以上各构造单元之上,均属上叠盆地,但各盆地形成的力学性质有别,可进一步细划为:

(1)晚白垩世对冲式盆地。

(2)新生代走滑拉分式盆地。

二、各构造单元基本特征

(一)巴颜喀拉晚古生代—中生代边缘前陆盆地(I)

1. 概述

该单元在测区东北角只跨及一角,南以巴音叉琼北—日尔拉玛断裂为界与通天河蛇绿构造混杂岩带分开。本区由于晚白垩世及新生代地层覆盖未见该地层出露,其构造单元界线以 1∶20 万《错仁德加幅》及东邻 1∶25 万《曲柔尕卡幅》资料为依据确立。

2. 物质组成

该单元的沉积建造主要由巴颜喀拉山群砂岩组(TB$_1$)、板岩组(TB$_2$)及砂岩类板岩组(TB$_3$)组成。为一套较典型的浊积岩相复理石沉积体。

砂岩组岩性主要为灰色—深灰色厚层状、中—厚层状中细粒岩屑砂岩、钙质胶结中细粒长石岩屑砂岩、岩屑长石砂岩夹深灰色板岩。砂岩中发育正粒序层理,砂岩与板岩形成韵律层,发育鲍马序列的 bc、bcd 段,砂岩中发育平行层理及包卷层理,具深海—半深海浊积岩的特征。砂岩的化学成分反映其物源来自于再旋回造山带物源区及克拉通物源区。

板岩组以砂岩、板岩互层、板岩夹砂岩为主,砂岩—粉砂岩—板岩组成韵律性旋回,鲍马序列 bcd、bc、cde 段发育,板岩、粉砂岩中常见水平层理、沙纹交错层理,底面发育沟模,砂岩中包卷层理极发育,具远源浊积岩的特征,沉积环境为深海—半深海。化学成分反映其物源来自于再旋回造山带物源区和克拉通物源区。

砂岩夹板岩组岩性以灰色中细粒岩屑长石砂岩为主,有长石砂岩、长石石英砂岩夹深灰色钙质板岩,薄层炭质板岩及灰色岩屑长石粉砂岩。砂岩中普遍具平行层理,发育槽模、波痕、斜层理等沉积构造,表明海水有所变浅,环境为浅海斜坡—半深海。

据区域资料该地层中产有深水相遗迹化石、双壳类化石、孢粉化石等,均反映该群的沉积时代为中—晚三叠世,区内寨吾加琅上游产于巴颜喀拉山群的灰绿色闪长玢岩脉中采获 230.8±4.8Ma 的 K-Ar 法年龄值,也同样反映其围岩时代为中—晚三叠世。

该单元最大特点是火山喷发作用十分微弱,据《曲柔尕卡幅》资料主要为呈透镜状分布的黄褐色高钾玄武安山岩,具强烈的碳酸盐化和绢云母化蚀变。岩石化学资料表明为钙碱性系列,高钾、低钛。在 $TiO_2-10Mn-10P_2O_5$ 图解中投影于岛弧拉斑玄武岩区,稀土元素反映轻稀土富集型,铕具弱负异常。微量元素 Rb 具高峰值,Nb 出现低峰值。构造环境判别为活动大陆边缘。

岩浆侵入活动以零星分布的喜马拉雅期 34±5Ma、33Ma(K-Ar 法)肉红—灰白色黑云母霓辉石正长斑岩为特征,岩石化学表明属钙碱性系列,Na<K,含铝指数 A/NKC 的值大于 1.1,微量元素以高 Pb、Ni、Cr、Ba、Sr、Be、Sc 而贫 Cu、Zn、Ta、V 为特征,稀土元素特征表明 Eu 具强烈的负异常,V 型谷十分明显,属 S 型花岗岩。构造环境为在南北向挤压作用大背景下引起壳幔层间滑脱拆离、拆沉、底侵共同作用的产物。

据区域及东邻《曲柔尕卡幅》资料,该单元岩石变质变形相对较弱,变质程度表现为低绿片岩相,变质特征矿物主要为绿泥石绢云母。

3. 构造特征

该盆地构造变形样式为北西西向等厚褶皱及相伴的同方向脆性断裂,沿脆性断裂分布有构造角砾岩。褶皱形态绝大多数为水平直立褶皱,两翼角较陡,一般为 52°~55°,两翼等厚,皱面产状近于直立,产状为 10°~30°∠75°~90°,背斜皱部发育扇形破劈理,转折端圆滑。除见有少量的斜歪水平褶皱,皱面总体北倾 10°~45°,倾角为 45°~55°。断裂构造以北西向伸展的逆冲断裂为主,个别为近东西向展布的断层,其性质不明。各断层规模不一,最大断裂沿走向展布长约 80km,宽 50cm~2m。沿断层分布断层角砾岩、断层泥等。除近东西向断裂外,其他断裂近于平行展布。近东西向断裂规模较小,长约 10km,性质不明。

(二)通天河蛇绿构造混杂岩带(Ⅱ)

该带呈北西向展布于巴音叉琼北—日尔拉玛断裂与岗齐曲—思木先塔断裂之间,东西两段外延出图,南北宽约 35km,测区内西段较宽,而东段相对较窄。可进一步划分为巴音叉琼蛇绿混杂岩亚带(Ⅱ$_1$),康特金蛇绿混杂岩亚带(Ⅱ$_2$)2 个次级构造单元。该带中部大部分被晚三叠世、晚白垩世—新生代地层覆盖。

1. 巴音叉琼蛇绿混杂岩亚带(II_1)

(1) 概述

该带分布于通天河蛇绿构造混杂岩带的最北部。南以尖石山南断裂为界分别与苟鲁山克措边缘前陆盆地及巴塘滞后火山弧分割。北以巴音叉琼北—日尔拉玛断裂为限与巴颜喀拉边缘前陆盆地毗邻。该带中、东部大面积除被晚白垩世—新生代地层覆盖外，西段的巴音叉琼表征较清楚。主要特征如下。

(2) 物质组成

①巴音查乌马蛇绿岩(区域称为通天河蛇绿岩)：主要分布在测区的尖石山、巴音叉琼、巴音查乌马等地，岩石组合为灰绿色橄榄二辉辉石岩、灰绿色斜辉辉橄岩、滑石片岩(原岩为辉橄岩)、灰绿色角闪辉长岩、灰绿色蚀变辉绿岩、灰绿色块状玄武岩及灰绿色枕状玄武岩、深灰色硅质岩、灰白色块层状结晶灰岩块体。其中，玄武岩、辉长岩的岩石化学、地球化学资料表明，原属大洋拉斑玄武岩系列，其古构造背景具有洋岛的特点。蛇绿岩形成的时代，依据1：20万《错仁德加幅》的资料，前人在辉长岩中采集了1件Rb-Sr等时线，其年龄为$266\pm41.2Ma$，应属中二叠世的产物，但与蛇绿岩紧密伴生的放射虫硅质岩给出的年龄则是晚三叠世。另据1：25万《可可西里湖幅》资料反映，与蛇绿岩紧密伴生的放射虫硅质岩所指示的时代为$C_1—P_2$，这一时代与1：20万幅辉长岩所取$266\pm4.2Ma$的Rb-Sr年龄相吻合。另外，我们对前人的辉长岩和枕状玄武岩的岩石化学进行分析发现，TiO_2含量明显偏高，Ti/V之比达到4~5，在$FeO*/MgO-TiO_2$图上判定均落入洋岛区，与我们采集的样品投影点十分吻合，同时也与1：25万《可可西里湖幅》完全一致。至于1：20万《错仁德加幅》所采集放射虫硅质岩为何出现晚三叠世年龄，边千韬在进行可可西里综合考察时对该蛇绿岩进行了深入的研究，他认为1：20万《错仁德加幅》所采集的放射虫硅质岩是在样品未经分离的情况下根据薄片鉴定的结果，因此很难证明该处蛇绿岩就是晚三叠世。其形成的构造环境为洋脊或洋岛，与辉长岩、辉绿岩形成环境一致。我们同意这种说法，将测区的蛇绿岩的时代归属为中二叠世。

蛇绿岩各岩块集中分布于巴音查乌马的山体之中，呈碎片(残片)散布在C—P的碎屑岩之中。岩块呈短条状、块状、长条状等，露头规模大小不等，相差悬殊，最大者长达1 000m，宽约300m，小者长仅有1.5m，宽约70cm。横向上常呈串珠状近北西西-南东东向分布，与测区主构造线方向一致。各岩块与围岩均以构造接触面分割，辉绿岩、辉长岩大多变形较弱，呈刚性构造透镜体，橄榄岩、斜辉辉橄岩、橄榄二辉辉石岩等明显受到构造破坏，接触面见有磨光镜面和擦痕，蛇纹石化强，有些岩石已蚀变为滑石片岩。该蛇绿岩受后期构造作用改造强烈，多已被肢解、破碎，带中始终未发现典型完整的蛇绿岩剖面。

②碳酸盐岩：是巴音叉琼蛇绿混杂岩的组成部分，主要分布于测区的康特金，呈构造块体散布于晚三叠世苟鲁山克措组(T_3g^a)的灰色长石岩屑砂岩、岩屑石英砂岩夹粉砂岩及晚三叠世巴塘群灰色中细粒岩屑石英砂岩、灰绿色板状千枚岩之中。岩性为灰白色块层状(碎裂)微晶灰岩，局部该灰岩中包容灰黑—灰绿色蚀变玄武岩。其中火山岩岩石化学，地球化学分析，属岛弧拉斑玄武岩系列，形成于洋岛环境之下。

③碎屑岩：基岩露头主要出现在测区的巴音查乌马，尖石山、岗齐曲南岸等地，岩性为灰色中细粒岩屑砂岩，局部见有灰色片理化变硅质中细粒岩屑石英砂岩。该岩石变质变形较强，片理化、板理化十分发育，总体产状十分零乱，次生劈理、节理也很发育，蛇绿岩各块体集中发育在该岩石中。据邻幅资料该岩组发育鲍马序列的b、c、d段和cd段，水平纹层，砂岩底层面发育槽模、沟模等层面构造，反映为深—半深海相浊流沉积的特点，时代依据岗齐曲南岸采获的植物化石 *Plagiozamites oblongifolium* Halle 归属为石炭纪—二叠纪。

综上所述,以上各岩性及岩石组合充分显示了蛇绿混杂的特征,但是该蛇绿岩并非圣弗兰西斯克那样典型的蛇绿混杂岩,其中所含的基性火山岩可能有很少一部分为洋脊残片,绝大多数属洋岛残片,混杂岩中碳酸盐岩及碎屑岩可能有一部分属洋岛的顶部端元,绝大多数为海沟系产物。

(3)构造特征

作为蛇绿混杂岩基质的灰色中细粒岩屑砂岩,局部见有灰色片理化变硅质中细粒岩屑石英砂岩。该岩石变质变形较强,片理化、板理化十分发育,总体产状十分零乱,次生劈理、节理也很发育,原始层理难觅。片理产南部由北西、北东方向倾斜,北部向南倾斜,总体上组成一个向形构造,核部被北西-南东向韧形断裂破坏。各蛇绿岩的块体及灰岩块体散布于其中,各块体破碎强烈,片理化发育。主要韧-脆性断裂的描述详见第三节。

(4)时代与演化特征

尖石山—巴音查乌马脆-韧性剪切带据区内资料反映至少经历了两期重要的变形阶段。第一期变形事件,由于其变形体中卷入的地层时代为石炭纪—二叠纪通天河蛇绿混杂岩,同时于晚二叠世西金乌兰洋消亡,南羌塘陆块与南昆仑拼合,这次构造事件对测区的影响十分重大,因此我们认为剪切带的主期活动时间可能是华力西期末—印支早期。即古特提斯洋消亡的时期。第二次变形事件,在测区没有收集到确切的年龄资料,但处于同一条带的东邻《曲柔尕卡幅》反映,该期变形卷入地层为晚三叠世巴塘群,因此我们间接判断尖石山—巴音查乌马脆-韧性剪切带的第二次变形事件可能发生在燕山运动的早期。

2. 康特金蛇绿混杂岩亚带(II_2)

(1)概述

该带分布于测区的康特金地区,呈楔形由西向东插入本区。北以康特金断裂为界与苟鲁山克措边缘前陆盆地分开,南以岗齐曲—思木先塔断裂为界与羌塘陆块毗邻。该构造带实际上与巴音叉琼蛇绿混杂岩亚带是同一洋壳的产物,只是在后期的构造作用中被晚三叠世地层覆盖分割为两地,为了在构造图面上表达方便我们将北部的蛇绿混杂岩叫做巴音叉琼蛇绿混杂岩亚带,而将南部的蛇绿混杂岩叫做康特金蛇绿混杂岩亚带。

(2)物质组成

据边千韬在可可西里考察报告介绍,岗齐曲蛇绿岩出露在岗齐曲北,东西断续延伸约10km,南北宽不足1km,沿乌兰乌拉—夏仑曲断裂北西西向分布。岩石类型由枕状玄武岩、块状玄武岩、硅质岩、泥质灰岩、千枚岩等组成。

本次调查仅见灰绿色片状蚀变角闪辉长岩、辉绿岩的构造块体。散布于晚三叠世苟鲁山克措组海绿石碎屑岩及C—P碎屑岩建造之中(C—P碎屑岩与晚三叠世海绿石碎屑岩呈断层接触关系),其中晚三叠世苟鲁山克措组发育水平层理、斜层理,夹煤线,属滨—海陆交互相沉积,C—P碎屑岩发育板理、片理构造。除蛇绿岩块体外,还有流纹质安山质含凝灰熔岩、糜棱岩化蚀变基性火山角砾熔岩、糜棱岩化含火山碎屑蚀变玄武岩、基性超糜棱岩等块体沿岗齐曲—思木先塔断裂分布。

岩浆侵入活动为新生代灰白色石英闪长玢岩,K-Ar法年龄为37.74 ± 0.52Ma。岩石化学表明,属钙碱性系列,Na<K,含铝指数A/NKC值小于1.1;地球化学表明Sr、Rb、Th、Zr、Hf、Ba、Pb元素丰度高,Eu具有弱负异常,轻稀土富集。构造环境属南北向挤压作用下引起壳幔层间滑脱、拆离、拆沉、底侵共同作用的产物。

(3)构造变形

作为蛇绿混杂岩基质的灰色中细粒岩屑砂岩,局部见有灰色片理化变硅质中细粒岩屑石英砂岩。该岩石变质变形较强,片理化、板理化十分发育,总体产状十分零乱,次生劈理、节理也很发育,原始层理难觅。面理产状总体南倾,倾角为45°～50°。断裂特征为北西向展布的韧形断裂,详细特征描述见第三节。

(4)变形时代及演化

变形作用影响到晚三叠世火山岩,因此该韧性剪切带变形的主要活动时间为印支期。

(三)晚三叠世上叠盆地

鉴于测区的特殊情况,在上述两个构造单元之上叠覆有晚三叠世沉积体,我们称之为晚三叠世上叠盆地(?)。根据东、西两地物质建造的不同,可细分为苟鲁山克措边缘前陆盆地和巴塘滞后火山弧。

1. 巴塘滞后火山弧

(1)概述

该单元呈楔状分布于测区的二道沟以北、七十八道班以南,南界受二道沟兵站北西向断裂控制;北界以巴音叉琼北断裂与巴颜喀拉边缘前陆盆地为邻。图区由于受晚白垩世及更新世地层的覆盖未见建造实体出露,构造单元的划分以东邻《曲柔尕卡幅》资料延入。

(2)物质组成

该单元沉积建造实体为晚三叠世巴塘群,岩性为灰紫色片理化粘土质粉砂岩、长石岩屑(杂)砂岩夹少量灰紫色、灰绿色岩屑杂砂岩,灰、灰黑、灰白色中厚层状微晶灰岩和碎裂块状灰岩、片理化蚀变安山岩、晶屑玻屑岩屑凝灰岩夹中薄、中厚含生物屑微晶灰岩(透镜体),夹中细粒岩屑长石砂岩,局部见鲕粒状灰岩、灰色中细粒长石石英砂岩、灰黄色中细粒长石岩屑砂岩、灰黑色粉砂质板岩及少量岩屑石英砂岩和灰黑色粘土质粉砂岩。砂岩中发育槽模及水平层理。沉积环境为岩浆弧一侧的具有一定坡度的半深海斜坡地带,总体为一套浅海—半深海浊积岩相复理石沉积。物源来自陆源岩浆弧。化石及孢粉特征反映该地层时代为晚三叠世晚期。

该单元火山喷发作用强烈,主要岩性有灰绿色安山岩、灰绿色英安岩、火山碎屑岩等,火山喷发时代为晚三叠世。岩石化学表明火山岩从基性—中性—酸性由富钠贫钾向贫钠富钾方向演化。火山岩岩石类型为正常类型,钙碱性系列,低钛。稀土配分曲线均为右倾斜的轻稀土富集型,铕异常具亏损。构造环境为火山弧,物源为过渡地幔。

综合以上特征,晚三叠世巴塘群火山岩的形成是由于地壳受到近南北向强烈挤压应力的影响,从而使地壳圈层间发生拆离、拆沉、底侵作用喷发形成的火山弧。

岩浆侵入活动以零星分布的喜马拉雅期34±5Ma、33Ma(K-Ar法)肉红—灰白色黑云母霓辉石正长斑岩为特征,岩石化学表明属钙碱性系列,Na<K,含铝指数A/NKC的值大于1.1,微量元素以高Pb、Ni、Cr、Ba、Sr、Be、Sc而贫Cu、Zn、Ta、V为特征,稀土元素特征表明Eu具强烈的负异常,V型谷十分明显,属S型花岗岩。构造环境为在南北向挤压作用大背景下引起壳幔层间滑脱拆离、拆沉、底侵共同作用的产物。

该带变质变形较弱,达低绿片岩相变质。变形以浅表层次断裂及中等紧闭的线性褶皱为主,局部发育板理构造。

(3)构造变形

该单元变形特征主要表现为北西西、北西及少量的北西-南东向脆性断裂,断裂性质以逆冲断裂为主,断面总体南倾,北倾断裂较少,倾角为45°～60°,沿断裂面发育断层角砾岩、断层泥等。

褶皱样式主要为北西向等厚水平直立褶皱。

2. 苟鲁山克措边缘前陆盆地

(1) 概述

该单元分布于测区的尖石山南部断裂以南,北邻巴音叉琼蛇绿混杂岩亚带;南以康特金—思木先塔断裂为界与羌塘陆块毗邻,西段以二道沟断裂为界与巴塘滞后火山弧分开,呈带状,北北西-南南东延伸,西端延出图外。

(2) 物质组成

该单元由晚三叠世苟鲁山克措组中细粒长石岩屑砂岩为主,岩屑石英砂岩次之,夹泥质粉砂岩及少量板状泥岩、砾岩、含砾砂岩,含海绿石岩屑砂岩、含海绿石长石岩屑砂岩夹含海绿石粉砂岩、青灰色粉砂质泥岩,局部夹煤线。可细分为下部细碎屑岩建造和上部粗碎屑岩建造,具有双幕式沉积特征(前陆盆地特征)。

沉积环境下段由砂岩—粉砂岩—板状泥岩组成韵律层,构成正粒序韵律,局部底部砂岩中含细砾,发育水平层理、波痕构造、正粒序层,属海退沉积序列,区域资料反映下段砂岩中凝灰质含量较高,并发育鲍马序列,反映为浅海环境。上段反映出的沉积环境为浅海或三角洲。

依据丰富的古生物化石可确定该地层时代为晚三叠世。

该单元最大的特征是火山活动很不发育,据西邻《可可西里湖幅》资料反映,除苟鲁山克措组下段砂岩中凝灰质含量较高以外,没有任何火山活动迹象。

岩浆侵入活动也很少,仅在岗齐曲上游发现有喜马拉雅期 $37.86\pm0.56Ma$(K-Ar 法)灰白色石英闪长玢岩侵入,钙碱性系列,铝过饱和类型。稀土总量高,Eu 具有弱负异常。构造环境为在南北向强烈挤压下导致壳幔层间滑脱、拆沉、拆离、底侵共同作用的产物。

该带变质变形较弱,达低绿片岩相变质。变形以浅表层次北西-南东向脆性断裂及皱线展布与断裂相平行中常线性褶皱为主,局部发育板理构造。

(四) 羌塘陆块(Ⅲ)

我们把以岗齐曲—思木先塔断裂以南的广大地区称为羌塘陆块,对其进一步细分为乌丽—开心岭岛弧(Ⅲ$_1$)和邦可钦—砸赤扎加弧后前陆盆地(Ⅲ$_2$)及玛章措钦前陆盆地(Ⅲ$_3$)。

1. 乌丽—开心岭岛弧(Ⅲ$_1$)

(1) 概述

该岛弧位于岗齐曲—思木先塔断裂的南部,总体呈北西-南东向展布,东西两端延入相邻图幅。由于中、新生代地层覆盖,其呈带状散布于开心岭、乌丽等地。

(2) 物质组成

该带由开心岭群扎日根组、诺日巴尕日保组、九十道班组及乌丽群那益雄组、拉卜查日组组成。两群之间呈断层接触。其中扎日根组为一套厚层粉晶、亮晶生物碎屑灰岩,含砂屑、砾屑灰岩,反映浅海缓坡相碳酸盐岩建造;诺日巴尕日保组为浅海—次深海泥砂复理石建造—岛弧火山岩建造;九十道班组为一套灰岩礁体。那益雄组和拉卜查日组为滨浅海—海陆交互相的含煤碎屑建造—含煤碳酸盐建造,前者为平原湿地相沉积,后者为碳酸盐缓坡相沉积。

火山喷发作用主要集中在诺日巴尕日保组、那益雄组。主要岩石类型有暗绿色杏仁状蚀变玄武岩、安山岩、沉凝灰岩等,对玄武岩、安山岩经岩石化学和地球化学分析,属钙碱性系列,形成于岛弧环境。

岩浆侵入活动有三期,印支期为岩株状辉绿岩,分布于开心岭,形成于弧后局部扩张环境之下,侵入地层为开心岭群。燕山期中酸性 S 型花岗闪长岩侵入,主要出露于错阿日玛地区,形成于南北向挤压作用之下,中、下地壳的局部熔融,而后沿应力薄弱面上侵而成。喜马拉雅期正长斑岩、闪长玢岩、石英闪长玢岩、石英二长闪长玢岩等钙碱性系列,形成于南北向挤压作用之下,下地壳与上地幔之间层间滑脱、熔融,而后沿应力薄弱面上侵而成。

除侵入岩体的侵入以外,闪长玢岩脉、正长斑岩脉、石英脉比较发育。

该单元各地层变质轻微或基本未变质,变形主体样式为浅表层次近东西向-北西西向中等开阔的等厚褶皱、尖棱褶皱及相伴的同方向脆性逆断裂构造。

(3)变形特征

该单元变形特征主要表现为北西西、北西及少量的北西-南东向脆性断裂,断裂性质以逆冲断裂为主,断面总体南倾,北倾断裂较少,倾角为 $45°\sim60°$,沿断裂面发育断层角砾岩、断层泥等。

褶皱样式主要为北西向等厚水平直立褶皱。局部可观察到尖棱褶皱。

2. 邦可钦—砸赤扎加弧后前陆盆地($Ⅲ_2$)

(1)概述

该盆地呈北西西向展布于岗齐曲—思木先塔断裂以南。由于风火山中新生代复合盆地的覆盖及晚古生代岛弧带的分割,而使地层失去连续性。

(2)物质组成

盆地沉积建造由晚三叠世结扎群甲丕拉组、波里拉组及巴贡组组成。其中甲丕拉组为一套砾岩、砂岩、粉砂岩夹中基性火山碎屑岩、玄武岩组合,砂岩中发育水平层理和小型交错层理,为一套辫状河流—三角河—滨海—浅海相磨拉石建造—含基性火山岩复陆屑建造;波里拉组为一套灰岩夹砂岩局部夹安山岩、安山质凝灰岩及石膏沉积组合,以浅海相含少量火山岩的碳酸盐岩建造为主,局部为泻湖相沉积建造;巴贡组为一套砂岩、板岩,局部出现煤线,总体为一套浅海复理石建造,局部出现海陆交互相含煤碎屑岩建造。

盆地内火山活动强烈。甲丕拉组岩石类型为玄武岩、玄武安山岩、安山质集块岩,波里拉组岩石类型为安山岩、安山质晶屑岩屑凝灰岩,巴贡组以粗玄岩为主,经岩石化学、地球化学分析,为钙碱性系列—碱性系列,形成环境为碰撞期后由挤压向伸展演化阶段的系列产物。

岩浆侵入活动为喜马拉雅期闪长玢岩—石英闪长玢岩—石英二长闪长玢岩组合,钙碱性系列,形成于南北向挤压作用之下,下地壳与上地幔之间层间滑脱、熔融,而后沿应力薄弱面上侵而成,还见有数条灰绿玢岩脉呈北西-南东向展布。

盆地各地层变质轻微或基本未变质。

(3)变形特征

常出现一些宽缓等厚褶皱及其相伴的同方向脆性断裂。

3. 玛章错钦前陆盆地($Ⅲ_3$)

(1)概述

该盆地展布测区西南角,是一个叠置在开心岭—鸟丽群岛弧带和邦可钦—砸赤扎加弧后前陆盆地之上的一个次级构造单元。

(2)物质组成

坳陷盆地主体由中侏罗世雁石坪群雀莫错组、布曲组及夏里组组成。其中雀莫错组岩性组合为岩屑石英砂岩、长石石英砂岩、长石砂岩、粉砂岩等。从剖面上看下部较粗(见多层砾岩)向上逐渐变细。为一套海侵初期以滨—浅海相为主的磨拉石建造—泥砂质复理石建造;布曲组岩性以灰岩为主夹粉砂岩,为一套浅海相碳酸盐岩建造;夏里组岩性组合为岩屑石英砂岩、复成分砾岩,区域含膏盐,为一套湖坪—三角海相碎屑岩建造,为一海退沉积序列。

岩浆活动十分微弱，除喜马拉雅期闪长玢岩侵入外，未发现火山活动迹象。闪长玢岩岩石化学表明属钙碱性系列，形成于南北向挤压作用之下，下地壳与上地幔之间层间滑脱、熔融，而后沿应力薄弱面上侵而成。

各地层单元变质轻微或基本未变质。

(3) 变形特征

变形样式以北西向宽缓等厚褶皱为主，并伴有同方向的脆性断裂。

(五) 风火山中—新生代上叠盆地

该盆地的范围几乎跨越区内所有的构造单元。可进一步划分为中生代晚期对冲式盆地 (特指风火山群) 和新生代走滑拉分盆地。

1. 中生代晚期对冲式盆地

盆地总体展布方向为北西-南东向，北部以巴音叉琼北—日尔拉玛断裂为界与前白垩纪造山带分开，南部大体以玛章错钦北—奥格拉德南断裂为界与南邻前白垩纪造山带毗邻。

盆地沉积建造由风火山群错居日组、洛力卡组及桑恰山组组成。其中，错居日组为一套紫红色、灰绿色复成分砾岩、砾岩夹含砾岩屑长石砂岩、钙质岩屑石英砂岩局部含白云石石膏沉积组合，分选性差，磨圆度中等，砂岩中多见波痕构造、板状斜层理、平行层理。属山麓—河流相沉积体系，局部为泻湖相沉积；洛力卡组为砂岩、泥岩夹灰岩、沉凝灰岩组合，以湖沉积体系为主兼河流相沉积；桑恰山组下部为砂岩夹泥质粉砂岩，底部为含砾粗砂岩、砾岩，上部为砾岩夹砂岩及泥质粉砂岩，以河流相沉积为主。

盆地充填序列可以概括为山麓—河流相—湖相—山麓—河流相，反映盆地经历由形成—逐步加深扩大—退缩的发展演化过程。

岩浆活动主要为喜马拉雅期岗齐曲上游超单元闪长玢岩、石英闪长玢岩、石英二长闪长玢岩，藏麻西孔独立单元黑云母正长斑岩。不论是岗齐曲上游超单元闪长玢岩、石英闪长玢岩、石英二长闪长玢岩，还是藏麻西孔独立单元黑云母正长斑岩，其岩石类型为钙碱性系列，构造环境在南北向强烈挤压作用下导致壳幔层间滑脱、拆离、拆沉，经过上地幔熔融，岩浆沿滑脱面底侵在近地表附近就位形成。

盆地内岩石基本上未变质，主体构造样式以北西西向宽缓褶皱为主，相伴同方向浅层次脆性逆断裂。

2. 新生代走滑拉分盆地

盆地主要为古近纪沱沱河组砾岩、砂岩、泥岩组合，局部见膏盐，为一套以冲、洪积为主兼湖相沉积；古—新近纪雅西措组为紫红色、砖红色长石岩屑砂岩、岩屑石英砂岩、泥晶灰岩、复成分砾岩、泥岩、粉砂岩，为一套以河湖相沉积为主兼洪积相沉积；新近纪五道梁组为灰绿、灰黄色中厚层状泥灰岩，钙质粉砂岩、泥岩、石膏为一套湖相沉积；新近纪曲果组为一套灰紫色、褐紫色砾岩、泥岩、砂岩组合，属山麓—河流相沉积。第四纪冲积、冲洪积呈松散堆积。

第三节 脆-韧性剪切断裂带

一、尖石山—巴音查乌马脆-韧性剪切带(F_2)

该带分布于测区东北部的尖石山，巴音叉琼，巴音查乌马一带。总体沿 290°方向展布，出露宽度达8~10km,剪切带的四周被古近纪、新近纪、第四纪地层掩盖。剪切带中央由于受后期断裂的改造,致使巴音查乌马、尖石山明显错开,受错地段被第四纪地层呈带状掩盖(图5-5)。

1. 剪切带的物质组成

尖石山—巴音查乌马脆-韧性剪切带的组成较为简单,为一套片理化(长石)岩屑砂岩、糜棱岩化(长石)石英砂岩及零星石英片岩。脆-韧性剪切带卷入的地层为石炭纪—二叠纪通天河蛇绿构造混杂岩砂岩,其中含有弱变形域的透镜状蛇绿岩岩块。该韧性剪切带以发育强烈密集的面理为特征,可划分为3个强应变带(图5-5)。

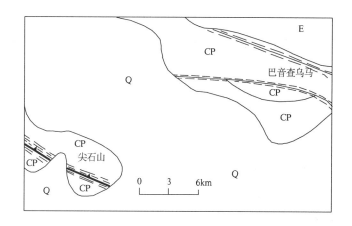

图5-5 尖石山—巴音查乌马脆-韧性剪切带平面图

主要岩石的岩相学特征见下述。

片理化(长石)岩屑砂岩:变余中细粒砂状结构,片理化构造。岩石中碎屑颗粒边界已模糊,具拉长变形,长轴具定向排列,部分碎屑(石英、长石、岩屑)又有破碎现象,石英具波状消光,少数碎屑还具有压力影构造。填隙物中硅质已重结晶为石英,有沿石英碎屑边缘次生加大现象,粘土已变质为绢云母、白云母雏晶及少量绿泥石,并沿碎屑长轴方向平行分布,构成片理化构造。

糜棱岩化(长石)石英砂岩:糜棱岩化结构、变余砂状结构,片状—片理化构造。碎屑中千枚状岩屑、长石和石英有破碎、细粒化现象;石英碎屑边缘被同成分细碎颗粒所围绕,构成核幔构造,局部石英碎屑边缘形成似压力影构造;斜长石碎屑多破碎成细碎粒状集合体呈长条状平行分布,部分长石表面较污浊,有绢云母化;碎屑黑云母片呈破碎弯曲状,长轴平行排列;那些较软的千枚岩、片岩和云母,被揉皱、拉长、变形、变细,平行并环绕其他碎屑分布;锆石、电气石亦破碎成粒状,长轴多平行排列。填隙物也具破碎并重结晶,其中方解石和石英成碎粒化集合体定向排列;粉末状铁质及有机物亦集中成小条纹状平行排列;杂基已变成鳞片状绢云母和细小的鳞片状绿泥石,沿碎屑之间的空隙定向分布,构成片状—片理化构造。

长石白云母石英片岩:鳞片花岗变晶结构,片状构造。变晶斜长石、钾长石长轴大致平行定向排列,斜长石部分绢云母化,石英成锯齿状边界镶嵌,片状—鳞片状白云母、绢云母及少量叶片状绿泥石环绕粒状变晶矿物定向连续平行排列。

碎裂岩化砂岩:岩石具碎裂岩化结构。岩石中多数碎屑破碎、细粒化,电气石呈碎块状,白云母被揉皱弯曲。杂基中的粘土已变为细小鳞片状绢云母。

岩石中同构造形成的变质矿物组合有绢云母+绿泥石,同构造变形矿物主要为石英。变质相为低绿片岩相。

该韧性剪切带岩性为一套浅表层次构造岩,原岩为一套以砂板岩为主的深水浊积岩。

2. 构造变形

该剪切带面理总体向北倾,产状为10°～30°∠40°～50°。该剪切带由于受强烈的透入性面理置换作用,早期构造特征很难识别,所收集的形迹资料主要反映了两期主要变形事件。

(1)透入性剪切面理形成阶段

该阶段形成透入性剪切面理S_1(图5-6)。这些面理构造及变形组构在露头域较易识别(图5-7),这些特征反映出剪切方向为逆—左行走滑。

(2)以面理为变形面的右行走滑

该韧性剪切带内十分发育一组以剪切面理S_1为变形面的小规模剪切褶皱,褶皱形态如图5-8所示。该期变形特征反映出右旋走滑型。

3. 变形时代讨论

尖石山—巴音查乌马脆-韧性剪切带据区内资料反映至少经历了两期重要的变形阶段。第一期变形事件,由于其变形体中卷入的地层时代为石炭纪—二叠纪通天河蛇绿混杂岩,同时于晚二叠世西金乌兰洋消亡,南羌塘陆块与南昆仑拼合,这次构造事件对测区的

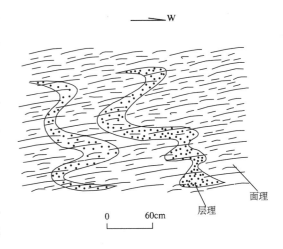

图5-6 透入性面理置换层理
(据VTP$_{13}$)

影响十分重大,因此我们认为剪切带的主期活动时间可能是华力西期末—印支早期。即古特提斯洋消亡的时期。第二次变形事件,在测区没有收集到确切的年龄资料,但处于同一条带的东邻《曲柔尕卡幅》反映,该期变形卷入地层为晚三叠世巴塘群,因此我们间接判断尖石山—巴音查乌马脆-韧性剪切带的第二次变形事件可能发生在燕山运动的早期。

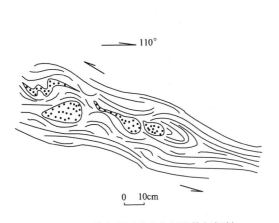

图5-7 剪切带中"σ"碎斑及剪切褶皱
(据VTP$_{13}$素描XZ面)

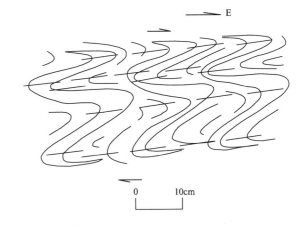

图5-8 剪切带中剪切褶皱素描图
(据VTP$_{13}$剖面XZ面)

二、岗齐曲—贡具玛叉脆-韧性剪切带(F_{10})

该带呈近东西向分布于测区西北部岗齐曲上游至贡具玛叉东侧一线,长50km左右,宽200～300m,呈断续的条带状分布,部分地段被中新生代红色陆相碎屑岩系掩盖。

1. 剪切带的物质组成

构成剪切带的主要岩石有流纹质糜棱岩、基性凝灰质糜棱岩、基性超糜棱岩、糜棱岩化蚀变基性火山角砾熔岩和糜棱岩化含火山碎屑蚀变玄武岩，韧性剪切带强度向南北两侧很快递减，使其附近的含泥质砂屑灰岩、流纹质晶屑玻屑凝灰岩形成了一些微观上的定向条纹构造。主要岩石的显微特征如下。

流纹质糜棱岩：糜棱结构、残留斑状结构，平行条带—平行透镜构造。在剪切应力作用下，原岩斑晶中的斜长石和部分暗色矿物略有变形，多呈破碎状进被磨细，呈定向排列；斜长石绢云母化，黑云母被绿泥石、石英和不透明矿物取代；石英斑晶和原岩基质一同被磨碎、变细后又重结晶成长英质微粒，组成破碎的条带状、透镜状平行排列；基质中新生的微叶片状绿泥石也顺糜棱面理平行定向分布。

基性凝灰质糜棱岩：糜棱结构、显微纤状变晶结构、变余凝灰结构，千枚状构造。糜棱碎斑由被磨碎的火山碎屑、次闪石、绿帘石组成，磨细后的微粒定向排列；火山灰被次闪石、绿帘石交代，它们大致平行排列，形成似流动构造，构成岩石的千枚理。

基性超糜棱岩：超糜棱结构、显微鳞片变晶结构，千枚状构造。糜棱碎斑含量为4%～5%，粒径一般为0.02～0.1mm，个别为0.4～1.2mm，有磨碎的斑晶斜长石、辉石和石英，有角砾熔岩的碎块、碎粒，还有碳酸盐微粒组成的条带；碎基含量为95%左右，为绿泥石、透闪石和绿帘石，呈细小的显微鳞片状、纤状变晶，沿千枚理面定向排列。

糜棱岩化蚀变基性火山角砾熔岩：糜棱岩化结构，定向构造。火山角砾被磨碎为透镜状，长轴大致平行定向排列，由细碎的岩石本身和蚀变矿物绿泥石、绿帘石等分布于透镜体之间，构成定向构造。原岩中橄榄石斑晶蚀变为蛇纹石和绿泥石。

糜棱岩化含火山碎屑蚀变玄武岩：糜棱岩化结构，定向构造。橄榄石、辉石和斜长石斑晶全部破碎并蚀变，有的可见不完整变形拉长的假象，橄榄石、辉石被蛇纹石和碳酸盐矿物取代，斜长石碎粒集合体与碳酸盐矿物、蛇纹石及石英构成略具定向排列的条带。

该糜棱岩带中，同构造动态重结晶和新生的矿物组合为 Chl+Ser+Qz+Cal、Url+Ep、Chl+Ep+Tl+Cal、Chl+Ep+Sep、Sep+Cal+Qz。

特征变质矿物主要为绿泥石、绿帘石和绢云母，因此该韧性剪切带的变质相为绢云母—绿泥石级低绿片岩相。岩石中斜长石略有塑性变形，石英动态重结晶明显，指示该剪切带形成于地壳中浅层次条件下。

2. 构造变形

剪切面理总体走向东西向，倾向以北东为主，倾角较陡，在50°～60°之间。在显微域中强变形的钙质糜棱岩总是围绕不同规模的火山质岩块旋转(图5-9)造成面理展布规律在平面上形似网结状，而在纵切面上面理倾向缺乏明显的极性。从露头域(图5-10)、显微域(图5-11)收集到的变形组构均反映右行走滑剪切的特征。

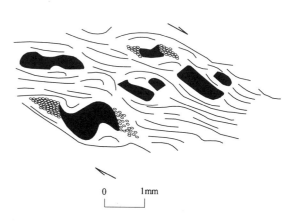

图5-9 显微镜中碎斑系及旋回应变XZ面

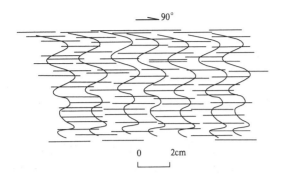

图 5-10 糜棱岩中的剪切褶皱
（枢纽产状 90°∠30°）

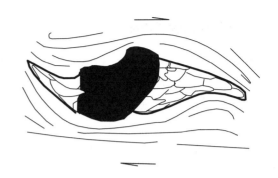

图 5-11 糜棱岩中的"σ"碎斑
（据薄片鉴定，单偏光，8×3.5 倍）

3. 变形时代

变形作用影响到晚三叠世火山岩，因此该韧性剪切带变形的主要活动时间为印支期。

第四节 脆性断裂

测区断裂构造十分发育（图 5-12），按其性质大部分以挤压逆冲、挤压走滑为主，张性断裂、张扭性断裂很少，反映测区主应力以挤压为主的特点。按其各断裂的走向可分为北西西-南东东向断裂，北西-南东向断裂，北东-南西向断裂。其中以北西西-南东东向断裂最为发育。从断裂之间的相互切割关系上看，测区北西-南东向断裂是测区最古老的断裂，其次是北西西-南东东向断裂，北东-南西向断裂可能是测区最新的断裂。

一、北西西-南东东向断裂

图区该组断裂十分发育，但是由于受到第四纪冲洪积物的覆盖，且受后期北北西-南南东向断裂的改造，该组断裂在走向上往往具有不连续性。尽管如此，但该组断裂仍是测区主要断裂，如该组断裂中的巴音叉琼北—日尔拉玛断裂、康特金—思木先塔断裂等都是测区主要的大地构造分区断裂。同时该组断裂的后期活动性较强，测区主要地震活动都集中于该组断裂带上，因此，该组断裂具有规模大、切割深的特征。以下择其主要几条予以描述。

1. 巴音叉琼北—日尔拉玛断裂（F_2）

该断裂呈北西-南东向贯通测区，西北端自巴音叉琼北延入北邻图幅，东南端在俄日邦陇地区东延入相邻图幅，图内断续展布长度约 120km。

该断裂中部被风火山群及其他新地层覆盖，走向不明。深部物探资料研究表明，在风火山北部七十八道班—勒池曲一线，两侧地球物理场明显不同，证实为一北西-南东向岩石圈断裂通过。两段表征清楚，其中西北部的巴音叉琼北该断裂控制巴音查乌马蛇绿构造混杂岩的北界；东段据邻幅资料该断裂分割巴颜喀拉山群和巴塘群。图区内该断裂控制风火山群的北延。航、卫片影像反映清楚，线状负地形明显。实地调查该断裂在查日加那和日尔拉玛地区断面总体向南倾斜，倾角在 25°~45°之间，局部被北东向断裂截切和改造。该断裂分割巴颜喀拉边缘前陆盆地和通天河蛇绿构造混杂岩带，也是区域上的西金乌兰湖—金沙江结合带的北界断裂。在图区的东部据曲柔尕卡幅资料若侯涌地段该断层两侧岩石破碎，破劈理、断层角砾岩、牵引褶皱十分发育，破碎带宽约

第五章 地质构造及构造发展史

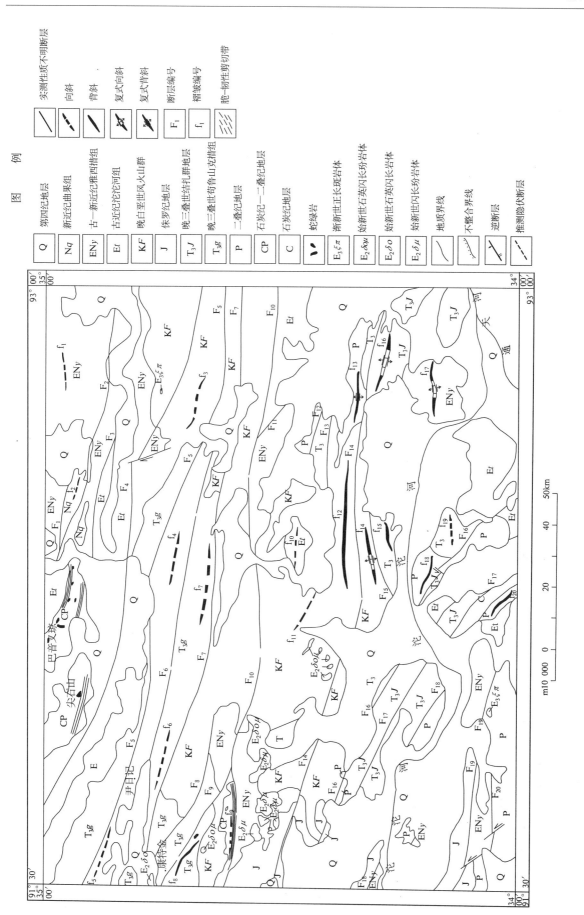

图 5-12 构造纲要图

50m,近断层处巴塘群砂岩发育强烈的揉皱,说明该断裂具脆-韧性剪切的特征(图5-13)。

该断裂大致形成于华力西期,印支期、燕山期再次活动,控制风火山群的北延,喜马拉雅期复活,其运动方式以挤压为主兼右旋走滑。

2. 尖石山南—风火山断裂(F_4)

该断裂呈北西-南东向分别经过测区的尖石山南及风火山北,西端分别延入相邻图幅,区内断续展布总长可达130km。该断裂是苟鲁山克措—阿西涌蛇绿混杂亚带与尹日记—宰钦扎纳叶上叠盆地之间的分界断裂。

该断裂切割晚白垩世风火山群及古—新近纪地层,西端在尖石山南部切割通天河蛇绿混杂岩的碎屑岩组并控制碎屑岩组南界,地貌形成凹形带状负地形,形成宽5~10km的断层破碎带,带内卷入片理化岩屑长石石英砂石,石英脉等。局部被后期新生代地层不整合覆盖,该断层倾向忽南忽北,说明该断层的倾角较陡,一般为60°~70°,个别为50°,沿断层走向脆性形变较强,断层角砾岩、牵引褶皱较普遍(图5-14)。在扎西尕日西部被北北西-南南东向断裂切割。

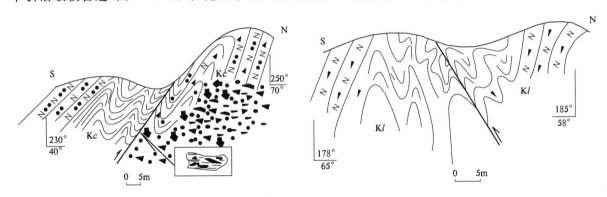

图5-13 查日加那断裂素描图　　　　图5-14 扎西尕日断裂素描图

3. 尹日记—苟鲁山克措断裂(F_5)

该断裂西部切割了晚三叠世苟鲁山克措组地层,东部切割晚白垩世风火山群。区内断续延伸达147km。

该断裂规模大,除西部被第四纪地层覆盖外,其他地段迹象明显。主要特征有:岩石破碎,产状零乱,褐铁矿及石英脉发育,局部地段形成宽500~1 000m的断层破碎带,构造角砾岩、断层泥发育,航、卫片上区域线形影像明显。断面忽南忽北,总体向北倾斜,倾角45°~60°,个别地段可达80°,是一条脆性逆冲断裂。

4. 古洛戈钦南缘断裂(F_7)

该断裂呈北西西-南东东向展布于测区的古洛戈钦南—夏仓加车曲一带,断续分布长达130km。该断裂切割晚三叠世苟鲁山克措组,晚白垩世风火山群地层,局部被第四纪地层覆盖。主要特征表现为:断层两侧岩性、色调突变,岩石破碎,产状紊乱,断层三角面清楚,地貌上形成一系列串珠状小湖泊(图5-15),线形断层泉发育,水系直角拐弯,断层角砾岩、断层泥发育,断层破碎带宽约100m,断面产状为10°~30°∠40°~50°,断层性质为脆性逆断层。

5. 岗齐曲—思木先塔断裂(F_{10})

该断裂分布于测区的岗齐曲—思木先塔一线,两端延入邻幅,总长达140km。该断裂分割通天

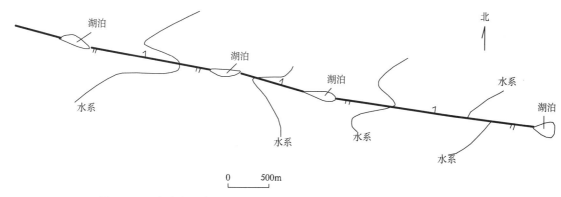

图 5-15 古洛戈钦南缘断裂错动引起的水系同步拐弯及串珠状湖泊平面图

河蛇绿构造混杂岩带与羌塘陆块。是一条韧性剪切断裂，在贡具玛叉一带沿断裂发育糜棱岩，该糜棱岩的残块卷入晚白垩世风火山群之中。据东邻1:25万《曲柔尕卡幅》资料，该断裂运动方式为挤压兼右旋走滑的特征。

该断裂总体产状向南倾斜，但局部可见向北倾斜的产状，说明该断裂的倾角较陡。

沿断层分布有新生代始新世中酸性侵入岩，说明该断裂在新构造运动过程中有复活，断层为挤压逆冲—右旋走滑。

二、北西-南东向断裂

该组断裂主要分布在开心岭—玛章错钦一带，区域上具有一定的延展性，改组断裂往往被北东向后期走滑断裂所截，断裂广泛切割二叠纪、三叠纪地层，切割最新地层为古近纪沱沱河组，除个别断裂性质不明外，大部分断裂为断面向北倾斜的高角度逆断层。

1. 诺日巴尕日保北断裂（F_{16}）

该断裂分布于测区的九十道班—诺日巴尕日保北，两端被第四纪冲洪积物覆盖，走向不明，根据地貌特征分析该断裂向北西方向可能沿扎木曲分布，东南方向可能经过阿布日阿陇巴。该断裂是二叠纪与三叠纪之间的分界断裂。呈北西-南东向展布，主要切割地层为早二叠世诺日巴尕日保组、九十道班组以及晚三叠世甲丕拉组、波里拉组。对古近纪沱沱河组未见切割，区内展布长度达14km，性质不明。依据航、卫片解译及实地调查发现断层两侧岩石破碎，产状相顶，断层残山发育，岩性差别明显等。

2. 仓尕断裂（F_{18}）

该断裂分布于扎仁鄂阿玛—仓尕上游—扎日根一带，是一条分割二叠纪、三叠纪地层的分界断裂。断层中部被第四纪冲洪积覆盖，仓尕、扎日根两地断层走向明显。在扎仁鄂阿玛地区该断裂是古—新近纪雅西错组与中侏罗世雀莫错组之间的分界断裂断面向南倾，航片上反映线形负地形明显，实地调查发现断裂两侧岩性突变，界线平直，断层角砾岩、断层泥发育，地貌上出现对头沟、断层泉。在仓尕上游该断层分割晚三叠世与早二叠世诺日巴尕日保组，断面向北倾（图5-16），主要特征

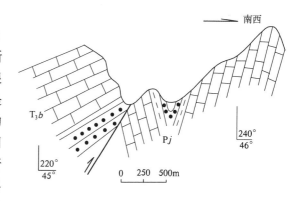

图 5-16 扎日根北坡断裂剖面素描图

有:点两侧岩性、色调突变、产状零乱、地貌上发育断层残山、水系直角拐弯、对头沟等。断层倾角为45°~50°,航卫片上线形影像十分明显。在扎日根地区该断层分割石炭纪与二叠纪地层,性质不明。

三、北东-南西向断裂

该组断裂在测区分布很少,除了一些小型的平移断层之外,只在沙玛日碎加地区出现了该方向的断裂。

沙玛日碎加断裂(F_{15})

该断裂分布于沙玛日碎加地区,断层走向为65°~245°,呈北东-南西向展布,是一条晚三叠世巴贡组与晚白垩世错居日组之间的分界断裂,主要特征表现为断层两侧岩性、色调突变,断层泉发育,航、卫片上线形影像清晰,断层角砾岩、断层泥发育,断层磨光面裸露,断层擦痕明显。断层性质为断面向南倾斜的泥断层,倾角40°。

四、其他断裂

测区其他断裂及其特征见表5-2。

表5-2 测区其他断裂一览表

编号	断层名称	长度(km)	产状倾向	产状倾角	特征	性质
F_1	查香结德北	14			切割古—新近纪雅西措组(ENy)和新近纪曲果组(Nq),地貌上呈负地形,航、卫片上线形影像清楚,见有构造角砾岩	不明
F_3	勒迟嘛	31	290°	65°	切割古近纪沱沱河组(Et)、古—新近纪雅西措组(ENy)、新近纪曲果组(Nq),地貌上呈负地形,航、卫片上线形构造明显,断层三角面发育,断层擦痕明显	逆断层
F_6	苟鲁都格错南断裂	46	190°	45°	切割地层为晚三叠世苟鲁山克措组。断层两侧岩石破碎,产状零乱且相顶,断层角砾岩发育,对头沟、线形负地形地貌明显,航、卫片上线形影像清楚	逆断层
F_8	冬多曲	20	20°	45°	切割晚白垩世风火山群与晚三叠世苟鲁山克措组。地貌上形成对头沟、山脊错断,湖泊呈串珠状分布,航、卫片上线形构造明显,断面上有擦痕	逆断层兼左行走滑
F_9	康特金北	12.4	210°	50°	切割晚白垩世风火山群与晚三叠世苟鲁山克措组。断层两侧岩性、色调突变,产状相顶,线形呈断层泉,航、卫片上线形构造明显	逆断层
F_{11}	下仓塘	21	30°	50°	切割风火山群、沱沱河组、雅西措组。产状紊乱,地貌上呈负地形,串珠状湖泊,航、卫片上线形构造明显	逆断层
F_{12}	脑的那柔	9.5	走向285°		该断层走向285°,切割晚二叠世那益雄组、晚三叠世巴贡组。岩石片理化加强,转石中断层磨光面多见	不明
F_{13}	脑多卓柔	15			切割晚三叠世巴贡组、波里拉组、风火山群。岩石破碎网状方解石脉发育,矿化明显	推测逆断层
F_{14}	多巴的—日阿尺曲	102	275°	70°	切割中侏罗世雀莫错组、晚白垩世风火山群、晚三叠世结扎群。岩石,产状紊乱,断层角砾岩发育,断层破碎带宽30m	逆断层
F_{17}	郭仓枪玛	28	30°	55°	切割晚三叠世甲丕拉组、波里拉组、巴贡组及中二叠世九十道班组,向东切割了古近纪沱沱河组。断层两侧岩石破碎,擦痕明显,下盘灰岩具片理化,地貌上对头沟明显,线形断层泉发育,航、卫片上线形影像清楚	逆断层
F_{19}	那日加保麻	47			切割地层有雅西措组、夏里组、雀莫错组、九十道班组,岩石破碎,上盘发育牵引褶皱,产状相顶,发育断层角砾岩	逆断层
F_{20}	迟阿龙玛保	13.5			切割诺日巴尕日保组、雅西措组,岩石破碎,发育牵引褶皱	逆断层

第五节 褶皱构造

测区除第四纪地层未发生褶皱变形外,其他各时代地层均有不同程度的褶皱变形,以下就按不同时代地层的褶皱进行描述。

一、羌塘陆块各地层单元褶皱

1. 二叠纪地层中的褶皱

该地层分布于羌塘陆块之上,由早二叠世扎日根组、诺巴尕日保组,中二叠世九十道班组,晚二叠世那益雄组、拉卜查日组构成,在地质历史时期各组均有褶皱变形发生,但是,扎日根组因主体由灰岩组成,性质较脆,褶皱发育到一定程度,被后生断裂破坏,先期褶皱一般都没有保留下来。诺日巴尕日保组主要发育复式背斜,两翼往往被断裂破坏,保存不好,局部仅见单背斜或单向斜加断层。九十道班组褶皱构造不发育,以脆性断裂为主,那益雄组褶皱构造不发育。拉卜查日组褶皱构造不很发育,断裂分割明显,所见褶皱两翼近于对称,翼间角呈 45°~65°的倾伏褶皱,如采白加琼背斜。以下择其主要予以描述。

(1) 扎日根南背斜(f_{20})

该背斜分布于扎日根南部,轴线向北西-南东向延伸,长约 3km,宽约 0.4km。褶皱核部卷入地层为早二叠纪诺日巴尕日保组碎屑岩,两翼为九十道班组灰岩,南翼产状为 205°∠73°,北翼产状为 30°∠70°,两翼岩性对称,翼间角为 37°,轴面近于直立,转折端为尖棱状(图 5-17),枢纽走向 300°,倾伏角近水平。属直立水平褶皱。核部褐铁矿化强烈。

(2) 桑木卓龙复式背斜(f_{13})

该复式背斜分布于测区的桑木卓龙西部地区,轴线向北东-南西向延伸,长约 4km,宽达 2.5km。

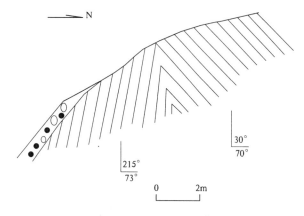

图 5-17 扎日根南二叠纪地层褶皱素描图

其中南翼被断层切割,只出露一背一向,褶皱卷入地层为早二叠世诺日巴尕日保组碎屑岩,其中北部背斜两翼产状分别为 30°∠40°、140°∠45°;南部向斜两翼产状分别为 140°∠45°、330°∠15°。背、向斜各轴线向西发散而向东聚敛。背斜翼间角为 95°,转折端宽缓,轴面近于直立。向斜翼间角为 120°,转折端宽缓,轴面产状为 150°∠50°。

2. 结扎群褶皱

甲丕拉组、波里拉组褶皱构造不发育。而巴贡组褶皱十分发育,保存也比较完整,褶皱形态以复式向斜或复式背斜出现。

(1) 杂孔建南复式向斜(f_{16})

该复式向斜分布于杂孔建南部,其中卷入地层为晚三叠世巴贡组碎屑岩,核部为巴贡组上岩段碎屑岩夹砾岩,北翼为甲丕拉组和波里拉组,并被断裂所切,南翼被第四纪地层所覆盖,只出露波里拉组。复式向斜由两向一背组成,各背、向斜两翼产状相等或基本接近,其中北部向斜两翼产状为

10°∠40°、200°∠40°,中部背斜两翼产状分别为 190°∠45°、10°∠45°,南端向斜两翼产状为 15°∠50°、200°∠60°,各背、向斜的轴面直立或近于直立,轴线东部聚敛,西部近于平行展布。翼间角在 70°~100°之间,转折端圆滑,倾伏角为 5°,各褶皱轴走向近东西向延伸较远。褶皱形开阔,属直立水平褶皱(图 5-18)。

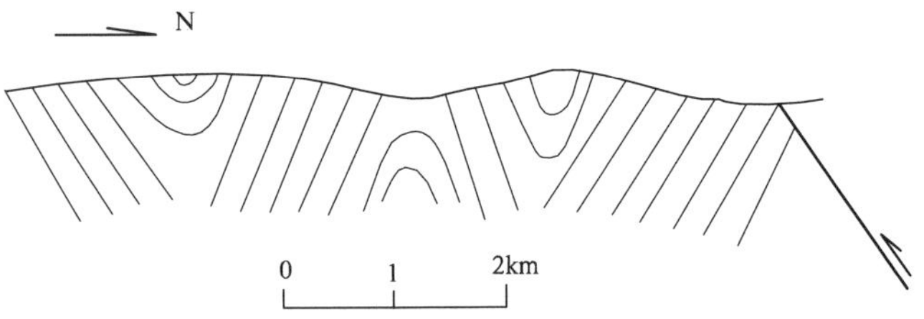

图 5-18 杂孔建南复式向斜剖面图

(2)巴那搓木向斜(f_{19})

该向斜分布于测区的巴那搓木北部,北翼被第四纪地层覆盖,出露不全。南翼出露地层有晚三叠世甲丕拉组、波里拉组。轴线延伸长达 6km,宽约 4km。轴面向南倾斜,转折端圆滑,向西呈尖灭式。两翼产状分别为 25°∠40°、175°∠28°,翼间角为 120°。

二、西金乌兰—金沙江构造混杂岩带中的褶皱

1. 通天河蛇绿混杂岩中的褶皱

该地层褶皱相对较发育,但是褶皱形态保存不完整,褶皱核部或翼部往往被逆冲断裂切割破坏,我们所见的只是某一个褶皱的翼部,而不是一个完整的褶皱形态,就目前资料,我们尚未发现一个完整的褶皱。究其原因,该地层变形、变质很强,断裂十分发育,褶皱难以保存。

2. 苟鲁山克措组褶皱

该组褶皱构造十分发育,以发育区域性向斜构造为最大特征,如:古洛晓钦、尹日记等。常见的褶皱组合形态为复式向斜构造,如:苟鲁措钦北,在苟鲁曲分布有复式背斜。

(1)古洛晓钦区域性向斜(f_6)

该向斜分布于测区的苟鲁都格措南的古洛晓钦北西-南东向山脊上,有 7 条地质路线和 1 条实测剖面控制;该向斜卷入地层为晚三叠世苟鲁山克措组碎屑岩。该向斜保存较好,两翼岩性对称,轴近于直立,略向北倾斜,轴线呈水平状,总体向 280°方向延展,长达 36km,宽 1.5~5km。两翼产状分别为 57°∠60°、181°∠62°,翼间角为 60°,转折端圆滑,区域上向西可延伸到领玛尔托北,向东被新地层覆盖,属中常型水平直立褶皱。

(2)尹日记向斜(f_5)

该向斜分布于尹日记西,轴线向 120°方向延伸,长达 21km,向斜核为高峻的山脊,北翼被断层切割,南翼被第四纪地层覆盖,出露宽约 3km,卷入地层为晚三叠世苟鲁山克措组碎屑岩。两翼岩性对称,北翼产状为 210°∠50°,南翼产状为 30°∠60°向斜的轴面近于直立,倾伏角水平,转折端平缓,翼间角为 70°。属中常直立水平褶皱。

三、风火山群褶皱

该群褶皱构造较发育,总的特点是以宽缓短轴型褶皱和缓波型褶皱为主。现择其主要者描述如下。

(1)旁仓贡玛背斜(f_{12})

该背斜位于旁仓贡玛东北,呈近东西向展布,长达 21km;宽约 3.5km。卷入地层主要有晚白垩世风火山群洛力卡组、桑卡山组,其中背斜核部为洛里卡组,翼部为桑卡山组。背斜两翼岩性对称,

北翼产状为0°∠60°,南翼产状为355°~0°∠55°。轴面近于直立,转折端圆滑,为水平直立褶皱。

(2)沙玛日碎加复式向斜(f_{14})

该向斜分布于测区的沙玛日碎加东部,呈北东-南西向展布,长达8km,宽约3km,卷入地层为晚白垩世风火山群错居日组,由两向一背组成,其中北部向斜两翼产状为170°∠50°、340°∠50°,中部背斜两翼产状为340°∠50°、170°∠60°,南部向斜两翼产状为170°∠60°、350°∠55°。轴面近于直立,各轴线近于平行展布,转折端圆滑,翼间角在70°~80°之间。

四、古—新近纪地层褶皱

该类褶皱的最大特点是褶皱两翼地层产状平缓,一般倾角不超过30°,翼间角大于120°,大多数褶皱是平缓开阔型直立水平褶皱,一般以单一的向斜、背斜出现,有时可见向背斜组合褶皱。

(1)碎琼向斜(f_{17})

该向斜位于测区西南部的碎琼,卷入地层为古—新近纪五道梁组,向斜轴线呈北北西-南南东向展布,北端被第四纪冲洪积物覆盖,南端自形翘起,区内出露长约6km,两翼产状分别为80°∠45°、275°∠35°,南端翘起处两翼产状分别为345°∠19°、285°∠20°,轴面近于直立,翼间角在110°~140°之间,为平缓开阔的直立倾伏褶皱。

(2)谢地谢玛尕松向斜(f_2)

该向斜分布于测区的谢地谢玛尕松地区,轴线向108°展布,出露长约2km,宽2.8km,卷入地层为新近纪曲果组粗碎屑岩,其中北翼产状为220°∠18°,南翼产状为18°∠15°。转折端平缓开阔,东端翘起。两翼产状对称,轴面近于直立,翼间角147°,倾伏角40°。属开阔平缓的直立倾伏褶皱。

(3)桑恰向斜(f_{10})

该向斜分布于测区的桑恰地区,轴向向120°方向伸展。出露长约4km,宽约2km,卷入地层为古近纪沱沱河组粗碎屑岩,北翼产状为225°∠30°,南翼产状为30°∠36°。转折端呈鞍状平缓圆滑。两翼岩性对称,轴面直立,核部平缓,翼间角114°。为开阔平缓的水平褶皱。

五、其他褶皱

测区其他褶皱见表5-3。

表5-3 测区其他褶皱一览表

褶皱名称编号	两翼产状	皱面产状	转折端形态	长度(km)	卷入地层及褶皱特征
介日尕泥背斜(f_{18})	北翼产状10°∠52° 南翼产状210°∠50°	近于直立	尖棱	7	为晚二叠世拉卜查日组灰岩,两翼出露晚三叠世甲丕拉组碎屑岩。该向斜向西翘起
沙玛日碎加东南背斜(f_{15})	北翼产状340°∠18° 南翼产状162°∠69°	北倾	平缓圆滑	2	为晚三叠世巴贡组碎屑岩夹火山岩,核部被冲沟侵蚀为负地形,两翼产状明显显示为歪斜褶皱。轴向向北东展布
康特金背斜(f_8)	北翼产状30°∠52° 南翼产状212°∠48°	近于直立	圆滑	8	为晚三叠世苟鲁山克措组碎屑岩,两翼被北西向断裂切割,翼间角84°,两翼岩性对称,核部为高峻的山脊
日阿尺向斜(f_3)	北翼产状210°∠70° 南翼产状30°∠60°	近于直立	平缓圆滑	3	为晚白垩世风火山群洛力卡组碎屑岩,两翼被北西-南东向断裂夹持,核部为高山地貌
七十七道班西向斜(f_1)	北翼产状160°∠30° 南翼产状350°∠34°	近于直立	平缓圆滑	3.5	为新近纪五道梁组泥灰岩夹碎屑岩,核部为平缓山脊,轴线向70°~250°伸展

续表 5-3

褶皱名称编号	两翼产状	皱面产状	转折端形态	长度 (km)	卷入地层及褶皱特征
苟鲁尕青龙向斜(f_4)	北翼产状 196°∠43° 南翼产状 31°∠40°	近于直立	圆滑	17	为晚三叠世苟鲁山克措组碎屑岩,核部为平缓的山脊,轴线向北西西-南东东向伸展,翼间角为60°~100°
谢日同阿西向斜(f_7)	北翼产状 190°∠58° 南翼产状 340°∠43°	近于直立	尖棱	2.5	为石炭纪—二叠纪灰岩组,核部为高山,轴线向北西-南东向伸展,翼间角为55°,向两端翘起
苟鲁仲钦北向斜(f_9)	北翼产状 215°∠30° 南翼产状 30°∠39°	近于直立	平缓圆滑	4	为古近纪沱沱河组粗碎屑岩,轴线向125°~300°伸展,两翼岩性均为砾岩
察日玛赤向斜(f_{11})	北翼产状 203°∠45° 南翼产状 35°∠50°	近于直立	圆滑	6	为晚白垩世风火山群洛里卡组斜核部为近北西西-南东东向展布的山脊,翼间角约85°左右,轴线近水平延展

第六节　新构造运动

测区新构造运动强烈,以大面积整体间歇性抬升背景下垂直差异性升降运动为最普遍的表现形式,致使古断裂再次复活,新生断裂宽缓褶皱形成,岩浆侵入,火山爆发,地震发生,河流下切,山体夷平等现象,十分显著。同时新构造运动是铸成现代盆山地貌的主要原因。

对于新构造运动的时限,目前国内外尚无一个统一的划分标准,鉴于测区古—新近纪各组连续沉积而新近纪曲果组呈角度不整合覆盖其上的特征,将上新世以来的地壳运动作为新构造运动。

一、断裂复活

测区80%的先成断裂在上新世以来,均有复活对古地貌进行再造的特征,这一点我们通过航、卫片的解译及野外实地观察得到证实。以下就测区复活断裂中择其主要断裂加以描述。

1. 巴音叉琼北—日尔拉玛复活断裂

该断裂是巴颜喀拉边缘前陆盆地与西金乌兰—金沙江构造混杂岩带的分界断裂,呈北西-南东向横穿测区北部的巴音叉琼北—东部的日尔拉玛,全长约72km,两端分别外延出图,区内该断裂断续分布,分区性不明显。据区域资料该断裂是测区规模宏大的复活断裂之一,该断裂倾向总体向210°~230°方向倾斜,局部出现向正南方向倾斜,倾角在45°~75°之间。断裂带宽度达2km。局部地段可达4~5km。航卫片显示该断裂线性影像十分清楚。野外观察该断裂切过山麓,留下明显的断裂三角面,断裂普遍可见断层泉,沿断裂方向测区分布有带状、串珠状的第四纪沉积物。据地震资料记录,有6次地震发生于该断裂中,其中最小震级为1.4级,最大为6.5级,以4~5级为多。据深部地球物理调查表明,该断裂两侧地球物理场明显不同,证实为一岩石圈断裂,约形成于华力西期,喜马拉雅晚期再次复活,主要切割了古—新近纪地层。运动方式新生代早期以引张为主兼左旋走滑控制勒玛曲走滑拉分盆地的形成,上新世以来转化为以挤压为主兼右旋走滑特征。

2. 尖石山北复活断裂

该断裂是分野苟鲁山克措—阿西涌蛇绿混杂岩亚带与尹日记—宰钦扎那叶后造山伸展裂陷盆地的边界断裂。断裂总体呈北西-南东向展布,西北、东南两端分别外延伸入邻幅,测区内总出露长度为105km。断面倾向多变,忽南忽北,总体以北东倾斜为主,倾角在35°~65°之间。断层破碎带

第五节　褶皱构造

测区除第四纪地层未发生褶皱变形外,其他各时代地层均有不同程度的褶皱变形,以下就按不同时代地层的褶皱进行描述。

一、羌塘陆块各地层单元褶皱

1. 二叠纪地层中的褶皱

该地层分布于羌塘陆块之上,由早二叠世扎日根组、诺巴尕日保组,中二叠世九十道班组,晚二叠世那益雄组、拉卜查日组构成,在地质历史时期各组均有褶皱变形发生,但是,扎日根组因主体由灰岩组成,性质较脆,褶皱发育到一定程度,被后生断裂破坏,先期褶皱一般都没有保留下来。诺日巴尕日保组主要发育复式背斜,两翼往往被断裂破坏,保存不好,局部仅见单背斜或单向斜加断层。九十道班组褶皱构造不发育,以脆性断裂为主,那益雄组褶皱构造不发育。拉卜查日组褶皱构造不很发育,断裂分割明显,所见褶皱两翼近于对称,翼间角呈 45°～65°的倾伏褶皱,如采白加琼背斜。以下择其主要予以描述。

(1)扎日根南背斜(f_{20})

该背斜分布于扎日根南部,轴线向北西-南东向延伸,长约 3km,宽约 0.4km。褶皱核部卷入地层为早二叠纪诺日巴尕日保组碎屑岩,两翼为九十道班组灰岩,南翼产状为 205°∠73°,北翼产状为 30°∠70°,两翼岩性对称,翼间角为 37°,轴面近于直立,转折端为尖棱状(图 5-17),枢纽走向 300°,倾伏角近水平。属直立水平褶皱。核部褐铁矿化强烈。

(2)桑木卓龙复式背斜(f_{13})

该复式背斜分布于测区的桑木卓龙西部地区,轴线向北东-南西向延伸,长约 4km,宽达 2.5km。

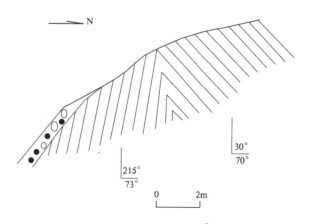

图 5-17　扎日根南二叠纪地层褶皱素描图

其中南翼被断层切割,只出露一背一向,褶皱卷入地层为早二叠世诺日巴尕日保组碎屑岩,其中北部背斜两翼产状分别为 30°∠40°、140°∠45°;南部向斜两翼产状分别为 140°∠45°、330°∠15°。背、向斜各轴线向西发散而向东聚敛。背斜翼间角为 95°,转折端宽缓,轴面近于直立。向斜翼间角为 120°,转折端宽缓,轴面产状为 150°∠50°。

2. 结扎群褶皱

甲丕拉组、波里拉组褶皱构造不发育。而巴贡组褶皱十分发育,保存也比较完整,褶皱形态以复式向斜或复式背斜出现。

(1)杂孔建南复式向斜(f_{16})

该复式向斜分布于杂孔建南部,其中卷入地层为晚三叠世巴贡组碎屑岩,核部为巴贡组上岩段碎屑岩夹砾岩,北翼为甲丕拉组和波里拉组,并被断裂所切,南翼被第四纪地层所覆盖,只出露波里拉组。复式向斜由两向一背组成,各背、向斜两翼产状相等或基本接近,其中北部向斜两翼产状为

10°∠40°、200°∠40°,中部背斜两翼产状分别为 190°∠45°、10°∠45°,南端向斜两翼产状为 15°∠50°、200°∠60°,各背、向斜的轴面直立或近于直立,轴线东部聚敛,西部近于平行展布。翼间角在 70°～100°之间,转折端圆滑,倾伏角为 5°,各褶皱轴走向近东西向延伸较远。褶皱形开阔,属直立水平褶皱(图 5-18)。

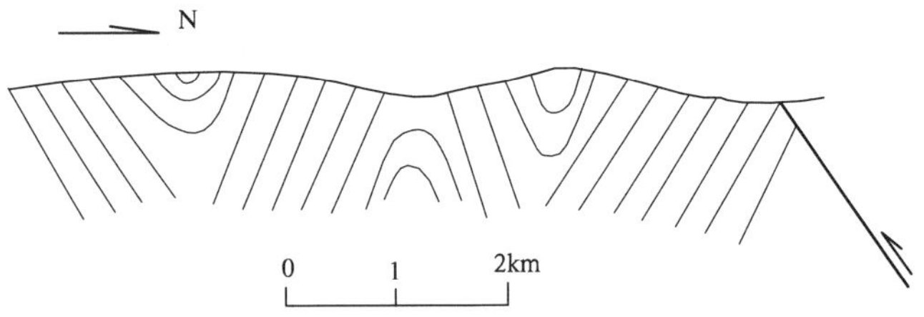

图 5-18 杂孔建南复式向斜剖面图

(2)巴那搓木向斜(f_{19})

该向斜分布于测区的巴那搓木北部,北翼被第四纪地层覆盖,出露不全。南翼出露地层有晚三叠世甲丕拉组、波里拉组。轴线延伸长达 6km,宽约 4km。轴面向南倾斜,转折端圆滑,向西呈尖灭式。两翼产状分别为 25°∠40°、175°∠28°,翼间角为 120°。

二、西金乌兰—金沙江构造混杂岩带中的褶皱

1. 通天河蛇绿混杂岩中的褶皱

该地层褶皱相对较发育,但是褶皱形态保存不完整,褶皱核部或翼部往往被逆冲断裂切割破坏,我们所见的只是某一个褶皱的翼部,而不是一个完整的褶皱形态,就目前资料,我们尚未发现一个完整的褶皱。究其原因,该地层变形、变质很强,断裂十分发育,褶皱难以保存。

2. 苟鲁山克措组褶皱

该组褶皱构造十分发育,以发育区域性向斜构造为最大特征,如:古洛哓钦、尹日记等。常见的褶皱组合形态为复式向斜构造,如:苟鲁措钦北,在苟鲁曲分布有复式背斜。

(1)古洛哓钦区域性向斜(f_6)

该向斜分布于测区的苟鲁都格措南的古洛哓钦北西-南东向山脊上,有 7 条地质路线和 1 条实测剖面控制;该向斜卷入地层为晚三叠世苟鲁山克措组碎屑岩。该向斜保存较好,两翼岩性对称,轴近于直立,略向北倾斜,轴线呈水平状,总体向 280°方向延展,长达 36km,宽 1.5～5km。两翼产状分别为 57°∠60°、181°∠62°,翼间角为 60°,转折端圆滑,区域上向西可延伸到领玛尔托北,向东被新地层覆盖,属中常型水平直立褶皱。

(2)尹日记向斜(f_5)

该向斜分布于尹日记西,轴线向 120°方向延伸,长达 21km,向斜核为高峻的山脊,北翼被断层切割,南翼被第四纪地层覆盖,出露宽约 3km,卷入地层为晚三叠世苟鲁山克措组碎屑岩。两翼岩性对称,北翼产状为 210°∠50°,南翼产状为 30°∠60°向斜的轴面近于直立,倾伏角水平,转折端平缓,翼间角为 70°。属中常直立水平褶皱。

三、风火山群褶皱

该群褶皱构造较发育,总的特点是以宽缓短轴型褶皱和缓波型褶皱为主。现择其主要者描述如下。

(1)旁仓贡玛背斜(f_{12})

该背斜位于旁仓贡玛东北,呈近东西向展布,长达 21km;宽约 3.5km。卷入地层主要有晚白垩世风火山群洛力卡组、桑卡山组,其中背斜核部为洛里卡组,翼部为桑卡山组。背斜两翼岩性对称,

北翼产状为 0°∠60°，南翼产状为 355°～0°∠55°。轴面近于直立，转折端圆滑，为水平直立褶皱。

(2)沙玛日碎加复式向斜(f_{14})

该向斜分布于测区的沙玛日碎加东部，呈北东-南西向展布，长达 8km，宽约 3km，卷入地层为晚白垩世风火山群错居日组，由两向一背组成，其中北部向斜两翼产状为 170°∠50°、340°∠50°，中部背斜两翼产状为 340°∠50°、170°∠60°，南部向斜两翼产状为 170°∠60°、350°∠55°。轴面近于直立，各轴线近于平行展布，转折端圆滑，翼间角在 70°～80°之间。

四、古—新近纪地层褶皱

该类褶皱的最大特点是褶皱两翼地层产状平缓，一般倾角不超过 30°，翼间角大于 120°，大多数褶皱是平缓开阔型直立水平褶皱，一般以单一的向斜、背斜出现，有时可见向背斜组合褶皱。

(1)碎琼向斜(f_{17})

该向斜位于测区西南部的碎琼，卷入地层为古—新近纪五道梁组，向斜轴线呈北北西-南南东向展布，北端被第四纪冲洪积物覆盖，南端自形翘起，区内出露长约 6km，两翼产状分别为 80°∠45°、275°∠35°，南端翘起处两翼产状分别为 345°∠19°、285°∠20°，轴面近于直立，翼间角在 110°～140°之间，为平缓开阔的直立倾伏褶皱。

(2)谢地谢玛尕松向斜(f_2)

该向斜分布于测区的谢地谢玛尕松地区，轴线向 108°展布，出露长约 2km，宽 2.8km，卷入地层为新近纪曲果组粗碎屑岩，其中北翼产状为 220°∠18°，南翼产状为 18°∠15°。转折端平缓开阔，东端翘起。两翼产状对称，轴面近于直立，翼间角 147°，倾伏角 40°。属开阔平缓的直立倾伏褶皱。

(3)桑恰向斜(f_{10})

该向斜分布于测区的桑恰地区，轴向向 120°方向伸展。出露长约 4km，宽约 2km，卷入地层为古近纪沱沱河组粗碎屑岩，北翼产状为 225°∠30°，南翼产状为 30°∠36°。转折端呈鞍状平缓圆滑。两翼岩性对称，轴面直立，核部平缓，翼间角 114°。为开阔平缓的水平褶皱。

五、其他褶皱

测区其他褶皱见表 5-3。

表 5-3 测区其他褶皱一览表

褶皱名称编号	两翼产状	皱面产状	转折端形态	长度(km)	卷入地层及褶皱特征
介日尕泥背斜(f_{18})	北翼产状 10°∠52° 南翼产状 210°∠50°	近于直立	尖棱	7	为晚二叠世拉卜查日组灰岩，两翼出露晚三叠世甲丕拉组碎屑岩。该向斜向西翘起
沙玛日碎加东南背斜(f_{15})	北翼产状 340°∠18° 南翼产状 162°∠69°	北倾	平缓圆滑	2	为晚三叠世巴贡组碎屑岩夹火山岩，核部被冲沟侵蚀为负地形，两翼产状明显显示为歪斜褶皱。轴向向北东展布
康特金背斜(f_8)	北翼产状 30°∠52° 南翼产状 212°∠48°	近于直立	圆滑	8	为晚三叠世荷鲁山克措组碎屑岩，两翼被北西向断裂切割，翼间角 84°，两翼岩性对称，核部为高峻的山脊
日阿尺向斜(f_3)	北翼产状 210°∠70° 南翼产状 30°∠60°	近于直立	平缓圆滑	3	为晚白垩世风火山群洛力卡组碎屑岩，两翼被北西-南东向断裂夹持，核部为高山地貌
七十七道班西向斜(f_1)	北翼产状 160°∠30° 南翼产状 350°∠34°	近于直立	平缓圆滑	3.5	为新近纪五道梁组泥灰岩夹碎屑岩，核部为平缓山脊，轴线向 70°～250°伸展

续表 5-3

褶皱名称编号	两翼产状	皱面产状	转折端形态	长度(km)	卷入地层及褶皱特征
苟鲁尕青龙向斜(f_4)	北翼产状 196°∠43° 南翼产状 31°∠40°	近于直立	圆滑	17	为晚三叠世苟鲁山克措组碎屑岩,核部为平缓的山脊,轴线向北西西-南东东向伸展,翼间角为 60°～100°
谢日同阿西向斜(f_7)	北翼产状 190°∠58° 南翼产状 340°∠43°	近于直立	尖棱	2.5	为石炭纪—二叠纪灰岩组,核部为高山,轴线向北西-南东向伸展,翼间角为 55°,向两端翘起
苟鲁仲钦北向斜(f_9)	北翼产状 215°∠30° 南翼产状 30°∠39°	近于直立	平缓圆滑	4	为古近纪沱沱河组粗碎屑岩,轴线向 125°～300°伸展,两翼岩性均为砾岩
察日玛赤向斜(f_{11})	北翼产状 203°∠45° 南翼产状 35°∠50°	近于直立	圆滑	6	为晚白垩世风火山群洛里卡向斜核部为近北西西-南东东向展布的山脊,翼间角约 85°左右,轴线近水平延展

第六节 新构造运动

测区新构造运动强烈,以大面积整体间歇性抬升背景下垂直差异性升降运动为最普遍的表现形式,致使古断裂再次复活,新生断裂宽缓褶皱形成,岩浆侵入,火山爆发,地震发生,河流下切,山体夷平等现象,十分显著。同时新构造运动是铸成现代盆山地貌的主要原因。

对于新构造运动的时限,目前国内外尚无一个统一的划分标准,鉴于测区古—新近纪各组连续沉积而新近纪曲果组呈角度不整合覆盖其上的特征,将上新世以来的地壳运动作为新构造运动。

一、断裂复活

测区 80%的先成断裂在上新世以来,均有复活对古地貌进行再造的特征,这一点我们通过航、卫片的解译及野外实地观察得到证实。以下就测区复活断裂中择其主要断裂加以描述。

1. 巴音叉琼北—日尔拉玛复活断裂

该断裂是巴颜喀拉边缘前陆盆地与西金乌兰—金沙江构造混杂岩带的分界断裂,呈北西-南东向横穿测区北部的巴音叉琼北—东部的日尔拉玛,全长约 72km,两端分别外延出图,区内该断裂断续分布,分区性不明显。据区域资料该断裂是测区规模宏大的复活断裂之一,该断裂倾向总体向 210°～230°方向倾斜,局部出现向正南方向倾斜,倾角在 45°～75°之间。断裂带宽度达 2km。局部地段可达 4～5km。航卫片显示该断裂线性影像十分清楚。野外观察该断裂切过山麓,留下明显的断裂三角面,断裂普遍可见断层泉,沿断裂方向测区分布有带状、串珠状的第四纪沉积物。据地震资料记录,有 6 次地震发生于该断裂中,其中最小震级为 1.4 级,最大为 6.5 级,以 4～5 级为多。据深部地球物理调查表明,该断裂两侧地球物理场明显不同,证实为一岩石圈断裂,约形成于华力西期,喜马拉雅晚期再次复活,主要切割了古—新近纪地层。运动方式新生代早期以引张为主兼左旋走滑控制勒玛曲走滑拉分盆地的形成,上新世以来转化为以挤压为主兼右旋走滑特征。

2. 尖石山北复活断裂

该断裂是分野苟鲁山克措—阿西涌蛇绿混杂岩亚带与尹日记—宰钦扎那叶后造山伸展裂陷盆地的边界断裂。断裂总体呈北西-南东向展布,西北、东南两端分别外延伸入邻幅,测区内总出露长度为 105km。断面倾向多变,忽南忽北,总体以北东倾斜为主,倾角在 35°～65°之间。断层破碎带

第五节 褶皱构造

测区除第四纪地层未发生褶皱变形外,其他各时代地层均有不同程度的褶皱变形,以下就按不同时代地层的褶皱进行描述。

一、羌塘陆块各地层单元褶皱

1. 二叠纪地层中的褶皱

该地层分布于羌塘陆块之上,由早二叠世扎日根组、诺巴尕日保组,中二叠世九十道班组,晚二叠世那益雄组、拉卜查日组构成,在地质历史时期各组均有褶皱变形发生,但是,扎日根组因主体由灰岩组成,性质较脆,褶皱发育到一定程度,被后生断裂破坏,先期褶皱一般都没有保留下来。诺日巴尕日保组主要发育复式背斜,两翼往往被断裂破坏,保存不好,局部仅见单背斜或单向斜加断层。九十道班组褶皱构造不发育,以脆性断裂为主,那益雄组褶皱构造不发育。拉卜查日组褶皱构造不很发育,断裂分割明显,所见褶皱两翼近于对称,翼间角呈 $45°\sim65°$ 的倾伏褶皱,如采白加琼背斜。以下择其主要予以描述。

(1)扎日根南背斜(f_{20})

该背斜分布于扎日根南部,轴线向北西-南东向延伸,长约 3km,宽约 0.4km。褶皱核部卷入地层为早二叠纪诺日巴尕日保组碎屑岩,两翼为九十道班组灰岩,南翼产状为 $205°\angle73°$,北翼产状为 $30°\angle70°$,两翼岩性对称,翼间角为 $37°$,轴面近于直立,转折端为尖棱状(图 5-17),枢纽走向 $300°$,倾伏角近水平。属直立水平褶皱。核部褐铁矿化强烈。

(2)桑木卓龙复式背斜(f_{13})

该复式背斜分布于测区的桑木卓龙西部地区,轴线向北东-南西向延伸,长约 4km,宽达 2.5km。

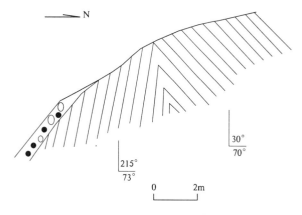

图 5-17 扎日根南二叠纪地层褶皱素描图

其中南翼被断层切割,只出露一背一向,褶皱卷入地层为早二叠世诺日巴尕日保组碎屑岩,其中北部背斜两翼产状分别为 $30°\angle40°$、$140°\angle45°$;南部向斜两翼产状分别为 $140°\angle45°$、$330°\angle15°$。背、向斜各轴线向西发散而向东聚敛。背斜翼间角为 $95°$,转折端宽缓,轴面近于直立。向斜翼间角为 $120°$,转折端宽缓,轴面产状为 $150°\angle50°$。

2. 结扎群褶皱

甲丕拉组、波里拉组褶皱构造不发育。而巴贡组褶皱十分发育,保存也比较完整,褶皱形态以复式向斜或复式背斜出现。

(1)杂孔建南复式向斜(f_{16})

该复式向斜分布于杂孔建南部,其中卷入地层为晚三叠世巴贡组碎屑岩,核部为巴贡组上岩段碎屑岩夹砾岩,北翼为甲丕拉组和波里拉组,并被断裂所切,南翼被第四纪地层所覆盖,只出露波里拉组。复式向斜由两向一背组成,各背、向斜两翼产状相等或基本接近,其中北部向斜两翼产状为

10°∠40°、200°∠40°，中部背斜两翼产状分别为190°∠45°、10°∠45°，南端向斜两翼产状为15°∠50°、200°∠60°，各背、向斜的轴面直立或近于直立，轴线东部聚敛，西部近于平行展布。翼间角在70°～100°之间，转折端圆滑，倾伏角为5°，各褶皱轴走向近东西向延伸较远。褶皱形开阔，属直立水平褶皱(图5-18)。

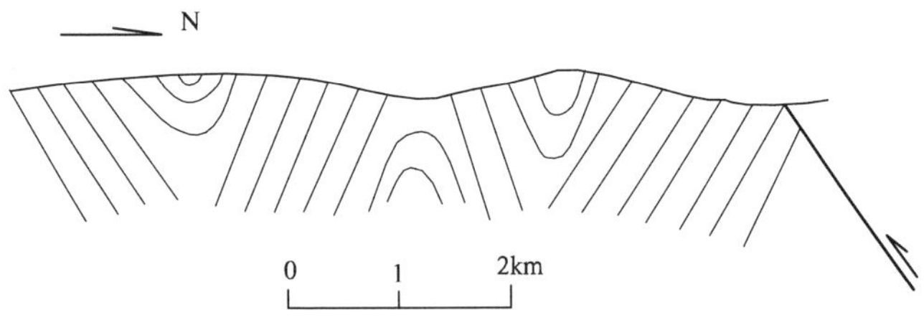

图5-18 杂孔建南复式向斜剖面图

(2)巴那搓木向斜(f_{19})

该向斜分布于测区的巴那搓木北部，北翼被第四纪地层覆盖，出露不全。南翼出露地层有晚三叠世甲丕拉组、波里拉组。轴线延伸长达6km，宽约4km。轴面向南倾斜，转折端圆滑，向西呈尖灭式。两翼产状分别为25°∠40°、175°∠28°，翼间角为120°。

二、西金乌兰—金沙江构造混杂岩带中的褶皱

1. 通天河蛇绿混杂岩中的褶皱

该地层褶皱相对较发育，但是褶皱形态保存不完整，褶皱核部或翼部往往被逆冲断裂切割破坏，我们所见的只是某一个褶皱的翼部，而不是一个完整的褶皱形态，就目前资料，我们尚未发现一个完整的褶皱。究其原因，该地层变形、变质很强，断裂十分发育，褶皱难以保存。

2. 苟鲁山克措组褶皱

该组褶皱构造十分发育，以发育区域性向斜构造为最大特征，如：古洛晓钦、尹日记等。常见的褶皱组合形态为复式向斜构造，如：苟鲁措钦北，在苟鲁曲分布有复式背斜。

(1)古洛晓钦区域性向斜(f_6)

该向斜分布于测区的苟鲁都格措南的古洛晓钦北西-南东向山脊上，有7条地质路线和1条实测剖面控制；该向斜卷入地层为晚三叠世苟鲁山克措组碎屑岩。该向斜保存较好，两翼岩性对称，轴近于直立，略向北倾斜，轴线呈水平状，总体向280°方向延展，长达36km，宽1.5～5km。两翼产状分别为57°∠60°、181°∠62°，翼间角为60°，转折端圆滑，区域上向西可延伸到领玛尔托北，向东被新地层覆盖，属中常型水平直立褶皱。

(2)尹日记向斜(f_5)

该向斜分布于尹日记西，轴线向120°方向延伸，长达21km，向斜核为高峻的山脊，北翼被断层切割，南翼被第四纪地层覆盖，出露宽约3km，卷入地层为晚三叠世苟鲁山克措组碎屑岩。两翼岩性对称，北翼产状为210°∠50°，南翼产状为30°∠60°向斜的轴面近于直立，倾伏角水平，转折端平缓，翼间角为70°。属中常直立水平褶皱。

三、风火山群褶皱

该群褶皱构造较发育，总的特点是以宽缓短轴型褶皱和缓波型褶皱为主。现择其主要者描述如下。

(1)旁仓贡玛背斜(f_{12})

该背斜位于旁仓贡玛东北，呈近东西向展布，长达21km；宽约3.5km。卷入地层主要有晚白垩世风火山群洛力卡组、桑卡山组，其中背斜核部为洛里卡组，翼部为桑卡山组。背斜两翼岩性对称，

北翼产状为 0°∠60°，南翼产状为 355°～0°∠55°。轴面近于直立，转折端圆滑，为水平直立褶皱。

(2) 沙玛日碎加复式向斜（f_{14}）

该向斜分布于测区的沙玛日碎加东部，呈北东-南西向展布，长达 8km，宽约 3km，卷入地层为晚白垩世风火山群错居日组，由两向一背组成，其中北部向斜两翼产状为 170°∠50°、340°∠50°，中部背斜两翼产状为 340°∠50°、170°∠60°，南部向斜两翼产状为 170°∠60°、350°∠55°。轴面近于直立，各轴线近于平行展布，转折端圆滑，翼间角在 70°～80°之间。

四、古—新近纪地层褶皱

该类褶皱的最大特点是褶皱两翼地层产状平缓，一般倾角不超过 30°，翼间角大于 120°，大多数褶皱是平缓开阔型直立水平褶皱，一般以单一的向斜、背斜出现，有时可见向背斜组合褶皱。

(1) 碎琼向斜（f_{17}）

该向斜位于测区西南部的碎琼，卷入地层为古—新近纪五道梁组，向斜轴线呈北北西-南南东向展布，北端被第四纪冲洪积物覆盖，南端自形翘起，区内出露长约 6km，两翼产状分别为 80°∠45°、275°∠35°，南端翘起处两翼产状分别为 345°∠19°、285°∠20°，轴面近于直立，翼间角在 110°～140°之间，为平缓开阔的直立倾伏褶皱。

(2) 谢地谢玛尕松向斜（f_2）

该向斜分布于测区的谢地谢玛尕松地区，轴线向 108°展布，出露长约 2km，宽 2.8km，卷入地层为新近纪曲果组粗碎屑岩，其中北翼产状为 220°∠18°，南翼产状为 18°∠15°。转折端平缓开阔，东端翘起。两翼产状对称，轴面近于直立，翼间角 147°，倾伏角 40°。属开阔平缓的直立倾伏褶皱。

(3) 桑恰向斜（f_{10}）

该向斜分布于测区的桑恰地区，轴向向 120°方向伸展。出露长约 4km，宽约 2km，卷入地层为古近纪沱沱河组粗碎屑岩，北翼产状为 225°∠30°，南翼产状为 30°∠36°。转折端呈鞍状平缓圆滑。两翼岩性对称，轴面直立，核部平缓，翼间角 114°。为开阔平缓的水平褶皱。

五、其他褶皱

测区其他褶皱见表 5-3。

表 5-3　测区其他褶皱一览表

褶皱名称编号	两翼产状	皱面产状	转折端形态	长度(km)	卷入地层及褶皱特征
介日尕泥背斜（f_{18}）	北翼产状 10°∠52° 南翼产状 210°∠50°	近于直立	尖棱	7	为晚二叠世拉卜查日组灰岩，两翼出露晚三叠世甲丕拉组碎屑岩。该向斜向西翘起
沙玛日碎加东南背斜（f_{15}）	北翼产状 340°∠18° 南翼产状 162°∠69°	北倾	平缓圆滑	2	为晚三叠世巴贡组碎屑岩夹火山岩，核部被冲沟侵蚀为负地形，两翼产状明显显示为歪斜褶皱。轴向向北东展布
康特金背斜（f_8）	北翼产状 30°∠52° 南翼产状 212°∠48°	近于直立	圆滑	8	为晚三叠世荷鲁山克措组碎屑岩，两翼被北西向断裂切割，翼间角 84°，两翼岩性对称，核部为高峻的山脊
日阿尺向斜（f_3）	北翼产状 210°∠70° 南翼产状 30°∠60°	近于直立	平缓圆滑	3	为晚白垩世风火山群洛力卡组碎屑岩，两翼被北西-南东向断裂夹持，核部为高山地貌
七十七道班西向斜（f_1）	北翼产状 160°∠30° 南翼产状 350°∠34°	近于直立	平缓圆滑	3.5	为新近纪五道梁组泥灰岩夹碎屑岩，核部为平缓山脊，轴线向 70°～250°伸展

续表 5-3

褶皱名称编号	两翼产状	皱面产状	转折端形态	长度(km)	卷入地层及褶皱特征
苟鲁尕青龙向斜(f_4)	北翼产状 196°∠43° 南翼产状 31°∠40°	近于直立	圆滑	17	为晚三叠世苟鲁山克措组碎屑岩,核部为平缓的山脊,轴线向北西西-南东东向伸展,翼间角为 60°~100°
谢日同阿西向斜(f_7)	北翼产状 190°∠58° 南翼产状 340°∠43°	近于直立	尖棱	2.5	为石炭纪—二叠纪灰岩组,核部为高山,轴线向北西-南东向伸展,翼间角为 55°,向两端翘起
苟鲁仲钦北向斜(f_9)	北翼产状 215°∠30° 南翼产状 30°∠39°	近于直立	平缓圆滑	4	为古近纪沱沱河组粗碎屑岩,轴线向 125°~300°伸展,两翼岩性均为砾岩
察日玛赤向斜(f_{11})	北翼产状 203°∠45° 南翼产状 35°∠50°	近于直立	圆滑	6	为晚白垩世风火山群洛里卡组向斜核部为近北西西-南东东向展布的山脊,翼间角约 85°左右,轴线近水平延展

第六节 新构造运动

测区新构造运动强烈,以大面积整体间歇性抬升背景下垂直差异性升降运动为最普遍的表现形式,致使古断裂再次复活,新生断裂宽缓褶皱形成,岩浆侵入,火山爆发,地震发生,河流下切,山体夷平等现象,十分显著。同时新构造运动是铸成现代盆山地貌的主要原因。

对于新构造运动的时限,目前国内外尚无一个统一的划分标准,鉴于测区古—新近纪各组连续沉积而新近纪曲果组呈角度不整合覆盖其上的特征,将上新世以来的地壳运动作为新构造运动。

一、断裂复活

测区 80%的先成断裂在上新世以来,均有复活对古地貌进行再造的特征,这一点我们通过航、卫片的解译及野外实地观察得到证实。以下就测区复活断裂中择其主要断裂加以描述。

1. 巴音叉琼北—日尔拉玛复活断裂

该断裂是巴颜喀拉边缘前陆盆地与西金乌兰—金沙江构造混杂岩带的分界断裂,呈北西-南东向横穿测区北部的巴音叉琼北—东部的日尔拉玛,全长约 72km,两端分别外延出图,区内该断裂断续分布,分区性不明显。据区域资料该断裂是测区规模宏大的复活断裂之一,该断裂倾向总体向 210°~230°方向倾斜,局部出现向正南方向倾斜,倾角在 45°~75°之间。断裂带宽度达 2km。局部地段可达 4~5km。航卫片显示该断裂线性影像十分清楚。野外观察该断裂切过山麓,留下明显的断裂三角面,断裂普遍可见断层泉,沿断裂方向测区分布有带状、串珠状的第四纪沉积物。据地震资料记录,有 6 次地震发生于该断裂中,其中最小震级为 1.4 级,最大为 6.5 级,以 4~5 级为多。据深部地球物理调查表明,该断裂两侧地球物理场明显不同,证实为一岩石圈断裂,约形成于华力西期,喜马拉雅晚期再次复活,主要切割了古—新近纪地层。运动方式新生代早期以引张为主兼左旋走滑控制勒玛曲走滑拉分盆地的形成,上新世以来转化为以挤压为主兼右旋走滑特征。

2. 尖石山北复活断裂

该断裂是分野苟鲁山克措—阿西涌蛇绿混杂岩亚带与尹日记—宰钦扎那叶后造山伸展裂陷盆地的边界断裂。断裂总体呈北西-南东向展布,西北、东南两端分别外延伸入邻幅,测区内总出露长度为 105km。断面倾向多变,忽南忽北,总体以北东倾斜为主,倾角在 35°~65°之间。断层破碎带较宽,在尖石山南部,该断层破碎带可达 4.5km,沿断层走向分布着线形断层泉。地貌上该断裂走向上多形成负地形凹地,负地形凹地与两侧山峰的平均高差一般都在 100m 左右。在负地形凹地中主要接受第四纪沉积物。该断裂多处切割现代水系,从而引起水系直角拐弯,在苟鲁山克措一带风火山群直接逆冲覆盖于五道梁组之上。在航卫片上该断裂线形特征清楚。在诺瓦囊依沿该断裂带发育上新世的灰绿色—灰紫色橄榄玄武岩。在八十四道班北该断裂控制单面山的形成,以上特征表明该断裂仍在活动。

3. 岗齐曲—思木先塔复活断裂

该断裂是分割羌塘陆块与西金乌兰—金沙江构造混杂岩带的大断裂,断裂总长达 140km,向两端处延出图,该断裂呈北西-南东向展布。断面总体向南倾斜,局部向北倾斜,断面倾角在 45°~65°之间,沿断裂形成 200~500m 的灰绿色、红色挤压破碎带,带内除见有断层角砾岩、碎裂岩外,还分布有韧性剪切作用形成的各类糜棱岩,断裂两侧地貌反差明显,北侧山势挺拔、陡峻,而南侧为新生代盆地,地势相对平缓,丘陵发育。野外观察发现在扎拉复格涌,沿该断裂发育始新世的闪长玢岩—石英闪长玢岩—石英二长玢岩组合,沿该断裂分布串珠状湖泊及第四纪沉积盆地。航卫片上该断裂影像清楚,线性明显。据现代地震检测,该断裂西侧的康特金地区 1952 年 5 月 3 日发生了 5 级地震,据区域资料在该断裂的东南部牙包查依涌地区 1971—1972 年连续发生地震,最大震级为 4.5 级。该断裂先期可能以挤压特征为主,在新构造运动中其运动方式转变为以挤压走滑型为特征。

二、夷平面

夷平面是地壳间歇式垂直运动的直接标志。从测区的地貌形态可以看出本区具有明显的三层结构特点:即存在的地貌侵蚀旋回终极地形——二级夷平面和一个盆地。

一级夷平面:又称山顶面。是一个具有整体划一的山峰岭线,比少数高峰(岛山)低(如巴音查乌马高峰)而又比垭口高的平坦面海拔高程一般为 5 300~5 400m。其中以巴音叉琼、巴音藏托玛、扎日根、诺日巴纳保等地比较清楚,多呈截顶平台状,往往成为第四纪冰川和冰帽发育的地形依托,覆盖有寒冻风化岩屑(块),在其边缘冰斗、刃脊、角峰及被现今河流改造的冰槽谷等冰蚀地貌发育。切割的最新地层为晚白垩世沉积体,在山间盆地中堆积的古近纪河湖相磨拉石建造,含膏盐层建造是其相关沉积。结合区域资料分析,山顶面形成于 20Ma 前的渐新世晚期,中新世中晚期以来抬升受切,根据渐新世—中新世沉积记录反映夷平面形成于干旱的亚热带气候,发育起来的夷平面当然属山麓剥蚀平原性质的夷平面。该夷平面是高原始新世末第一次隆升至 2 000m 后,经渐新世构造稳定期发生山麓平原化形成的,推测形成时高原在 500m 以下,而现在却被抬升至 5 300~5 400m,可见新构造运动以来高原隆升幅度是相当大的。

二级夷平面:又称主夷平面。海拔高程一般为 4 900~5 000m,分布较广,保存面积较大,构成区内山体主体。以苟鲁重钦马、那日加保麻、旁仓贡玛、杂孔建等地保存良好。切割最新地层为雅西措组,组成地貌为高海拔剥蚀台地、低缓平顶山及丘陵。剥蚀区夷平面的塑造与沉积区的上新世曲果组及晚更新世河—湖相(据钻孔资料)的加积是同时进行的(因此曲果组及早更新世河湖相沉积为其相关沉积),同时我们在多尔玛地区山顶处采集的电子自旋共振(ESR)样,测试年龄值为 34.32Ma,反映该夷平面于渐新世抬升。推测此时高原海拔高程约在 1 000m 以下,而现在却被抬升至 4 900~5 000m,可见新构造运动以来高原隆升幅度是相当大的。

盆地面:为区内最低的夷平面,也是区内星罗棋布的湖面以及一些宽缓的谷地面,湖泊海拔高程为 4 500~4 700m。至于该盆地面是否是侵蚀旋回的终极地形,目前尚有争议。

三、岩浆活动

新生代火山活动及岩浆侵入活动是新构造运动的直接标志,据邻幅资料诺瓦囊依地区,我们发现古—新近纪雅西措组中有零星的橄榄玄武岩呈稳定的夹层产出,显示在陆内汇聚作用之下,沿局部扩张带(应力释放带)喷发形成的陆相火山岩与新生代走滑拉分盆地的形成具有同步性。

岩浆侵入活动分布于测区的约改、江夏尖、康特金等地,系浅成—超浅成中酸性岩组合,由闪长玢岩—石英闪长玢岩—石英二长闪长玢岩组成一个完整的岩浆演化序列,侵入于中侏罗世雀莫错组之中,岩石具 I—S 型双重成因特点,依 K-Ar 法年龄测试,获得 37.74 ± 0.52Ma、37.86Ma、38.44 ± 0.58Ma、35.64Ma、41.19 ± 0.48Ma 等年龄资料。在藏麻西孔、勒思托星、萨保等地出现的辉石正长斑岩,成因类型为 I 型,依 K-Ar 法年龄测试,获得 33Ma、34Ma 的年龄值。

这些中酸性、碱性的侵入岩体在区域上是可可西里—金沙江岩带的西延部分,时间上与火山—含盐红层沉积的走滑拉分盆地形成相比稍晚,是新构造运动中陆内汇聚作用加强引起的壳幔之间相互作用的产物。

四、褶皱作用

区内的古近纪、新近纪地层的褶皱构造,主要记录的是新构造运动的特点。区内上新世以前的古近纪、新近纪地层普遍因新构造作用而发生褶皱和断裂。褶皱的延伸性能比古近纪前地层的褶皱差,但其行迹十分明显,并具有一定的区域性。在新构造运动中它们基本上存在着两种形成方式:一是借助断陷式断坳盆地中基地起伏造成的原始沉积的"背、面"形态,在新构造运动时期的区域性挤压下进一步弯滑变形,成为现今所见的构造盆地和穹隆构造;二是断层活动造成的,或为断层牵引褶皱,或为两相邻断裂活动造成之间的断块受挤压而成。所形成的褶皱多为短轴状,但两翼产状较陡,轴迹环形弯曲。褶皱形态比较单一,或背斜或向斜,很少见到复式背斜、复式向斜分布。如雅西措西南由雅西措组组成的背斜,五道梁组组成的向斜,桑恰山地区沱沱河组组成的向斜等。

五、河流阶地、叠置型冲洪积扇

河流阶地主要发育在测区通天河、岗齐曲等河流的两岸,其中通天河普遍发育两级阶地,岗齐曲以一级阶地发育为特征,中、下游偶见两级阶地存在。据邻幅资料莫曲下游与通天河相接部位,我们发现有三级阶地存在,其中Ⅲ级阶地由晚更新世冲洪积砂砾石层组成,Ⅰ、Ⅱ级阶地由全新世冲洪积物组成,其中Ⅰ级阶地高出河流水平面2.4m,Ⅱ级阶地阶坡高度为2.8m,Ⅲ级阶地阶坡高度为11.1m。说明自新构造运动以来测区有3次较大规模的地壳上升运动,从阶坡高度看,第一次抬升作用幅度很大,以后的抬升作用逐渐回落。

测区通天河两岸支流下游多处出现扇中有新的冲洪积扇叠置现象,从而说明晚更新世以来抬升作用仍很明显。

六、地震

地震是现代地壳活动的直接证据和主要表现形式之一,测区为玉树—风火山地震带通过地区,自有地震记录以来,测区至少有6次4级以上地震,震源基本都集中发生在巴音叉琼北—日尔拉玛断裂东部、尖石山北部断裂、岗齐曲—思木先塔3条复活断裂带上。据区域资料,在该地震带上,地震活动十分强烈,是青海省中强地震的主要发育场所之一,据不完全统计共发生震级大于4.75级的地震26次,其中6~6.5级强震8次,1986年、1988年唐古拉地区分别发生6.7级、7.0级大地震,正处于该地震带西端乌兰乌拉湖附近。此外,据地震部门预报,在测区达春日雅巴一带尚有Ⅲ度地震危险区存在。

七、单面山（单斜状隆起）

在八十三道班东 3km、八十四道班北及吾当扎等处见有明显的单面山，其中八十四道班北 5km 处的单面山明显受其南侧活动性断层控制，单面山北坡坡度约为 35°，与岩层倾角基本一致（图 5-19），南坡坡度约为 55°，走向近东西，相对高度约为 200m 左右。北坡缓，次级支谷长，纵坡降小，南坡陡峭，次级支谷不发育，但屡见落差达 10m 之多的跌水。反映受断裂控制，断裂北侧山体于新构造运动时期不断间歇性的抬升剥蚀，分水岭不断南移，而南侧盆地内不断间歇性下降，接受第四纪松散物堆积。

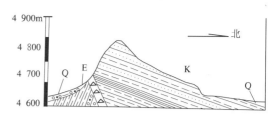

图 5-19 青藏公路八十四道班北 5km 处单面山剖面图

（据青海省第一水文队资料修订）

第七节 构造变形序列

测区的构造变形序列是在充分收集不同时代地质体中包含的不同期次、不同形式和不同变形习性的构造形迹相互叠加、干涉、改造或置换的复杂关系的解析后，进而考虑到不同构造环境下所产生的岩浆作用、变质作用，以及区域构造运动对测区的影响而建立起来的，其构造变形序列列于表 5-4 中。

表 5-4 测区主要变形序列表

序列	时代	体制	变形特征	演化阶段	地壳运动	变质作用	岩浆活动
D_9	Q	斜冲—走滑	右形走滑断裂再生，先期断裂再次复活	高原隆升阶段	喜马拉雅运动	未变质	无
D_8	N	挤压	古近纪地层形成宽缓褶皱				
D_7	E	斜冲—走滑	北西-南东向断裂复活，走滑拉分盆地形成，风火山群发生褶皱变形				$E_3\xi\pi$ $E_2\eta o\mu$ $E_2\delta o\mu$ $E_2\delta\mu$
D_6	K_2	挤压	断裂复活、再生，并伴有褶皱变形	陆内汇聚阶段	燕山运动	未变质—极低级变质	无
D_5	J_2	伸展	早期断裂复活，中酸性岩浆侵入				
D_4	T_3	挤压	晚三叠世沉积盆地闭合，广泛的北西-南东向或北西西-南东东向的褶皱、断裂形成		印支运动	低级变质	$T_3\beta\mu$
D_3	T_1—T_2	挤压	二叠纪地层褶皱形变、逆冲断裂形成，北部残留洋演化为前陆盆地				
D_2	C_3—P_3	挤压	乌丽—开心岭岛弧发育成熟，蛇绿岩形成并伴有褶皱变形	洋陆转换阶段	华力西运动		
D_1	C_2—D_3	伸展	区内出现扎日根浅海碳酸盐岩，区域上移山湖地区出现辉绿玢岩岩墙侵入				

第八节 构造阶段及其演化

综合测区内沉积建造、变质作用、岩浆活动及测区地质构造基本特征，结合区域地质构造特点，将构造阶段及演化过程（图 5-20）概括如下。

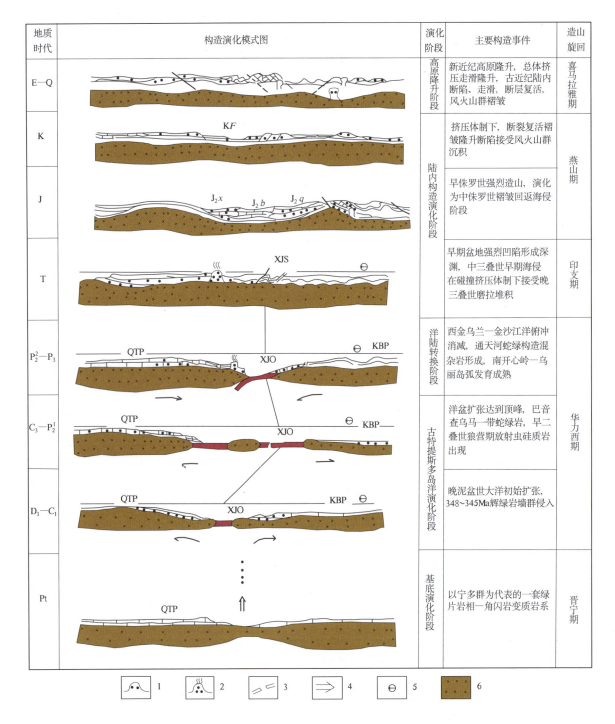

图 5-20 测区构造演化略图

1.岩浆侵入;2.火山弧;3.洋壳及俯冲方向;4.构造应力方向;5.洋(海)面;6.陆壳基底

OTP.羌塘陆块;XJO.西金乌兰—金沙江;XJS.西金乌兰—金沙江缝合带;KBP.可可西里—巴颜喀拉盆地;KF.白垩纪风火山群;J_2x.夏里组;J_2b.布曲组;J_2q.雀莫错组

一、元古宙造山前基底形成阶段

作为造山前基底物质记录的宁多群,在测区内并未出现,但在测区东部与本图幅联测的曲柔尕卡幅(1∶25万)、测区西部的寨冒拉昆、明镜湖北(1∶25万可可西里幅)元古宙基底均有不同程度的分布。于曲柔尕卡幅阿西涌、若侯涌一带，岩石组成为石英岩、黑云石英片岩、片麻岩等基底岩系。通过岩石学、微量元素地球化学等方法恢复原岩，为一套以石英砂岩为主夹泥质岩的稳定性碎屑岩建造，岩石化学及微量元素特征研究表明大多分布于大陆岛弧物源区，暗示地层物源应来自陆壳。测年资料显示下交点年龄为441±189Ma，代表宁多群在奥陶纪末经历了强构造热事件影响，推测可能和古西金乌兰—金沙江洋的打开有关。而通过区域对比，结合测区样品锆石U-Pb表面年龄中835±48Ma、843±42Ma和915±3Ma(U-Pb)数据，岩石片理的形成应在晋宁期，在区域动力热变质作用下，原岩经历了高绿片岩相变质，固结成岩，成为古老结晶基底的一部分。这种代表基底残留岩块具分布零星的宁多群是羌塘陆块边缘裂解的一部分，在区域上沿羌塘中部茶代—戈木日—阿木岗日一线，呈近东西向展布，西宽东窄，总体为一套绿片岩相—角闪岩相变质岩系，发育韧性剪切带。

二、海西期—印支期主造山演化阶段

（一）泥盆纪—中二叠世古特提斯多岛洋扩张阶段

后期构造的改造作用和中新生代地层的大面积覆盖致使测区及邻区早古生代地质体未出露，因此，早古生代地质事件无法推定。自泥盆纪，通天河构造混杂岩带以南地区表现为相对稳定的浅相稳定陆源碎屑岩建造。泥盆世移山湖辉绿岩墙群[348.51±0.62Ma，345.69±0.91Ma(Ar-Ar)]（1:25万可可西里幅区调）侵位与分布于西藏德钦县霞若—拖顶、伏龙桥、得荣县之用一带，被动大陆边缘的存在及375~352Ma(锆石U-Pb)蛇绿岩浆活动特征，标志着古特提斯洋已进入初始离散期，并且最终导致了阿西涌、若侯涌一带结晶基底以扩张、走滑等离散方式从母体羌塘陆块中裂离出来，并在随后的扩张作用下，这些裂解块体散布在古特提斯扩张洋盆中，构成了古特提斯多岛洋的构造古地理格局。

石炭纪—中二叠世古特提斯多岛洋扩张洋盆发展到高峰，洋盆中开始出现洋壳物质，区内巴音查乌马、康特金—岗齐曲一带，区域上蛇形沟、移山湖、西金乌兰湖，以及测区东部治多—玉树等地发育的洋脊型或洋岛型蛇绿岩则是该时期西金乌兰洋扩张期直接的物质表现。区内蛇绿岩组分发育较为完整，由超基性辉橄岩、斜辉辉橄岩、橄榄二辉辉石岩、辉长岩、辉绿岩、基性熔岩及其伴生的含早石炭世杜内期与早二叠世狼营期（边千韬、郑祥身等，1996）深海放射虫硅质岩组成，配套较完整，形成时代为石炭纪—早二叠世。基性熔岩的地球化学特征显示相对富钛、富钾，并接近强烈亏损N型MORB玄武岩，稀土总量低，具平坦型特征，反映西金乌兰洋裂解程度比较大，同时微量元素表明扩张速度为1~2cm/a。

早二叠世诺日巴尕日保组较典型的岛弧型火山岩沉积建造序列证明了西金乌兰洋于早二叠世晚期存在向南（羌塘陆块）俯冲消减的可能。这种俯冲消减作用可能与西金乌兰洋在晚泥盆世—早二叠世同步扩张效应紧密相连。晚二叠世地球动力学环境发生转化，古特提斯洋由顶峰时期的以扩张作用为主导逐渐转变为挤压碰撞，在羌塘陆块的主动性大陆边缘形成早、中二叠世开心岭—乌丽岛弧带。在这样一个活动演化过程中出露了大规模的稳定型的紫松阶碳酸盐岩（扎日根组）和栖霞期—茅口期碳酸盐岩（九十道班组），形成了羌塘陆块上二叠纪活动型与稳定型沉积建造并存的格局。

（二）晚二叠世—早三叠世洋陆转化阶段

中二叠世晚期西金乌兰洋盆开始闭合，主洋盆B型洋壳向南俯冲，形成了至今保存在巴音查乌马、康特金一带的通天河蛇绿混杂岩（受上覆晚三叠世地层覆盖），晚二叠世那益雄组滨浅海相含煤碎屑岩系的出现，标志着开心岭—乌丽岛弧已经成熟。测区内阿西涌—若侯涌一带石英闪长岩—

英云闪长岩组合(那吉卡色超单元)代表同碰撞期略滞后产物,可能与壳-幔之间的韧性滑脱有关。区域上中二叠世还东河闪长岩[257±3.6Ma(U-Pb法)]侵入,就是该事件岩浆侵入活动的直接表现。晚二叠世—早三叠世是区内重要的构造转折时期,即由洋-陆俯冲转化为陆-陆俯冲,可可西里西金乌兰一带汉台山群(晚二叠世—早三叠世石英砂岩和底砾岩)磨拉石建造的形成及不整合于中二叠世地层之上,标志着西金乌兰洋此时已消减完毕。与此同时在昆南带上晚二叠世格曲组与下伏树维门科组之间的角度不整合,同样为碰撞造山作用的结果。

三、陆内构造阶段

(一)三叠纪盆山转换阶段

早—中三叠世构造演化证据多源于区域资料,早期由于南北两大陆块间的持续的陆内汇聚作用,可可西里—巴颜喀拉活动陆缘陆壳基底挤压弯曲下陷,形成了可可西里—巴颜喀拉周缘前陆盆地,盆地北侧接受了台地边缘—浅海陆架相碎屑岩沉积。在昆南地区,该套沉积地层中发育大小不等、形态各异、无固定层位的含二叠纪生物化石的灰岩岩块。说明盆地形成初期可可西里—巴颜喀拉基底陆壳具有向北的部分俯冲作用,使北侧逆冲推覆造山带形成滑塌岩块,在盆地北接受了沉积混杂作用形成的混杂堆积岩。而可可西里—巴颜喀拉前陆盆地南侧伴随西金乌兰洋的向南俯冲闭合,盆地强烈凹陷形成深渊。盆地南北两侧均发育了以砂岩组、板岩组为代表的深海—半深海海底扇浊积岩。

中—晚三叠世海侵阶段,测区在经过不长的一段相对稳定时期后,于中三叠早期转入海侵阶段,此次海侵是大面积区域性的,北到中祁连山,南至喜马拉雅山北部,西至帕米尔东达华南,成为广阔的浅海大陆架区,可可西里及邻区也形成断陷海槽(边千韬、郑祥身等,1996)。

晚三叠世早期巴颜喀拉前陆盆地表现出以隆升作用为特征的构造活动较为强烈,盆地内接受了以砂岩组、板岩组、顶部砂岩夹板岩组为代表的海相复理石沉积,这一阶段东昆仑造山带处于持续隆升、剥蚀的过程,这一规模宏大的剥蚀区为巴颜喀拉前陆盆地的快速堆积提供了充足的物源。晚三叠世巴塘群中基性火山岩是陆内附冲背景下形成的滞后火山弧的产物,晚期岩石中含黄铁矿假晶,说明属还原环境下的闭塞海盆。

南西倾向的断裂组合说明晚二叠世—晚三叠世陆陆碰撞作用持续向南进行,碰撞之后在缝合带之南的羌塘陆块上形成晚三叠世邦可钦—砸赤扎加弧后前陆盆地——结扎群,尽管在沉积组合上显示出弧后前陆盆地的一些基本特征,但这种盆地类型与典型的弧后前陆盆地存在差异,提示了与其相配套的构造演化有待进一步工作确认。与此同时在测区尹日记—荀鲁山克措一带出露的晚三叠世荀鲁山克措组中,下部海相复理石沉积与上部粗碎屑岩双幕式沉积特征说明了盆地性质为边缘前陆盆地,盆地的形成与碰撞后缝合带持续向南俯冲紧密相关。

(二)三叠纪末—早侏罗世强烈造山阶段

三叠纪末—早侏罗世斑公湖-怒江发生海底扩张,使南羌塘地块与其拼合在一起的北羌塘地块共同向北推挤,导致测区诺利期末古特提斯洋最终关闭,接着发生强烈的造山运动(印支运动),区内普遍缺失早三叠世及早侏罗世地层,说明这次运动在测区表现较强烈,区域晚三叠世地层与中、上侏罗世地层之间的不整合代表此次运动的存在。

(三)中晚侏罗世前陆盆地演化阶段

中晚侏罗世雁石坪群沉积说明测区进入了前陆盆地演化阶段,该阶段构造作用继承了早中侏罗世的羌塘块体岩石圈层发生挠曲变形的演化历史,由于南、北两侧不断的逆冲构造加载,使羌塘盆地容纳空间增大，堆积了巨厚的海相磨拉石建造，显示为一个复合型前陆盆地沉积环境。该盆地的形成和发展与金沙江缝合带碰撞后逆冲推覆及班公湖-怒江缝合带的碰撞和闭合有关，是盆地两侧板块边缘的大型逆冲作用的产物。该盆地展布于测区西南角玛章错钦—错阿日玛一带，沉积了源于陆相物质的滨浅海相沉积体系[雀莫错组（J_2q）、布曲组（J_2b）与夏里组（J_2x）]。早期为灰紫色粗碎屑物质的广泛分布，中期相变为海水逐渐加深的含海相双壳类生物的布曲组碳酸盐岩局限台地相沉积，向上变为含大量陆源碎屑滨海相沉积，沉积序列显示出局限的海盆环境，海水在持续挤压过程中逐渐向南西方向退去，于中侏罗世晚期，测区结束了海相沉积历史。

（四）侏罗纪末—白垩纪初造山后的湖相沉积阶段

晚白垩世风火山盆地的形成，主要是受白垩纪以前老的北西西向断裂的控制，表现在整个盆地分布及其长轴方向呈北西西向，以及盆地边缘某些生长断裂也呈北北西向。但盆地的总体分布并不受北西西向断裂的控制，它们横跨不同属性的地质构造单元，而总体显示出近南北向串珠状分布。盆地沉积建造体为风火山群稳定陆相湖盆沉积，是由于地壳在燕山运动出现应力松弛的情况下伸展、拉薄并沉降，造成湖盆分布。

四、新生代高原隆升阶段

45～38Ma受印度板块与欧亚板块的碰撞影响，新特提斯洋闭合，青藏高原北、东大部上升为陆，进入陆内演化阶段。与此同时或稍前风火山地区因受喜马拉雅运动影响，在继白垩纪陆盆的基础上于古近纪因先成断裂的复活开始发育以引张为主兼右旋走滑拉分性质的盆地，在测区内形成了白垩系与古近系不整合接触关系、冲断及走滑断裂并伴随有碱性岩浆活动（岗齐曲—康特金一带），沉积了代表活动状态下的沱沱河组（Et）下部河湖相的粗碎屑岩堆积。

始新世造山运动后，可可西里和青藏高原一起发生缓慢隆升，湖盆面积缩小，沉积作用局限在近东西向延伸的盆地内，区内沱沱河、勒玛措—苟鲁措新生代走滑拉分雏形盆地内出现渐新世—中新世较稳定的湖相沉积体系——雅西措组（ENy）—五道梁组（Nw）。反映出高原隆升相对缓慢阶段，测区内水流系统为以湖盆为中心的无序状态，始新世时生长在湿热气候下的常绿宽叶森林显示当时的海拔高度可能在500m以下。

上新世曲果组山麓类磨拉石的出现标志着中新世晚期盆地曾一度受斜向挤压而萎缩。风火山被抬升到近1 000m的高度，统一的湖盆逐渐分解为3个次级盆地，北西西向或近东西向的盆山格局雏形出现，上新世以来，山体强烈抬升与盆地快速沉降相耦合，盆山格局进一步发展壮大。

早更新世早期（210.3～177.1ka，ESR），以湖退进积型沉积层序为特征的湖相沉积物中，植被相对稀少，相应的气候环境为干旱。水体是以湖盆为中心的短程河流，古地理景观为平缓高原上内陆湖泊发育阶段。

早更新世中期（雅西措冰期）—早更新世晚期（雅西措地区间冰期湖相沉积物，据钻孔资料），发生于本区的构造运动使该区强烈隆升，将风火山抬升到雪线以上，沿山麓发育冰碛堆积。由构造差异隆升造成的盆山格局最终定型，沱沱河组因构造抬升而今分布于海拔5 000m的巴塘群灰岩组之上。

早更新世末，遍及整个青藏高原的昆黄运动使测区在整体隆升的状态下出现地貌的加剧差异分化，部分地区已经隆升到雪线以上，形成中更新世山系急剧隆升与冰川发育阶段。测区水环境在中更新世早期是以冰川与冰水携带的物源沉积就近堆积。中更新世中—晚期在沱沱河沿岸出现了湖积物与冲洪积交替堆积物（湖积砂砾石层，ESR测年为285.5ka），盆山格局继续发展。

晚更新世，沱沱河上游地区仍为内陆水系，但随着通天河溯源侵蚀及强烈下切，最终沿通天河山顶裂谷切穿山体，袭夺沱沱河，使原来由东向西流向的通天河（EW段）—沱沱河改道东流，并入通天河主河道,从而开始了河流、湖泊(外流湖)、冰川(各拉丹东)并存的时期。同时近南北向山顶裂谷与其相同的山体构成的盆山格局得以发展。

全新世以来近南北向盆山格局逐渐发展最终定型,形成从湖积、湖沼到冲洪积、冲积、风积物多种成因类型的沉积,沱沱河水系沿途切穿晚更新世地层,晚更新世末期—早全新世长江水系在测区的成形与外泄,测区在以构造挤压为主体的应力状态下转化为以走滑为主的应力体制,长江源头不断地发生侧向侵蚀,在测区西部乌兰乌拉一带转南溯源侵蚀向冬拉丹东挺进。

第六章 专项地质调查

第一节 矿产地质

一、概况

根据中国地质调查局函[2000]08号文件《关于青藏高原空白区1：25万区域地质调查中开展矿产调查的意见》精神，本项目积极组织人力开展工作，在系统收集前人工作资料的基础上，进一步确定了调查区成矿有利地段，并对以往研究程度较差的矿（化）点和新发现的矿点进行了地表检查和路线找矿工作。

（一）前人工作程度

1965—1967年青海省地质局区域地质测量队开展了1：100万温泉幅（I-46）区域地质调查，结束了测区的地质"空白"历史；1969年，青海省第一地质大队对二道沟地区进行了矿点检查，并认为该地区铜矿资源找矿潜力巨大。1975年，航空物探大队902队在本区开展了1：50万航磁测量；1989年青海省地质矿产局化探队进行的1：20万区域地球化学扫面和水系重砂测量涉及调查区东北部；1989—1992年青海省地质矿产局区调综合地质大队在测区以东及南部区开展了1：20万区域地质调查和部分化探、重砂异常的1：5万加密检查工作，圈出化探综合异常7处，重砂异常7处；1989年，柴达木综合地质大队对藏麻西孔地区开展1：5万水系沉积物测量，在异常内圈出东西两个矿段，其中东矿段圈出Cu、Pb、Zn矿体4条，西矿段圈出Pb、Zn矿体4条，两矿段共求得表内铜0.83万t，铅56.68万t，锌14.62万t；1993年，青海省化学勘查技术研究院对扎西尕日多金属异常开展了以1：5万水系沉积物测量为主的异常查证工作，并发现铜、银矿化带8条，菱铁矿化带1条，其中铜、银矿化带中圈定出了具有一定规模的铜矿体4条，估算铜金属资源量5.67万t；1995年青海省化勘院对二道沟地区进行了铜矿普查工作，在二道沟矿段圈出了铜矿体3条，日阿曲矿段圈出了铜矿体6条。求出表内D+E级铜金属量7.23万t；2002—2003年青海省地调院化探分队开展了沱沱河幅1：20万水系沉积物测量，圈出31处化探综合异常，并对部分异常进行了1：5万加密，圈定了2处铅、锌矿体；同年青海省地质调查院矿产分队在风火山地区进行了铜矿普查工作，圈定了多处铜矿体；1989—1990年中国科学院和青海省政府共同组织的"可可西里综合考查队"对全测区进行了综合考察。

（二）本次工作程度

在调查过程中，我们以路线矿产找矿为主，系统收集区内的矿产信息，实行综合找矿、综合评价。在地质调查的基础上，对以往研究程度较差的矿（化）点和新发现的矿（化）点进行了路线追索和地表检查评价，查清其矿化特征、矿体规模、围岩的含矿性及地质背景。通过本次工作，在路线地质找矿新发现铜、铁矿（化）点 20 处；共检查矿（化）点 3 处。

二、矿产各论

综合前人工作成果和本次工作成果，调查区共发现各种矿点、矿化点、矿化线索 43 处，矿产种类有沉积型铜矿、石膏、盐类，构造热液型铅锌矿和铁矿等黑色金属矿产、有色金属矿产和非金属矿产，具体矿点略。

三、成矿地质背景分析

调查区属三江成矿带西段，地质构造复杂，成矿背景较好。从已有矿产资料看，矿化主要集中于北部通天河蛇绿构造混杂岩带内白垩纪风火山盆地及南部羌塘陆块的开心岭—乌丽岛弧带、邦可钦—砸赤扎加重力前陆盆地内，既有较多的外生矿产，也有较为丰富的内生矿产分布，与区内的地层和岩浆热液活动有着密切的关系。无论何种成因的矿产都是不同时期地质构造发展演化过程中的综合产物，因而它们的分布规律必然与不同时期、不同地域的地质构造发展史是相互对应的，与不同地域的沉积建造、岩浆活动密切相关。

（一）铜矿

铜矿化主要分布于白垩纪风火山陆相沉积盆地中，并产于白垩纪风火山群洛力卡组中，共发现 14 处铜矿（化）点；另于水鄂柔一带古近纪沱沱河组泥灰岩中亦发现铜矿，均属沉积型矿产。风火山盆地总体展布方向为北西西向，北部主要以巴音叉琼北—勒玛曲断裂为界与北邻前白垩纪造山带分开，南部大体以那日胸玛断裂为界与南邻前白垩纪造山带毗邻，西端延入邻区。随着盆地的形成、发展和演化，盆地内沉积了风火山群以山麓—河流相沉积为主体的错居日组砾岩夹砂岩局部含白云石石膏沉积组合、以湖相沉积体系为主兼河流相的洛力卡组砂岩、泥岩夹灰岩、砾岩、沉凝灰岩沉积组合及以河流相沉积体系为主的桑恰山组含砾粗砂岩、砾岩、砂岩夹泥质粉砂岩岩石组合。洛力卡组中的灰绿色砂岩、含炭质砂岩和灰岩为主要的铜矿化层位。

已有地质资料反映，铜平均含量在三叠纪结扎群碎屑岩中为 33×10^{-6}，最高达 200×10^{-6}，基性火山岩中为 $97.9\times10^{-6}\sim100\times10^{-6}$；蛇绿构造混杂岩的基性岩中为 116×10^{-6}，分别高出相应岩石克拉克值的 2~7 倍，甚至高达数十倍，并伴生 Pb、Sb、Mo 等元素。分析含矿砾岩中的基性岩砾石，铜含量高达 92×10^{-6}。由此反映，沉积型铜矿成矿物质主要来自于盆地周边分布的基岩中。盆地周边基岩经长时期的风化剥蚀，为盆地中的沉积物提供了丰富的碎屑物，也提供了较为丰富的铜矿物质。随着盆地的进一步发展，水体不断加深，在盆地中心形成 pH 值接近 5.3 的还原环境，为矿液的富集成矿创造了良好的沉积环境（Cu 沉淀的 pH 值为 5.3），使得酸性介质和氧化条件下形成的含变价性、亲硫性的铜离子的矿液注入盆地后在碱性介质和还原条件下被还原，并与生物作用所产生的二价硫结合形成铜的硫化物随碎屑物一起沉积形成沉积型铜矿。泥晶灰岩中的铜为星点状的黄铜矿，砂岩中的铜因岩石粒度较粗而易被淋滤氧化，多以孔雀石、铜蓝形式出现。虽然在局部地段由于受岩浆热液活动的影响，含矿地层中的矿物质进一步富集形成品位较高的铜银矿体，但总体上由于盆地较浅的水体波动性较大，导致矿液的不均匀扩散，所以形成的矿体多呈透镜状、似层状产出，且品位极不均匀，加之后期受断裂构造破坏，矿（化）点多而分散，在区域上连续性较差，因此形成较大型沉积型铜矿的可能性较小。

（二）铅、锌、银矿

铅、锌、银多金属矿产主要分布在风火山以北扎西尕日、藏麻西孔和沱沱河以西的宗陇巴及多才玛等地，与古近纪沱沱河组、新近纪五道梁组灰岩、喜马拉雅期正长斑岩体和近东西向断裂破碎带密切相关。正长斑岩体在区内出露较少,规模小,以小岩株状零星分布于风火山盆地中。从微量元素分析看,正长斑岩体岩石中普遍含有较高的 Pb、Zn、Cr、Ni、Co、Ba、Sr、Be、La 等元素;人工重砂中含有较多的铅矿物、铜矿物、辉锑矿、辰砂、金红石、黄铁矿及白铁矿等低温热液矿物共生组合,表明岩石本身含有一定的矿物质。目前发现的铅银矿体呈脉状赋存于藏麻西孔正长斑岩体中的北西向次级断裂破碎蚀变带中;铅锌矿化赋存于宗陇巴及多才玛等地晚三叠世结扎群波里拉组、中二叠世九十道班组与古近纪沱沱河组间的近东西向断裂破碎带中,表明区内具有多期次的热液活动迹象。并与古近纪地层关系密切。岩浆的上侵和断裂的多期次活动所形成的热液在沿次级断裂上升运移过程中不断地萃取岩石、地层中的 Cu、Pb、Zn、Au、Ag 等有益组分,与热液中的 H_2O、CO_2、H_2S、CO、CH_4、Cl 等矿化剂和挥发组分组成含矿热液,运移至有利构造部位后富集成矿。扎西尕日沉积型锌、铁矿点则产于新近纪五道梁组灰岩中,表明该套地层为含矿地层,今后工作中应予以高度重视。

(三)铁矿

铁矿与晚石炭世、二叠纪、三叠纪灰岩和中基性火山岩及辉绿玢岩密切相关,区域上与较好的航磁异常套合,属中低温热液接触交代型和矽卡岩型矿产,其成矿物质主要来源于含铁较高的中基性火山岩和辉绿玢岩。沿构造裂隙上升的热液通过萃取围岩中的铁元素,使其富集形成含矿溶液在脆性岩石形成的裂隙中富集成矿。由于受后期构造作用的破坏及第四系覆盖,火山岩、脉岩露头零星,所发现的矿(化)点分散,矿体规模小,但较多的成矿事实反映该地区具有较好的找矿前景。

(四)煤矿

煤矿赋存于二叠纪和三叠纪含煤碎屑岩中,明显受地层控制。该两个时代的地层中虽有部分煤层被民采,但煤层较薄,且受后期断裂构造的破坏和第四系覆盖,地层分布局限,找矿前景不大。

(五)盐类

盐类矿产测区内见两处:一处沿现代盐湖分布古近纪雅西措组泥岩中,以钾岩为主,次为食盐,系现代盐湖经萎缩蒸发形成的产物;另一处产于古近纪雅西措组泥岩中。由此反映,始新世以来的陆相红盆和现代盐湖的展布地带是寻找盐类沉积矿产的最有利地段。

四、找矿远景区的划分

根据已有矿(化)点和不同矿产信息的空间分布特征,结合成矿地质条件等,在调查区内初步圈定出扎西尕日—风火山铜、铅、锌、金、银多金属找矿远景区、拉玛拉—约改岩金找矿远景区和扎日根—乌丽煤、铁、石膏 3 个找矿远景区。

(一)扎西尕日—风火山铜、铅、锌、金、银多金属找矿远景区

该找矿远景区位于白垩纪风火山沉积盆地的北部,东西长约 42.5km,南北宽约 30km,总面积 1 275km²。出露地层主要为白垩纪风火山群红色碎屑岩,次为晚三叠世荀鲁山克措组下段碎屑岩、古近纪—新近纪沱沱河组及雅西措组紫红色碎屑岩夹灰岩、五道梁组灰绿色碎屑岩夹石膏及第四系冰碛、冲洪积和冲积砂砾层。侵入岩为古近纪正长斑岩,呈小岩株状侵入风火山群中。沿该带已知矿产主要有风火山北坡铜矿、二道沟铜矿、达底尕首铜矿、姜浪金铜矿、扎西尕日锌、铁矿等沉积型矿(化)点和藏麻西孔铜铅银矿及藏麻西孔铜银矿等热液型多金属矿点,并有较好的 Cu、Ag、Pb、Zn、Au、Hg 化探综合异常和铜、铅矿物重砂综合异常套合,此外,尚有金的重砂高含量点两处。铜与陆相盆地白垩纪风火山群红色碎屑岩建造中的灰绿色砂岩及灰岩密切相关;锌、铁与古近纪五道

梁组灰岩密切相关,多金属矿化与古近纪小型侵入体关系密切,是区内寻找铜、铅、锌、银、金等矿种的最有利地区。

(二)拉玛拉—约改岩金找矿远景区

该找矿远景区位于扎木曲约改—拉玛拉一带,东西长67km,南北宽19km,总面积1 273km^2,出露地层有晚石炭世—早二叠世天河蛇绿混杂岩碎屑岩组及碳酸盐岩组、晚三叠世结扎群波里拉组、中侏罗统雀莫错组、白垩纪风火山群、古近纪沱沱河组及第四纪冰碛、冲洪积和冲积砂砾层。并有较多的始新世中酸性浅成侵入岩呈小岩株侵入。因大部分地区属物化探工作空白区,相应资料匮乏。从已发现的两处金矿化线索来看,多巴的及扎拉夏各涌石英(二长)闪长玢岩含金$0.1 \times 10^{-6} \sim 0.16 \times 10^{-6}$,且其成矿地质背景与藏麻西孔多金属矿点相似,为寻找斑岩型及热液型多金属矿产的有利地段。

(三)扎日根—乌丽铁、铅、锌、铜、煤、石膏找矿远景区

该找矿远景区位于图幅南部的扎日根、开心岭、乌丽—杂孔建一带,范围较大,东西长92km,南北宽30km,总面积2 760km^2。区内地层出露较齐全,除侏罗纪外,从石炭系—新近系均有出露,并有较大面积的中基性火山岩和辉绿玢岩分布,断裂构造十分发育。目前已发现的矿(化)点有开心岭铁矿、沱沱河铁矿、拉日夏力底改铁矿、宗陇巴锌矿点、多才玛铅矿点、杂孔建南赤铁矿、扎日根铁矿化点、开心岭煤矿、乌丽煤矿、布查湖盐矿等矿(化)点22处。铁矿化与中基性火山岩和辉绿玢岩密切相关。煤主要产于二叠纪及三叠纪地层中。通过1:20万化探扫面,在区内圈定出10处以Pb、Zn、Ag、Cd、Mo、Ba等元素为主的化探综合异常,各异常元素组合复杂,浓集中心清楚,并具明显的异常浓度分带,部分异常已发现较好的矿体;航磁异常密集分布,且矿化点分布在航磁正、负异常过渡带,成矿事实清楚,找矿标志明显。

第二节 国土资源状况简介

测区位于青藏高原腹地的沱沱河一带,高寒缺氧、气候恶劣、通行困难、植被稀少,大部分地区仅有零星牧民放牧,沱沱河以北、青藏公路以西地区为无人区,缺乏人类赖以生存和繁衍的最低物质基础和生活条件。区内矿产资源较为丰富,发育比较典型的高海拔地形地貌,生长着独特的高寒植物群落,栖息着许多珍贵的国家一、二级保护动物群体,长江源头的沱沱河呈东西向从调查区穿过。这些资源的存在为该地区增添了无限的生机。

一、交通概况

青藏公路和青藏铁路在测区北东向穿过。沱沱河一带植被较为发育,沼泽地相对较少,有较多的牧民放牧,青藏公路两侧有较多的便道,车辆通行条件较好,向西穿过玛章错钦可至乌兰乌拉湖,向东沿沱沱河两岸可达通天河(直曲)边。唐古拉山乡政府就设在沱沱河南岸公路、铁路边上,设有商店、旅社、兵站、气象站、加油站、医院等机构,为过往车辆、司机、旅客和旅游者提供了较为方便的服务环境。唐古拉山乡政府以北、二道沟以西地区为无人区,植被稀少,湖泊遍布,沼泽发育,夏季交通十分困难,冬季方可行车。通过本分队3年的艰苦工作和探索,在区内大致确定出东西向4条夏季可通行汽车的路线:沱沱河北岸向西—玛章错钦—乌兰乌拉湖,长约150km左右;沱沱河南岸向西—西藏安多县玛曲乡,长约90km;二道沟八十四道班向西—苟鲁山克措(冬季通行),长约50km;风火山北藏麻西孔向西—苟鲁山克措(冬季通行),长约60km。沿这些路线可欣赏到许多珍

贵的野生动物群落和美丽的高原自然景观,给人以赏心悦目的感觉。

二、矿产资源

普查区内矿产资源较为丰富,矿种较多,矿化明显,尤其在开心岭地区以铜、铅、锌、银和煤为主的矿(化)点较多,分布比较集中。其他矿产资源详见前述矿产部分。

矿产资源是人类赖以生存的条件之一,丰富的矿产资源不仅可以保障国防工业的需要,而且可以促进地方经济的发展,尤其在西部大开发的有利时机,充分发挥西部资源优势,将资源优势变为经济优势,对促进西部地区的经济发展具有十分重要的意义。然而该地区由于受全球气候变暖的影响,冰川快速退化,降水量日趋减少,地表水位下降,冻土层埋深加大、湖泊与湿地萎缩、土地荒漠化、草场退化、鼠虫害肆虐、植被稀少,生物多样性种类和数量锐减等,生态环境变得十分脆弱。所以,在保护生态环境的条件下,应有计划、合理地开发利用矿产资源不仅有利于现阶段的地区经济发展,也有利于人类的生存和发展。

三、动物资源

郑作新、张荣祖(1959)在《中国动物地理分区》一书中将青海省划分为蒙新和青藏两个区,又细分为3个亚区,即西部荒漠亚区、羌塘高原亚区和青海藏南亚区,测区处于羌塘高原亚区。动物类型以高寒草甸与高寒草原动物群和高寒荒漠与荒漠草原动物群为主,分布具有一定的规律性,即海拔3 000m以上以高原特有种为主,以下则以一些广布种为主要成分。特有种的迁徙范围较小,随季节变化作一定范围的迁徙。而广布种则有较大的迁徙范围,可达省际域、国际域乃至洲际域范围,如鸟类及个别昆虫类等。该地区共有哺乳动物16种,鸟类7种,其中藏羚、藏原羚、藏野驴、棕熊、盘羊、岩羊、藏狐、猞猁、高原兔以及斑头雁、赤麻鸭、金雕等特有种类最为普遍,并被列为国家一、二级野生珍稀保护动物范畴。河流中栖息着较为丰富的长江水系鱼类。20世纪60年代以来,随着气候干燥、自然草场退化及大量的盗猎等,野生动物日趋减少。自可可西里地区被国家确定为自然保护区后,在国家的大力支持和管理局人员的精心管理和当地牧民的保护下,一度濒临灭绝的珍稀动物又得到了繁衍,数量逐渐增多,群体日益扩大,千里青藏线又可看到往日动物成群的景象。

四、地形地貌

测区地势总体西高东低,山脉及河流走向大致呈北西西向,盆岭相间,北为巴音查乌马峰,中有风火山,南为开心岭,其间夹有开阔的勒玛曲盆地与河谷宽浅的沱沱河盆地。区内平均海拔多在4 600~5 000m之间,最高峰为测区北部巴音查乌马峰,海拔5 551m。中起伏山地主要分布于测区北东巴音查乌马—日阿尺一带及扎日根、诺日巴尕日保一带,山体走向均呈北西-南东向;小起伏山地则散布于全区(通天河一带除外)。高海拔丘陵主要集中于康特金—尹日记一带,形态呈近北西向条带状,在日阿池曲以北及雅西措以南、通天河两岸则呈不规则片状分布(图6-1)。

五、湖泊及水资源

众所周知,陆地水中所溶解的物质及其含量受多种因素的控制:气候、降雨量、水的流动性以及水流经地区的岩石成分和生物类型。由于测区地处高原腹地,气候干旱,降水量较少,岩石类型及生物类型相对简单,河流中相对富含Na^+和SO_4^{2-}(表6-1)。

调查区水系密集分布,湖泊星罗棋布,为区内的一大自然景观。大型水系主要为沱沱河,呈S型东西向横贯测区南部;其支流日阿尺曲、扎木曲、冬多曲等,中上游多呈北西西向,下游呈北西向、近南北向汇入沱沱河;它们均属长江水系,是通天河的北源。测区北东角日阿池曲属勒玛曲上游,亦为通天河上游支流。

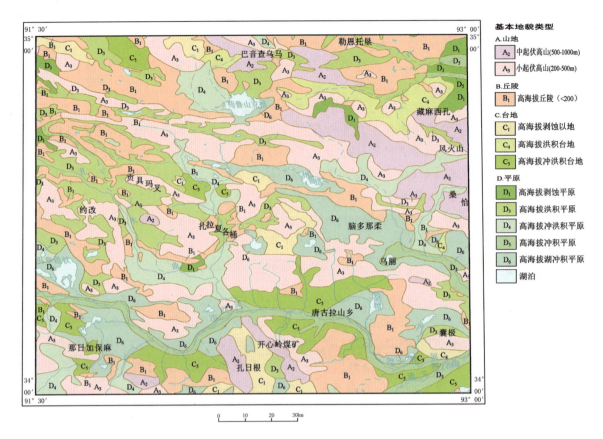

图 6-1 测区地貌图

表 6-1 测区水样一览表

样号	化学分析								特殊分析		pH值	总碱度 (mg·L⁻¹)	采样位置
	阳离子 ρ(mg·L⁻¹)				阴离子 ρ(mg·L⁻¹)				ρ(mg·L⁻¹)				
	K^+	Na^+	Ca^{2+}	Mg^{2+}	Cl^-	SO_4^{2-}	HCO_3^-	CO_3^{2-}	矿化度	游离CO_2			
VTSy0355	24.0	485.8	35.27	39.92	701.2	180.5	160.3	6.96	1 620	0.00	8.40	143.1	雅西措湖
VTSy044-1	328.0	25 600	905.20	1 907.00	41 000.0	6 963.0	143.8	67.24	76 800	0.00	8.41	230.1	雅西措湖
VTSy1233-1	11.6	190	51.73	25.48	189.5	154.1	259.3	0.00	880	5.91	7.89	2 127.0	错阿日玛湖
VTSy1231-1	200.0	9 890	3.82	5.88	6 835.0	930.4	2 216.0	5 437.00	25 500	0.00	10.40	10 900.0	那日澎措湖
VTSy1251	36.4	397	28.80	67.18	381.8	494.1	94.31	60.29	1 560	0.00	9.92	177.9	仓龙错切玛湖
VTSy1255-1	66.0	2 020	380.60	361.70	3 076.0	1 020.0	1 714.0	0.00	8 640	70.89	7.16	1 406.0	茶措北上升泉
VTP₉Sy1-1	46.9	1 740	19.68	236.90	2 600.0	155.6	1 166.0	59.81	6 040	0.00	8.48	1 056.0	康特金断层泉
VTP₁₂Sy6-1	317.0	13 500	24.60	1 175.00	23 400.0	244.9	552.7	381.20	39 600	0.00	8.68	1 089.0	苟鲁山克措湖
VTSy1037	22.10	332	139.70	83.52	575.0	142.8	521.7	5.86	1 847	0.00	8.39	437.6	奔德错切玛湖
VTSy2114	127.0	3 630	344.30	671.20	6 992.0	1 299.0	95.4	5.86	13 200	0.00	8.75	88.02	年希措
VTSy1590-1	21.50	1 220	51.16	165.90	2 252.0	119.6	299.3	31.67	4 182	0.00	8.78	2 983.0	苟弄措湖

湖泊在测区多见，大者有玛章错钦（36km²）、苟鲁山克措（38.5km²）、雅西措（20km²），小者有苟鲁措、苟鲁都格措、苟弄措、苟弄措仁、察日措、察日仓木措、年希措、错阿日玛、那日澎措、仓龙错切玛、奔德错切玛、扎里娃措、尼阿希措和宰玛贡尼措、错江钦等，无名小湖更是不计其数，密集分布。

绝大部分为咸水湖,部分为半咸水湖,个别小湖由于含盐量较高,在滨湖地带常有盐霜析出,形成了丰富的钾盐和食盐类矿产资源。

生活在河流和湖泊内的鱼和微小生物群体为斑头雁、赤麻鸭、鸣禽、游禽等鸟类动物提供了丰富的食物资源,是这些鸟类生活的天堂。湖岸台地和河岸宽缓地带高寒草、高寒草甸较为发育,为藏羚、藏原羚、藏野驴主要的生活栖息地。同时由于兔鼠和旱獭等动物的存在,从而也吸引了棕熊、藏狐、猞猁、獾、草豹和金雕等肉食类动物的栖息。

六、可利用的草场资源

通过本次工作发现该地区草场严重退化,沙化地带日益扩大,鼠害日趋猖獗,生态环境进一步恶化,不仅对当地牧民的生活带来严重的影响,而且直接威胁着长江中下游生态资源的保护和合理利用。草场分布面积十分局限,主要集中于扎木曲—沱沱河以南地区,由于干旱加上牲畜存栏数的日益增加,以及鼠害和过度集中放牧,导致植被稀疏,草场退化,该地区的草场资源显得岌岌可危。荒漠化面积较大,约占测区总面积的50%以上。

主要分布在扎木曲—沱沱河以北的广大地区,草甸不发育,地表土壤松散,生态地质环境十分脆弱,不适于牧业活动。沙化地带主要分布在河谷两岸、湖岸和山前冲洪积扇地带,约占20%左右,植被极少生长,沙化极为严重。风成沙零星分布,为活动性沙丘、沙链,移动速度快,危害性极大,治沙工作十分艰巨。

七、饮用水资源

调查区内各类水体的质量差异较大,可供饮用的较少。虽然湖泊发育,水资源较为丰富,但湖泊全为咸—半咸水湖;由于沱沱河及其上游支流多数流经红层区,水质混浊呈土黄色,且多咸水,亦难以饮用。

只有在白垩纪以前地层分布区形成的外流地表水及零星分布的泉水可供人类饮用。通过本次工作发现,测区可供饮用的地表水和泉水资源地段有二道沟兵站西地表水、开心岭泉水。

第三节 生态及灾害地质

调查区位于青藏高原腹部,自然生态状况已十分脆弱。自第四纪以来持续隆升,形成高海拔、高寒缺氧的特殊地质地貌。由于受全球气温日趋变暖的影响,调查区干旱气候日益严重,湖泊及冰川急剧退缩,荒漠化面积日益加大,使这里的生态环境持续恶化。近年来人为的盗猎、过度放牧和沙金采集对这里的自然生态环境也造成了极大的创伤,草甸被毁、河道堵塞、垃圾污染,特别是沿沱沱河河谷地带,大面积草场退化,沙丘、沙链广布,原有的动物群落被迫迁徙,严重地破坏了当地的生态平衡。

2000年国家成立了可可西里自然保护区之后,这种景况虽有所改观,盗猎活动有所减少,采金现象也有所遏制,但是由于鼠类等啮齿动物的大面积繁衍和牲畜存栏数目的不断增加及受干旱气候的影响,该地区的生态环境恶化现象并没有得到有效的控制,所以,研究该地区的生态地质环境工作显得十分重要。

环境是一种特殊资产。生态环境破坏本身就构成了经济损失和财富流失。生态指标恶化已经直接而明显地影响了现期经济指标和预期经济趋势。

为了改变日益恶化的环境形势,应当采取刻不容缓的行动,否则,日益扩大的生态赤字将使其他领域所获得的成绩不是大打折扣,就是黯然失色。

一、自然地理

测区地势总体西高东低,山脉及河流走向大致呈北西西向,盆岭相间,北为巴音查乌马峰、中有风火山、南为开心岭,其间夹有开阔的勒玛曲盆地与河谷宽浅的沱沱河盆地。

区内河流属长江源头水系,以外流河为主,著名的沱沱河横贯测区南部,其支流冬多曲、日阿尺曲、扎木曲等构成"枝状"遍布测区。河水源于高山冰雪融化与季节性降水,夏、秋两季河水暴涨暴落,大雨、雪后洪水泛滥。小型咸水湖泊星罗棋布,沿湖沼泽、湖塘及湖积物极为发育,通行不便。

调查区属典型的高原大陆型气候,以寒冷、干燥、缺氧、多风、日照长、气候多变及昼夜温差悬殊为特征。年最高气温20℃,最低气温-30℃,昼夜温差大;每年10月—翌年5月多西风,6~9月多偏北风。气候变化无常,四季不明,冰冻期长,冻土遍布。典型的大陆性气候造成河流供水不足,多数湖泊处于退缩、干涸状态,目前测区较大的湖泊主要有玛章错钦、苟鲁山克措、雅西措、错阿日玛等。

二、生态地质环境特征

参照张宗佑等《中国北方晚更新世以来地质环境演化与未来生存环境变化趋势预测》及奚国金、张家桢主编《西部生态》等划分方案,调查区属干旱寒温带冻土生态地质环境类型。

由于生态地质环境涵盖内容较广,以下就构成调查区生态地质环境的气候、地貌、土壤、植被及地表水予以简要叙述。

(一)地貌

调查区位于唐古拉山北坡,盆、山相间,地貌类型复杂,具高原特色的各种地貌现象并存。调查区内的主要地貌类型有冰川地貌、高原喀斯特地貌、流水地貌、风成地貌、湖泊沼泽地貌等。

(1)冰川地貌:区内未见现代冰川分布,但冰川地貌比较发育,主要分布在诺日巴尕日保、囊极等海拔在4 800m以上的高山区,冰斗、冰斗坎、鳍脊、角峰、U型谷、冰蚀洼地、冰川前碛堤、冰川侧碛垄等保存较为完好。

(2)喀斯特地貌:主要发育在扎日根等石炭纪、二叠纪、三叠纪碳酸盐岩地层分布地段,形成形态各异的喀斯特地貌,常见的有溶洞、溶蚀陡坎、孤峰、溶蚀洼地等。该地貌发育区一般地形比高较大,山坡陡立,仅有飞禽和少量的岩羊等动物活动。

(3)流水地貌:调查区处于长江源区,长江源头的沱沱河东西向横贯全区,水系发育,流水地质作用强烈,河流阶地、河漫滩、心滩均有不同程度的发育;河流两岸冲洪积扇广布,水土流失严重。

(4)风成地貌:调查区风蚀地质作用强烈,风蚀地貌主要发育在沱沱河河谷地带,主要表现为发育新月形沙丘、沙堆和长达数千米的沙链。

(5)湖泊、沼泽地貌:湖泊极多,有玛章错钦、雅西措、苟鲁山克措、苟鲁山措、错阿日玛等较大型湖泊和察日措、宰马贡尼措、仓龙错切玛、尼阿希措、苟弄措、扎里哇措、奔得错日玛等规模较小的湖泊。其中以苟鲁山克措面积最大,由于受干旱气候的影响,湖面萎缩,湖岸沼泽普遍发育,主要分布于沱沱河中游两岸。

(二)植被

调查区高原面平均海拔4 600~5 000m,气候严寒、干旱、多风、昼夜温差大、辐射强烈,土壤贫瘠等严酷的生态环境对植物的生存和生长都极为不利,仅有能适应这种恶劣环境的少量植物在此地生存(图6-2)。区内草地面积占土地面积的40%,牧草覆盖率仅占30%左右。植被类型主要有高寒荒漠草原、高寒荒漠草甸、高寒湿地草原(草甸)等,共划分出种子植物199种,7个亚种,40个变种,分属30个科的93个属,并显示出明显的垂直分带特征。

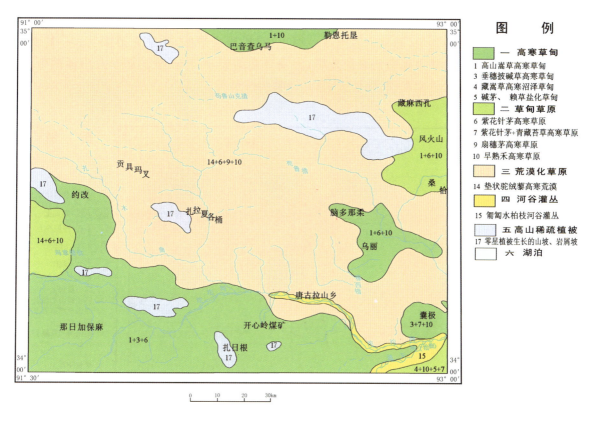

图 6-2 测区植被类型分布图

海拔5 000m以上为基岩裸露区,碎石流发育,因常年气温远低于0℃,基本不生长植物,为植物绝迹带,偶有少量苔藓生长于碎石表面。4 500~5 000m为高原荒漠草等植物生长区,种类贫乏,植被类型极为简单,主要为蒿科、禾草类,植被覆盖率仅为5%~20%,沙化、石漠化广泛发育,为区内主要的严重沙化地带。高寒荒漠草甸分布在海拔4 700m左右的山麓及冲沟地带,多呈小片状分布,面上连续性较差,且发育冻涨草沼,小面积分布于玛章错钦以北、扎拉玛—旁仓贡玛—扎里娃以南、日阿尺山—风火山以北。主要植物为高山嵩草、矮嵩草、线叶嵩草、微孔草、风毛菊、高山早熟禾等。高寒湿地草原(草甸)分布在4 500m以下的山坡、山麓及河谷地带,水源丰富,气候比较湿润,植物生长茂盛,呈大片连接,发育冻涨草沼,为良好的牧场区,区内主要分布于那日加保麻、旁仓贡玛以南至沱沱河北岸地区。主要植物有高山嵩草、矮嵩草、线叶嵩草、微孔草、风毛菊、高山早熟禾,水草和蒲公英等草本植物。

(三)土壤

测区气候干旱、寒冷,成土、成壤作用较弱,甚至很弱。在青海省土壤划分类型分布图上,测区处于"青南高原西北部高山草原土区"。主要土壤类型有高山寒漠土、高山荒漠沙土、高山草甸土、风成沙土、冲积土及盐碱土(图6-3)等。高山荒漠土主要分布在测区中西部5 000m以下的中高山、丘陵一带,成壤作用较差,以砂砾质、含砾砂质为主,成土母质以残积、残坡积为主,冰积、冰水堆积、风积并存。高山荒漠沙土主要分布在中西部河谷两岸的山麓地带,成壤作用差,由沙质土和砂砾石构成,成土母质以冲洪积和风积为主,坡积少量。

高山草甸土主要分布在测区中东部的高寒草甸区,厚度在 10~60cm 之间,由腐殖土和灰棕漠土构成。风成沙土发育在河谷北岸,局部分布,主要为风成沙土,常呈沙丘、沙链展布。冲积土主要分布在沱沱河及其支流的河漫滩和湖泊滩地地带,母质土为新近出露水面的冲积物、砂质湖积物,具近代冲积物特征,由于地下水位较高,在暖季受上游冰雪融化和降水影响,河流和湖水上涨将其淹没;土层厚度不一,颗粒均匀,质地为砂土或砂壤土,有机质含量低,几乎无植被生长。盐碱土主要分布在干涸的湖泊周边地带和山前滩地地带,常发育盐结壳,寸草不生。湖岸及沼泽地带湿地、冻土发育,水资源丰富,常形成泥沼,致使人、车和动物无法通行。

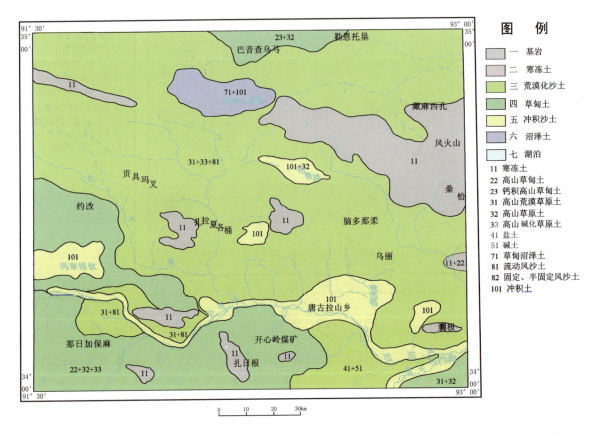

图 6-3 测区土壤类型分布图

(四)地表水

测区地表水主要由河流、湖泊、沼泽构成。

河流属长江水系,主要有沱沱河和冬多曲、日阿尺曲、日阿池曲等较大型的水系。沱沱河为长江源头水系,发源于测区西南部的格拉丹东雪峰,测区为沱沱河中下游,向东与通天河汇合后称直曲,为常年流水,水质稍有浑浊,口感微咸,河流内有丰富的大鲤鱼、大嘴鱼等长江水系鱼种。其他支流水系呈南北向、近东西向汇入沱沱河(直曲)中。支流水体浑浊,水质涩咸,难以饮用。

具一定规模的湖泊共有 12 个,即:玛章错钦、苟鲁山克措、苟鲁措、错阿日玛、雅西措、宰马贡尼措、察日措、尼阿希措、扎里娃措、苟弄措和奔得错日玛等,其中以玛章错钦、苟鲁山克措两湖最大,面积分别为 36km²、38.5km²,其中大部分为咸水湖,部分为半咸水湖。

沼泽地区的水资源具明显的季节性,雨季水体储存于草沼集水坑中,生活着较多的水体生物,冬季和干旱季节,草沼集水坑干涸。主要分布于沱沱河中游两岸。

受全球气候变暖的影响,该地区冰川快速消融,湖泊及湿地萎缩较快,许多无名小湖已消失,多数草沼亦趋干涸。生活在其内的飞禽、鱼及微小生物群体受其影响,数量锐减。

三、生态环境恶化的主要原因及防治对策

造成该地区生态地质环境恶化的因素甚多,最根本的原因是自然因素,如:持续干旱、鼠虫害等,其次为人类过度放牧及乱采乱挖。对于鼠虫害和人类活动引起的生态地质环境恶化现象,如果能采取有效的防治措施是完全可以遏止的。

测区处于青藏高原腹部,人口密度极低,每平方千米平均还不到1人,人类的正常生产活动对生态地质环境的影响很微弱。地质因素为该地区生态恶化的首要因素。伴随着高原的隆升,青藏高原腹地愈来愈干旱、缺氧,温室效应使冰川消融退缩、湖面萎缩,原有的土壤被地表水和风蚀带走,造成植物赖以生存的土壤大量流失,植被日趋稀少,风成沙蔓延,沙尘暴肆虐。

鼠害对测区生态地质环境的破坏作用也是不可低估的。生活在该地区的鼠类主要有高原兔鼠、灰鼠等,它们掘穴居住于地下,啃食草根、茎、叶,使大面积草甸被掏空,土质固结状态被破坏,成片的植被被毁灭,几乎无再生的可能,形成严重的沙化地带。

人类活动虽然对生态地质环境的破坏比较微弱,但从长远考虑影响也是较大的。过度放牧,使本来十分脆弱的高原土质被踩松,形成松散的沙土,在风的作用下被吹离地表形成风成沙;在地表流水的冲刷下被带离原地,造成水土流失。

鉴于以上因素影响,调查区的生态地质环境到了非常脆弱的程度,若长期得不到合理的防治,不仅给当地牧民的生存带来严重的影响,而且直接威胁着长江中下游的生态资源的保护和合理利用。所以,如何有效地保护和治理该地区的生态地质环境,遏制生态环境的进一步恶化,促进地方经济的可持续发展是摆在我们面前的长期而艰巨的任务之一。近几年,测区部分地区实施了网围放牧、退牧还草工程,并已取得了明显效果和效益,但大部分地区的生态环境恶化现象仍未得到有效地控制。只有采取有效的预防措施,制定长远的方略,方能控制生态环境的进一步恶化,改善局部生态环境,巩固现有生态资源,以点带面,逐步扩大治理范围,基本恢复高原原有的环境面貌,进而使高原独特的生物群落得到应有的发展,生态状况得到有效平衡。有消息称,自2004年始,政府将采取生态大移民,数万名牧民将逐渐在城镇定居,数年后,三江源核心区将再成"无人区"。如果这条消息属实,则可看出政府对生态环境治理的决心,对于三江源地区,无疑是一项绝好的举措。此外,以下几点须着力施行:①加强对牧民的环保知识教育,增强牧民的环境保护意识,合理地、科学地进行放牧,必要时进行适当的生态移民,防止过度放牧,减少人类活动对生态环境的破坏作用;②加强灭鼠工作,降低鼠害对植被的破坏作用,维护现有植被的自然生长;③严禁一切打猎活动和采金活动;④修建公路,制止车辆乱行。

第四节 旅游资源

本区自然环境独特,旅游资源丰富,开发条件优越,可开发出诸多独特的高原旅游项目。在雄伟神奇的青藏高原,旅游者可涉足生命禁区——可可西里,沿青藏公路可跨越世界屋脊,可攀登巍峨险峻的雪域群山,漂流举世瞩目的三江源头,探寻藏传佛教的古老神秘。游人在这里可尽情领略高原奇特景观,挑战人类体能极限。

民族风情类:在这世界屋脊之上,离天最近的地方,生活着这样一个民族,他们勤劳、朴实、乐天知命、虔信佛教、热情好客、能歌善舞、有着独特的生活习俗。藏族人民酷爱歌舞,不论男女老少,聚

集于宽阔的草地和家院里,都能放歌起舞,歌声嘹亮,舞姿翩翩,尽情欢舞,抒发他们对劳动、生活及大自然的热爱之情。藏族舞蹈,以民俗风情为内容的节目相当丰富,最为常见的有"卓"、"伊"、"则柔"、"热巴"等。"卓"又分为以歌颂山川河流、家业兴旺为内容的"孟卓"和以颂扬宗教寺庙、活佛为内容的"秋卓"两种形式。由于"卓"舞有较丰富的内容和多变的舞姿,在社会上享有盛名。"伊"是流行极广的一种藏族民间舞蹈,动作起伏大,节奏对比性强,是歌舞结合的一种形式。"则柔"汉语意为"玩耍",是另一种以舞伴歌的表演艺术形式,多在婚嫁、迎宾、祝寿、添丁等欢庆宴席中出现。"热巴"汉语为"流浪艺人"之意,是由民间训练有素的艺人组成的班子,到各地流动表演的一种舞蹈。这种舞蹈技巧娴熟、表演诙谐。

沿青藏公路,你或许能看到这么几个朝圣者,身着藏服,推一辆小木车,风餐露宿,披星戴月,日复一日,月复一月,不停地重复着一个动作:双手合十,从额至胸作一停顿,继而全身前趋着地,伸直双臂画一半圆,起身,前行数步(身长加臂长)至所划线处,开始下一个同样的动作。朝圣者表情肃穆,心无杂念,全然不顾道路之坎坷,气候之恶劣。以身体为标尺,丈量至拉萨——他们心中佛的所在地。行进途中,若遇河流及泥泞,必先预补该段距离,使无漏遗。其心之虔诚,毅力之坚韧,困难之不顾,足使观者叹为观止,感慨无比。

科学考察类:由于深居高原腹地,涉及该区的科学考察极少,但是独特的高原自然景观、奇特的地形地貌、稀罕的高寒植物群落和珍贵的高原野生动物群体,仍为外人所鲜知。

源头探险类:长江源头位于青藏高原腹地,这里地势高亢,空气稀薄,气候恶劣,交通险阻,人迹罕至。长江的正源沱沱河,南源当曲,北源楚玛尔河都发源于此。这三大源流汇合在一起以后,人们称之为通天河。沿沱沱河逆流而上,可到长江正源发源地——格拉丹东南侧的姜根迪如冰川。格拉丹冬,藏语意为"高高尖尖的山峰",海拔6 621m。这里的自然景观十分奇特壮观,冬季这里是冰雪世界,山上山下,银装素裹;夏季,烈日炎炎,冰消雪融,雪线下百花盛开,姹紫嫣红,有的雪白,千姿百态,艳丽多彩。由于日照长和紫外线特别强的缘故,花草色泽鲜艳夺目。草原上不仅有成群的牛羊,而且有马熊、野驴、猞猁、藏羚羊、雪鸡等珍贵野生动物。姜根迪如冰川冰崖料峭、银光熠熠,像一片美丽的冰塔林。有高高耸立的冰柱,有上尖下粗的冰笋,有直刺蓝天的宝剑,有千姿百态的佛塔,还有彩虹般的冰桥,神秘莫测的冰洞,众多的冰斗、冰舌、冰沟等,绮丽壮美,仿佛置身于大自然裸露的怀抱中,尽情领略大自然粗犷、古朴、原始的美。长江源头被国家列为自然保护区。

可可西里,平均海拔5 000m以上,气候严寒,有数百个湖泊,是世界上高原湖泊分布最密集的地方,其中以可可西里湖和太阳湖最为著名。太阳湖位于可可西里湖北部,面积100km^2,水深40m,每到六七月份,湖面上冰雪融化,蓝蓝的湖水里倒映着蓝天、白云、雪山,明丽夺目。可可西里有藏羚羊、西藏野驴、雪鸡、沙漠猫等国家一、二级保护动物,是我国野生动物数量最多的地区,被称为世界上最大的天然乐园。

可可西里自然保护区于1995年由省政府批准设立,是青海省面积最大的一处野生动物类型自然保护区,总面积450万公顷(1公顷=10 000平方米),保护动物种类多,种群数量大,共有保护动物46种,其中18种属于青藏高原特有种。有200多种植物,青藏高原特有种类48种。

藏羚羊的繁殖之地,经刘宇军十年的艰辛探索,于1999年终于揭开了这一困扰生物界二百多年的世界之谜:在远离藏羚羊南方栖息地1 000多千米的青海可可西里无人区海拔5 000m左右的卓乃湖一带,就是藏羚羊历经千难万险所要到达的繁殖地。它们每年6月份开始从南方北上,在7月份阳光最充足的时候到达目的地,生下小羊几天后,待体力恢复后,再带着小羊重返南归之路,在冬季到来之前回到在南方等待的公羊群中间。刘宇军忘不了当年的那一幕:当他们翻过一个高坡,往下张望的时候,他们简直不敢相信自己的眼睛,山坡下的卓乃湖雪原上,有两千多只母藏羚羊,在它们中间,几乎隔十几米就有一只刚出生的小藏羚羊,它们有的在学着走路,有的已吃饱正呼呼大睡,有的正在和妈妈玩耍,真像是一幅美丽的图画。

唐古拉，藏语意为"高原上的山"，由于终年风雪交加，号称"风雪仓库"。唐古拉山口是青海和西藏的分界线，海拔5 231m，山口处建有纪念碑和标志碑，是沿青藏公路进入西藏的必经之路。

长江源头纪念碑于1999年立于万里长江第一大桥——沱沱河大桥北端，石碑上刻有江泽民的题词。

第七章 新生代高原沉积、地貌、隆升与环境耦合

第一节 古—新近纪盆地沉积

一、古—新近纪地层体系的建立与划分

1∶20万沱沱河、章岗日松幅（青海省区调队）依据岩性、古生物学资料将出露于测区的古近系、新近系地层体按时代划分为古—始新统（E_{1-2}）、渐新统（E_3）和中新统（N_1），缺失上新统（N_2），三者为整合接触。为一套湖相红色—杂色碎屑岩—碳酸盐岩系，其中膏盐夹层较多。据分布于测区阿布日阿加宰一带的古—新近纪实测剖面，建立了沱沱河群、雅西措群两个群。1∶20万错仁德加、五道梁幅将出露于测区查香结德一带的古近纪、新近纪地层划分为上新世曲果组，代表红色湖盆沉积体系。《青海省区域地质志》（1991）沿用该划分方案。1994年《岩石地层清理》（区综队）赋予该套地层新的涵义，划分出沱沱河组、雅西措组、五道梁组及曲果组，并将曲果组的使用范围扩大到唐古拉山、巴颜喀拉山地区，此后1∶50万编图沿用岩石地层清理的划分方案。在本项目的实施过程中，对出露于测区的古—新近纪地层进行了大范围沉积、构造与古气候等的调查，根据区域对比，将该套地层体从老到新重新划分为沱沱河组（Et）、雅西措组（ENy）、五道梁组（Nw）和曲果组（Nq）。

二、古—新近纪沉积特征

区内古—新近纪走滑拉分盆地是在白垩纪陆内后造山期陆相盆地的基础上发育起来的，因其间山体的分割而成为3个相对独立的次级盆地，即勒玛曲、苟鲁措及沱沱河等走滑拉分盆地（其中勒玛曲盆地主体位于1∶25万曲柔尕卡图幅内）。盆地是在前古近纪地层的基础上发育起来的，其物源性质在盆地初始阶段具有相似性，在垂向充填序列上虽有一定的相似性，但又存在明显的差异性，这种差异性表现在沱沱河盆地具垂向上连续性，但缺失上新世曲果组，勒玛曲盆地虽受地表覆盖，但部分地段明显表现出与沱沱河盆地的一致性。通过地质剖面的调查一方面可了解沉积历史的全过程，另一方面可以研究盆地在横向上的沉积差异性，由此能够较准确地判断沉积时不同沉积条件、不同构造特征等。由于新生代地层体作为盖层，基本不受构造区划的影响，因此在对晚新生代地层描述方面，不局限于地层或构造区划。现将测区古—新近纪地质剖面介绍如下。

（一）曲果组（Nq）

1. 地层分布与剖面描述

区内曲果组出露于查香结德一带，面积约96km²，地层受断层控制，呈北西-南东向，位于风火山以北，属山麓相类磨拉石沉积，未见顶底。剖面（VTP_{14}）位于查香结德北西（图7-1）。出露岩性

较稳定,产状平缓,构造简单,自下而上分为:

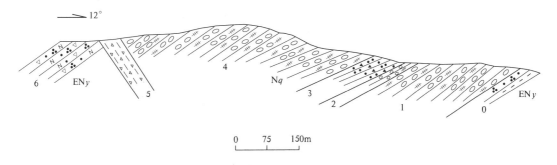

图 7-1 青海省治多县苟鲁山克措上新世曲果组(Nq)实测剖面图

4. 杂色厚—巨厚层状复成分砾岩(顶以断层与雅西措组碎屑岩接触)   280.07m
3. 橘红色中厚层状—薄层状细粒粉砂质细粒长石岩屑砂岩夹同色泥质粉砂岩   44.75m
2. 杂色复成分砾岩夹紫红色中—薄层状钙质中细粒岩屑砂岩   11.19m
1. 杂色巨厚层状复成分砾岩   110.77m

========== 断 层 ==========

下伏地层:雅西措组碎屑岩

2. 岩性特征与基本层序

岩石组合为杂色复成分砾岩夹紫红色中—薄层状钙质岩屑砂岩及泥质粉砂岩。砾岩中砾石占70%~80%、泥砂杂基为20%~30%,基底式—接触式支撑,砂质胶结,砾石具定向排列构造,AB面产状210°∠30°,A轴走向240°,砾石磨圆度极好,呈滚圆形,分选性中等,砾石成分以灰色砂岩、紫红色砂岩为主,含少量火山岩、脉石英、石英片岩等。砂岩类主要为岩屑石英砂岩:呈细粒砂状结构,孔隙式胶结,岩石由填隙物和碎屑组成,碎屑颗粒主要为石英、长石、岩屑,填隙物以钙质为主,少量铁质,斜层理发育,层面上见波痕构造。从剖面中识别出两类基本层序(图7-2):①砾岩—砂岩,该层序中砂岩单层厚度15~30cm,发育平行层理,砾岩单层厚50~100cm,具粒序层理构造,砾石分选性中等,磨圆度好以及颗粒支撑方式说明水动力条件较强,水流的冲洗作用造成细粒粘土质物质被淘汰,代表扇中水道沉积体系;②砾岩—砂岩—砾岩,砂岩层序呈夹层型式,单层厚10~25cm,具水平层理构造,砾岩单层厚80~200cm,不显层理构造,砾岩中砾石磨圆度较好、分选性中等、砾石呈杂基—颗粒支撑,总体显示出快速堆积状态下的山麓相环境。

3. 岩相变化与时代讨论

区内该套地层出露面积有限,岩石组合简单,纵横向变化不大。在纵向上自上而下表现出砾岩砾度由中砾—粗砾—中砾的渐变关系,砂岩夹层中,下部石英、长石含量较高,往上则逐渐减少,而岩屑含量明显增多。沉积环境表现为山麓相类磨拉石间夹发育水平层纹层理、斜层理及波痕、雨痕等构造河(湖)流相泥质粉砂岩、岩屑长石砂岩等。

该地层缺乏系统的年代学依据,根据砾岩具厚度大、分选性差、滚圆度好、搬运距离远、成分复杂等特点,显然与其他砾岩有所不同,其砾石成分主要来自于下伏晚三叠世、晚白垩世以及渐新世地层的岩性,故砾岩的形成时代晚于渐新世;同时该砾岩不具冰碛及冰水堆积特征,由此推断该砾岩所赋存时代为上新世。

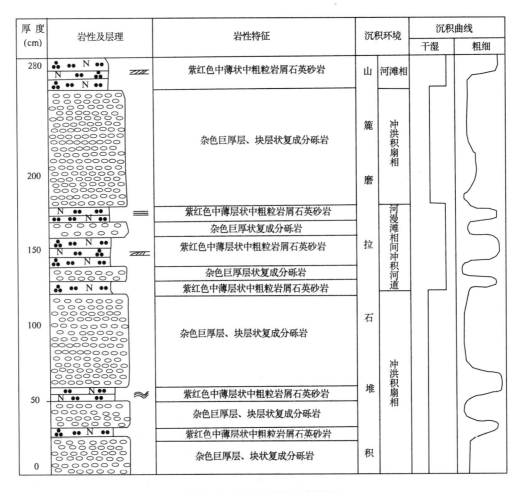

图 7-2 曲果组基本层序特征

(二)五道梁组(Nw)

1. 地层分布与划分

测区五道梁组从北到南均有不同程度分布,出露面积 325km²。在测区查香结德一带与下伏的雅西措组整合接触,分布较为局限,测区南部阿布日阿加宰一带出露最好,主要特征为下部以石膏层的始现作为该组的开始及与下伏雅西措组的分界。本次工作,我们对测区原 1∶20 万所测的该组剖面进行了重新修订,将原层型剖面的 14 层中厚层泥灰岩夹石膏层作为五道梁组与下伏雅西措组的分界($XVTP_2$,图 7-3),并与地层清理保持相同的含义。

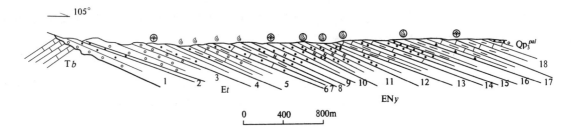

图 7-3 唐古拉乡阿布日阿加宰古—新近纪地层剖面图

2. 剖面描述

上覆地层：第四系冲洪积物

──────── 覆　盖 ────────

18. 浅灰绿色中厚层状泥灰岩夹石膏层　　　　　　　　　　　　　　　　　　　　　　>146.66m

　　　含孢粉：*Verrutetraspora verrucosa*
　　　　　　　Cycadopites
　　　　　　　Abietineaepollenites
　　　　　　　Pinuspollenites
　　　　　　　Piceotes
　　　　　　　Cedripites
　　　　　　　Podocarpidites
　　　　　　　Laricodites
　　　　　　　Ephedripites(*Ephedripites*)
　　　　　　　Tricolporpollenites
　　　　　　　Rutaceoipollis
　　　　　　　Ptceaapollenitesgiganteus
　　　　　　　Dacycarpites
　　　　　　　Inaperturopollenites
　　　　　　　Triporoletes

17. 浅灰绿色中厚层状含方解石石膏岩　　　　　　　　　　　　　　　　　　　　　　48.67m
16. 浅灰、灰白色中厚层状含灰质粘土岩　　　　　　　　　　　　　　　　　　　　　93.03m

　　　含孢粉：*Pterisiporites*
　　　　　　　Classopollis
　　　　　　　Podocarpidites
　　　　　　　Pinaceae
　　　　　　　Ephedripites(*Epherdripites*)
　　　　　　　Meliaceoipites
　　　　　　　Tricolporopollenites
　　　产介形虫：*Eucypris Gaibeigouensis*

15. 紫红色厚层状细砂岩夹绿、浅灰色厚层状含石膏粘土岩　　　　　　　　　　　　81.93m
14. 灰绿色中厚层泥灰岩夹中厚层状石膏　　　　　　　　　　　　　　　　　　　　29.09m

──────── 整　合 ────────

下伏地层：雅西措组灰白色泥灰岩

3. 基本层序特征

五道梁组地层体，在区内岩性变化不明显，将其作为统一盆地沉积体来描述，该组基本层序特征揭示出由泥岩—含石膏质泥岩—泥岩—石膏质泥岩的韵律性旋回性出现，沉积环境体现出干旱气候下湖滨—盐湖相特征，在相对较湿润气候与相对干旱气候主宰下，使得沉积体现出水流充沛较短暂时期与较长时期大量蒸发气候体制旋回出现的状态。

4. 区域岩相变化与时代讨论

五道梁组岩性主要由浅灰绿色、灰黄色薄层—中厚层状泥灰岩、泥晶灰岩夹浅灰色含灰质粘土岩、石膏岩及岩屑砂岩和岩屑砾岩等组成，以含石膏、石膏层的出现作为本组的始现而与下伏的雅西措组分开。该组的岩相变化表现在横向上,测区南部的阿布日阿加宰一带,沉积厚度巨大(层型剖面),测区北勒玛措新生代沉积盆地出露厚度较小,向东的玛吾当扎一带沉积厚度变薄,岩石组合中碎屑岩夹层增多,沉积物粒度变粗。

该套地层中生物仍以微体古生物孢粉和介形类为主。孢粉有 *Verrutetraspora*, *Verrucosa*, *Abietineaepollenites*, *Pinuspollenites*, *Piceotes*, *Cedripites*, *Podocarpidites*, *Laricodites*, *Ephedripites*, *Tricolporopollenites*, *Rutaceoipollis*, *Apiespo-llenites*, *Ptceaepollenites giganteus*, *Dacrycarpites*, *Inaperturopollenites*, *Triporoletes*, *Pterisisporites*, *Classopollis*, *Pinaceat*, *Meliaceoipites*, *Piceaepollenites*, *Cedripites*, *Quercoidites*, *Platanoidites*, *Tricolpites*, *Didymoporispollenites* 等,被子植物花粉如 *Tricolpites*, *Quercoidites* 等,该孢粉组合所显示的时代为渐新世晚期至中新世早期;介形类有 *Eucypris goibeigouensis* Sun, *E.* sp., *E. qaibeigouensis* Sun, *Limnocythere limbosa* Bodina, *Candoniella marcida*, Mandelstam, *Cyclocypris* sp., *Darwinula nadinae* Bodina 等,介形类组合同样显示该地层为中新世。

(三)雅西措组(ENy)

1. 地层沿革与划分

青海省区调综合地质大队(1989)创名"雅西措群"于格尔木市唐古拉乡雅西措。其原始定义:"指分别整合于五道梁群之下,沱沱河群之上一套以渐新世灰白色、浅灰色碳酸盐岩及紫红色砂岩为主,夹石膏岩层、泥灰岩、含石膏粘土岩层组成的地层。产轮藻、介形类和孢粉化石。"在《青海省岩石地层》(1997)中降群为组,并修定为:"指分别整合于沱沱河组之上、五道梁组之下一套以碳酸盐岩为主,局部夹紫红色砂岩、灰质粘土岩及锌银铁矿组合而成的地层体。区域上多数地区未见顶。在曲麻莱县玛吾当扎与羌塘组呈不整合接触。顶以石膏层的出现与五道梁组分界,底以整合(局部为不整合)面或碳酸盐岩的始现与沱沱河组或其以前的地层分隔,产介形类、轮藻等化石。"

2. 剖面描述

以格尔木市唐古拉山乡阿布日阿加宰修测剖面(图7-3)为例。

上覆地层:五道梁组石膏层

———— 整合接触 ————

雅西措组(ENy)

13. 灰白色、浅灰色中厚层状含砂质泥晶灰岩与灰紫色中厚层状粉砂质细粒灰质长石岩屑砂岩互层夹厚层状含生物屑泥晶灰岩 223.41m

    产轮藻:*Obtusochara brevicylindrca* Xu et Huang

    介形类:*Eucypris lenghuensis* Yang. F *Darwinula* sp

    Eucypris sp.

12. 灰紫色厚层状粉砂质细粒灰质长石石英砂岩与浅灰黄色厚层状亮晶砂质、砂屑灰岩夹细中粒岩屑长石砂岩及泥晶灰岩产介形类:*Eucypris* sp. 189.52m

11. 紫红、砖红色中厚层状粉砂质细粒长石石英砂岩夹细—中粒长石石英砂岩及少量厚层状复成分砾岩,团粒泥晶含砂质灰岩、泥晶灰岩灰岩中产介形类:*Eucypris* sp. 189.52m

10. 紫红、砖红色厚层状中细粒岩屑砂岩夹厚层状角砾状砂质泥晶灰岩 169.47m

    含孢粉化石:*Classopllis Ephedripites*(Distachyapites)

    Tricolporopollenites Meliaceoipites Pinaceae

9. 紫红色厚层状灰质中细粒长石岩屑砂岩夹灰质不等粒岩屑砂岩及含砂质粉晶—细晶灰岩　　76.82m
8. 紫色厚层状灰质中细粒长石岩屑砂岩夹浅灰绿色泥晶砂屑灰岩　　71.06m
7. 紫红色巨厚层状、碎屑状（砂质）泥岩与浅灰绿色厚层状泥晶团块含砂质灰岩　　27.71m
    产轮藻化石：*Tetochara houi* Wang
        Amblyochara subeiensis Huang et Xu
        Hornichara qinghaiensis Di
        Obtusochara sp.
    介形类：*Eucypris lenghuensis* Yang
        E. Candoniella albicans（Brady）
        C. suzini Schneider
        Cyprinotus sp.
6. 灰紫色厚层状亮晶团块砂质灰岩　　36.69m
    产介形类：*Eucypris* sp.
        Candona sp.

——————— 整合接触 ———————

沱沱河组（Et）

5. 紫红色厚层状复成分砾岩、中厚层状中细粒岩屑砂岩及紫灰色厚层状生物碎屑微晶灰岩组成的韵律层，灰岩中产介形类、轮藻

3. 岩性组合与基本层序特征

1）雅西措组岩石类型

雅西措组岩石主要有砂岩、泥岩与泥晶灰岩等。

（1）砂岩类

①岩屑长石砂岩：紫红色、灰紫色，粉砂—细粒砂状结构。碎屑占70%～85%。其成分主要为石英（50%）、长石（30%）、岩屑（15%～20%），岩屑包括酸性、中基性熔岩、凝灰岩、灰岩、砂岩、千枚岩、变砂岩、泥岩等，碎屑粒度在0.06～0.25mm之间。

②长石岩屑砂岩：灰、褐灰、紫红色，细、中粒砂状结构。碎屑占70%～90%，其中长石占10%～25%，岩屑占20%～30%，石英占50%～60%。岩屑由酸性、中基性、基性熔岩、凝灰岩、灰岩、砂岩、千枚岩、变砂岩、泥岩等组成。碎屑粒度为0.06～0.25mm。

（2）泥岩类

该类岩石极少见，主要为砂质泥岩。岩石呈紫红色，具砂泥质结构。由泥晶矿物及砂碎屑（25%）组成，含少量铁质。其中碎屑包括石英、长石及少量岩屑，粘土矿物呈显微鳞片状，砂碎屑呈次棱角状，分选性差，粒度为0.01～0.5mm，不均匀掺杂于粘土矿物之中。

（3）灰岩类

古—新近纪地层中灰岩主要分布于雅西措组之中，包括泥晶灰岩、微晶灰岩等。呈灰绿色、浅灰、灰紫色等，分别具有特征的泥晶结构、粉屑—砂屑结构、微晶结构等。岩石成分主要为方解石，个别含陆缘碎屑，碎屑由石英、长石和岩屑等组成，多呈棱角状。粒屑包括砂屑、粉屑、团粒及生物屑等，均由泥晶方解石组成。基质也由泥晶方解石组成，呈基底-孔隙式胶结类型。

2）基本层序特征与环境

雅西措组基本层序特征可以划分出两种类型：其一为以砂岩夹灰岩、复成分砾岩为主体的层序特征，主要位于地层体的下部与上部，层序中以紫红色岩屑长石砂岩、长石岩屑砂岩为主，砂岩中普遍发育平行层理构造、局部具交错层理，砂岩单层厚在25～150cm之间，灰岩单层厚在30～50cm之间，发育水平纹层理，为粒度向上变细的旋回性基本层序，总体属于湖侵退积型层序，反映出由河

流向湖泊演化初期湖泊的沉积体系,此时湖水动荡不安,在较稳定的湖相层与活动期形成的河道冲积物之间水体旋回波动;其二为细碎屑岩—碳酸盐岩—细碎屑岩—碳酸盐岩(粉砂质泥岩—泥灰岩),为一种旋回性基本层序(图7-4),该旋回中泥灰岩单层厚30~50cm,具水平纹层理构造,粉砂质泥岩单层厚50~60cm,同样发育水平纹层理构造,单个韵律层厚8~14m。该层序主要位于地层体中部,在地层体中分布较为局限,从沉积特征来看反映出深湖与浅湖交替出现的状态,为成熟的湖相沉积体系,湖泊水动力条件相对稳定,适应动植物生长。

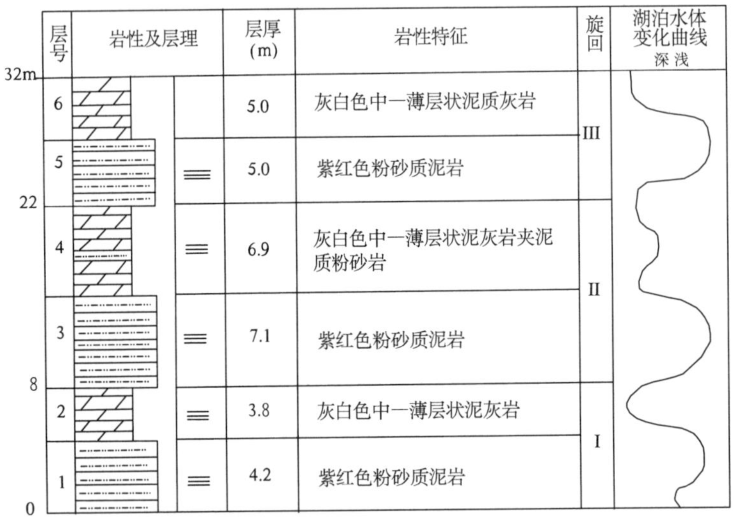

层号	岩性及层理	层厚(m)	岩性特征	旋回	湖泊水体变化曲线 深 浅
6		5.0	灰白色中—薄层状泥质灰岩	III	
5		5.0	紫红色粉砂质泥岩		
4		6.9	灰白色中—薄层状泥灰岩夹泥质粉砂岩	II	
3		7.1	紫红色粉砂质泥岩		
2		3.8	灰白色中—薄层状泥灰岩	I	
1		4.2	紫红色粉砂质泥岩		

图7-4 雅西措组基本层序特征

4. 区域岩相变化与时代讨论

雅西措组在测区各新生代盆地内均有分布,多呈北西西向短带状展布,与下伏沱沱河组、上覆五道梁组均呈整合接触。其岩性组合为紫红色、砖红色长石岩屑砂岩、岩屑石英砂岩、长石石英砂岩夹灰绿色凝灰岩、泥晶灰岩、复成分砾岩、泥岩、粉砂岩,以河湖相沉积为主兼洪积相沉积。该组横向相变化较大,正层型所在地以砂岩与灰岩互层为特征,为标准的湖相沉积兼河流相沉积,测区北部扎西尕日一带以碳酸盐岩为主夹碎屑岩及锌铁矿层,含介形类 *Eucypris* sp.;产孢粉 *Chenopodipollis*, *Carpinipites*, *Ulmipollenites*, *Betulaceoipollenites*, *Graminidites*, *Abiespollenites*, *Ephedripites*, *Tricolporopollenites*, *Pinuspollenites* 等,未见顶,与下伏沱沱河组呈整合接触。在查香结德一带,出露岩性与扎西尕日差别不大,与上覆五道梁组呈整合接触、与曲果组呈断层接触。分布于测区贡具玛叉一带,岩性组合中紫红色砂岩明显增加,以河流相沉积环境为主体,岩层中生物化石不多见,应为湖滨及入湖河道相沉积。区域上在楚玛尔河、海丁诺尔湖及可可西里等均有不同程度地分布,岩性与阿布日阿加宰等地无多大区别,可以进行横向对比。除此之外,在勒池勒玛曲盆地东段局部夹橄榄玄武岩、白云岩、灰岩,该盆地大部分地段基本不含灰岩。

该组产轮藻 *Obtuscochara brevicylindrica* Xu et Huang, *O.* sp., *Tectochara boui* Wangs., *Amblyochara subejensis* Huang et Xu, *Hornichara qinghaiensis* Di;介形类 *Eucypris lenghuensis* Yang, *E.* sp., *Darwinula* sp., *Candoniella albicans* (Brady), *C. suzini* Schneider, *Cyprinofus* sp., *Ilyocypris* sp.;昆虫 *Lycoria* sp. (imago), *Bibio* sp. (imago), *Lycoria* sp. (larra), *Lycoria* sp. (prepupa)及孢粉等。扎西尕日一带中的孢粉化石揭示的时代为上新世,而介形类化石显示时代为中新世,综合两者时代在同一层位中产出,说明在扎西尕日一带上部层位存在中新世地层体。据化

石组合分析,沉积时代以渐新世为主,下跨始新世、区域上延至中新世。

(四)沱沱河组(Et)

1. 地层分布、沿革与划分

青海省区调综合地质大队(1989)创名"沱沱河群"于格尔木市唐古拉乡沱沱河。《青海省岩石地层》(1997)一书中降群为组,并将其定义修定为:"指不整合于结扎群之上(区域上不整合于巴塘群、巴颜喀拉群之上),整合于雅西措组之下一套由砖红色、紫红色、黄褐色复成分砾岩、含砾粗砂岩、砂岩、粉砂岩,局部夹泥岩、灰岩组合成的地层序列。顶以雅西措组灰岩的始现与其为界。产介形类、轮藻、孢粉等化石。"指定正层型为青海省区调综合地质大队(1989)测制的格尔木市唐古拉山乡阿布日阿加宰剖面(图7-3)第1~5层。

2. 剖面描述

上覆地层:雅西措组　灰紫色厚层状亮晶团块砂质灰岩

———— 整合接触 ————

沱沱河组(Et)

 5. 紫红色厚层状复成分砾岩、中厚层状中细粒岩屑砂岩及紫灰色厚层状生物碎屑微晶灰岩组成的韵律层　165.59m

  灰岩中产介形类:*Cypris decaryi* Cantheir

        Candoniella albicans(Brady)

        Darwinula sp.

  轮藻:*Peckichara serialis* Z. Wang et Al

 4. 紫红、砖红色厚层状粉砂质泥岩夹灰紫色灰质中细粒岩屑砂岩、紫红色含砾不等粒岩屑砂岩　75.10m

 3. 黄褐色巨厚层状复成分砾岩　173.37m

 2. 紫红、砖红色厚层状灰质含砾不等粒岩屑砂岩夹复成分砾岩　33.71m

 1. 紫红、砖红色厚层状复成分砾岩夹灰质不等粒岩屑砂岩　158.66m

～～～～ 角度不整合 ～～～～

下伏地层:晚三叠世结扎群波里拉组灰岩层

3. 岩石组合特征与基本层序特征

(1)主要岩石类型

砾岩类:以复成分砾岩为主。岩石具特征的砾状结构,孔隙式胶结。砾石含量30%~70%,砾石成分复杂,包括种类繁多的砂岩、灰岩及火山岩。砾石多呈圆状—次圆状。分选性普遍较差,砾级与砂级混杂,最大砾径20~40cm。胶结物占5%~20%,其成分以方解石为主,含少量铁质。

砂岩类:以岩屑砂岩为主。紫红色、砖红、紫灰色,不等粒或含砾不等粒砂状结构,部分为中细粒砂状结构,碎屑占70%~90%,其中长石占10%~25%、岩屑占20%~30%、石英占50%~60%,岩屑由熔岩、凝灰岩、灰岩、砂岩、粉砂岩、泥岩、变砂岩等组成。

(2)基本层序特征

区内沱沱河组中可以识别出两类层序:①复成分砾岩夹紫红色岩屑砂岩,分布于地层体下部,复成分砾岩呈块层状,单层厚度大于1.5m,呈正粒序层理构造,砂岩中普遍具平行层理构造,与砾岩呈明显的差异风化。该层序显示出湖相三角洲及冲洪积河道沉积体系。②砾岩—含砾砂岩—泥质粉砂岩(粉砂质泥岩)(图7-5),该层序代表了沱沱河组上部沉积特征,为总体向上变细的湖侵退积型层序。下部砾岩单层厚 1.4m、具正粒序层理,含砾砂岩(砂岩)单层厚一般 0.5m,具正粒序层理与平行层理,上部的泥质粉砂岩单层一般厚 1.2m,发育水平层理构造。从层序中可以识别出河道相、冲洪积平原与滨—浅湖相沉积,表现出水体逐渐加深的过程。

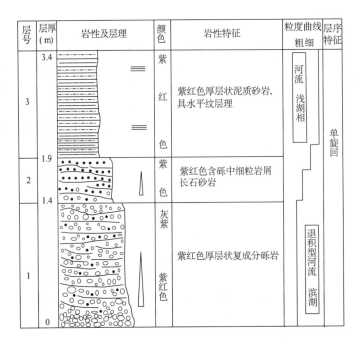

图 7-5　沱沱河组基本层序特征

4. 区域岩相变化与地层时代讨论

测区沱沱河组在盆地中多沿盆地边缘分布,以北西西向条带状展布为主,少为短带状或团块状。与下伏前古近纪地层(结扎群、风火山群及雁石坪群等)均为不整合接触(图 7-6),与上覆雅西措组为连续过渡关系。以冲、洪积为主兼湖相沉积,其中砾岩可能形成于一个水道补给组合的冲洪积扇区中部位置上,砂岩可能以席状洪积扇沉积为主,而轮藻灰岩的出现,表明在冲积堆远端有池塘或湖泊曾周期性出现过。沱沱河组沉积环境基本不受沉积物源区及载体的影响,但物质组成却存在一定的差异性,分布于测区苟鲁山克措—查香结德一带沉积大套紫红色复成分砾岩夹岩屑砂岩,砾岩中砾石成分中为石英与砂岩砾石,向东灰岩砾石增加,反映其基底可能为三叠纪苟鲁山克

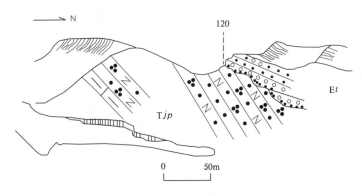

图 7-6　沱沱河组与下伏甲丕拉组不整合
接触关系素描图(120 点)

措组与风火山群等;测区中部唐日加旁一带出露紫红色复成分砾岩夹含砾粗砂岩、粉砂质泥岩,与下伏风火山群洛力卡组为角度不整合接触,该处地层中砾岩中砾石成分以灰岩、砂岩占75%,基底性质可能与苟鲁山克措盆地相似;沱沱河盆地中该组砾岩中砾石成分70%为灰岩,说明基底的主体为三叠纪,局部地段见有二叠纪的含鏟化石灰岩砾石,进一步说明盆地基底的多解性。

由于正层型剖面位于测区,因此其岩性组合和化石资料等与该组原始定义基本一致。该组中产轮藻 Peckichara serialis Z. Wang et al;介形类 Cypris decargi, Gautheir, Candoniella albicans (Brady), Darwinuil sp.;孢粉以被子植物为主,特别以 Quercoidites 属为突出。其中介形类和孢粉的时代延续较长,轮藻所指示的时代为 $E_1—E_3$,因此其沉积时代解释为古新世—始新世。

三、盆地充填序列与古气候演化

(一)盆地基底特征及分布范围

印支运动后,测区海相沉积历史仅保存于玛章错钦一带,地表在剥蚀、夷平的同时,重又堆积,不同时代陆相堆积相继出现,致使研究区内古近纪、新近纪盆地基底跨越在二叠纪—三叠纪等不同地质体之上,整个断陷盆地基底向南、东低角度倾斜,于构造断陷盆地周缘与山前堆积沱沱河组下部红色磨拉石(紫红色砂砾岩段)。

(二)盆地沉积演化特征

古—始新世时沉积物在盆地内分布范围远比现在要广,沉积遍布整个测区。构造运动使盆地快速堆积沱沱河组砂砾岩(图7-7,表7-1),沉积盆地内广泛发育暗紫色复成分砾岩、紫红色含砾粗砂岩,表现为陆内盆地红色磨拉石建造,呈洪、冲积扇相与冲积河道相的集合体。组成砾岩的砾石多源自二叠纪开心岭群、乌丽群、结扎群等不同地层体,推测沉积物质补给来源于盆地基底及近源冰水携带物质所致,快速的堆积及土壤养分的匮乏,造就该沉积段植被不发育。

渐新世中、晚期,盆地在相对稳定的红色磨拉石堆积上连续沉积雅西措组上部湖相紫红泥岩夹砂岩,湖盆范围扩展,沉积物覆盖了整个沱沱河组下部砾岩组合,广布于测区苟鲁措、沱沱河等3个走滑拉分盆地。在以强氧化色为代表的上部细碎屑岩组合中,泥岩含量大于80%,且夹有普遍发育水平(纹)层理的较稳定的泥灰岩层,代表稳定的湖相沉积环境,而所夹的砂岩层,则发育以中小型斜层理为代表的河流冲积层,沉积序列上呈现出紫红色泥岩夹砂岩并具韵律的特征。在阿布日阿加宰一带泥灰岩夹层中产介形类 Cypris decaryi, Candoniella albicans, Darwinula sp.;轮藻 Peckichara serialis,区域上在可可西里山南麓、向东至曲麻莱县玛吾当扎一带、杂多县阿多乡、扎青乡加涌上游泗青能等地区出露以粗碎屑岩夹少量细碎屑岩为主的一套穿时地层体。

中新世五道梁组(Nw)沉积是在前期盆地的基础上继承并发展起来的,该组底部的膏盐层作为与下伏雅西措组的分界,具有明显的标志特征,沉积序列表现为紫红色粉砂质泥岩、灰质粘土岩夹石膏盐层,属湖相化学沉积兼湖滨相沉积。该地层在唐古拉五道梁地区主要为泥灰岩、含灰质粘土岩、砂岩夹石膏层,含孢粉 Abietineaepollenites, Tricolpopollenites;介形类 Eucypris qaibeigouensis 等,成为该套地层中新世时代的佐证,同时大量的石膏和盐岩赋存于本组上部泥岩层中,呈夹层出现,具有工业价值,也是气候与环境变化的主要指标。

上新世曲果组在研究区主要分布于查香结德一带,与下伏五道梁组未见直接接触,以断层或角度不整合与下伏雅西措组相接触。该组下部为灰褐色复成分岩块砾岩、岩屑石英粉砂岩及薄层状泥岩夹岩屑砂岩;在东昆仑一带该组上部表现为灰、灰褐色薄层状泥粒灰岩、泥岩夹岩屑石英粉砂岩的岩石组合特征;下部与马尔争组呈角度不整合接触,未见顶,控制厚度大于388.8m。沉积砾岩底层面具冲刷现象,发育正粒序特征;灰岩层面见虫迹爬痕;砂岩、粉砂岩及泥(页)岩层显不规则水

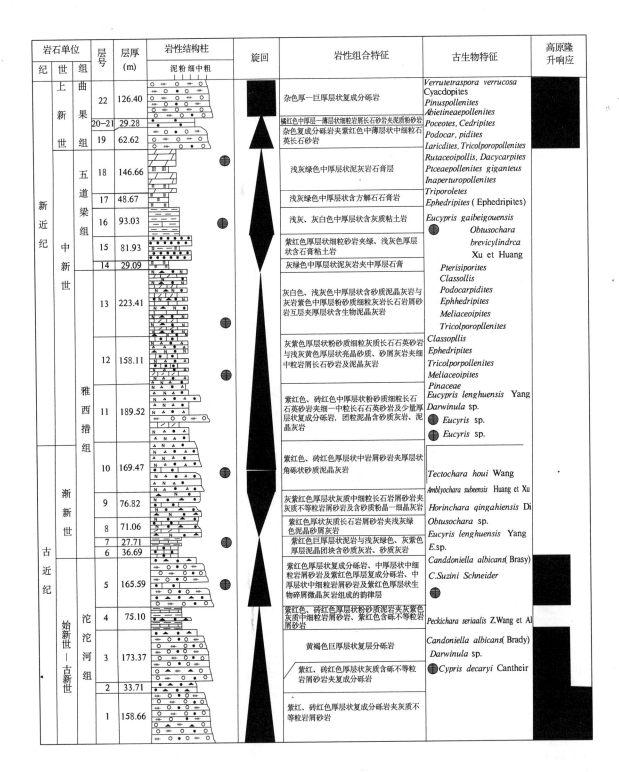

图7-7 测区古—新近纪盆地充填序列及古生物特征图

平纹层理、平行层理及低角度交错层理,显示湖相三角洲及河流相沉积环境;因此该组的沉积揭示出沉积环境从山麓相磨拉石堆积向较稳定的河湖相演变,体现出青藏高原在上新世时又经历了一幕隆升旋回,该组在东昆仑地区生物化石丰富,以产轮藻、介形虫及薄壳腹足类为特征,其中介形类主要有 *Cyprinotus*,*Candoniella*,*Cyclocypris*,*Charites*,*Gyraulus*,*Subcylindrica*,*Leucocythere*

等,其中 Candoniella, Subcylindrica 是柴达木盆地上新世晚期的标准分子。据此,曲果组沉积时限为上新世应无疑虑。

表 7-1　测区古—新近纪不同沉积盆地与古气候特征表

地质年代	地层	苟鲁措盆地			勒玛曲盆地			沱沱河盆地		
		沉积特征	沉积环境	植被与气候	沉积特征	沉积环境	植被与气候	沉积特征	沉积环境	植被与气候
上新世	曲果组	紫红色复成分砾岩夹含砾砂岩、岩屑长石砂岩	河流相 ↑ 山麓相	气候干旱条件下草本植物发育阶段						
中新世	五道梁组				暗紫色石膏质粉砂岩、泥岩、薄石膏层	蒸发局部湖盆相 ↑ 咸水浅湖	干旱草原	上部含粉砂钙质泥岩夹石膏质泥质粉砂岩,下部为石膏质泥质粉砂岩、石膏层不等厚互层	含盐湖 ↑ 咸化湖 ↑ 咸水湖滨相	气候干旱条件下的原植被景观
			干旱草原							
渐新世	雅西措组	粉砂质泥岩,含粉砂泥岩 ↑ 石膏质石英砂岩,含砾砂岩、砂岩厚 195.6m	咸水滨湖相	温暖条件下绿草丛生的广阔草原与云杉、罗汉松、桦、栎等树木的山地林带	含钙粉砂泥岩 ↑ 杂色砂砾岩、含砾砂岩与棕红色含钙粉砂泥岩互层厚 154m	河流间淡水滨湖相	森林草原植被景观	上部棕黄色含粉砂钙质泥岩,下部粉砂质泥岩与泥质石膏岩不等厚互层,底部夹砂砾岩透镜体,厚 109.88m	收缩至浅湖 ↑ 浅湖,水体加深,湖盆扩张 ↑ 湖滨浅水相	以松、榆为主要成分的植物群,代表温暖的森林植被景观
始新世—古新世	沱沱河组	复成分砾岩夹泥岩→泥岩夹石膏岩→砂岩岩与泥岩互层	半咸水滨湖相 ↑ 山麓河流相	温暖干热的亚热带森林草原植被	泥质粉砂岩、泥岩 ↑ 含砾岩屑砂岩 ↑ 灰质复成分砾岩	山麓堆积夹河流相	森林草原植被景观	泥质粉砂岩、泥岩夹泥灰岩 ↑ 含砾砂岩夹泥质粉砂岩 ↑ 复成分砾岩	滨湖相 ↑ 冲洪积扇相、河道 ↑ 山麓拉石快速堆积	亚热带针阔叶混交林 早期以阔叶林为主

第二节　第四纪沉积

一、第四纪划分及分布

新近纪上新世末至第四纪更新世初,青藏高原经历了一系列阶段性抬升后,已成为世界上面积最大的高原,使中国大气环流东西和南北方向的运行都受到干扰,引起我国乃至全球大气环流格局发生明显变化。同时在高原内部及其外缘,中小型断陷盆地发育,堆积了自更新世以来具有多元气候信息的河湖相及多种类型沉积物。

第四纪地层体作为盖层沉积跨越了测区所有的构造单元,分布面积约 1 850km²。作为第四纪地层的主体,主要是以沱沱河(通天河)为纽带横向穿越测区,不同的梯度带其组成物各不相同。早期湖相沉积被后期的冰水堆积物、冲洪积物及全新世不同成因类型的沉积所覆盖,测区现存的湖泊大部可以代表自早更新世以来的湖相沉积,其多元的沉积物反映出不同环境背景下的产物。

前人对测区第四纪地层作了较详细的调研,1965—1970年青海地质局区域地质测量队,在进行1∶100万温泉幅区调时,将测区第四系划分为全新统,并按成因类型细分为冲洪积、冲积、湖积、风积等。1974年5月—1975年10月,青海省地质局第一水文地质队,沿青藏公路格尔木—安多进行较详细的水文地质普查,并于1977年9月编写了《青藏公路沿线(格尔木—安多)水文地质工程地质调查研究报告》,对测区第四纪冰期及成因类型作了详细划分。1981年青海省地质科学研究所张以弗等,在编制青海省地质图时,将测区第四系细分为全新世冲洪积层及风积层。1989—1993年,先后开展的1∶20万区域地质调查(沱沱河、章岗日松、错仁德加、五道梁)对测区所有的第四系地层进行了较详细调研,划分出冲积、冲洪积、冰水积与风积等不同的沉积类型,总体缺乏年代学的约束。前人的工作为本次工作的开展奠定了基础,同时也为进一步工作提供了方向。通过调研,对测区出露第四纪沉积物作如下划分(表7-2)。

表7-2 测区第四纪地层划分表

年代地层单位	代号	成因类型	主要岩性组合	典型地形、地貌	地层分布
全新统	Qh^{al}	冲积	灰色冲积砂、砾石,成分与物源有关,分选差,磨圆度差或好,松散	现代河流、河床及河漫滩或Ⅰ、Ⅱ级阶地	测区主要河流均有分布
	Qh^{pal}	冲洪积	灰色冲洪积砂、砾石层,砾石成分接近物源、松散	现代河流阶地	分布于各大山体周缘,呈扇形台地地形
	Qh^{eol}	风积	灰黄色风成亚砂土,分选良好,松散,偶见槽状斜层理	新月型沙丘、沙垄、沙链、平缓台地	主要分布于山前平原及大河流域
	Qh^l, Qh^{fl}	沼泽及湖沼积	灰褐色、灰黑色、黑色淤泥、腐殖泥、泥炭	融冻湖塘、冻土草沼(甸)	主要分布于勒池勒玛曲盆地及现代湖泊边缘、山前低地带
	Qh^l	湖积	黄褐色、灰褐色、灰黑色粉砂、亚砂土、淤泥组成,具水平层理,半胶结或松散	湖岸、湖滩、沙堤,出露海拔高程4 500~4 800m	主要分布于苟鲁山克措、察日措、苟弄措、茶措等现代湖泊沿岸
晚更新统	Qp_3^{eol}	风积	灰黄色细砂、含粘土细砂	古湖泊、滩地	为后期沉积物所覆盖
	Qp_3^l	湖积	土黄色—灰黄色含细砂粘土层	古—现代湖泊阶地	现代湖泊如错阿日玛一带
	Qp_3^{pal}	冲洪积	灰色、土黄色砂砾石层,分选性差、磨圆度中等,较松散,水平层理,局部见斜层理	山前倾斜平原、河谷阶地(Ⅲ级)、沟口冲洪积扇、台地	测区主要河流两岸及山前滩地
	Qp_3^{gfl}	冰水堆积	灰褐色砂泥砾石层,分选磨圆差,无层理	侧碛垄、底碛垄或山前终碛垄	冬曲曲上游、沱沱河两岸,通天河北岸支流上游
中更新统	Qp_2^{pal}	冲洪积	灰色—土黄色含细砂粘土层与灰—灰黄色冲洪积砂砾石层	现代河流阶地基座	分布于测区沱沱河以南年日曲
	Qp_2^l	湖积	灰白色砾岩	现代河流阶地基座	分布于测区沱沱河以南年日曲
	Qp_2^{gl}	冰碛(开心岭冰期)	紫红色、砖红色泥砾层,分选磨圆差,无层理,出露海拔一般4 600m,最高5 000m	古冰斗、侧碛垄或底碛垄、山前丘陵	主要分布于苟鲁措盆地与其毗邻的山体接壤处或山体上、夏仓玛车
下更新统	Qp_1^l	湖积	灰色夹红色泥岩、粉砂质泥岩、灰绿色钙质粉砂岩	现代湖泊如雅西措	湖泊底部层位,钻孔资料
	Qp_1^{gl}	冰碛(雅西措冰碛)	暗红色、红褐色泥砂质漂砾,分选磨圆度极差,无层理	山前垄岗式丘陵	仅在八十七道班、雅西措北有零星分布

二、第四纪盆地充填及类型分析

区内第四纪地层体极为发育,分布于不同的地质地貌单元展现出不同的地质体,在以长江水系为主体的外流水系主导下,全新世不同时段的地质体更为丰富,处于高原整体基准面尚未被破坏的以湖盆为中心的湖沼沉积体系随处可见。不同的沉积类型展示出不同的环境效应,通过研究测区内新生代不同沉积体的特征,发现了一些与地史时期不同的沉积介质所携带的环境效应因子,从而揭示出晚新生代以来地质环境演化的规律。

(一)早更新世

早更新世地层分布于测区沱沱河—雅西措一带,以及沿苟鲁山克措湖盆区,由于受晚更新世以来地层体的覆盖,出露面积有限,其存在基本上是以垂直剖面的揭露形式表现出来。整体表现为河湖相沉积环境。

1. 早更新世湖积物

青海省格尔木市唐古拉山乡苟鲁山克措第四纪湖积剖面(VTP_{12})见图7-8。

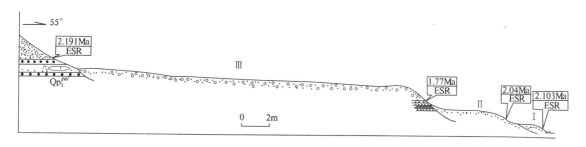

图7-8 苟鲁山克措湖积阶地剖面图

Ⅲ级阶地
1. 灰色粗砂   0.02m
2. 黄色细砂   0.01m
3. 灰色粗砂   0.03m
4. 灰色粗砂与黄色细砂互层   0.05m
5. 黄色粉砂   0.04m

Ⅱ级阶地
6. 湖积阶地阶坡,沉积物为细砂   1.5m

Ⅰ级阶地
7. 现代湖积物,淤泥、砂   1.9m

通过系统的年代学(表7-3)研究,该湖积阶地的形成时代为新近纪末—早更新世,在早更新世时期,测区苟鲁山克措、沱沱河—雅西措一带曾经一度处于稳定的湖泊沉积环境,从沉积物特征来看,以湖积细—粉砂为主的细碎屑岩成为主体,代表还原色调的灰色调说明早更新世气候相对较湿润。同时在流水的作用下,沿苟鲁山克措湖岸堆积了时代大致相近的冲洪积物,实测剖面(VTP_{12})垂向显示层序如下:

1. 黄色细砂,其中取 VTP$_{12}$ERS4-1 样,测年时代为 2.191Ma		0.15m
2. 灰黄色含砾粗砂		0.10m
3. 黄色细砂		0.10m
4. 砂砾石透镜体		0.08m
5. 含砾粗砂		0.10m
6. 砾石层		0.04m
7. 含细砾粗砂层		0.06m
8. 黄色细砂		0.05m

表 7-3 测区新生代测年样一览表

序号	野外编号	实验室号	岩性	年龄	备注	地质时代
1	VTTL0365	Qh14	冲洪积物	33.45±1.11ka		晚更新世
2	VTTL021-1	Qh15	灰色细粉砂	17.46±1.18ka		晚更新世
3	VTTL1226-1	Qh16	灰色砂砾	25.91±0.84ka	中国地质科学院环境地质开发实验室	晚更新世
4	VTTL1233-1	Qh17	粉砂	17.40±1.72ka		晚更新世
5	VTR002OSL3-1	Qh13	泉华	9.24±1.72ka		全新世
6	VTESR1227-1		细—粉砂	137.1ka		晚—中更新世
7	VTESR1225-1		粉砂	285.5ka		中更新世
8	VTR003ESR5-2		细—粉砂	14.0ka	中国地质调查局海洋地质实验检测中心	晚更新世
9	VTP5ESR-1		粉砂	3 345.0ka		上新世
10	VTR003ESR5-1		粉砂	42.0ka		晚更新世
11	VTR002^{14}C2-1	2002Y181	青灰色淤泥	B.P.14 830±200a		晚更新晚期
12	VTESR1235-1	QH2	细—粉砂	0.258Ma		中更新世
13	VTESR123-2	QH3	细—粉砂	0.848Ma		早更新早
14	VTP$_{12}$ESR2-1	QH4	细砂	1.872Ma		早更新世早
15	VTP$_{12}$ESR4-1	QH5	细砂	2.191Ma	成都理工大学	早更新早
16	VTP$_{12}$ESR3-1	QH6	细砂	1.771Ma		早更新世早
17	VTP$_{12}$ESR2-2	QH7	细砂	2.040Ma		早更新世早
18	VTP$_{12}$ESR1-1	QH8	细砂	2.103Ma		早更新世早
21	VTTL1330-1		灰黄色细、粉砂	24.13±1.66ka		晚更新世
22	VTP$_{21}$TL4-1		土黄色粉砂、泥	199.94±2.24ka		中更新世
23	VTP$_{21}$TL3-1		灰色粗砂	90.05±4.10ka	环境地质开放研究实验室	晚更新世
24	VTP$_{20}$TL3-1		土黄色砂砾石层	92.78±3.02ka		晚更新世
29	VTP$_{20}$TL2-1		土红色砂土	137.45±5.16ka		中更新世
30	VTTL124-1		灰色砂土	37.95±2.00ka		晚更新世

上述冲洪积物中主要表现为扇体远端沉积,从中可以识别出洪水泛滥时期沉积的砂砾石层与洪流携带的砂砾石透镜体,代表快速堆积环境。该套扇体堆积物同时与早更新世湖相沉积物交积在一起,从沉(堆)积时代来看与早更新世湖相物不相上下,进一步说明湖积物来源于周边的基岩区。

2. 早更新世雅西措冰期沉积物

该沉积出露于雅西措以北地段,海拔高度一般在 4 600m,为暗红、红褐色泥砂质漂砾(或砂土砾石层),砾石约占50%~70%,磨圆较差,多呈次棱角状,少数为次圆状。砾径一般为3~10cm,大者可达100cm;砾石以灰岩为主,其次为砂岩,含少量火山岩。该套冰碛层相当于惊仙、龙川冰期。

3. 雅西措地区间冰期湖相沉积物(据钻孔资料)

该套地层体位于雅西措冰碛物之上,大致可分层如下:

3. 浅灰色粉砂岩、细砂岩与灰绿色、浅褐色泥岩互层,层理清晰,结构较疏松,成岩差
2. 土黄色至灰绿色钙质粉砂岩与浅褐色、青灰色钙质泥岩互层,层理清晰,一般结构致密,成岩较好,可塑性强
1. 灰色夹红色泥岩及粉砂质泥岩,有时夹有灰绿色钙质粉砂岩,层理清晰,结构致密,成岩较好,可塑性强

4. 沱沱河地区早更新世冲洪积物

该套地层体沿沱沱河两岸分布,受晚更新世风积物覆盖,局部在风积物剥露较强的地方出露面积大,沉积物主要为大套砂砾石,含砾砂土层,胶结程度一般,但成层性较好,从出露地层体上部采得ESR测年样,时代为0.848Ma,相当于早更新世晚期,也即在晚更新世晚期于早期湖相沉积之后的又一次沉积事件。该套地层体代表为124点路线剖面(图7-9)。

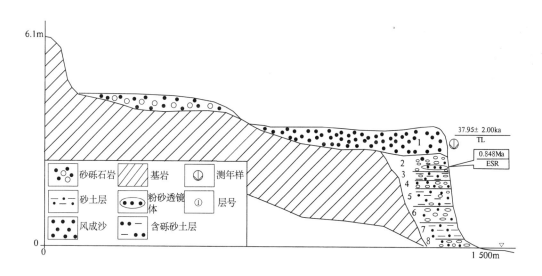

图7-9 介日尕尼沱沱河流阶地剖面图(124点)

晚更新世风积物(Qp_3^{eol})
 1. 土黄色风积沙土层,距该层底部约2.5m处采TL(VTTL124-1),测年为37.95±2.00ka   2.5m

—————— 侵蚀接触 ——————

早更新世晚期冲洪积物(Qp_1^{pal})
 2. 灰黄色砂砾石层,距该层顶2.8m处取样(VTESR123-2),测年(成都理工大学)为0.848Ma   0.6m
 3. 灰黄色含砾砂土层   0.4m
 4. 灰色砂砾石层   0.3m
 5. 灰黄色含砾砂土层   0.7m
 6. 灰色砾石层   0.6m
 7. 灰黄色含砾砂土层   0.6m
 8. 灰色砾石层(未见底)   0.4m

(二) 中更新世

1. 中更新世冰碛物 (Qp_2^{gl})

冰碛物作为寒冷事件的证据，在测区内分布于就近山体，在不同地段展示堆积物各不相同，较典型的冰碛物于巴陇钦、扎娃、夏仓塘等地发育。在巴陇钦由漂砾、砾石、砂及粘土组成。漂砾成分为灰—灰白色结晶灰岩、灰绿色砂岩，砾径最大1.5m，长条状者长1m，宽约30cm，其中灰岩砾石磨圆度呈次圆状，局部见冰蚀凹坑，砂岩砾石呈棱—次棱角状，漂砾含量60%。个别小砾石，含量30%，成分以灰岩、砂岩为主，分选性差，磨圆度中等—棱角状，与粘土、砂构成基质充填于由巨大砾石构成的空隙之间。冰碛前锋砾石磨圆度呈次圆状—次棱角状，地势低缓，冰碛堆积后缘砾石磨圆度呈次棱角状，羊背石发育，地势较高。扎里娃冰水堆积物主要由漂砾（<1%）、砂砾（30%）及泥砂（69%）组成，漂砾主要为灰白色岩屑长石砂岩，次圆状，零星分布，砾径为30~80cm，少量灰岩漂砾，在冲沟中堆积较多，砾石成分复杂，次棱角状，砾径为1~5cm。夏仓塘地貌上形成夏仓塘低洼处小山脊，呈长条状，可能为冰碛垄，由泥砂质、冰碛及冰川漂砾组成，冰川漂砾砾径在50~100cm之间。

2. 中更新世湖积—冲洪积 (Qp_2^{l-pal})

该沉积分布于沱沱河南年日曲与沱沱河交汇的三角洲区，出露面积约12km²，沿沱沱河岸呈东西向展布，地层向北东方向倾斜，地层产状20°∠10°，由湖积物与冲洪积交替组成。湖积物为灰—灰黄色砂砾石层，ESR测年为285.5ka BP（VT1225），冲洪积物主要为灰色砾石层，风化呈灰褐色，泥钙质胶结，岩石固结程度较好，砾石砾径为2~45mm，占50%，中粗砂占40%，粘质砂土、砂质粘土占10%，其中夹有砂、砂土透镜体，砾石成分以灰岩、火山岩居多，砾石A轴与沱沱河流向一致，AB面倾向优势方向为270°。该套沉积物受后期不同成因第四纪堆积物覆盖，局限分布。

（三）晚更新世

测区晚更新世湖积物占第四纪沉积物的50%，广泛分布于沱沱河沿岸、苟鲁山克措、茶错、唐日加旁、勒池勒玛曲、夏俄巴及扎河一带，大片的冲、洪积及冰水堆积物分布于山体周围，间歇性的湖泊、沼泽与冲、洪积沉积物主宰的事件沉积成为晚更新世以来的主要沉积特征。沉积类型除以冲洪积物为主体外，尚可从天然剖面划分出湖积、风积、冰水碛等不同成因类型的沉积物，地貌上可划分出山地、丘陵、台地和平原不同成因类型。

1. 晚更新世湖积

1) 剖面介绍

(1) 错阿日玛晚更新世湖积剖面

该湖积剖面出露垂直厚度为14m，自上而下分为7层（图7-10）。

1. 亚砂土、腐殖质土、草被，厚1.5m

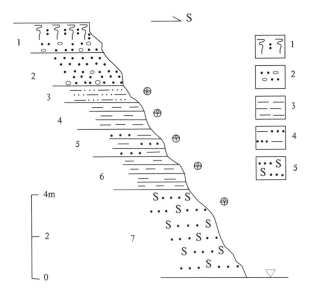

图7-10 错阿日玛晚更新世湖积剖面图
1. 亚砂、腐殖质土；2. 含砾粉砂；3. 泥岩；4. 亚砂土；5. 淤泥

2. 灰黄色粉砂层。该层连续而稳定,下部含极少量细砾,厚 2m。底部粉砂热释光测年 17.4ka

3. 灰黄色亚砂土,厚 0.8m。采孢粉(VTBf1233-5),共计 47 粒,草本植物花粉含量 100%;其中蒿属(Artemisia)66%,藜科(Chenopodiaceae)19.1%,禾本科(Gramineae)14.9%

4. 青灰色泥岩夹紫红色泥岩,两者比为 2:1,具水平层理,厚 1.5m。该层采有孢粉(VTBf1233-4)共计 10 粒;其中木本植物花粉占 10%,主要为松属(Pinus)10%;草本植物花粉占 90%,其中蒿属(Artemisia)40%,藜科(Chenopodiaceae)20%,禾本科(Gramineae)30%

5. 青灰色—灰绿色含粉砂泥岩,略呈层状、半固结,发育水平层理,厚 1.4m。该层采孢粉(VTBf1233-3)共计 17 粒;其中木本植物花粉占 17.6%,主要为松属(Pinus)11.8%,云杉属(Picea)5.9%;草本植物花粉占 82.4%,其中蒿属(Artemisia)35.3%,藜科(Chenopodiaceae)17.6%,禾本科(Gramineae)29.4%,麻黄属(Ephedra)0.1%

6. 青灰色泥岩夹紫红色泥岩,两者比为 3:1,具水平层理,厚 1.8m。该层采有孢粉(VTBf1233-2)共计 67 粒;其中木本植物花粉占 41.8%,主要为松属(Pinus)16.4%,云杉属(Picea)23.9%;草本植物花粉占 58.2%,其中蒿属(Artemisia)17.9%,藜科(Chenopodiaceae)35.8%,禾本科(Gramineae)3%,唐松草属(Thalictrum)1.5%

7. 灰黄色淤泥、亚粘土、粘土含量高,局部富含有机质(未见底)。该层采有孢粉(VTBf1233-1)共计 58 粒;其中木本植物花粉占 6.9%,主要为松属(Pinus)3.4%,云杉属(Picea)1.7%,柽柳科(Tamaricaceae)1.7%;草本植物花粉占 93.1%,其中蒿属(Artemisia)62.1%,藜科(Chenopodiaceae)20.7%,禾本科(Gramineae)5.2%,毛茛科(Ranunculaceae),豆科(Leguminosae)1.7%,律草属(Humulus)1.7%

(2)日阿尺曲晚更新世湖积剖面

该湖积剖面出露垂直厚度为 3.8m,自上而下分为 6 层(图 7-11)。

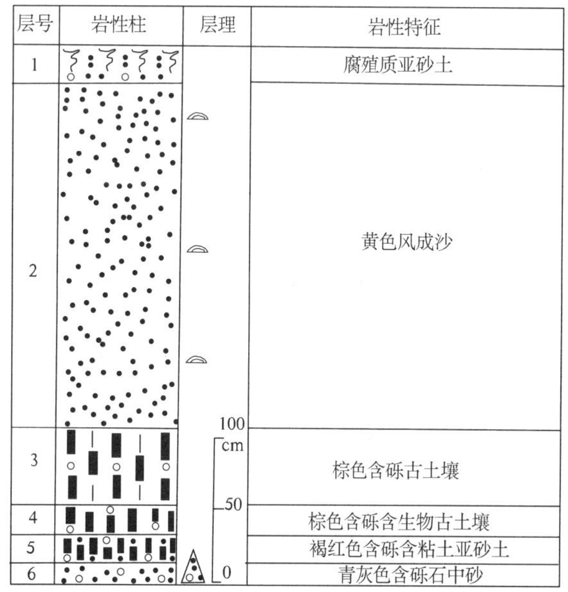

1. 灰黄色亚砂土、腐殖质、草被根系组成的腐殖层,厚 0.30m

2. 黄色风成沙,具丘状层理,由中粗、细砂构成,厚 2.45m

3. 棕色含砾古土壤,砾石含量占 5%,厚 0.55m。该层采有孢粉(VTR003-4)共计 52 粒;其中木本植物花粉占 7.7%,主要有松属(Pinus)3.8%,麻黄属(Ephedra)1.9%,柽柳属(Tamaricaceae)1.9%;草本植物花粉占 92.3%,其中蒿属(Artemisia)34.6%,藜科(Chenopodiaceae)48.1%,禾本科(Gramineae)7.7%,律草属(Humulus)1.9%

4. 棕色含砾含白色粒状生物古土壤,厚 0.20m。该层采有孢粉(VTR003-3)共计 31 粒;全为草本植物花粉(占 100%),其中蒿属(Artemisia)61.3%,藜科(Chenopodiaceae)29.0%,禾本科(Gramineae)9.7%

图 7-11 日阿尺曲晚更新世湖积剖面

5. 褐红色含砾含粘土亚砂土,其中砾石含量约 10%,厚 0.20m。该层采有孢粉(VTR003-2)共计 60 粒;其中木本植物花粉占 6.7%,主要有松属(Pinus)1.7%,云杉属(Picea)3.3%,麻黄属(Ephedra)1.7%;草本植物花粉占 92.3%,其中蒿属(Artemisia)41.7%,藜科(Chenopodiaceae)45.0%,禾本科(Gramineae)3.3%,律草属(Humulus)1.7%,虎耳草科(Saxifragaceae)0.6%

6. 青灰色含砾中砂,砾石含量约 20%,厚 0.12m。该层采有孢粉(VTR003-1)共计 45 粒;其中木本植物花粉占 4.4%,主要有松属(Pinus)2.2%,云杉属(Picea)2.2%;草本植物花粉占 95.6%,其中蒿属(Artemisia)64.4%,藜科(Chenopodiaceae)24.4%,禾本科(Gramineae)6.7%

(3)青海省格尔木市唐古拉山乡雅西措湖北东岸湖积浅井剖面(VTQP26)见图7-12。

①该剖面位于雅西措湖北东岸,距离现代湖水体约300m,由上至下可以划分出14层。

1. 灰黄色含植物根系砂土层,该层采有孢粉(VTQP26Bf1-1)共计23粒;其中木本植物花粉占8.7%,主要有松属(*Pinus*)4.3%,柽柳属(*Tamaricaceae*)4.4%;草本植物花粉占91.3%,其中蒿属(*Artemisia*)13%,藜科(Chenopodiaceae)4.3%,禾本科(Gramineae)34.8%,毛茛科(Ranunculaceae)4.3%,豆科(Leguminosae)4.3%,莎草科(Cyperaceae)25.9%　　0.05m

2. 灰色砂砾石层,砾石以0.3~0.5cm级为主,最大砾径1cm,磨圆呈次圆状,分选略好,无定向排列,砾石成分以砂岩为主,该层采有孢粉(VTQP26Bf2-1)共计9粒;全部为草本植物花粉,其中蒿属(*Artemisia*)56%,藜科(Chenopodiaceae)22%,禾本科(Gramineae)22%　　0.17m

3. 灰色含粗砾砂砾石层,该层采有孢粉(VTQP26Bf3-1)共计10粒;全部为草本植物,其中蒿属(*Artemisia*)60%,藜科(Chenopodiaceae)10%,禾本科(Gramineae)30.0%　　0.10m

4. 灰褐色含粘土细砂层,该层采有孢粉(VTQP26Bf4-1)共计7粒;皆为草本植物花粉,其中蒿属(*Artemisia*)43%,藜科(Chenopodiaceae)28.6%,禾本科(Gramineae)14.3%,豆科(Leguminosae)14.4%　　0.9m

5. 灰黄色含砾泥层,该层采有孢粉(VTQP26Bf5-1)共计54粒;其中木本植物花粉占7.4%,主要有松属(*Pinus*)7.4%;草本植物花粉占92.6%,其中蒿属(*Artemisia*)61%,藜科(Chenopodiaceae)20.4%,禾本科(Gramineae)5.5%,莎草科(Cyperaceae)5.6%　　0.8m

6. 灰黄色泥层,该层采有孢粉(VTQP26Bf6-1)共计12粒;其中木本植物花粉占17%,主要有松属(*Pinus*)8.5%,柽柳属(*Tamaricaceae*)8.5%;草本植物花粉占83%,其中蒿属(*Artemisia*)50%,藜科(Chenopodiaceae)25%,禾本科(Gramineae)8%　　0.8m

7. 灰绿色粘土层(淤泥),该层采有孢粉(VTQP26Bf7-1)共计6粒;全为草本植物花粉,其中蒿属(*Artemisia*)50%,藜科(Chenopodiaceae)16.7%,禾本科(Gramineae)33.3%　　0.9m

8. 土黄色粘土层(泥层),该层采有孢粉(VTQP26Bf8-1)共计16粒;其中木本植物花粉占25%,主要有松属(*Pinus*)12.5%,云杉属(*Picea*)6.25%,白刺属(*Nitraria*)6.25%;草本植物花粉占75%,其中蒿属(*Artemisia*)50%,藜科(Chenopodiaceae)18.8%,禾本科(Gramineae)6.2%　　0.16m

9. 土黄色泥层夹灰绿色粘土层,该层采有孢粉(VTQP26Bf9-1)共计36粒;其中木本植物花粉占47.2%,主要有松属(*Pinus*)19.4%,云杉属(*Picea*)5.8%,白刺属(*Nitraria*)22%;草本植物花粉占52.8%,其中蒿属(*Artemisia*)5.8%,藜科(Chenopodiaceae)36%,禾本科(Gramineae)11%　　0.15m

10. 青灰色湖积泥层,该层采有孢粉(VTQP26Bf10-1)共计45粒;其中木本植物花粉占71%,主要有松属(*Pinus*)8.8%,云杉属(*Picea*)2.2%,白刺属(*Nitraria*)61%;草本植物花粉占29%,其中蒿属(*Artemisia*)13.4%,藜科(Chenopodiaceae)6.6%,禾本科(Gramineae)6.6%,豆科(Leguminosae)3.5%　　0.13m

11. 灰—深灰色含砾泥层,砾石含量约5%,呈棱角状,砾径3cm,砾石成分为泥灰岩。该层采有孢粉(VTQP26Bf11-1)共计82粒;其中木本植物花粉占73%,主要有柏科(Cupressaceae)1.2%,冷杉属(*Abies*)1.2%,松属(*Pinus*)8.8%,云杉属(*Picea*)2.2%,白刺属(*Nitraria*)61%;草本植物花粉占27%,其中蒿属(*Artemisia*)8.5%,藜科(Chenopodiaceae)9.6%,禾本科(Gramineae)3.6%,毛茛科(*Ranunculaceae*)1.2%,唐松草属(*Thalictrum*)1.2%,豆科(Leguminosae)2.4%　　0.15cm

12. 青灰色泥层夹土黄色泥层,泥层中夹极少量土黄色泥灰岩砾石,砾石呈次棱角状,砾径4cm。该层采有孢粉(VTQP26Bf12-1)共计94粒;其中木本植物花粉占89%,主要有冷杉属(*Abies*)2%,松属(*Pinus*)28%,云杉属(*Picea*)7.4%,白刺属(*Nitraria*)48%,漆树属(Rhus)、榛树(Corylus)、柽柳科与麻黄属占4%;草本植物花粉占11%,其中蒿属(*Artemisia*)2%,藜科(Chenopodiaceae)3.2%,禾本科(Gramineae)1%,唐松草属(*Thalictrum*)1.0%,豆科(Leguminosae)1.0%,小蘗科(Berberidaceae)2%　　0.12cm

13. 青灰色泥层,该层采有孢粉(VTQP26Bf13-1)共计69粒;其中木本植物花粉占90%,主要有冷杉属(*Abies*)1.5%,松属(*Pinus*)30.4%,云杉属(*Picea*)4.3%,白刺属(*Nitraria*)52.2%,漆树属(Rhus)1.5%;草本植物花粉占10%,其中蒿属(*Artemisia*)7.0%,藜科(Chenopodiaceae)1.5%,禾

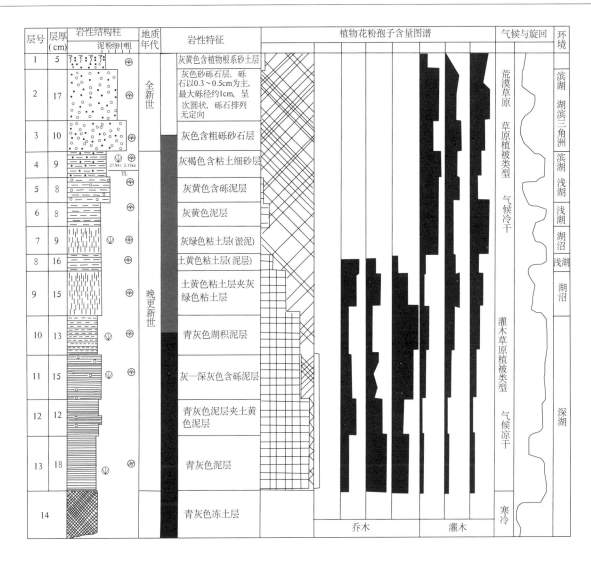

图7-12 唐古拉山乡雅西措湖北东岸第四系湖积浅井剖面

本科(Gramineae)1.5%　　　　　　　　　　　　　　　　　　　　　　　　　　　0.18cm

14.冻土层(155cm以下为永久冻土)

②沉积时代与环境分析。

根据孢粉组合特征可划分2个孢粉组合类型,代表两大植被转型与气候演化旋回。

孢粉组合1:(VTQP261-1、2-1、3-1、4-1、5-1、6-1、7-1、8-1号样品),孢粉含量较少,类型单调,木本植物花粉有针叶树种松属、云杉属及灌木植物柽柳科、白刺属;草本植物花粉有蒿属、藜科、禾本科、豆科、毛茛科、莎草科等;偶见蕨类植物孢子水龙骨科。此孢粉组合特征反映为荒漠草原—草原植被类型,气候冷干。

孢粉组合2:(VTQP269-1、10-1、11-1、12-1、13-1号样品),孢粉含量较多,类型较丰富,木本植物花粉中灌木植物白刺属含量较高,还有麻黄属、柽柳科、榛属,针叶树种有松属、云杉属、冷杉属、柏科,偶见落叶树种漆树属;草本植物花粉以蒿属、藜科、禾本科为主,还有毛茛科、豆科、唐松草属、小薜科等。此孢粉组合特征反映为灌丛草原植被子类型,气候凉干。

剖面在沉积环境上总体以湖泊相为主,其中夹有较短暂的湖沼相沉积,湖泊演化旋回体现出总体为向上水体变浅的湖退进积型大旋回,在距地表32cm以上为湖相沉积体系,之上出现滨湖—河流相冲洪积层,为植物花粉的低值带。

2) 沉积特征分析

晚更新世沉积物除以阶地形式表现出的湖积特征外,尚有不同程度的风积物与冰水冲、洪积堆积,正是由于这些不同成因的物质堆积的存在,可以反映出气候环境的变化。

分布于错阿日玛地区的湖岸阶地可以划分出三级阶地,为高原不同抬升阶段的产物,从一级湖岸阶地上可以划分出湖积—风积不同阶段,以青灰色泥岩夹紫红色泥岩、青灰色—灰绿色含粉砂泥岩、青灰色泥岩夹紫红色泥岩、灰黄色淤泥等为代表的湖积层占阶地沉积的主体,具湖积纹理、水平层理,而上部的以风积作用为代表的灰黄色粉砂层,沉积构造具斜层理、水平层理和波状层理,两者截然不同,应为晚更新世以来的气候事件的标型层,该层位于地表下3.5m,从中进行热释光测年,该事件的发生时代为17.40ka BP(中科院环境地质开放实验室)。

测区东部的日阿尺曲(R003点剖面),地表下2.7m处为风—水成因转换面0～2.7m,其中风积物为灰黄色风成沙,由中—细沙构成,磨圆较好,分选中等且具双众数特点,局部压实较好,丘状层理发育;转换面下发育一套古土壤层,岩性为棕色含砾古土壤,并由下至上砾石含量逐渐衰减,在古土壤层下为河流相砂砾岩层沉积,发育粒序层理。

日阿尺曲一级河流阶地(021点)显示了同样的沉积特征,由地表向下沉积特征表现为:①腐殖砂土层;②灰黄色砂土层(0.8m),具水平纹层理构造,为风成沙土层,从该沉积层底部采样进行测年可知,该风水转换事件发生在17.46ka BP(TL,中科院环境地质开放实验室),与地处西部的错阿日玛地区呈现出一致的态势;③土黄色砂砾石层,具正粒序层理,究其成因,该砂砾石层应为冲洪积事件堆积;④土黄色砂土层。

由不同沉积地段显示出相同的沉积特征物说明,研究区内晚更新世存在广泛的湖泊,当时可能为连为一体的大型湖泊或具有不同的湖泊沉积中心,在由河流相—河、湖混相—湖相消失快速演变过程中,说明晚更新世时湖泊的存在也是一种短时间的效应。大套的湖相泥岩沉积物以不同颜色较有规律性地呈现(青灰—褐红—棕色—紫红—青灰),间接地反映出气候变化相对的规律性。对R003剖面Fe_2O_3与FeO含量变化进行研究,发现该剖面湖相层出现Fe_2O_3高峰值,而FeO含量普遍在1.0%以下,最低值仅0.02%。同时Fe_2O_3、FeO含量存在此消彼长的关系;由此不难看出,Fe^{3+}含量增高,代表当时气候相对潮湿,成壤作用较强,这与区域上Fe^{3+}演化具有类同性。更进一步说明了晚更新世湖泊发育时期,湿润的气候条件下植被生长茂盛(表7-4)。

表7-4 日阿尺曲湖积剖面(R003)Fe_2O_3与FeO分析表

分析编号	样号	室内层号	Fe_2O_3(%)	FeO(%)	备注
2002地HG7990	VTR003Hx2-1	5	5.58	0.76	由青海省地矿中心实验室测试
2002地HG7990	VTR003Hx3-1	4	4.24	0.02	
2002地HG7990	VTR003Hx4-1	3	3.00	0.86	

区域上,类似的沉积出现在五雪峰西南(可考湖盆北)、盼来沟、西金乌兰湖西北、苟弄措东侧、布南湖等地,研究区内在苟鲁山克措湖一带同样发育晚更新世湖相沉积层,并于湖岸一级阶地直接与风积沉积物相接触。由此可知,发生于测区17.4ka左右的风成事件几乎遍及整个唐古拉区,代表晚更新世晚期一次较强烈的气候转型期。

3) 古植被、古气候演化特征的分析

根据孢粉分析(图7-13、图7-14),可以将测区晚更新世植被演化过程划分出3个明显不同的古植被、古气候演化阶段。

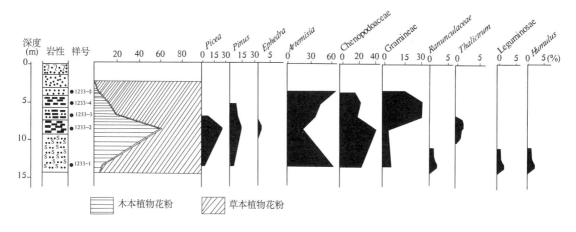

图 7-13 错阿日玛剖面孢粉图式

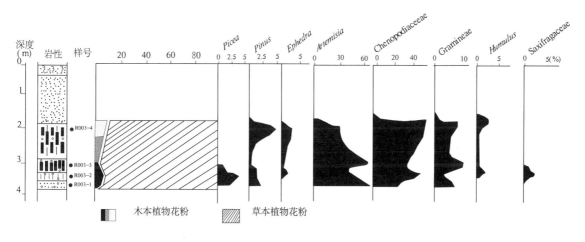

图 7-14 日阿尺曲剖面孢粉图式

① 以蒿属（*Artemisia*）、藜科（Chenopodiaceae）为主的草本植物阶段：该阶段沉积主体为错阿日玛湖积剖面第 1 层，草本植物花粉占 93.1%，主要为蒿属、藜科、禾本科，少量豆科、律草属等，此孢粉组合特征反应为草原—荒漠草原，气候较干冷。

② 以松属（*Pinus*）、云杉属（*Picea*）及蒿属（*Artemisia*）、藜科（Chenopodiaceae）、禾本科为特色的木本—草本植物阶段：沉积主体为错阿日玛剖面第 2～3 层，该阶段草本植物花粉占 58.2%～82.4%，主要有蒿属、藜科，还有禾本科、毛茛科、豆科、唐松草属等；木本植物花粉占 17.6%～41.8%，有针叶树种云杉属、松属及灌木麻黄属和柽柳科。此组合反映为疏树草原—草原植被类型，气候相对湿润。

③ 以蒿属（*Artemisia*）、藜科（Chenopodiaceae）、禾本科（Gramineae）为主的草本植物阶段：该阶段沉积主体为错阿日玛湖积剖面第 4～5 层、日阿尺曲剖面第 3～6 层及 021 点第 3～4 层，草本植物花粉占 90%～100%，主要为蒿属、藜科为主，少量禾本科、律草属、虎耳草科；木本植物花粉占 0～10%，为云杉属、松属、麻黄属及柽柳科；该孢粉组合特征反映植被景观为草原—荒漠草原，气候冷干。

2. 晚更新世冲洪积物

晚更新世冲洪积物广泛分布于测区区柔曲、巴木曲、扎木曲、沱沱河两岸及广阔的冲洪积平原或谷地等区域。受物源区影响，不同的地区沉积有所差异。第四系晚更新世冲洪积物，地貌上形成沟谷，植被层较发育，岩性由砂、砂砾石层、亚砂土等组成，大部分被植被层覆盖。在区柔曲晚更新世冲洪积物为砂、砂砾石层、亚砂土和植被层，大部分被植被层所覆盖。年日曲第四系晚更新冲洪积物，由砾石、砂、亚砂土及植物根系组成，其中砾石含量占25%，成分主要为火山岩(60%)、板岩(10%)、砂岩(10%)、灰岩(10%)，砾石分选性中等，磨圆度为次棱状—次圆状，砂及亚砂土等占75%，地表大部分地段被草皮覆盖，局部地段表层腐殖土厚达10cm，但从断面(冲沟)中观察，其组分应为冲洪积物。冬日通晚更新冲洪积物由冲洪积砂、砾石及亚砂土等组成，其中砾石占25%~30%，成分主要为砂、板岩，分选性差，磨圆度呈次棱角状，砂及亚砂土占70%~75%，堆积物构成扇形冲积地貌。其间夹有全新世沼泽堆积。扎木曲堆积物主要由砂、亚砂土和砾土组成呈松散堆积，其中砾石占整个沉积物的20%左右，砾石成分有砂岩、碎石英、砾岩，其磨圆度较差，多为棱角状—次棱角状，砾径一般在0.5~1cm之间，最大可达2.5cm，在地貌上形成较多平缓的坡地和谷地，表明有稀疏的植被生长，局部沙漠化严重，其间有北西-南东向的水系通过，河宽4.5m，河岸平缓，河床由泥砂和砾石组成。

晚更新冲洪积物除以扇形台地为主要的地貌表现形式外，在沿沱沱河、通天河及其一级支流如勒池曲等更多以河流阶地形式出现。

(1)沱沱河北岸第四纪河流阶地剖面(VTP_{20})。

该剖面位于青海省格尔木市唐古拉山乡沱沱河北岸。剖面发育于沱沱河的一级阶地上，是一套晚更新世—全新世冲洪积沉积。剖面是在古—新近纪雅西措组的基础上发育起来的较连续、完整的剖面(图7-15)，为一基座阶地剖面，自上而下为：

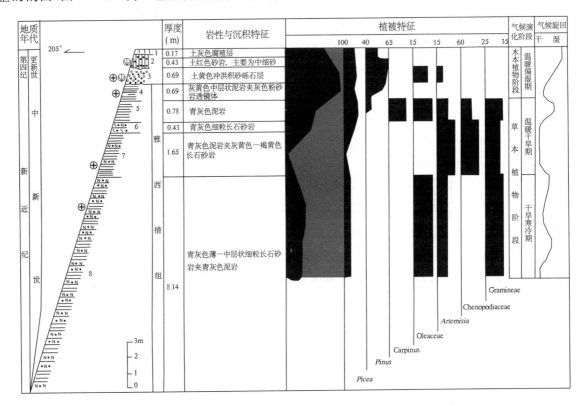

图7-15 沱沱河北岸晚更新世河流阶地剖面图

第四纪晚更新世冲洪积物（Qp_3^{pal}）

1. 全新世土灰色腐殖层	0.17m
2. 土红色砂土层	0.43m
3. 土黄色砂砾石层	0.69m

————— 侵蚀接触 —————

4～8. 第三纪雅西措组 青灰色泥岩为主夹青灰色砂岩、灰黄色泥岩 　　　　　　　　11.69m

(2) 青海省格尔木市唐古拉山乡通天河河谷阶地剖面（VTP_{21}）见图 7-16。

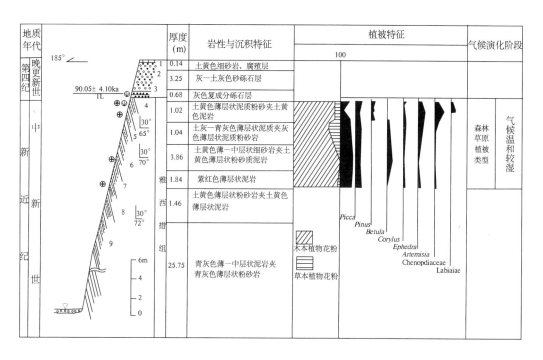

图 7-16　沱沱河天然河流阶地剖面图（VTP_{21}）

① 剖面描述。

第四纪晚更新世

1. 土黄色砂土、植被及根须，砂土为细砂土、占70% 　　　　　　　　　　　　　　0.14m
2. 灰—土灰色砂砾石层，砾石含量占60%，成分主要为砂岩、灰岩、火山岩、脉石英、硅质岩等，最大砾径15～20cm，小至0.5cm，一般在1～10cm之间，磨圆度中等，充填物为粗砂，约占35%；泥砂含量仅占5%，松散堆积 　　　　　　　　　　　　　　　　　　　　　　　　　　　　　　　　3.25m
3. 灰色复成分砾石层，砾石占80%、成分与上部砾石成分差别不大，砾石层呈良好的成层性，即粗细砾石呈层状相间分布，分选性较好，粗者以3～6cm居多，个别达10cm，扁平砾石具定向叠瓦状排列，扁平砾石产状290°∠30°，充填物仅占5%～10%，大部分砾石呈颗粒支撑，单层厚10～15cm 　　　　0.68m

～～～～ 不整合接触 ～～～～

4～9. 古—新近纪土黄色薄层状粉砂岩、青灰色泥岩与泥质粉砂岩 　　　　　　　　34.97m

② 时代分析。

从 VTP_{21} 沱沱河天然河流阶地上第四层土黄色细砂、泥中获取的 VTP_{21} TL4-1 测得结果为 199.94±2.24ka，与第四纪早更新世十分接近，但其良好的沉积成层性及物质组分说明为上新世，从而可以肯定该套成层有序的砂泥岩沉积体时代为古—新近纪，与其显示不协调接触关系的上覆沉积层砂砾石层中采获的细碎屑岩沉积物测年值显示时代为 90.05±4.10ka,为晚更新世沉积,由此说明该阶地形成时代为晚更新世。

③植被与气候分析。

该剖面上第四纪未采得孢粉样,剖面第 4 层到第 9 层木本植物花粉占 45.5%～100%,以针叶植物花粉松(Pinus)、云杉属(Picea)为主,还有冷杉属(Abies);落叶阔叶植物花粉有桦(Betula)、栎(Quercus)、椴(Tilia)及灌木榛属(Corylus)、麻黄(Ephedra)、木犀科(Oleaceae);草本植物花粉占 0～54.5%,有蒿属(Artemisia)、藜科(Chenopodiaceae)、毛茛科(Ranunculaceae)、豆科(Leguminosae)、小檗科(Berberidaceae);孢粉组合特征反映出森林草原植被类型,气候温和较湿。剖面植物特征总体反映出由孢粉的高含量向植被馈乏的晚更新世转变。

3. 晚更新世冰水碛物

(1) 分布特点

晚更新世冰水碛物在测区分布较广,自南而北、自东而西均有出露,但面积并不大,主要沿接近 4 600～4 700m 海拔高度分布在测区的开心岭、苟鲁措、冬多曲等地。

(2) 主要地貌特征

地貌上形成山前低缓小山堡、小丘状起伏、冰碛岗垄等。

(3) 堆积物特征

冰碛物受物源区影响,于测区不同地段表现不一。区柔曲第四系晚更新世冰水堆积物由泥质及砂砾石层组成;琼扎一带表现为呈面状、块状展布,由砂土和砾石泥混杂堆积而成,砾石约占 60%,砾石成分较简单,主要为砂岩,次有灰岩、火山岩等,砾径大小不一,最大 30cm,最小 0.2cm,一般在 3～5cm 之间,砾石磨圆度差,以棱角状、次棱角状为主,分选性差。在开心岭地区则由泥砾、砂混杂在一起,砾石排列无规律,砾石大小在 0.3～10cm 之间,多数为次圆状,部分为棱角状,成分复杂,以肉红色的脉岩、灰色粗砂岩、细砂岩、紫红色砂岩和生物灰岩为主,地貌上形成一个冰水堆积形成的小山垄;苟鲁措北西由砾石、砂及亚砂土组成,呈松散堆积的砾石多呈棱角—次棱角状,砾径一般为 2～4cm,最大可达 7.5cm,砾石成分以灰白、灰绿和紫红色砂岩为主,灰黑色泥灰岩次之,含少量的碎石英,其中砾石含量可达 40%～55%,在局部地段,砾石具有一定的分选性,苟鲁措第四系冰水沉积物冰水堆积物岩性为亚砂土,地貌上为山前台地平原,细砂土沉积,地貌特征为台阶状坑地,植被较发育,植被类型为牧草,草高 5cm,覆盖率为 60%,局部见团块状无草区(荒漠区)鼠害严重,据统计 10 个/m² 鼠洞,草场破坏严重;冬多曲一带由砂、粘土及砾石组成,砾石含量小于 20%,砾石成分主要为砂岩,磨圆度呈次棱角状—次圆状,分选性差,砂及粘土占 80%,呈长条状地貌,部分砾石见磨光面,表层被风积沙覆盖。

(四) 全新世

全新世堆积物按地貌—成因可以划分为冲洪积物(Qh^{pal})、冲积物(Qh^{al})、风积物(Qh^{eol})、湖沼积物(Qh^{fl})等。受物源区不同,测区各沉积地段所表现的沉积堆积物各不相同,见表 7-5。

第七章 新生代高原沉积、地貌、隆升与环境耦合

表 7-5 测区全新世地层分布及特征表

时代	位置	沱沱河—通天河段 西段(章曲玛日索—沱沱河)	沱沱河—通天河段 中段(沱沱河—日阿尺曲)	苟鲁山克措—尹日记	唐日加旁—乌丽
全新世	Qh^al	现代河床的一支流,发育Ⅰ级阶地,阶坎高1~2m,宽20~100m,阶地坡度约2°,阶坎坡角30°±,其上草本植物发育,牧草覆盖率达70%,鼠类洞穴较多,密度达23个/m²,草皮之上有一层薄薄的风成砂,下部为砂砾石厚度大于1.5m,由砾石10%构成,砾石成分复杂,以灰—紫红色砂岩为主,火成岩、脉石英少量,砾石磨圆度较好,多为次圆状,砾球角状,片状为主,砾石磨圆度较好,多为次圆状,砾角球状,片状为少量,由底在顶砾径有逐渐减少的趋势,AB面产状为290°∠29°	现代河床的一支流,发育Ⅰ级阶地,阶坎高1~2m,宽20~40cm的深灰色腐殖土层,由粘土、砂土、亚粘土组成,其上草本植物发育,牧草覆盖率70%,由砾石厚度大于1.5m,由砾石10%,砂20%,粘土、亚砂土10%构成,砾石成分复杂,以灰—紫红色砂岩为主,火成岩、脉石英少量,砾石磨圆度较好,多为次圆状,次棱角状,砾石磨圆度较好,多为次圆状,砾球角状,片状为少量,由底在顶砾径有逐渐减少的趋势,AB面产状为290°∠29°		冲洪积物,呈面状展布,具典型二元结构,上部为厚15~30cm的灰黑色腐殖土层,砂土构成,其上发育牧草,下部为砂砾石层,其厚度大于1m,砾石磨圆度较好,无分选性,具定向排列,AB面产状为190°∠25°
	Qh^pal	由砾石、砂、粘土等组成,砂石占60%±,成分复杂,灰岩、火山岩及花岗岩碎屑,磨圆度棱角—次圆状,分选中等,砾径一般4~6cm,小者小于2cm,大者超过10cm,小者小于2cm,冲积河道地貌,现代河床河道与河漫滩组成,河道中砾石含量占90%,泥沙为主,河道宽大于1km,主河道水流较急	主要由砂砾石及亚砂土组成,成分有灰紫色岩、砂岩,占20%,砾石岩屑一般在1~2.5cm之间,球度差,呈薄片状,无分选性,砂含量达60%,以粗砂、亚砂为主,磨圆度较好,分选好	冲洪积砂砾石层,沉积物主要由泥砂和角砾组成,其中泥砂含量占60%~65%,角砾占35%~40%,角砾成分以灰白、紫红的泥晶灰岩为主,砖红色岩屑砂岩次之,一般在3~5cm之间,最长可达11cm,磨圆度一般为次棱角、次圆状,沉积物颜色为灰白色,局部灰色较广,表面生长有密集的植被,鼠洞分布较少,使局部皮遭受破坏,形成荒漠化,在地貌上形成较为平缓的小山梁坡角	
	Qh^eol	风积物,由细粉砂—粗砂黄土及少量棱角状砾石构成,以粉砂、细砂为主,砂以石英、长石少量,发育砂丘、砂垄,长石少量,从砂丘、砂垄在形态观察常年以东吹风向为主,砂丘高者达2~3m,物质组成主要为砂土黄色中粗粒砂亚砂土等,砂成分以石英为主,长石次之,岩石少量,磨圆度较好,分选好		风积物,呈面状展布,具典型二元结构,四季发育砂丘、砂垄,砂丘呈月牙形,高2~3m,从砂丘形态观察,四季观察坚硬岩石次之,长石少量,发育砂丘、砂垄,砂垄在形态观察常年以东吹风向为主,砂丘高者达2~3m,物质组成主要为砂土黄色中粗粒砂亚砂土等,砂成分以石英为主,长石次之,岩石少量,磨圆度较好,分选好	
	Qh^fl	为深灰—黑色淤泥、淤砂,植被腐殖泥等组成,地表为草被灰岩植被生长比较密,形成沼泽草甸、湖沼地貌,地貌上较为平坦			堆积物组分为深灰—黑色淤泥、淤砂腐殖泥、草类植物残体等,地貌为上丘陵山地的低洼地带,湖泊沼泽草原,有机质、粘土质矿物十分丰富,地表草类植生长较茂盛,富含有机质物质
	Qh^l	第四系沼泽堆积物,地貌形成上前倾斜平原(滩),由黑色腐殖土、黑色淤泥、紫红色砂和少量花岗石的花岗岩组成,砾石成分为紫红色砂岩和少量花岗岩的花岗石组成,砾径一般3~4.5cm之间,砾石最大可达11cm,砾石磨圆度较好,多为次棱角状,分选及砂含量可达75%,表面大部分盐碱化和沙土化,植被生长极差	湖积物由淤泥和砾石及部分砂岩组成,地貌形成上前倾斜平原,砾石成分为紫红色砂岩和少量花岗岩的花岗岩组成,砾径一般可达25%,砾径一般3~4.5cm之间,砾石最大可达11cm,砾石磨圆度较好,多为次棱角状,分选及砂含量可达75%,表面大部分盐碱化和沙土化,植被生长极差		沉积物主要由有机物散的砂砾石层,局部可见到盐类沉积水面中心退缩的迹象明显,湖岸线处堆积砂、砾石层宽4m,说明该湖水面中心退缩,属于源供给物

第三节 古近纪以来气候环境演变与高原隆升

一、高原隆升阶段划分观点及研究史

青藏高原隆升及其对周围环境的影响是青藏高原研究的热点。20世纪60年代,自中国学者首次在希夏邦马峰北坡海拔5 000m以上的上新世地层中发现高山栎化石以来,高原在新近纪以来强烈隆升的观点已在学术界得到大多数学者的认可。20世纪70~80年代中国学者相继在昆仑山北坡海拔4 600m处发现了上新世—早更新世落叶阔叶林植物化石,在藏南吉隆盆地、藏北布隆盆地、喜马拉雅山北坡札达盆地中发现了三趾马动物群和小古长颈鹿化石,指明了上新世早期青藏高原不超过1 000m。20世纪90年代以来中国学者又通过对古岩溶、夷平面、古土壤、孢粉及古冰川遗迹等深入系统的研究,为高原在新生代隆升提供了大量证据。特别是"八五"攀登计划有关青藏项目研究开展以来,从天然剖面、古湖泊岩芯和冰芯及大地貌、新构造、冰川沉积物等方面进行了详细地质记录的提取,并对古环境进行恢复,从而揭示出了晚新生代以来高原隆升的历程。

有关青藏高原隆升及其对周围环境的影响已有相当多的学者进行过系统研究,根据各自的资料形成了不同的观点。如Harrison等主张青藏高原在8.0Ma之前,大体已达到现代高程接近的高度,并因此强化或激发了印度洋季风(Harrison et al,1992);Coleman等主张青藏高原在14Ma前已达到最大海拔高度,以后因地壳减薄,发生东西拉伸塌陷,产生地堑谷,高原平均高度开始下降(Coleman et al,1995)。关于青藏高原在新生代晚期发生突然加速上升的原因,国外学者多数主张用岩石圈下部发生突然的"脱落"或"拆离"来解释(Deway et al,1989;Molnar et al,1993)。我国学者崔之久(1996),李吉均、施雅风等(1998,2001)近30年来的研究提出了独创性的观点,为青藏高原隆升研究提供了理论依据,在很大程度上为后来学者的研究指明了方向。

二、古近纪—第四纪沉积盆地形成与演化趋势

(一)盆地划分与构造特征

区内风火山新生代走滑拉分盆地是在白垩纪陆内后造山期对冲扩展式盆地的基础上发育起来的,因其间山体的分割而成为3个相对独立的次级盆地,即勒玛曲、苟鲁措及沱沱河等走滑拉分盆地。

1. 勒玛曲走滑拉分盆地

该盆地呈北西西向展布于勒玛曲一带,向西延伸出图于错仁德加一带与那里的中新世火山盆地相接,东段因达春加族一带基底隆起而分割出一个牙曲次级小盆地,平面几何形态为一长条菱形,是古近纪以来山体抬升过程中因断裂活动而形成。早期可能主要表现为以伸展为主兼左旋走滑拉分性质的盆地,晚期由于西金乌兰湖—金沙江断裂贯通转化为挤压兼右旋走滑,表现为斜向压缩性菱缩盆地。盆地主要充填沱沱河组、雅西错组、五道梁组及曲果组一套陆相近源红色碎屑岩—碳酸盐—膏盐沉积组合。有两种主要类型:一是山麓—河流沉积体系;二是湖泊沉积体系。初步分析其堆积生长系列为:山麓—河流相→湖泊相→山麓—河流相(山麓类磨拉石)。值得提及的是雅西措组中局部橄榄玄武岩夹层的出现,构成了红层—玄武岩—膏盐可与大陆裂谷相对比的建造组合。此外还充填有晚更新世冲洪积及全新世沼泽堆积、冲积、风积沉积物。

2. 苟鲁措走滑拉分盆地

该盆地呈北西西向展布于苟鲁措—西琼恩巴一带，明显限制于幺恩尖—苟鲁措—西琼恩巴（右旋走滑）和康特金—茶措—索纳敦宰（左旋走滑）两条呈对偶的分支断裂之间，与盆地位置的块体相对南北两侧山体的向西挤出逃逸（escaping）有关，平面几何形态为一三角形地堑。在时间上和盆地性质转化方面与勒玛曲盆地具有同步性。盆地充填物主要为沱沱河组、雅西措组及五道梁组，仍为一套陆相近源红色碎屑岩—碳酸盐—膏盐沉积组合。该盆地与勒玛曲盆地的不同之处：一是缺失曲果组；二是没有火山活动；三是晚更新世冰水堆积较发育。另有零星分布的中更新世冰碛、晚更新世冲洪积及全新世不同成因类型的松散堆积物。

3. 沱沱河走滑拉分盆地

该盆地呈近东西向展布于玛章错钦—雅西措—索纳敦宰一带，基本上沿通天河（EW段）—沱沱河流域分布，夹持于康特金—茶措—索纳敦宰与那日胸玛断裂之间，几何形态为一长条状地堑。由于盆地内扎日根、开心岭、冬日日纠等处的基底隆起，不但使盆地的连续性较差，而且出现了走草塘、沱沱河、宰玛日阿火、俄果拉味曲4个沉积中心。多沉积中心的出现，表明该盆地是一个由多个嵌套的不同级别的小盆地相互连接而成的复合盆地。形成时间上与苟鲁措盆地具有同步性。新生代早期主要表现为以引张为主兼左旋走滑拉分性质的盆地，上新世以来受挤压兼右旋走滑构造控制盆地趋于萎缩抬升，总之是山体抬升过程中因断层活动而形成。盆地沉积仍以沱沱河组、雅西措组、五道梁组为主，总体为炎热—湿润气候下形成的一套河湖相沉积。早更新世以湖相沉积为主（未出露，据青海省第一水文队资料），早更新世冰碛、中更新世冰碛仅在局部山麓地带有零星残留。晚更新世冰水堆积及冲洪积较发育，另有全新世多种成因类型的沉积，其间构造环境历经多次演变。

（二）盆地演化与成山作用阶段分析

由于构造抬升作用使上新世以前形成的盆山格局发生多次变形、变位等改造，现今盆山格局已非昔日之面貌。因此盆地演化与成山作用阶段问题的解决须从沉积、控盆构造、盆地演化历程、成山作用特点等多方面进行综合研究、精细刻画才能达到正确恢复盆山的原来面貌。现仅根据已有资料作如下初析。

始新世中期随着新特提斯残留海彻底消失，青藏高原北、东大部上升为陆，进入陆内演化阶段。与此同时或稍前风火山地区因受喜马拉雅运动影响，在继白垩纪对冲扩展式前陆盆地的基础上于古近纪因先成断裂的复活开始发育以引张为主兼右旋走滑拉分性质的盆地。至渐新世，风火山的海拔高度可能在500m以下（结合区域资料）。中新世时，盆地进一步加深扩大，统一的风火山古湖盆形成，上新世曲果组山麓类磨拉石的出现标志着中新世晚期盆地曾一度受斜向挤压而萎缩。风火山被抬升到近1 000m的高度，统一的湖盆逐渐分解为3个次级盆地，北西西向或近东西向的盆山格局雏形出现。

上新世以来，山体强烈抬升与盆地快速沉降相耦合，盆山格局进一步发展壮大。

早更新世—中更新世初，发生于本区的构造运动使该区强烈隆升，将风火山抬升到雪线以上，沿山麓发育冰碛堆积。由构造差异隆升造成的盆山格局最终定型。

晚更新世，沱沱河上游地区，仍为内陆水系，但随着通天河溯源侵蚀及强烈下切，最终沿通天河山顶裂谷切穿山体，袭夺沱沱河，使原来由东向西流向的通天河（EW段）—沱沱河改道东流，并入通天河主河道，从而开始了河流、湖泊（外流湖）、冰川（各拉丹东）并存的时期。同时近南北向山顶裂谷与其相同的山体构成的盆山格局得以发展。

全新世以来近南北向盆山格局逐渐发展最终定型，形成当今看到的地貌景观。

三、测区高原隆升与相应的环境变化阶段

(一)测区夷平面特征及其形态

夷平面是在外力剥蚀夷平作用下形成的近似平坦的地面。它是在构造运动比较缓和的条件下,即外力剥蚀强度大于微弱的正向上升运动的情况下生成的,它的形成需要长期的构造相对稳定期。喜马拉雅运动以来至少有3次构造运动相对平静期,因此可以大体划分出三级山地夷平面(图7-17)。

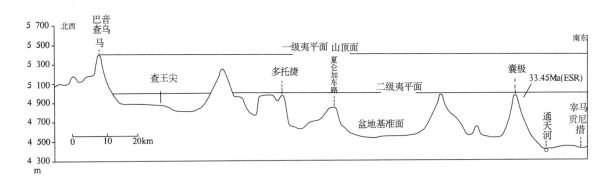

图7-17 测区夷平面划分略图

第一级夷平面(山顶面),是较高的一级夷平面,海拔高程一般为5 300~5 400m,呈北西西向分布在巴音查乌马、巴音藏托玛、巴音赛若、夏俄巴、扎日根、诺日巴纳保等地,地貌上呈浑圆平坦的峰顶面,与所在的老构造线方向一致。切割的最新地层为上白垩统,其上除有冻融岩屑和第四纪冰碛物外,无其他堆积物,在测区巴音赛若一带,保存有现代冰川沉积物,且呈逐年消退之势。旁侧构造盆地中此级夷平面的相关沉积为古近系、新近系,其粒度自下而上逐渐变细,呈现明显的韵律结构。以该夷平面高峰线连线作为测区主分水岭。

第二级夷平面,海拔高程一般为4 900~5 000m,呈近东西向,主要分布于扎拉玛、扎苏、杂孔达哈夏日玛一带的浑圆平坦的山地面上,其上除有冻融碎屑外,别无其他堆积物。在达哈夏日玛一带,可见其切割的最新地层为古近系、新近系,旁侧盆地中此级夷平面的相关沉积,区内仅见下更新统冰碛砾石层(钻孔揭示有早更新世河湖相沉积),但在北邻错仁德加幅内可见有上新统亦呈现韵律变化,粒度上总体有自下而上变细的趋势,同样反映山地构造运动强度的逐渐缓和及地形的渐次蚀低。

第三级夷平面(盆地基准面),海拔高程一般为4 600~4 700m。呈近东西向或北西西向分布于苟鲁措、沱沱河盆地等一些低缓的山顶上,另在茶措一带平缓的山包上亦较明显。切割的最新地层为中新统,区域上为上新统,其上堆积有晚更新世冰碛砾石层。

山顶面切割的最新地层是始新世沉积和古近纪早期侵入岩体,这在冈底斯山可以看到,花岗岩的侵入年代为45Ma,由此看来它应晚于始新世。此山顶面上,在藏北一些地区覆盖有第二期火山熔岩;在布尔汗布达山覆有中新统地层(崔之久,1996),所以它应早于新近纪。由此推断,山顶面形成于24Ma以前的渐新世晚期。

综上所述,可将本区三级夷平面的形成时期与构造抬升时间大体归纳为:第一级夷平面形成于古近纪初期,在中新世末(或晚期)的喜马拉雅运动Ⅰ幕开始抬升;第二级夷平面形成于中新世末、上新世末至早更新世初的喜马拉雅运动Ⅱ幕开始抬升;第三级夷平面形成于早更新世初期,自中更

新世以来被抬升。

(二)测区两次地面抬升期

结合区域资料及测区两级夷平面发育史分析,第一次地面抬升约发生于始新世末,抬升至2 000m后,又经渐新世夷平至500m以下。据渐新世—中新世沉积记录反映,夷平面形成时为干旱的亚热带气候;第二次地面抬升发生于渐新世末至中新世早期,但其高原仍不超过2 000m,后经中新世中期至上新世中期构造稳定期夷平至1 000m以下。此时高原南缘为亚热带潮湿气候,北缘为干燥的荒漠草原环境,而含测区在内的中间地带为亚热带森林和森林草原景观。

(三)青藏运动(3.4~1.7Ma BP)在测区的表现

由李吉均等(1992,1996,1998)创立。此次运动是以整体隆起青藏高原,瓦解主夷平面形成一系列断陷盆地和浅色沉积替代红色沉积为特点的强烈的构造运动,是从喜马拉雅运动(三幕)中分离出来的一次构造运动。并进一步分为A、B、C三幕,分别为3.4Ma、2.5Ma、1.7Ma。

从3.4Ma开始,青藏高原整体强烈隆起,使其周边山地环境发生了巨大的变化,高原统一的主夷平面开始解体。山间和山前盆地中堆积了巨厚的山麓砾石层。地处高原内部的本区,风火山强烈抬升,在勒玛曲盆地中堆积了一套曲果组山麓类磨拉石砾石层,并使沱沱河组、雅西措组、五道梁组发生褶皱,甚至被断层推挤碾压。由于力偶作用甚至某些盆地边界断裂也发生了褶皱。此次运动以浅色沉积替代红色沉积为标志,表明古气候和古地理格局发生了巨大的变化。现代亚洲季风(包括冬季风)基本形成和完善。从区域地貌特征来看,经过这次运动后,高原整体轮廓、构造-沉积格局和当今重大水系格局已基本形成。但就区内而言,尚无贯通的大河存在(此时通天河还未进入测区)。此时高原的海拔高度仍在1 000m以下。

新近纪末—早更新世(2.5~0.8Ma)推测高原已逐步隆升至1 000~2 000m海拔高度,并与全球降温相耦合,迎来了地球史上(主要指北半球)新生代第三次大冰期。于是在区内发育了第一次冰期——雅西措冰期(图7-18)(又称倒数第四次冰期),堆积了一套早更新世冰碛物。由于中晚更新世以来的剥蚀作用,对该期冰川地貌进行了强烈的改造,使本期的冰蚀地形消失殆尽,其冰碛物仅在雅西措一带有少量残留,并以角度不整合覆于五道梁组之上。但就整个高原所发现的为数不多的该期冰碛物孤立地分布于一些山地的峰顶上分析,其冰川类型属山谷冰川或山麓冰川,可能没有形成一些学者提出的统一的大冰盖。早更新世中晚期气候变暖,冰川消融,冰碛物经深风化、铁化,表征为红色。从而在雅西措—沱沱河一带地表之下发育了一套厚100~227m的间冰期河湖相沉积体系(据钻孔资料)。此时,区内水系主要为以湖泊为中心的短程河流,无统一的大河存在。湖积物的古气候信息表明当时气候温暖潮湿,体现了森林草原环境。

约1.7Ma的青藏运动C幕,使高原进一步快速隆起。长江上游的金沙江水系大致于此时切穿连通昔格达各古湖而诞生(Zhng et al,1995)。高原西北部和亚洲内陆开始向干旱方向演化。

(四)测区与昆仑—黄河(昆黄)运动(1.1~0.6Ma BP)沉积特征

由崔之久、伍永秋(1998)作系统总结,昆黄运动是指距今1.1~0.7Ma前后(早更新世末—中更新世初)发生的一次构造运动,这次运动具有突然性和抬升幅度大的特点,是青藏高原隆起的又一阶段。随着昆黄运动的构造抬升和气候变冷,含测区在内的青藏高原已上升到了冰川作用的临界高度3 500m,风火山山地可能达4 000m以上,高原上升的降温和称为中更新世革命的全球性轨道转型与降温相耦合,青藏高原迅速响应,并首次全面的进入冰冻圈(张青松等,1998),导致了高原第四纪以来最大冰期的发生(又称倒数第三期冰期)。此次冰期在区内称开心岭冰期,堆积了一套中更新世冰碛物。此次运动过程中不但有早更新世湖泊的形成,而且也使早更新世湖相沉积发生

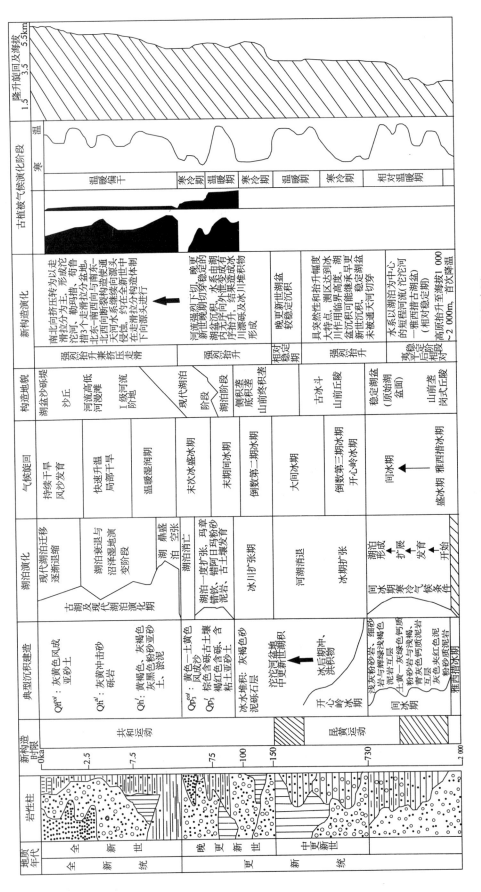

图 7-18 测区早更新世以来沉积、气候环境与高原隆升耦合图

了褶皱变形。这一湖盆沉积后通天河尚未进入本区,因此它可能未被切穿或刚被切穿,湖盆破坏性不大,应保留着1.1~0.6Ma时段的丰富信息。开心岭冰期之后测区主要表现为侵蚀期,中更新世冰碛物呈黄褐色,表明气候已变温暖。此次运动引起了大气环流的改变,冬季风盛行,并使中更新世以前古近纪、新近纪植物种属很快消失,之后气候总体向干旱方向迅速发展,地形大切割时期也即将来临。

(五)共和运动(0.15Ma—Rec)

共和运动约发生于0.15Ma,使青藏高原经历了又一次强烈的构造运动,受此运动影响共和盆地中的共和组发生了褶皱变形。构造抬升运动使黄河切穿龙羊峡溯源侵蚀,终于在晚更新世末把源头延伸到现在的位置,龙羊峡自150ka以来下切达800m左右。受此运动影响,青藏高原急剧上升,喜马拉雅山终于接近或达到现代6 000m以上的高度,测区风火山山地也接近现在的高度。喜马拉雅山强烈的抬升成为印度洋季风北进的严重障碍(潘保田等,1998),使含测区在内的高原冬季风空前强大,变得更干旱、更寒冷,与此又一次全球性的气候转型相耦合,又一次冰期来临(相当于倒数第二期冰期),在测区发育了一套晚更新世冰水堆积。区内近南北向山顶裂谷的进一步发展,晚更新世冰水堆积的微弱变形,一些河流的Ⅲ级高阶地、叠置型冲洪积扇,通天河溯源侵蚀切穿山体袭夺沱沱河古河道等都是此次运动的丰功伟绩。

全新世早期(10.4~7.5ka BP)气候转暖,可能使其早期冰川作用规模明显缩小,发育了一套湖相或湖沼相堆积。间歇性的地壳抬升形成了河流Ⅰ、Ⅱ级阶地。全新世中期(7.5~3.5ka BP)即大暖期,气候温暖湿润,冰川几乎全部消失,大气降水和冰雪融水淹没了所有的断陷盆地和山间洼地,这就是所称的青藏高原全新世"泛湖阶段",断陷盆地中全新世中、晚期湖相沉积物的存在和各种类型湖成地貌就是"泛湖阶段"遗留下来的证据。约3.2ka前后,全新世存在突发降温事件,温度和湿度迅速下降,冷湿和冷干频繁波动,此后测区大部分地区处于海拔4 000m以上,虽然没有冰川活动,但仍处于干、冷冰缘环境,形成了广泛分布的冰缘地貌(融冻湖塘与冻土草沼遍布)和寒冻风化物及冲(洪)积物。随着隆升进一步加剧,河流以旺盛的侵蚀能力向山体扩展,现今地表切割及地形反差的面貌形成。

据大范围重复水准测量,高原现代仍以5.8mm/a的速率继续上升,而川藏公路炉霍以东呈现相对下降,这可能反映青藏地块东部受东西方向的拉伸而向东挤出滑移的特性。

第四节 第四纪高原隆升与水系变迁

测区第四纪沉积史从早更新世以来就有地质记录,自早更新世—全新世沉积体各不相同,不同地史演化阶段显示出相应的沉积体系,而水系的演化在一定程度上决定了沉积物的分布,这与青藏高原的隆升息息相关,从现实所发现的历史记录体与水系演化的相关性来揭示测区水系的演化是十分必要的。

一、早更新世水系无序及湖盆演化阶段

早更新世早期(210.3~177.1ka,ESR),测区湖盆沉积中心主要分布在苟鲁山克措、错阿日玛、雅西措。在苟鲁山克措一带湖积剖面中,下部沉积灰黄色—黄色粉砂,向上变为黄色细砂—粗砂,显示出湖退进积型沉积层序,在以灰黄色调为主体的沉积物中,孢子花粉并不十分发育,相应的气候环境较干旱,植被相对稀少,沉积环境显示出浅湖间夹湖相三角洲相沉积。在湖相周围的地带,

识别出早更新世冲洪积物(2.191Ma,ESR),沉积为灰黄—黄色粉砂、细砂—粗砾岩层,岩层砂、泥质胶结较好,固结程度良好,上述冲洪积物中主要表现为扇体远端沉积,从中可以识别出洪水泛滥时期沉积的砂砾石层与洪流携带的砂砾石透镜体,代表快速堆积环境。该套扇体堆积物同时与早更新世湖相沉积物交积在一起,从沉(堆)积时代来看与早更新世湖相物不相上下,湖积物来源于周边的基岩区。这种沉积特征,在一定程度上反映出水体为以湖盆为中心的短程河流,水体沉积中心为现代的苟鲁山克措湖一带,而分隔水体的周边山体处于隆起状态。冲洪积物的出现,一方面反映出水体所携带沉积物的堆积方向,另一方面也说明在早更新世初期,测区在一定程度上隆升状态在进行当中,但总体的古地理景观为平缓高原上内陆湖泊发育阶段,尚未发育大江大河。

早更新世中期(雅西措冰期),分布于海拔为4 600m的雅西措以北地段,堆积物为暗红、红褐色泥砂质漂砾(或砂土砾石层),砾石占50%~70%,磨圆较差,多呈次棱角状,少数为次圆状。砾径一般为3~10cm,大者可达100cm;砾石以灰岩为主,其次为砂岩,少量火山岩。该套冰碛层相当于惊仙、龙川冰期。代表气候相对寒冷时期。该冰碛物的形成与青藏运动C幕极其相关,随着高原隆升阶段的进行,来自南北向的挤压作用造就测区盆山格局在进一步加剧,沿雅西措北一带山体南缘呈扇—带状分布的早更新世冰碛物形成,此时的水系分水岭雏形可能已奠定,大致沿岗齐曲南—唐日加旁—雅西措北分布。但测区河流仍以短程水系为主。

早更新世晚期(雅西措地区间冰期湖相沉积物,据钻孔资料),该时期沉积物位于雅西措冰碛物之上,沉积体为以泥岩及粉砂质泥岩—钙质粉砂岩与浅褐色、青灰色钙质泥岩互层—粉砂岩、细砂岩与灰绿色、浅褐色泥岩互层为特征稳定的湖盆沉积,沉积物颜色自下而上由灰夹灰红—土黄色、灰绿色变为浅灰色,揭示气候变化由干寒→温湿转化。该时期测区的湖相沉积位于两个沉积中心:其一为以错阿日玛—玛章错钦为中心的水系体系,在错阿日玛形成三级湖积阶地地形;其二为以现代的雅西措湖为中心,水体从各种不同的方向向雅西措湖汇聚,而两个沉积中心有可能被分隔成为独立的沉积体系,而在沿岗齐曲南—唐日加旁—雅西措一带以北的广大地区,可能同样接受不同水源携带的沉积物而堆积,但更多的是以短程河流携带的就近基底粗碎屑岩沉积而致。从隆升的幅度推测该线以北可能要更大一些。

二、中更新世山系急剧隆升与冰发育阶段

早更新世末,遍及整个青藏高原的昆黄运动使测区在整体隆升的状态下出现地貌的加剧差异分化,部分地区已经隆升到雪线以上,测区水环境在中更新世早期为以冰川与冰水携带的物源沉积,在山体附近(巴陇钦、扎娃、夏仑塘)通常形成了丘陵状、岗垄状地貌的冰水碛物,水体尚无序。中更新世中—晚期在沱沱河沿岸出现了湖积物与冲洪积交替堆积物。湖积物为灰—灰黄色砂砾石层,ESR测年为285.5Ka BP(VT1225),冲洪积物主要为灰色砾石层,风化呈灰褐色,泥钙质胶结,岩石固结程度较好。这种物质组成继承了自早更新世以来的湖相沉积,盆山格局雏形基本奠定。

三、晚更新世间歇性急剧隆升与水系基本定型阶段

晚更新世在中更新世整体隆升的基础上差异升降,盆山格局的特征使测区不同地段沉积体系有较大差别,不同成因类型的沉积物在不同盆地中分布亦不相同,晚更新世冰水碛物主要分布在近带状展布的山裙边部,冰水迁移并不太远,体现了山体在隆升过程中确切被抬升到雪线部位以上,由于盆山格局在海拔上的差异,为冰水碛物的形成提供了条件,这种冰水碛物与晚更新世冲洪积物共同构成了水体近距离携带沉积物的状态,虽然沉积机理存在相似性,但水体介质及反映的气候条件却是天壤之别,显示出寒冷与温湿条件下的不同堆积体系,在气候温暖时期,也只有一些桦树稀疏分布,局部山地有一些云杉生长,而鹅耳枥、榛、栎、柳、榆大大减少,这些植被大多生活在富水分的远端冲洪积扇与沿湖、沼及一些远程河流处,从冰水冲洪积扇细粒堆积物中进行的测年25.91±

0.84ka BP(TL,年日曲)、33.45±1.11ka BP(TL,VTTL0365)资料可知,该时段应为晚更新世晚期。

区域资料显示,大约从150ka BP开始,青藏高原又经历了一次强烈的构造运动(共和运动),使早、中更新世河湖相地层褶皱变形。构造抬升运动与河流侵蚀基准面下降及流域扩大的水量增加相结合,使峡谷受到前所未有的强烈切割。在东昆仑,加鲁河切穿布尔汗布达山的晚更新世河流阶地,进入阿拉克湖一带。

在测区内除上述广泛分布的冰水碛物与冲洪积物外,尚有以湖积为主体的沉积体,这些湖积物除了在浅井、钻孔资料显现外,还以湖积阶地、河流阶地形式表现了出来。测区内距今25.91~17.4ka BP为地壳相对稳定时期,湖相沉积与植物孢粉揭示出在以干冷气候占主导的大背景下,存在着较频繁的气候波动期,相应的植被演替出现了由草原、荒漠草原—疏树草原、草原—草原—荒漠草原过渡。约19.0ka BP,植物面貌中以云杉、松属等乔木植物花粉为主,这与测区不同地段、相同时代湖积沉积物及古土壤的出现共同说明了气候的相对湿润阶段的存在,19.0~17.4ka BP,植物花粉中代表干旱气候的蒿属占较强的优势,除藜、蒿属、禾本科外,尚有唐松草属、葎属、虎耳草科,反映出草原—荒漠草原的植被景观,代表偏干且寒冷的气候条件。这种稳定的湖相沉积说明在晚更新世时,长江并没有切穿测区,使晚更新世湖积物得以保存,此时水体尚未外泄,湖盆沉积中心基本继承了中更新世以来的古地理格局,并没有发生明显的迁移。然而晚更新世测区东部曲柔尕卡幅中多级河流阶地的存在,反映出构造抬升的阶段性特征。

四、全新世长江外泄水系的形成和发展阶段

全新世时测区沉积类型丰富多样,从湖积、湖沼到冲洪积、冲积、风积物均有不同程度地出露,然而对长江水系在测区的形成演化最不可缺少的应是河流阶地形成,通常以河流阶地的切穿作为水系演化的一种明显标志,切穿测区东部口前曲—莫曲一带多达三级河流阶地,至测区西部的沱沱河可见的河流阶地为两级,更向西的错阿日玛一带,仅保存了一级基座河流阶地,而现今的主河流阶地被新构造运动(断裂)与其所切割的新生代地层来看,可以对长江源头在本区演替划分为3个阶段(图7-19)。

Ⅰ阶段:(口前曲—额朋扎拉色段)水系走向为南西-北东向(45°)(图7-20),包括一级支流水系有口前曲、勒池曲、勒玛曲、夏俄巴曲,一级水系构成平行扇状,次级水系呈树枝状,地形地貌呈冲洪积河道、扇形台地或一至三级河流阶地,切割地层为新生代中更新世冲洪积物、全新世冲洪积物,从天然地质剖面采取ESR测年资料为138.75~75ka BP。

Ⅱ阶段:(日阿尺曲—莫曲段)水系流向为近东西向,包括呈羽状排列的一级支流冬布里曲、达哈曲、夏俄巴曲、莫曲,以冬布里山为分水岭,向南流经通天河(沱沱河新生代走滑拉分盆地),切割最新地质体为全新世冲洪积物,地貌展现为近山端冲洪积扇、河流阶地及洪冲积台地。该阶段河流在莫曲一带转而向北东方向,受北东-南西向新构造运动影响。

Ⅲ阶段:(日阿尺曲—沱沱河—错阿日玛北)水系走向为南东向,包括呈羽状排列的一级支流年日曲、扎木曲等,主河流南北两侧河流均汇聚于沱沱河,北侧以苟鲁山克措为主分水岭,从分水岭到主河道的距离较南部分水岭明显窄得多,反映了测区北部抬升幅度明显大于南部,河流阶地在切割深度明显不同,北侧高与南侧低的特征更进一步反映了抬升幅度的不同。切割的地质体主要是晚更新世冲洪积物,现代河流阶地地貌,地质时代为17.4~25.91ka BP。

从沱沱河水系沿途切穿晚更新世地层的一致性来看,长江水系在测区的成形与外泄地质时期应从晚更新世开始,可能形成于晚更新世—全新世早期。测区在以构造挤压走滑为主体的应力状态下转化为以走滑为主的应力体制,长江源头不断地发生侧向侵蚀,在测区西部乌兰乌拉一带转南溯源侵蚀向冬拉丹东挺进。

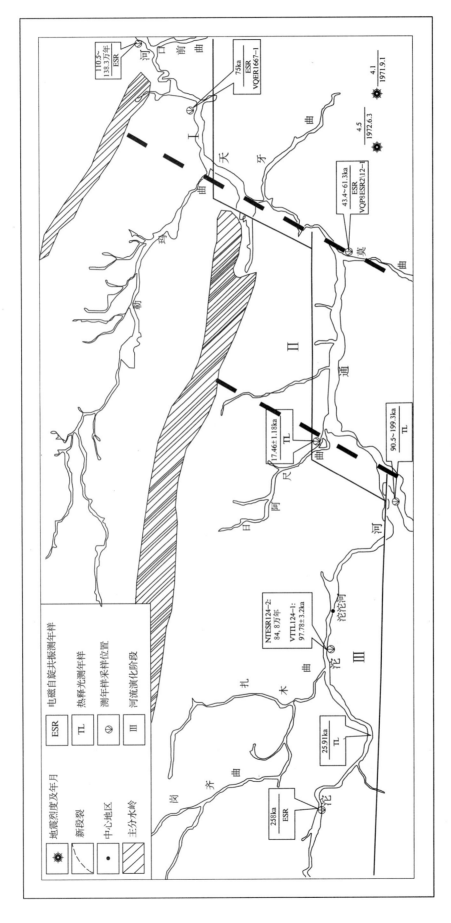

图7-19 测区长江水系展布及不同地段阶地测年图

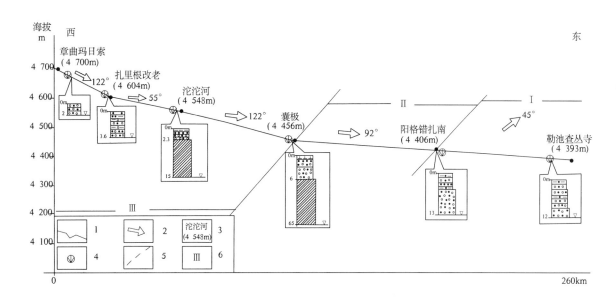

图 7-20 测区沱沱河—通天河水系坡降图

1.水系坡降线;2.水流方向;3.水系拐点与海拔;4.新生代地层测年点;5.活动断裂;6.水系演化阶段

第八章 结 论

1:25万沱沱河幅区域地质调查项目,是在各方领导的支持下,按照项目任务书、设计书及地调局有关指南的要求开展工作的。项目组在测区气候恶劣、高寒缺氧、交通不便及地质人员缺乏的情况下,经过3年的艰苦努力,克服重重困难,按计划完成野外调查任务,并在地层、构造、岩石、矿产及新生代地质研究方面取得了以下新的进展和成果。

一、地层

(1)依据测区地层发育特点,不同类型的沉积地层采用了不同的填图方法。按照多重地层划分对比方法,对测区内出露的地层体在岩石地层、年代地层、生物地层等方面进行了较详细的调查研究。厘定出前第四纪填图单元群级为6个、组级填图单位为19个,其中包括新厘定4个组级岩石地层单位。

(2)对出露于测区巴音查乌马、岗齐曲一带含蛇绿岩组合的一套低角闪岩相的碎屑岩组合厘定为通天河蛇绿构造混杂岩碎屑岩组,以构造块体的形式产出,受上覆巨厚的海相类复理石沉积体系的茍鲁山克措组覆盖。

(3)首次在测区岗齐曲—康特金一带通天河蛇绿构造混杂岩之碎屑岩组(CPa)中采获早二叠世晚期—中二叠世早期的植物化石:*Plagiozamites oblongifolium* Halle,确定该地层体的沉积时代以及康特金—巴音查乌马一带晚石炭世—二叠纪地层体的存在。

(4)对测区晚古生代地层体进行了系统的调研,获取了大量的古生物化石,并确定了晚古生代开心岭群九十道班组为一套礁体沉积体系,该岛礁呈链状由北西的玛章错钦一带向南东的诺日巴纳保延伸出图,代表羌塘陆块上晚古生代相对稳定的沉积环境。

(5)对出露于测区南部的晚古生代晚石炭世—晚二叠世地层进行了系统的生物地层研究,在1:20万调查的基础建立了5个自下而上蜓科化石组合与组合:① *Triticites - Montiparus* 组合;② *Parafusulina- Misellina* 组合带;③ *Neoschwagerina - Yabeina* 组合带;④ *Eoparafusulina - Sphaeroschwagerina* 组合带;⑤ *Palaeofusulina* 延限带。其年代地层从逍遥阶一直延续至长兴阶。

(6)对分布于测区内的结扎群划分为甲丕拉组、波里拉组及巴贡组3个正式组级岩石地单位。并于测区甲丕拉组玄武岩中获取了Rb-Sr等时线同位素年龄为$231\pm28Ma$,其时代为晚三叠世。

(7)对二叠纪乌丽群、晚三叠世结扎群进行了详细的生物地层调查,根据不同地层中腕足类化石出露情况,相应建立 *Spinomarginifera -Oldhamina* 组合带(晚二叠世)、*Koninckina - Yidunella - Zeilleria lingulata* 组合(晚三叠世)等生物地层单位。

(8)将测区晚三叠世茍鲁山克措组划分为两个岩性段,下部为具海相复理石特征的细碎屑岩段,局部地段发育鲍马层序bc段;上部粗碎屑岩段为海相磨拉石段,晚期出现滨浅海相的含煤碎屑建造,其中获取大量诺利期的D—C植物群落分子,并首次建立了 *Hyrcanopteris sinensis—Clathropteris* 组合带。

(9)首次解体出测区侏罗纪布曲组地层体,出现以灰、灰黑色泥晶灰岩、生物碎屑灰岩为特征的碳酸盐岩组合,产双壳类:*Radulopecten* sp.。并首次于夏里组中采得代表滨浅海环境的 *Taenidi-*

um serpentinum,? *Palaeophycus* 遗迹化石。

(10)对风火山盆地进行沉积、古环境、构造形变及含矿性等的调查,丰富了该盆地错居日组、洛力卡组与桑恰山组的沉积序列、基本层序、化石组成等的资料,厘定了沉积盆地边界,划分出风火山二道沟—托托敦宰、唐日加旁两个盆地沉积中心,分析了盆地形成演化与成矿特征,认为盆地基底的演化产生了间接矿源层,沉积盆地的形成为直接矿源的产生提供了物质基础,同时为成矿流体的运移提供了通道,也为富积成矿造就了有利的场所。

二、构造

(1)根据建造与构造实体,重新厘定了测区大地构造单元,在划分出巴颜喀拉边缘前陆盆地、通天河蛇绿构造混杂岩带及羌塘陆块3个一级构造单元的基础上,依据区内洋壳组分将通天河蛇绿构造混杂岩带进一步细分为巴音叉琼蛇绿混杂亚带、苟鲁山克措边缘前陆盆地、康特金蛇绿混杂亚带3个次一级构造单元。在丰富的年代学依据的基础上,对测区古特提斯演化历程进行了重建。

(2)确定出测区内2条强脆韧性剪切变形带,其一为尹日记—巴音叉琼南—阿西涌一带断续出露,卷入地层为通天河蛇绿构造混杂岩之碎屑岩组、巴塘群上岩组,主剪切面南倾,具逆冲特点,变形层次表现为北西早,向东渐次;其二为岗齐曲—康特金一带,受变形地层为通天河蛇绿构造混杂岩之碎屑岩组(CPa),具有中深层次变形特征。

(3)于测区巴音查乌玛、康特金一带发现了代表洋壳组分的蛇绿岩残片,蛇绿岩整体上具备蛇绿岩套的基本组分,为测区内蛇绿岩层序重建提供了重要的物质基础,年代学数据阐明西金乌兰洋主要扩张期发生在晚石炭世—早二叠世。

(4)首次对分布于开心岭—乌丽一带早二叠世开心岭群诺日巴尕日保组、中晚二叠世那益雄组中火山岩进行系统的岩石化学及年代学研究,厘定出开心岭-乌丽岛弧带。

三、岩石

(1)通过同位素年龄测定,确定了测区印支期、燕山期和喜马拉雅期3个岩浆旋回,查清了各期侵入岩的分布规律,对测区侵入体进行了单元、超单元归并,圈定出不同大小的侵入体22个,其中基性岩体3个(不包括蛇绿岩组成体),对其中的19个侵入体依据岩性、结构、时代、所处构造部位成因特征,建立了4个单元,其中1个为独立单元,并进行超单元归并。

(2)首次对区内火山岩进行喷发带的划分,依据测区火山岩的分布,确定了通天河—沱沱河晚古生代及早中生代火山断裂喷发带,可进一步细划为扎日根—郭仓枪马晚古生代中二叠世火山断裂裂隙式喷发带;乌丽—达哈曲晚古生代晚三叠世火山断裂喷发带;扎苏—囊极—郭仓枪玛晚三叠世火山断裂裂隙式喷发带。

(3)首次于测区扎尼日多卡一带发现细粒更长辉绿岩体,呈不规则状侵入于早二叠世诺日巴尕保组碎屑岩夹火山岩之中,岩体受后期断裂的切穿、分割,外接触界线具不连续性,并在该套中基性熔岩中获取单颗粒锆石U-Pb法年龄,获得的表面年龄与拟合的曲线年龄在167~424Ma之间。

四、矿产

(1)对测区矿产进行了较系统的调查,查明区内金属矿产以铁、铜为主,次为铅、锌、银、金等,其中除铜为沉积型外,其余均为热液型矿产;非金属矿产主要为煤和石膏,次为石盐和石灰岩。根据已有矿(化)点和不同矿产信息的空间分布特征,结合成矿地质条件等,初步圈定出苟鲁山克措—冬布里铜、铅、锌、金、银多金属找矿远景区、拉玛拉—约改岩金找矿远景区和扎日根—乌丽煤、铁、石膏等3个找矿远景区。

(2)在对白垩纪风火山盆地沉积型铜矿的调查过程中,首次于洛力卡组灰岩层中发现铜矿化。

总结出白垩纪风火山盆地沉积型铜矿的含矿层赋存状态主要有以下几个方面的特征：①赋存于湿热环境中形成的颜色较深的的灰色岩层中；②以湖盆中心部位水动力较稳定的环境中矿化最好；③矿化层呈层状、似层状、透镜状产出，与地层产状一致，沿走向和倾向常被非矿砂岩取代；④含矿层中多见植物碎片、炭化植物等有机质；⑤含矿层多位于砂质灰岩、白云石石膏的下伏层位的深灰色细砂岩中；⑥风火山群各组中以洛力卡组含矿最好；⑦组成铜矿石的金属矿物主要为细粒硫化物，不易识别，氧化物易识别，但不易成矿；⑧岩石中铜的含量变化与铅、银、砷、钼等为正比例关系。

(3)新近于扎日根诺日巴尕日保组中发现铁矿化点一处，矿体宽1～1.5m，呈褐色，比重大，目估品位为50%～60%。

五、新生代地质环境及高原隆升方面

(1)首次对测区第四纪不同成因类型的事件沉积进行了年代学研究，确定了测区早更新世以来地质及环境演化序列。

(2)通过地质调查及ESR、TL等年代学研究，首次在测区内发现大面积分布的早—中更新世河湖相地层体。

(3)确定出测区两级夷平面与盆地基准面，首次在杂孔建—乌丽一带二级夷平面上发现古岩溶(34.32Ma，ESR)，认为测区二级夷平面由渐新世开始抬升，据区域资料显示当时海拔高度在1 000m左右，而现今达4 900m的海拔高程，说明从渐新世以来青藏高原腹地隆升速度相当快。

(4)通过对测区错阿日玛、年日曲、日阿尺曲等不同地段进行定量的年代学研究、沉积特征与配套的植物学分析，确定测区晚更新世以来的古植被、古气候的演化阶段。

距今25.91ka B P～17.4ka B P，测区内以干冷气候占主导的大背景下，同样存在着较频繁的气候波动期，相应的植被演替出现了由草原、荒漠草原—疏树草原、草原—草原—荒漠草原过渡。约19.0ka B P(据沉积速率推算)以前的疏树草原、草原古植被阶段中，植物面貌中不乏云杉、松属等乔木植物花粉的存在，其与测区不同地段、相同时代湖积沉积物及古土壤的出现共同说明了气候的相对湿润阶段的存在。

19.0ka B P～17.4ka B P间，植物花粉中代表干旱气候的蒿属占较强的优势，除藜、蒿属、禾本科外，尚有唐松草属、律草属、虎耳草科，反映出草原—荒漠草原的植被景观，代表偏干且寒冷的气候条件。

17.4ka B P以来，出现了气候转型期，以风成沙为代表的堆积物广泛分布于测区内，该阶段为植物花粉低峰带，而盆地周缘的洪积扇则被抬升切割，形成高度不同的阶地，洪积扇迁移与叠加，表明测区气候的变迁是与青藏高原的整体强烈隆升紧紧相连的。

(5)结合沉积学、年代学与新构造运动的调查，分析了长江水系在测区的形成与演化，阐明了沱沱河流向的改变很大程度上受控于北东-南西向新构造运动。而晚更新世测区存在统一湖盆沉积体系的特征，以及通天河切穿晚更新世晚期—早全新世沉积物等事实，说明长江水系在测区的形成与外泄地质时期应从晚更新世晚期—全新世开始。

(6)初步查明了测区珍稀野生动物分布概况及旅游资源状况，收集了土壤、植被等资料，编制了测区新生代地质地貌及土壤、植被分布等资源图。

六、存在的问题

(1)野外工作中，受新生代地质体的覆盖及自然环境制约，部分地质体的构造属性和接触关系有待进一步工作或邻区资料的佐证。

(2)由于项目周期短、时间紧，分析结果严重滞后，可能导致部分结论存在认识上的不足，期待后续地质工作进一步论证。

主要参考文献

边千韬,沙金庚,郑祥身.西金乌兰晚二叠世—早三叠世石英砂岩及其大地构造意义[J].地质科学,1993,28(4):327-335.
边千韬,郑祥身.西金乌兰和岗齐曲蛇绿岩的发现[J].地质科学,1991(3):304.
常承法,潘裕生,郑锡澜,等.青藏高原地质构造[M].北京:科学出版社,1982.
崔军文,朱红,武长得,等.青藏高原岩石圈变形及其动力学[M].北京:地质出版社,1992.
邓万明.青藏高原北部新生代板内火山岩[M].北京:地质出版社,1999.
邓晋福,赵海铃,莫宣学,等.中国大陆根-柱构造——大陆动力学的钥匙[M].北京:地质出版社,1996.
地质矿产部直属单位管理局.变质岩类区1:5万区域地质填图方法指南[M].武汉:中国地质大学出版社,1991.
地质矿产部直属单位管理局.沉积岩类区1:5万区域地质填图方法指南[M].武汉:中国地质大学出版社,1991.
地质矿产部直属单位管理局.花岗岩类区1:5万区域地质填图方法指南[M].武汉:中国地质大学出版社,1991.
郭新峰,张元丑,程庆云,等.青藏高原亚东—格尔木地学断面岩石圈电性研究[J].地球科学——中国地质大学学报,1990(2):191-202.
任纪舜,等.中国大地构造及其演化[M].北京:科学出版社,1983.
黄汲清,陈炳蔚.中国及邻区特提斯海的演化[M].北京:地质出版社,1987.
姜春发,等.昆仑开合构造[M].北京:地质出版社,1992.
李柄元,顾国安,李树德.青海可可西里地区自然环境[M].北京:科学出版社,1996.
李吉均,等.青藏高原隆起的时代、幅度和形式探讨[J].中国科学(B辑),1979(6):608-616.
刘和甫.前陆盆地类型及褶皱—冲断层样式[J].地学前缘,1995,2(3):59-67.
刘和甫.盆地—山岭耦合体系与地球动力学机制[J].地球科学——中国地质大学学报,2001,26(6):581-597.
刘宝珺.沉积岩石学[M].北京:地质出版社,1980.
刘增乾,徐宪,潘桂棠,等.青藏高原大地构造与形成演化[M].北京:地质出版社,1990.
李春昱,郭令智,朱夏,等.板块构造基本问题[M].北京:地震出版社,1986.
李吉均,方小敏,马海洲,等.晚新生代黄河上游地貌演化与青藏高原隆起[J].中国科学(D辑),1996(1-6):36-323.
卢得源,陈纪平.青藏高原北部沱沱河—格尔木一带地壳深部结构[J].地质论评,1987,33(2):122-128.
卢德源,黄立言,陈纪平,等.青藏高原北部沱沱河—格尔木地区地壳和上地幔的结构模型和速度分布特征[C]//西藏地球物理文集.北京:地质出版社,1990:51-62.
宁书年,等.遥感图像处理与应用[M].北京:地震出版社,1995.
潘桂棠,陈智梁,李兴振,等.东特提斯地质构造形成演化[M].北京:地质出版社,1997.
潘裕生.青海省通天河发现蛇绿岩套地震地质[J].地震地质,1984(2):44.
潘桂棠,等.青藏高原新生代构造演化[M].北京:地质出版社,1990.
青海地质矿产局.青海省区域地质志[M].北京:地质出版社,1991.
青海地质矿产局.青海岩石地层[M].武汉:中国地质大学出版社,1997.
王云山,陈基娘.青海省及毗邻地区变质地带与变质作用[M].北京:地质出版社,1987.
王成善,伊海生.西藏羌塘盆地地质演化与油气远景评价[M].北京:地质出版社,2001.
吴建功,高锐,余钦范,等.青藏高原亚东—格尔木地学断面综合地球物理调查研究[J].地球物理学报,1991,34(5):552-562.
武素功,杜泽泉,温景春.青藏高原腹地——可可西里综合科学考察[M].北京:科学技术出版社,1996.
许志琴,等.中国松潘—甘孜造山带的造山过程[M].北京:地质出版社,1992.

肖庆辉,等.花岗岩研究思维与方法[M].北京:地质出版社,2002.
中国地质调查局.青藏高原地质调查野外工作手册(中国地质调查局地质调查专报G1)[M].武汉:中国地质大学出版社,2001.
邱家骧,林景星.岩石化学[M].北京:地质出版社,1989.
施雅凤,等.中国全新世大暖期鼎盛阶段的气候与环境[J].中国科学(B辑),1993(8):865-873.
沙金庚.青海可可西里地区古生物[M].北京:科学出版社,1995.
孙鸿烈,郑度.青藏高原形成演化与发展[M].广州:广东科技出版社,1998.
中华人民共和国地质矿产部.(DZ/T 0001—91)1:5万区域地质调查总则[S].北京:中国标准出版社,1991.
中华人民共和国地质矿产部.GBT17412.3—1998中华人民共和国国家标准 岩石分类和命名方案:变质岩岩石分类和命名方案[S].北京:中国标准出版社,1998.
中华人民共和国地质矿产部.GBT17412.2—1998中华人民共和国国家标准 岩石分类和命名方案:沉积岩岩石分类和命名方案[S].北京:中国标准出版社,1998.
中华人民共和国地质矿产部.GBT17412.1—1998中华人民共和国国家标准 岩石分类和命名方案:火成岩岩石分类和命名方案[S].北京:中国标准出版社,1998.
中-英青藏高原综合地质考察队.青藏高原地质演化[M].北京:科学出版社,1990.
张以弗,郑健康.青海可可西里及邻区地质概论[M].北京:地震出版社,1994.
张以弗,等.可可西里—巴颜喀拉及邻区特提斯海的特征[J].西藏地质,1991(2):62-72.
张以弗,等.可可西里—巴颜喀拉三叠纪沉积盆地的形成和演化[M].西宁:青海人民出版社,1997.
张以弗,等.青海可可西里地区地质演化[M].北京:科学出版社,1996.
邹定邦,等.南巴颜喀拉三叠系浊积岩[M].北京:地质出版社,1984.

图版说明及图版

图版 I

1. *Dictyophyllidites* sp.
2、3. *Dictyophyllites mortoni* (de Jersey) Playford et Dettmann, 1955 (2、3 分别为近极与远极面观)
4. *Leiotriletes exiguous* Ouyang et Li, 1980
5、14、15. *Lophotriletes* sp. 1
6. *Osmundacidites* sp.
7. *Triquitrites* sp.
8. cf. *Tripartites cristatus* var. *minor* Ouyang et Li, 1980
9. *Densoisporites nejburgii* (Schulz) Balme, 1970
10、11. *Tripartites cristatus* Dybova et Jachowicz var. *minor* Ouyang, 1986
12. *Lunzisporites* sp.
13. *Dictyophyllidites inercrassus* Ouyang et Li, 1980
16. *Lophotriletes* sp. 2

注：晚二叠世那益雄组孢粉图版（样品 $VTP_{23}Bf25-1$），全部图像均放大 1 200～1 250 倍。

图版 II

1—3. *Vesicaspora* sp. A. nov
4. *Marsupipollenites striatus* (Balme et Hennelly) Foster, 1975
5—8. *Vesicaspora* sp. B. nov.
9、10. ? *Falcisporites* sp. (9、10 分别为近极与远极面观)
11、12. *Pteruchipollenites reticorpus* Ouyang et Li, 1980 (11、12 分别为近极与远极面观)

注：晚二叠世那益雄组孢粉图版（样品 $VTP_{23}Bf25-1$），全部图像均放大 1 200～1 250 倍。

图版 III

1. *Vesicaspora* sp. 1
2. *Pteruchipollenites* cf. *reticorpus* Ouyang et Li, 1980
3. *Alisporites* sp. 1
4. ? *Alisporites* sp. 2
5. *Lueckisporites* sp.
6. ? *Klausipollenites* sp.
7、8. *Vesicaspora* sp. 2 (7、8 分别为近极与远极面观)
9、10. *Scolecodonts* (虫牙)

注：晚二叠世那益雄组孢粉图版（样品 $VTP_{23}Bf25-1$），全部图像均放大 1 200～1 250 倍。

图版 Ⅳ、Ⅴ、Ⅵ、Ⅶ

1、50. Rosaceae(蔷薇科)

2、17、32、41、52. *Tricolporollenites* sp.(三孔沟粉多种)

3、14、22、33 下. *Chenopodipollis* spp.(藜粉多种)

4. *Momipites coryloides*(拟榛莫米粉)

5、8、19、23、28、38. *Abiespollenites* spp.(冷杉粉多种)

6、7、15. *Ephedripites*(D.) spp.(双穗麻黄粉多种)

9、20、21. *Graminidites*(禾本粉)

10、16、51. ? *Taxodiaceaepollenites*(? 杉粉)

11、18、37. *Betulaceoipollenites*(桦粉)

12、24、40. *Nitrariadites*(拟白刺粉)

13. ? Amaranthaceae(苋科?)

25. *Tubulifloridites*(管花菊粉)

26. *Pterisisporites*(凤尾菊孢)

27. *Potamogetonacidites*(眼子菜粉)

29、31、33 上. *Cyperaceaepollis*(莎草粉)

30. *Alnipollenites*(桤木粉)

34、49. ? Moraceae(桑科?)

35、43、47. *Ulmipollenites*(榆粉)

36. *Cedripites*(雪松粉)

39. *Betulaepollenites*(肋桦粉)

42、44. *Polypodiaceaesporites*(光面水龙骨单缝孢)

45. *Pinuspollenites*(松粉)

46. ? *Adiatum*(铁线蕨?)

48. *Piceaapollenites*(云杉粉)

图版 Ⅷ

1. *Attenuatella* cf. *convexa* armstong 腹(内核),×2;采集号:VTHs878-1,早二叠世

2. *Heteropecten* sp. 左壳,×2;采集号:VTHs-878-1,早—中二叠世

3. *Neochonetes* (*Huangichonetes*) *substrophomenoides* (Huang)腹,×3;采集号:VTP$_{23}$Hs8-1,晚二叠世

4、5. *Tethyochonetes quadrata* (Zhan)腹外模、腹,×4;采集号:VTP$_{23}$Hs21-1,晚二叠世

6. *Parafusulina chekiangensis* Chen ×10,采集号:VTHs877-1,中二叠世茅口阶

7. *Pseudofusulina pseudosuni* Sheng ×10,采集号:VTHs877-1,中二叠世茅口阶

8. *Wentzellophyllum* sp. ,纵切面×4,采集号:VTHs877-2,早二叠世

9. *Wentzellophyllum* sp. ,横切面×4,采集号:VTHs877-2,早二叠世

图版 Ⅸ

1. 巴音查乌马石英片岩特征(巴音查乌马)

2. 苟鲁山克措组上段碎屑岩千枚状构造(苟鲁山克措)

3. 结扎群巴贡组层理构造(苟鲁措北)

4. 巴贡组砂岩层面不对称波痕构造
5. 洛力卡组板状斜层理构造
6. 罗日苟苟鲁山克措组砂岩层理构造

图版 X

1. 日阿尺曲沱沱河组与下伏风火山群断层接触关系
2. 风火山群洛力卡组层面沟模构造
3. 九十道班组生物黏结灰岩
4. 苟鲁措一带苟鲁山克措组下段碎屑岩沉积序列
5、6. 多尔玛一带($VTP_{5、6}$)结扎群波里拉组生物碎屑灰岩镜下特征

图版 XI

1. 褶皱构造影像(二道沟兵站,风火山群)
2. 岩体影像(错阿日玛)
3. 断裂线形影像特征(二道沟兵站)
4. 构造挤压线理影像(婆饶丛清拉)

图版 I

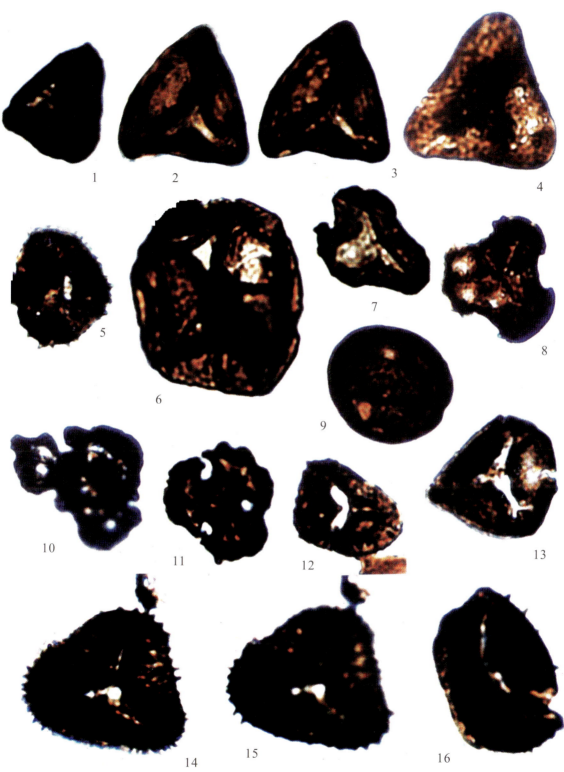

图版 II

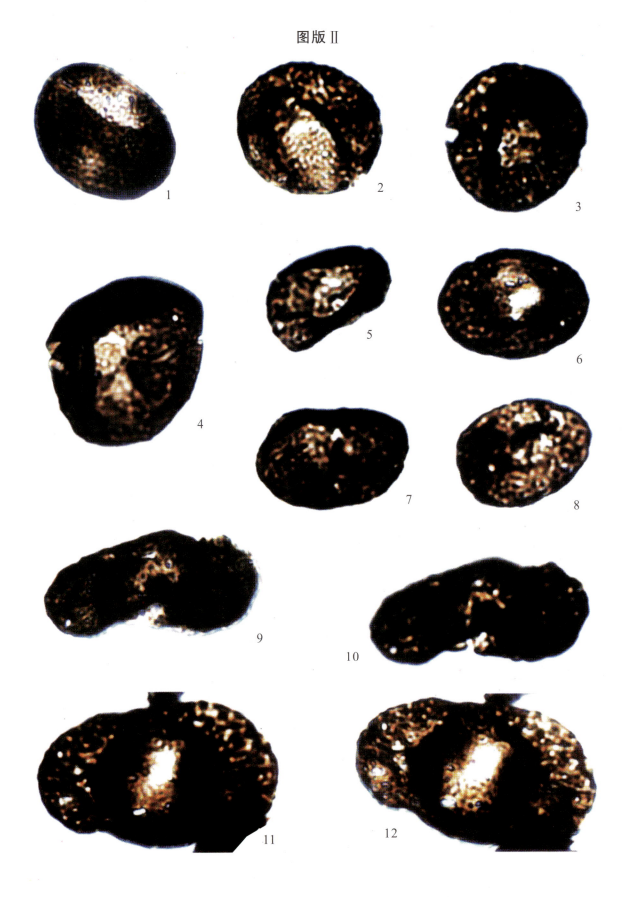

图版 Ⅲ

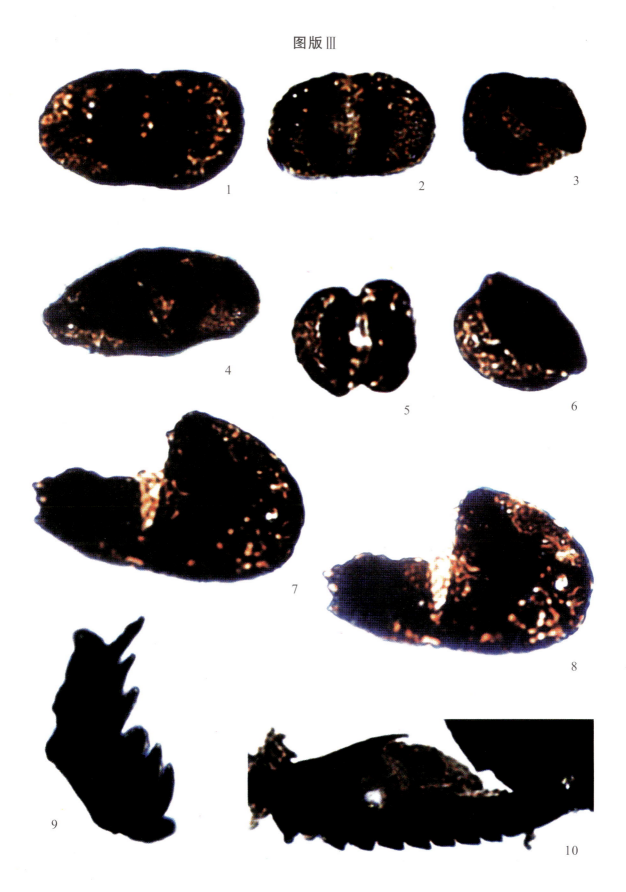

图版 IV

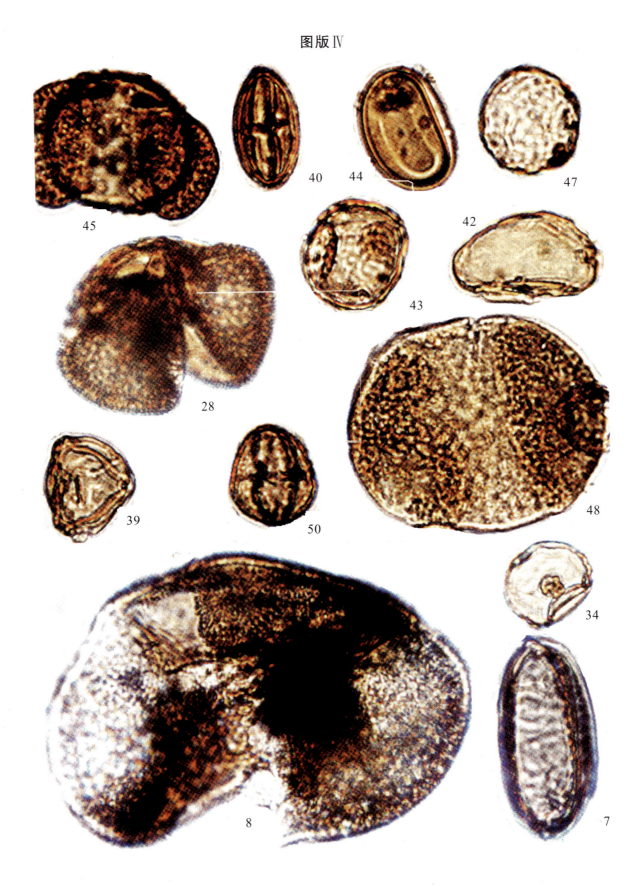

图版 V

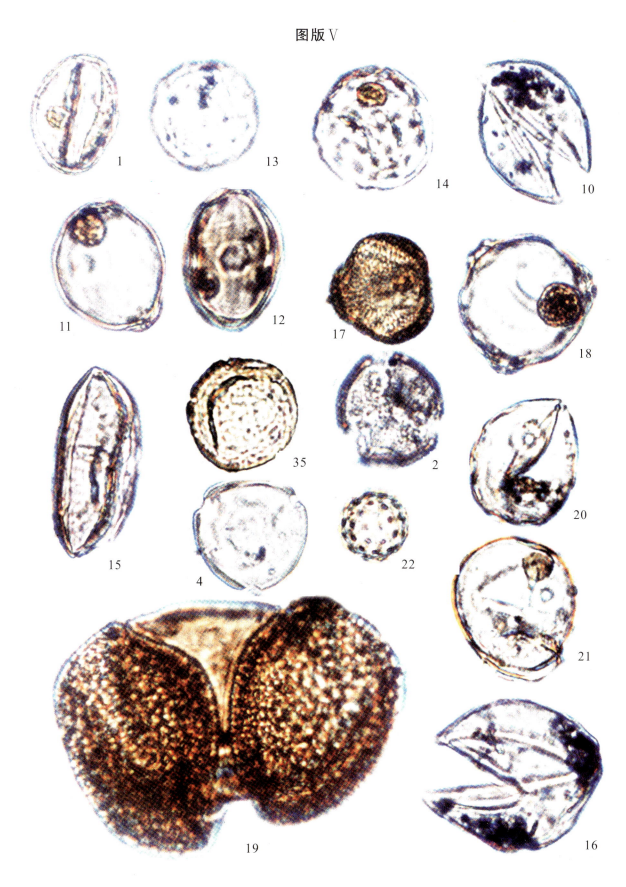

图版 VI

图版 Ⅶ

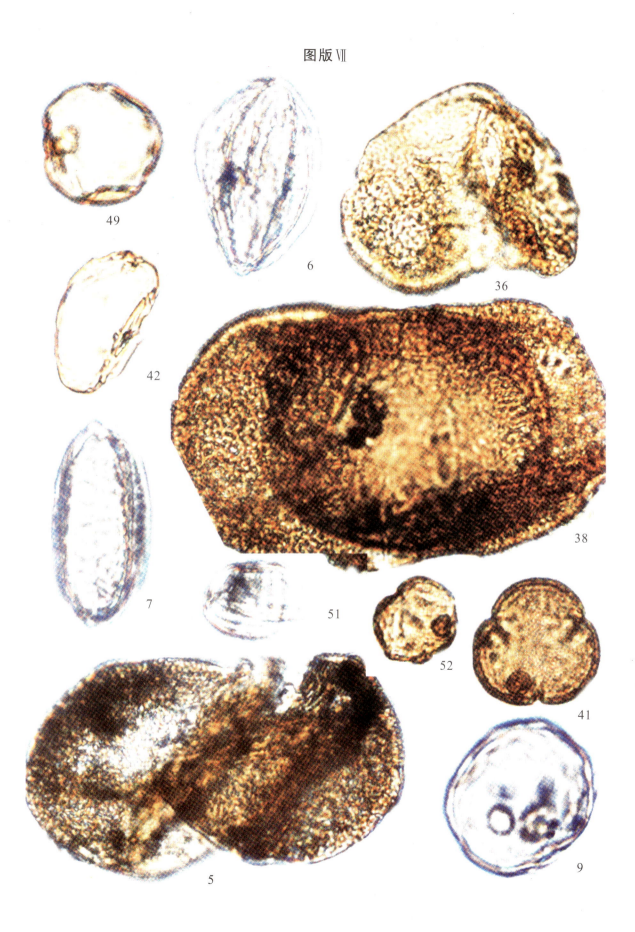

图版 VIII

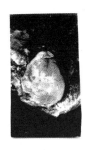

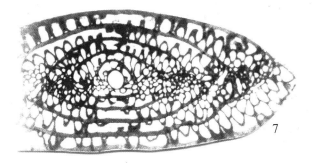
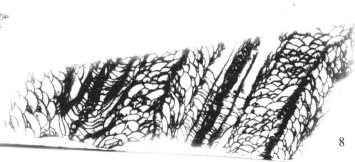

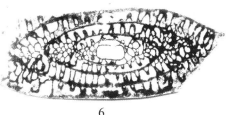
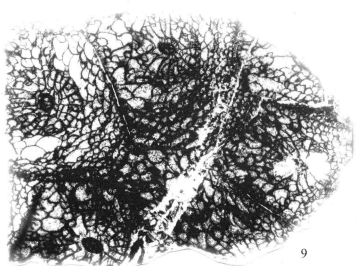

图版 IX

图版 X

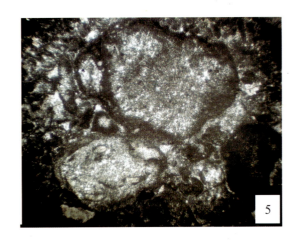
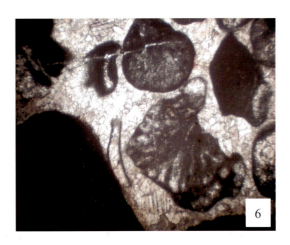

图版 XI